努力奋斗

余生很贵　请勿浪费

方士华◎编著

民主与建设出版社
·北京·

图书在版编目（ＣＩＰ）数据

努力奋斗 / 方士华编著 . –– 北京：民主与建设出

版社，2020.4（2024.1重印）

（努力奋斗）

ISBN 978-7-5139-2944-8

Ⅰ . ①努… Ⅱ . ①方… Ⅲ . ①成功心理－通俗读物

Ⅳ . ① B848.4-49

中国版本图书馆 CIP 数据核字 (2020) 第 033533 号

努力奋斗
NU LI FEN DOU

编　　著	方士华
责任编辑	刘树民
封面设计	三石工作室
出版发行	民主与建设出版社有限责任公司
电　　话	（010）59417747　59419778
社　　址	北京市海淀区西三环中路 10 号望海楼 E 座 7 层
邮　　编	100142
印　　刷	三河市天润建兴印务有限公司
版　　次	2020 年 6 月第 1 版
印　　次	2024 年 1 月第 6 次印刷
开　　本	850 毫米 ×1168 毫米　　1/32
印　　张	25
字　　数	605 千字
书　　号	ISBN 978-7-5139-2944-8
定　　价	168.00 元（全五册）

注：如有印、装质量问题，请与出版社联系。

前　言

　　我们每个人都非常向往美好幸福的生活，但是应该明白，幸福生活不是天上掉下来的馅饼，而是用自己勤劳双手创造出来的。残酷的现实生活告诉我们一个道理，凡事必须靠我们自己。在这个世界上，唯一能够改变我们命运的人不是别人，而是我们自己。你如果不努力，谁也给不了你想要的生活。因此，为了将来生活得更加美好，唯有现在不停地努力，努力拼搏，努力奋斗，努力追求！

　　我们每个人都渴望成功，然而成功却不是那么容易的，这需要我们用自身努力去换取。而努力也不仅仅只是说说而已，需要我们身体力行去实践。最终决定命运的还是我们努力的程度，只有付出得越多，才会收获得越多。请你坚定信心，从这一刻起，开始拼搏与奋斗吧！相信，在许多年后的一天，当你抬头仰望那灿烂星空、当你拥有一个美好未来时，一定会感谢现在拼搏的自己呢！

　　但是，生活中往往不乏这样的人，一遇到困难，不是临阵退缩，就是寄希望于他人，结果一事无成。这种人缺乏自信，认为自己做什么都不行，万事依赖别人，结果养成了胆小畏惧的个性。勇敢建立自信的最好办法，就是认真对待每一件小事。坚强自信心是

自己在不断努力、不断进步中逐步建立的。什么都寄希望于他人，只能成为可怜虫。因此，你如果不勇敢地树立自信心，那么谁人能够替代你坚强呢？请记住，世上没有救世主，只有自己救自己！

我们要明白，人的一生很短暂，要想活得既有价值又开心，就必须找到自己梦想和目标，做自己喜欢做的事，并为此而努力奋斗。有人或许会说，我努力过，也奋斗过，却一事无成。其实，真正想干事业的人，必须持之以恒，坚忍不拔，一往无前。余生很贵，请勿浪费。我们所浪费的一分一秒都非常有价值，时间不能复制，人生不能重演，所以，我们的路该怎么走，想过什么样生活，全凭自己及时选择和努力，千万别在白白等待中浪费光阴啊！

其实，我们每个人都希望过上快乐而安逸的生活，在物质生活极其丰富的今天，这个要求并不过分。但是应该明白，在青年时代，正是风华正茂、精力旺盛的建功立业阶段，如果耽于享乐，贪图安逸，请想想，年老后没有雄厚物质和经济基础，拿什么去安享晚年呢？请不要在吃苦年纪选择安逸，此时要用自己知识和智慧，努力奋斗，顽强拼搏，用青春的汗水换取将来的幸福生活吧！

为了对广大读者加强启迪，指导进行努力奋斗，我们特地编撰了本套作品，分别从奋斗、拼搏、坚强、惜时、追求等方面，用通俗的语言，经典的故事，详细具体地阐述了相关内涵，具有很强的可读性和启迪性。相信通过阅读本书，一定会让你更加懂得努力奋斗，并能够很好走上一条铺满鲜花的成功人生之路。

目录

第一章

生活不会亏待努力的人

真正努力的人，生活不会亏待他。我们应该知道，生活是最公平的，你的付出，生活会记在心中，你的懒惰，生活也会记在账上。生活就像一个睿智的长者，把一切都看在眼里，最后让时间来处罚或奖励你。

人家的一百万，到底是怎么挣来的

他的第一间办公室是在北京郊外高碑店乡一个猪圈的后面。他把这里命名为"大通装饰厂"，房子盖得很随便，根本没有设计图纸。房子的窗户不一样大，因为窗户是从外面捡来的。

他就是这样盖起了车间和办公室的。办公桌也是一个捡来的40厘米高的圆台，他又找到了一块木板钉了6个离地面只有20厘米高的小板凳，他最奢侈的家具是一把老式竹椅。

在这里，他接待了工商局的同志、税务局的同志和他的企业感兴趣的许多客人，其中包括外商。没钱买设备，他就买钢材，边学边干，就这样做出了自制的"台板印花机"。

创业初期，他所有的一切都是用自己的双手干出来的。厂房设备有了，最大的问题就是没有生意，他和工人们处于集体失业状态。他当时心里着急，天天骑着自行车到处找活儿，那时可没少受委屈。

很多客户一看他们都是年轻人，又是私营，客气的人不理你，不客气的人干脆把他们轰出来！那种屈辱的感觉不亲身经历是无法用语言形容的，但他还得尽快调整心态去面对新的困难。

他的第一笔生意，也是最小的一笔生意，只赚了35元钱。这笔生意是他骑着自行车从先农坛体育场找来的，给北京篮球队印几件跨栏背心的号码。

回来后他和工人们一起，不到10分钟就干完了，35元到手。兴奋之后，他们又集体失业了。

当时条件那么艰苦，可令人惊讶和敬佩的是，他们居然在这猪圈后面谈成了第一笔涉外生意。外商是一位金发碧眼的漂亮女士，她是加拿大的纺织品进口商，要进口一批儿童服装。

谈判时，他们请客人坐在"最豪华"的竹椅上。那是在冬天，屋里没有暖气，特冷，竹椅又透凉，外商冷得受不了，也顾不得举止风度了，就蹲在竹椅上和他们谈。

蹲累了就站在竹椅上谈。也许是运气吧！外商跟他签了合同，这笔生意他们赚了十几万美金，这就是他赚到到第一个"一百万"。

他叫陈金飞，现在是北京通产投资集团及红星坞娱乐传媒投资有限公司的CEO，但那里也是一无所有的年轻人。

陈金飞认为，他的成功是因为胆量和勇气。建厂初期，陈金飞遇到的困难是难以想象的。

除了资金、技术，以及人员这些每个新企业都会遇到的问题外，由于社会的不理解而强加的不公平待遇，几乎成了陈金飞难以逾越的鸿沟。

如果没有胆量和勇气，没有冒险精神，坚持下来，今天陈金飞就不会拥有这一切了。

还有一个美国发泡印花订单，当时这种发泡技术还没人掌握，就连国营大厂都不敢接，他们是怕麻烦，不愿意冒险。外贸公司问到陈金飞，陈金飞毫不犹豫地接了下来。

　　合同签了，还不知道怎么干，那时他真急坏了！陈金飞天天跑化工商店，请教工程师们。通过多次的实验，陈金飞终于掌握了发泡所需的各种化学原料的配比和温度。

　　那时也没有听说过发泡机，所以电吹风、电烙铁就成了工具。车间里经常能听到工人们兴奋的叫声："发起来啦！"那神情不像是工作，更像是一群做游戏的孩子，就这样在谈笑间保质保量地做成了近百万元的生意。

　　当时车间对外绝对保密，主要是怕外商看见了他们的工作条件而被吓跑。

　　他们凭着敢于面对困难的勇气和敢于尝试新事物的胆量，掌握了发泡技术，并控制了近两年的时间，前期几百万收入都是主要来自发泡印花的订单。陈金飞从小本经营，大胆入手，创造了他的辉煌事业。

　　可见，许多取得成功的人士，他们不怕工作中的艰难险阻，但是却害怕在别人面前表现自己，更不敢在领导面前表现出来。他们不知道一个人的表现能力并非天生的，它一样也可以通过锻炼培养出来。

被老板欣赏的人都干了什么

假如你在目前的工作岗位上，每天按时上下班、工作努力、对老板忠诚，接受当初谈妥的薪水，那么你和老板互不亏欠。你做了分内的工作，但老板并不一定欣赏你。

优秀的老板总是很乐意为员工加薪，但是他经营的不是慈善事业，总得把钱花在刀刃上，你有值得加薪的表现，他才会加薪。换句话说，你必须特别努力、特别忠心、特别热忱、额外加班、多承担责任，才有可能加薪或升职。

只要你有表现出色，给你加薪的人应该是你目前的老板，否则也会有别人给你加薪。俗话说："一分耕耘，一分收获。"没有耕耘，哪来的收获呢？

小时候，金克拉在一家杂货店帮忙，经常到处跑腿。

他们店的对面也是一家杂货店，店里的伙计名叫查理，他整天忙个不停，好像连吃饭的工夫也没有。有一天，金克拉问他的老板安德森先生，为什么查理总是那么忙。安德森先生说，查理是个好伙计，他不用老板吩咐就知道自己应该干什么，老板都愿意用这样的伙计，也愿意为他们加薪。

的确，只有这些额外的努力才会带来额外的收获。没听说有人只做分内的工作就会成大功、立大业。一般人都愿意在一周上班的四十小时内做分内的工作，但是超过这个限度之外，大多数人就没有兴趣。没有人竞争，要想加薪或升职就比较容易了。

一位农夫有好几个儿子，他要他们辛勤地在田里工作。有一天，邻居对农夫说，孩子们不必工作得这么辛劳，也一样会有好收成。农夫坚定地回答："我不只是在培育农作物，也是在培育儿子。"

接着讲一个关于洛杉矶老人的故事。

很多年以前，有一群家猪从某个村子逃进遥远的山里。过了几代之后，这些猪越变越野，甚至对往来人构成了威胁。村里的猎人多次上山找寻，都无法猎杀它们。

有一天，外地来了一个老人，用小驴子拖着一辆车，车上装满了木板和谷子，准备上山抓野猪。村人都嘲笑他，不相信他能赤手空拳做到猎人办不到的事。但是几个月后，老人回到村里告诉村人，野猪已经被困在山顶的猪圈里了。

老人解释抓野猪的经过："我先找到野猪平常

觅食的地点，在空地中间放些谷子引诱它们。野猪起初很害怕，可是忍不住好奇心，它们的领袖带头在谷子旁边闻来闻去，终于尝了第一口，其他野猪也跟着吃了起来。我当时就知道它们一定会成为我的猎物。

第二天，我又在空地上多放一点谷子，并且在几尺外立了一块板子。它们起初对板子很害怕，可是又抵不住白吃午餐的诱惑，所以不久又回来吃谷子。

就这样日复一日，我终于把捕捉野猪的环境布置好了。每次我多加一块木板，它们都会退缩一阵子，但是后来又会忍不住回来白吃一顿。猪圈完全盖好时，它们早就习惯不劳而获到这里吃谷子，所以我轻轻松松就逮到所有的野猪了。"

这是个真实故事，道理简单。让动物依赖人获得食物，就夺走了它谋生的能力。人类也是一样，想要使一个人跛足，只要给他一根拐杖——或者长期给他"免费的午餐"，让他习惯不劳而获，他就只能听命于你了。

要看一个人能实现自己成功的心愿，只要看他工作时的精神和态度就可以了。如果某人做事的时候，感到受了束缚，感到所做的工作劳碌辛苦，没有任何趣味可言，那么他决不会做出伟大的成就。

一个人对工作所具有的态度，和他本人的性情、做事的才能，有着密切的关系。

一个人所做的工作，就是他人生的部分表现。而一生的职业，就是他志向的表示、理想的所在。所以，了解一个人的工作，在某种程度上就是了解其本人。

如果一个人轻视自己的工作，而且做得很马虎，那么他决不会尊重自己。如果一个人认为他的工作辛苦、烦闷，那么他的工作决不会做好，这一工作也无法发挥他内在的特长。

在社会上，有许多人不尊重自己的工作，不把自己的工作看成创造事业的要素，发展人格的工具，而视为衣食住行的供给者，认为工作是生活的代价、是不可避免的劳碌，这是多么错误的观念啊！

人往往就是在克服困难的过程中，产生了勇气、坚毅和高尚的品格。常常抱怨工作的人，终其一生，绝不会有真正的成功。抱怨和推诿，其实是懦弱的自白。

在任何情形之下，都不允许你对自己的工作表示厌恶，厌恶自己的工作，这是最坏的事情。如果你为环境所迫，而做一些乏味的工作，你也应当设法从这乏味的工作中找出乐趣来。

要懂得，凡是应当做而又必须做的事情，总要找出事情的乐趣，这是我们对于工作应抱的态度。有了这种态度，无论做什么工作，都能有很好的成效。

一个人鄙视、厌恶自己的工作，他必遭失败。引导成功者的磁石，不是对工作的鄙视与厌恶，而是真挚、乐观的精神和百折不挠的热情。

无论你的工作是怎样的卑微，你都应当有艺术家的精神，应当有十二分的热忱。这样，你就可以从平庸卑微的境况解脱出来，不再有劳碌辛苦的感觉，你就能使自己的工作成为乐趣。而厌恶的感觉也自然会消散。

一个人工作时，如果能以顽强不息的精神，火焰般的热忱，充分发挥自己的特长，那么不论所做的工作怎样，都不会觉得工作上的劳苦。如果我们能以充分的热忱去做最平凡的工作，也能成为最精巧的工作；如果以冷淡的态度去做最高尚的工作，也不过是个平庸的工匠。所以，在各行各业都有发展才能、增进地位的机会。

在我们的社会中，实在没有哪一个工作是可以藐视的。

一个人的终身职业，就是他亲手制成的雕像，是美丽还是丑恶，是可爱还是可憎，都是由他一手造成的。而一个人的一举一动，无论是写一封信，出售一件货物，或是一句谈话，一个思想，都在说明雕像或美或丑，或可爱或可憎。

无论做什么事，务须竭尽全力，这种精神是可以决定一个人日后事业上的成功与失败。如果一个人领悟了通过全力工作来免除工作中的辛劳的秘诀，那么他也就掌握了达到成功的方法。倘若能处处以主动、努力的精神来工作，那么即使在最平庸的职业中，也能增加他的权威和财富。

不要使生活太呆板，做事也不要太机械，要把生活艺术化，这样，在工作上自然会感到有兴趣，自然也会尽力去工作而达成自己的愿望。任何人要实现自己的愿望都应该有这样的志向：

做一件事，无论遇到什么困难，总要做到尽善尽美。在工作中，要表现自己的特长，发展自己的潜能，这样才能得到同事的尊敬，也会得到老板的关注和欣赏，只要得到身边人的重视，那么，升职、加薪都不是问题。

从打工妹到大老板，她是怎么做到的

看似低等、没有前途的工作，有时会创造出意想不到的财富，看似不起眼的点子，有时在生意场中却起着非同寻常的作用，一个小小的创新可能带来意想不到的收获。

我们来看看洗澡洗出来的一个女性百万富翁。她是一个初中毕业的打工妹，靠着给人当保姆，挖掘出自己会带小孩的"天赋"，并通过用中药给小孩"洗澡"的手艺，率先开出全国首家"娃娃"洗澡店，几年来，赚钱百万，创造了一个财富神话。她就是重庆妹子张晓丽。

1972年，张晓丽出生在一个普通工人家庭里，由于家境贫困，为了给家里减轻负担，19岁的张晓丽只身来到温州打工。

张晓丽先后当过裁缝店的学徒，做过服务生，但都不尽如人意。后来经人介绍，张晓丽来到一户人家做"月嫂"，"月嫂"就是专门伺候刚生了孩子坐月子的女人，张晓丽觉得自己干其他的不在行，但伺候人应该没有问题。

张晓丽从此开始了她的"月嫂"生涯。张晓丽做事比较细心，爱思考。有一次，她帮带的一个孩子长得白白胖胖的，但是体质比较差，只要天气一变化，不是感冒就是发烧，弄得家里人忙得一团糟。张晓丽开始琢磨，该怎样给孩子加强营养和增强体质呢？

张晓丽想起外婆带小孩子时经常找中草药熬水给小孩洗澡搓背，孩子们因此身体健康皮肤也好。

这个方法虽"土"，但效果不错。张晓丽把自己的想法给主人讲了，女主人听了也很感兴趣。当晚，张晓丽给家里打长途电话，叫他们找些中草药来。

药寄到后，张晓丽坚持经常给孩子用中药水洗澡，效果还真的不错，经过一段时间后，小孩病少了，体质增强了，全家人都很高兴。

在那个小院里，一给小孩"洗澡"，总会引得周围邻居前来围观，问长问短。一传十、十传百，张晓丽带小孩有了"名气"。等到这家小孩长大了，已有五六家排着队争着要请她带小孩。

这样的工作张晓丽一做就是6年。每到一个地方，她都会用草药熬水来给孩子们洗澡，效果好不用做广告，附近有小孩的家庭都让她给自己的小孩洗澡。

时间长了，张晓丽的"名气"越来越大了，有时候一个月光是给别人家小孩洗澡就能得到四五百元小费。这时，有人建议她开一个专门给小孩洗澡的店，以她的经验和名气一定能够赚钱。

张晓丽接纳了这个建议，并为此积极准备。想到在温州人生地不熟，她决定回重庆发展。

张晓丽对重庆的市场进行了考察，发现为小孩洗澡还是一个不为人所知的行业，这既让她有些不安，但也激励了她创业的决心。

为了稳妥起见，张晓丽决定先找个门面"试试水"，她租了一间五十多平米的店面，2001年9月，"娃娃"洗澡店在一片怀疑和好奇的目光中开业了。

"娃娃"洗澡店毕竟是新鲜事物，开业前3天，来看热闹的人很多，但就是没有人愿意把小孩送到这里来。张晓丽知道，要打开局面，首先要让人们了解这件事情，有了了解才有理解，也才会接纳。于是，张晓丽一遍一遍不厌其烦地给客人们介绍给小孩洗澡的好处。

过了几天，终于有位婆婆带着她的孙子来到张晓丽的洗澡店。原来孩子背上冒出许多小红疙瘩，跑了许多医院都未治好，万般无奈，婆婆才决定到这里来试试运气。

在张晓丽的店里泡过几次澡后，小孩身上的疙瘩不见了，体质也明显好了许多。有了这个活广告，张晓丽的"娃娃"洗澡店一下子有了客源。

为了打出"洗澡堂"的名气，张晓丽精心制作了宣传单，把这个新行业进行了全方位地介绍。给孩子洗澡看来好像是一种"土"办法，但实际上却是一门很深的学问，仅药物调理就很有讲究。

张晓丽根据孩子的不同症状，在洗澡水中用何首乌、蒲公英、银花藤等数十种普通中药以不同比例、火候、水分煎制出来。张晓丽就把这些专业知识制作成宣传展板，让顾客清楚他们的行业水准。

时间长了，很多父母都开始把小孩往张晓丽这里送。生意好了，张晓丽更觉得业务水平有待提高。有一天，张晓丽从一本书上看到，孩子健康成长一要"营养"，二要"保健"。

而保健就是给婴儿做按摩、抚摸婴儿全身肌肤，可以兴奋婴儿的大脑中枢，刺激神经细胞的形成及其触角间的联系，促进小儿神经系统的发育和智能的成熟，从而促使血液循环和身体发育，增强食欲。给孩子洗澡应该是一种药物保健，而按摩则是自然保健了。

张晓丽还在网上了解到，国外很多国家都流行为婴儿按摩。于是，张晓丽把按摩引入澡堂，在澡堂开辟了一间婴儿按摩室。这样一来，生意更加火爆。

"娃娃"洗澡堂经营一年后，受到了众多消费者的青睐，原来的洗澡堂狭窄了，张晓丽决定扩大规模，一口气把相邻的三个门面全部租下，并更名为"宝宝洗澡按摩店"。

张晓丽还把几个门面进行了统一的装修，装上了吊灯，让室内的格调既温和又活泼，她还买回来很多漂亮的小玩具给孩子们玩。

后来，张晓丽又想出了一个奇招——"观浴"，她在门面靠街面的方向装上了玻璃墙，让顾客观看孩子们洗澡，这样一来，一是可以让父母安心，二是给自己做活广告，这一招果然很见效，很多人都是在观浴之后成为张晓丽的顾客的。

这一幕不仅吸引了顾客，也引来了重庆电视台和各媒体记者。这样一来，张晓丽和她的洗澡堂走进了千家万户，张晓丽也一下子成了"名人"，当张晓丽的"宝宝洗澡按摩店"迎来了第一个春天的时候，人们常常在节假日看到张晓丽的店门外排起长队，有时甚至需等上一两个小时才能进入澡堂。

为了开拓区县市场，2001年9月，张晓丽的第一家"宝宝洗澡按摩店"分店在重庆万州双白路开业。至今，张晓丽的"宝宝洗澡按摩店"分店已经开了3家。平时张晓丽就自己开车到几个店里转转，给员工做做示范，人家都亲切地称呼她为"晓丽姐"。

从一个身无分文的打工妹到拥有固定资产120多万元的老板，张晓丽说她还有一个愿望，就是让她的"宝宝洗澡按摩店"连锁店开满全国……

张晓丽的成功并不是用了什么特殊手段，只不过是她比普通女性观念改变了一点，想法多一点，可就是这一点让她把生意做大起来，名利双收。

女人传统的观念就是相夫教子、勤俭持家，当好男人的"钱匣子"就行了。当然勤俭是没有错的，但只是一味勤俭而不知变通，那是永远发不了财的。阿里巴巴用"芝麻开门"的秘语打开了装满金银财宝的神秘山洞，而现代女性则需要用改变自己观念的方式来开启财富之门。

要想别人看得起自己，唯有勤奋

"业精于勤而荒于嬉，行成于思而毁于随。"这虽然是一句古老的名言，但在今天却依然散发着智慧的光芒。人世沉浮如电光火石，盛衰起伏，变幻难测。如果你有天赋，勤奋则使你如虎添翼；如果你没有天赋，勤奋也将助你赢得成功。

我们都渴望成功，可是又有多少人为此在辛苦努力着呢？成功之花，人们只惊异于它现时的明艳，却不知当初它的芽浸透了奋斗的汗泉，洒遍了牺牲的血雨。是的，在成功者的背后总隐藏着鲜为人知的故事，经历了多少风风雨雨，又历尽了多少坎坷，他们才站在了胜利的舞台上啊！

推动世界前进的人并不是那些严格意义上的天才，而是那些智力平平而又非常勤奋、埋头苦干的人；不是那些天资卓越、才华横溢的天才，而是那些不论在哪一个行业都勤勤恳恳、劳作不息的人。

即使你身体有残缺，即使你没有过人的天资，即使别人看不起你，只要你自强不息，就能改变别人对你的看法，就能开拓出一片属于自己的天地！

我们来看一个勤奋成才的小故事吧：

　　童第周出生在浙江省鄞县的一个偏僻的小山村里。由于家境贫困，小时候他一直跟父亲学习文化知识，直到１７岁才迈入学校的大门。

　　读中学的时候，由于童第周的基础太差，所以学习十分吃力，第一学期期末平均成绩才45分。为此，学校劝其退学或留级。在他的再三恳求下，校方才同意他跟班试读一学期。

此后，童第周就与路灯常相伴：天蒙蒙亮，他在路灯下读外语；夜里熄灯后，他在路灯下自修复习。功夫不负有心人。期末，他的平均成绩达到70多分，几何还得了100分。

通过这件事，童第周悟出了一个道理：别人能做到的事，自己经过努力也能做到。世上没有天才，天才是用劳动换来的。这成了他的座右铭。就这样，靠着勤奋刻苦的精神，童第周顺利考上大学，并出国深造，取得了很大成绩。

童第周从小家境贫寒，并且学习一般，但他喜欢读书，乐于吃苦，不怕困难，最终成就了他的辉煌。这充分说明了任何人的成功，都不是靠幸运得来的，那是用汗水浇灌而来的啊！

勤能补拙是良训，一分辛苦一分才。只要付出就有收获，天赋超常而没有毅力和恒心的人，只能庸庸碌碌地过一辈子。许多意志坚强、持之以恒而智力平平乃至稍稍迟钝的人，都会超过那些只有天赋而没有毅力的人。

据记载，世界上能够到达金字塔顶的生物仅有两种：一种是鹰，另一种便是蜗牛。不管是天资奇佳的鹰，还是资质平庸的蜗牛，能登上塔尖，极目四望，俯视万里，都离不开两个字——勤奋。

俗话说："笨鸟先飞。"这句话告诉我们，要想不落后，就要比别人勤奋，就要比别人先行动。

"笨鸟先飞"是一种不甘落后、勇于争先的表现。只要具有这种精神，"笨鸟"终有一天会变成"灵鸟"。而我们的青春也都会因为勤奋而变得更加绚丽多彩！

古往今来，无论何人，不勤奋、不刻苦都不可能有所作为。青年时期则更是关键，正所谓"少壮不努力，老大徒伤悲"。我国古时候就有刺股悬梁、穿壁引光、积雪囊萤、燃糠自照等典故，这也是古代年轻一代好学上进的生动教材。

一代"书圣"王羲之年轻时从师于卫夫人，勤学苦练，以竹叶作纸，以池水为墨，于深山中潜心深造，仿魏晋钟繇的隶书楷书法，摹"草圣"张旭的草字法。

业精于勤，如此隐忍而决绝的信念永远深驻在他的内心，于是他放弃了休息，终以"飘若浮云，矫若惊龙"扬名于世，而他集百家之长又独树一帜的行草最终得以承袭。

雨果充满激情的一生，与他分秒必争的治学方式密不可分。雨果曾和法国一家出版社签订合约，定于半年之内完成一部作品，为了保证潜心于工作，他毅然将多余的衣物锁进衣柜，遗弃钥匙，以断绝外出游玩的念头。

雨果放弃了休息，将分分秒秒都用在了写作中。最终稿子提前了两周完成，而这就是闻名于世的巨著《巴黎圣母院》。

人之于世，有着太多梦想，需要付出很多的精力与时间去追求，与其将易逝的流年耗尽在无用的休息中，不如倾注于勤奋的钻研中，这样，我们或许会走得更远。

与勤奋相对的是懒惰。懒惰是一种毒药，它既毒害人们的肉体，也毒害人们的心灵。懒惰的表现之一就是"业精于勤而荒于嬉"中所说的"嬉"，也就是只知道玩乐，不知道上进。

有个人从少年时就很贪玩，家里人劝他学习，他总是说就玩今天一回，明天再学，就这样，明日复明日，青春虚度，迈入老年，最终一事无成。最后，这个人后悔莫及，写了一首诗："镜里但见鬓如银，虚度闲掷七十春。只因常立明天志，一生事业付儿孙。"

这个便是少年时期不懂得抓紧时间而"老大徒伤悲"的很好例证。

人们常说："一分耕耘，一分收获。"很多人想增加财富，提升地位，让生活更上一层楼，却不愿意多付出一点儿，结果只能像下面这个年轻人一样：

在一个勤劳的家庭中，夫妻勤勤恳恳、夜以继日地工作着，因此过了几年，这两口子便富了，创下了一份很大的家产。但是他们对儿子从小就溺爱，衣来伸手，饭来张口，促使他养成了懒惰贪吃的坏习惯。

等老两口去世后，他和他的妻子便成天吃喝玩乐。饿了吃父母留下的粮食，冷了穿父母留下的衣服，两人过着神仙一般的快活日子。没过多久，也就是腊八这天，他俩只剩下一碗粥，最后被饿死、冻死了。没有吃不完的饭，没有穿不破的衣，这就是不劳而获者的下场。

有很多人都指望着天上能够掉下馅饼，整天懒洋洋地做着白日梦。然而耕耘，却意味着辛勤的汗水，你不付出就永远得不到收获。不劳而获的成功是没有的，只有经过自己不断地耕耘、付出了辛勤劳动的人，才会获得丰收的硕果。这是亘古不变的真理！

不耕耘，便想得到收获的成果，在现实生活中是永远都不可能实现的。劳动创造奇迹，劳动就是财富，付出总会有收获，哪怕是一点点的付出也能换回一丝心灵上的温暖。

成功是一个令人向往的名词。每个人都希望获得成功，但世界上真正获得成功的人又有多少呢？一个人的成功并不是偶然的，它是需要辛勤耕耘的。

任何一个成功的人，都经过了刻苦的学习，面对困难都勇于探索以及坚持不懈的努力。若想收获硕果，就必须洒下辛勤的汗水。因为收获总是在耕耘、播种之后，有播种，才会有收获。

如果想在残酷的竞争中立于不败之地，就只有靠自己平日辛勤的耕耘。所以，不要眼红别人今天的拥有，那是别人长期、艰难付出的回报。每个人的收获，都是以更多的耕耘为代价的。人只有坚持不懈地努力，吃一些不为人知的苦，才会创造出一个又一个的奇迹。

那么，书前的朋友，对于懒惰，我们应该怎么办呢？我们需要时时鞭策自己，才能让自己有足够的理智和力量，不断进取，永不后退。

一个人见寺院里的大师在敲木鱼，便上前问大师："为什么在念佛时要敲木鱼呢？"

大师回答道："名为敲鱼，实为敲人。"

这人听了不解，又问道："那为什么不是敲鸡呀、羊呀，偏偏要敲鱼呢？"

大师笑着说："鱼儿乃是世间最勤快的动物，整日睁着眼睛，四处游动。这么至勤的鱼儿都要时时敲打，何况懒惰的人呢！"

"懒惰"是一个极具诱惑力的怪物，每个人的一生当中都会与这个怪物相遇。比如，早上躺在床上不起来，起床后什么事也不想干，能拖到明天的事今天不做，能推给别人的事自己不做，不懂的事自己不想弄懂，不会做的事自己不学做。

"懒惰"可以说是人类最难克服的一个公敌，许多本来可以做到的事，只因一次又一次的懒惰而错过了成功的机会。

寺院里那位大师所讲的"敲打"，其实就是我们现在所讲的鞭策。人一生要勤奋就要不断地鞭策自己，克服懒惰的毛病。

"天才出于勤奋"，我们每一个人都应该用勤劳去弥补自己的笨拙，用汗水浇开绚丽的成功之花！让我们一起努力，一起付出，一起走向成功，走向胜利的舞台。

为什么你怎么努力都不如别人

在现实社会，你和同学们一同毕业，一起找工作，感觉都在同一起跑线上，可是在短短的几年时间后，有的同学开着跑车来了，有的当了官，有的买了房，还有的做生意挣了大钱。

你自己尽管也很努力，可为什么手里还是一无所为？这个时候，你就要好好想一想了，相信你并不比别人笨，只要勇敢地去找寻失败的原因，提升自己，战胜自己，就一定能赶上你的同学，把人生这局棋同样走得精彩。

人生就像是一盘棋，怎样去下，每一步要怎样去走，全由自己来掌握。也许会走错棋，也许会走进死胡同，没关系，只要这盘棋还没有结束，一切转机都有可能出现。

只有勇于战胜自我，才能少一些不必要的烦恼与忧愁。战胜自己，何需等待！拿出你的勇气来，勇往直前，永远进取吧！

朋友，让我们来看一个战胜自我的小故事吧：

巴雷尼小时候因病成了残疾人，母亲的心就像刀绞一样，但她还是强忍住自己的悲痛。她想，孩子现在最需要的是鼓励和帮助，而不是母亲的眼泪。

母亲来到巴雷尼的病床前，拉着他的手说："孩子，妈妈相信你是个有志气的人，希望你能用自己的双腿，在人生的道路上勇敢地走下去！好巴雷尼，你能够答应妈妈吗？"

母亲的话，像铁锤一样撞击着巴雷尼的心扉，他"哇"的一声，扑到母亲怀里大哭起来。从那以后，母亲只要一有空，就帮巴雷尼练习走路，做体操，常常累得满头大汗。

有一次母亲得了重感冒，她想，做母亲的不仅要言传，还要身教。尽管发着高烧，她还是下床按计划帮助巴雷尼练习走路。黄豆般的汗水从母亲脸上淌下来，她用干毛巾擦擦，咬紧牙，硬是帮巴雷尼完成了当天的锻炼计划。

体育锻炼弥补了由于残疾给巴雷尼带来的不便。母亲的榜样作用，更是深深教育了巴雷尼，他终于经受住了命运给他的严酷打击。他刻苦学习，学习成绩一直在班上名列前茅，最后，以优异的成绩考进了维也纳大学医学院。

大学毕业后，巴雷尼以全部精力，致力于耳科神经学的研究，最后，终于登上了诺贝尔医学奖的领奖台。

　　你自己不愿成功，谁拿你也没办法；你自己不行动，上帝也帮不了你。只有自己想成功，才有成功的可能。巴雷尼正是战胜了自我，最终取得了成功。

　　人生如戏，每个人都是主角，不必模仿谁，我是我，你是你。好好地活着，为自己活着，有梦想就大胆追求，失败也不要放弃。对于我们来说，真正的成功，不在于战胜别人，而在于战胜自己。

　　有句话说得好："不会战胜自己的人，是胆小的懦夫。"突破自我，需要勇气，需要顽强的生命活力。

　　书前的朋友，无论你拥有的是健全的身躯还是残缺的臂膀，是优越的条件还是困窘的环境，大胆地拿出你的勇气、你的胆识，去克服困难，克服恐惧，克服失败带给你的消极情绪。

　　不管你是正在前行中，还是失意时，不要再彷徨，不要再犹豫，对现在的你来说，从失败中找出通向成功的途径，这才是最重要的。

　　朋友们，只要勇于战胜自己就等于打开了智慧的大门，开辟了成功的道路，铺垫了自己人生的旅途，铸成了一种面对任何烦恼和忧愁都不退却的良好心态。

战胜自己说起来容易，但是真正地做起来要比战胜别人难得多，因而战胜自己，就要有坚忍不拔的意志，要有根深蒂固的信念，要有在逆境中成长的信心，要有在风雨中磨炼的决心。

　　人的一生，总是在与自然环境、社会环境、家庭环境做着适应及战胜的努力，因此有人形容人生如战场，勇者胜而懦者败；人们从生到死的生命过程中，所遭遇的许多人、事、物，都是战斗的对象。人生的战场上，千军万马，在作战时能够万夫莫敌、屡战屡胜的将军也不见得能够战胜自己。

　　例如，拿破仑在全盛时期几乎统治半个地球，战败后被囚禁在一座小岛上，相当烦闷痛苦，他说："我可以战胜无数的敌人，却无法战胜自己的心。"可见能战胜自己，才是最懂得战争的上等战将。

　　要战胜自己很不简单，一般人得意时忘形，失意时自暴自弃；被人家看得起时觉得自己很成功，落魄时觉得没有人比他更倒霉。唯有不被成败得失所左右、不受生死存亡等有形无形的情况所影响，纵然身不自在，却能心得自在，才算战胜自己。

　　亲爱的朋友，请你一定要记住，在生命中勇于突破自我，战胜自己，不要放弃自己的梦想和追求，要努力向前！

不要怀疑自己，你并不比别人差

朋友，你是不是曾经有过自我怀疑呢？在看到别人成功的时候，你怀疑自己比别人差？

有这么一个说法，在一个可怕的世界里，当某个人自我怀疑的时候，他就会分化成两个个体，一个是原来的自己，另一个是自己怀疑自己所成的个体，然后，如果自我怀疑继续下去，那么这种裂变就不会停止。

怀疑是一堵封闭自己的墙，过分的自我怀疑更是会把人牢牢地困在消极的思想之中。我们不难发现，那些总是自我怀疑的人，做起事来会畏首畏尾。最常见的表现是向前走一步觉得没有太大把握，就又退回原位，面对别人的意见时更是会丧失主见，无法坚定地去完成一件事情。

朋友，当你身处逆境，当你觉得自己一无是处的时候，不妨停下脚步，欣赏一下周围的风景还有那些忙碌的人们，慢慢地让自己的心静下来。

人生就如同一场马拉松比赛，就算你最初的起步慢了一拍，就算你现在的位置不如别人，在以后还有很多机会去赶超对手。在生命漫长的岁月中，耐力和毅力有时候会比机遇和聪明才智更加重要。

现在，我们不妨来看一个小故事，看一个自我怀疑者的心理咨询经历：

咨询师："这份资料是你妈妈写的吗？"

学生："嗯。"

咨询师："可以说一下你为什么要弃学吗？"

学生："没什么，资料上不是都写得很清楚吗？"

咨询师："我想知道你的想法，而不是你妈妈的。"

学生："我觉得我太没用了。妈妈经常说谁家的孩子考上了哪个重点中学，而我的成绩一直都是在不上不下的水平。与其这样还不如回家做一些生意。"

咨询师："可以告诉我你想做一些什么样的生意吗？"

学生："不知道。我只想逃离这个学校，在这个学校里面我一无是处。什么也不是，几乎所有人都比我好。"

咨询师："那么你的体育是不是比班上学习最好的要好？"

学生："嗯！"

咨询师："你的篮球是不是比足球最好的那个打得要好？"

学生："嗯，我班上踢足球最好的那个不会打篮球。"

咨询师："你比体育成绩最好的那个学习是不是好呢？"

学生："对，那个体育好的学习一直是倒数几名。"

咨询师："你看，你也挺厉害的嘛！"

学生："是啊，不过我老觉得自己不够好。"

咨询师："是不是你的家人给你的压力有些大呢？"

学生："是啊，他们老是拿我和别人比较。我就是想做出一番事业给他们看。"

咨询师："每个人都有每个人的优点和缺点，你拿你最坏的和别人最好的比，效果当然不理想啦！任何有成就的人都受到过很多挫折和磨难。但是他们都有一个共同点，就是从未放弃他们的理想。可以说说你的理想是什么吗？"

学生："我想考一所好的大学……"

咨询师："既然这样，那么你为什么又要出去做生意呢？只是想证明给你的爸爸妈妈看吗？你刚刚给我的感觉是，你想要逃离这个给你压力太大的环境。"

学生："我其实很喜欢学习。不过他们越是让我学，我就越不想学。而且我始终追赶不上比我学习好的那些人。"

咨询师："嗯，因为你带的包袱太多也太重了。"

学生："包袱？"

咨询师："嗯，包袱。你爸爸妈妈对你的期望，老师对你的期望，你周围的朋友互相攀比成绩，这些对你来说都是包袱，也都是负担。"

学生："但是如果我的学习成绩上不去怎么办？"

咨询师："学习成绩只不过是考核你学习效果的一种手段而已，并不是你真正价值的体现。"

学生："那么你的意思是？"

咨询师："如果你用你喜欢的学习方式去学习的话，你的学习就不是为了取悦别人，而是为了充实自己。"

随后，咨询师给学生做了一个放松诱导：

"你现在用最舒服的姿势坐在椅子上，慢慢地放松。你的脑海里慢慢地出现了一幅场景，周围的人看着你，都在对你微笑，你也用微笑回应着周围的人。当你微笑的时候，你就会变得更加的自信……"

治疗结束后，咨询师又给学生布置了一些家庭作业，让他多做一些有氧运动，多游泳，这样会让他更好地放松，也会让他更加的自信。

　　治疗结束之后，当从咨询室里面走出来的时候，学生高兴地牵起了母亲的手。

　　怀疑是一堵封闭自己的墙。过分的自我怀疑更是会把自己牢牢地困在消极的思想之中，即使是你最优秀的。

　　案例中的男生正是这样，他的篮球打得很棒，学习也不错，但是却经常怀疑自己不够好，特别是当父母拿成绩更好的同学与他做对比时，他的自我怀疑就更加严重了。

　　在我们成长的道路上，不是绝对不可以怀疑自己。适当的怀疑会加强自身的反省意识，发现自身的不足。不过在怀疑的同时，一定要知道自己坚信什么，我们是坚信事实呢，还是一意孤行地坚信自己的猜疑？朋友，要知道，过度怀疑自己，就会严重摧毁自己的自信心，导致自己的毁灭。

　　自我怀疑往往是自卑心理的起源，过于自卑无异于自我毁灭。若是长期处于自我怀疑之中，有甚者最终竟然放弃了自己宝贵的生命。由此可见，自我怀疑对于我们的危害是多么大啊！

　　一个人在怀疑自己的同时，要思考一下自己坚信的是什么，如果坚信的是自己的怀疑，那其实是毫无意义的。有的人开始时怀疑自己不能成功，时间长了，就会坚信自己不能成功，一旦有了这样的心理，成功也就永远不会光顾。

　　要想成功，就不要怀疑，行动是最好的检验方法。在行动之前，谁也没有资格说自己行还是不行，只有试了才能知道，即使没有成功，也不要后悔，至少自己没有蹉跎岁月，同时也为最后的成功打下了坚实的基础。

我们每个人都是独一无二地存在于这个世界上，都可以用自己的方式为社会做出应有的贡献。所以我们要学会冲破自卑的束缚，尊重自己，善待自己，相信自己，切不可过度怀疑自己。

想必大家都有这样的感触，在梦中我们总是不可思议地具有极其强大的能力，几乎什么事情都能够做成。

比如，同时出现在两个地方，随意转换场景和环境，穿墙而过，变成富翁和名人，克服大障碍，创造巨大的财富等。而且在整个过程中，我们似乎从来没有怀疑过自己的能力。在梦中，我们从不怀疑自己，所以所有的事情都是可能的。

可是在现实中，我们中的很多人处于清醒的状态时，却总是浪费许多的时间和精力去怀疑自己的能力。这其实是我们的一大损失。

当你心里不以为然或怀疑时，你就会想出各种理由来支持你的"不信"，告诉自己"我为什么不能""我为什么会失败"。

怀疑、不信、潜意识认为要失败的倾向，都是失败的主要原因。所以要想成功，就必须将怀疑从生命中放逐出去，学会相信自己，创造内在的正确认知。把怀疑从你的心中统统放逐，你就会发现自身所具备的许多潜质，一切也都会变得顺利。

我们来看看下面这个年轻人是怎样做的：

我一度沉浸在别人的意见之中，甚至在晚上睡觉的时候我都会把每个人的意见从头到尾分析一遍。经过不断思考后我发现，在所有意见当中，唯独没有我自己的意见。

我这才恍然大悟，自己竟成了别人思维的复制者，完全丧失了自己的主见。意识到自己正在犯一个非常愚蠢的错误后，我开始重新整理思维。

我将每个人的意见一一列在纸上，然后根据自己的实际情况逐个分析，吸收好的，排除坏的，最后整理出了几点自己的确存在的问题，再加以改进，结果我不但完善了自己的不足之处，自我怀疑的心理也消除了。

是的，要想消除自我怀疑，就必须要有自己的主见，要相信自己是绝对有能力完成某件事情的。不能听风就是雨，听了别人的意见后不进行仔细思考就拿来采用。

要结合自己的实际情况，认真分析后再吸取其他人意见的精髓进行自我完善。

大多数人陷入自我否定的陷阱都与上面那个年轻人的经历相同，也就是说，如果我们能在征求他人意见的同时保持自己的主见，认真分析所遇到的问题后再采取行动，就能有效地避免这类事情的发生。

亲爱的朋友，我们要想突破自己，就要解除自我怀疑，打消消极的念头。成功者的思想里只有成功，没有失败。他们也会接受别人的意见，但从来不会怀疑自己是否有取得成功的能力。

我们除了在吸取他人意见时要保持谨慎，还有一点就是一定要相信自己，要有必胜的决心。只有这样，我们才能始终坚定自己的立场，保持自己的主见，不被别人所左右，找到适合自己的道路。

一味地自我怀疑不是什么明智的选择，因为它对我们没有任何好处。所有的怀疑都是浪费精力，而且干扰了我们与生俱来创造奇迹的能力。

朋友，选择自信，就选择了成功；选择自卑，就选择了失败，因为什么样的生活态度就会决定什么样的人生。让我们告别怀疑，扬帆远航吧！

你的消极情绪，正在杀死你

一个悲观、消极的人，每当在生活和学习上遇到困难和问题的时候，都不会积极主动地去面对并且加以解决。反而选择退缩，自困自忧，意志消沉。我们来看这样一个年轻人的心声和故事吧：

　　我一直对自己很失望，感觉自己大学毕业后什么也干不了。办公室里其他人都在工作，唯独我闲着没事做。总感觉领导看我不顺眼，连领导的脸都不想看。可是没办法，为了工资，我还得在办公室里待着，可日子真的很难过啊！

　　我已经是跳过一次槽的人了，我也知道找好工作不容易，所以我现在也不敢轻易地辞职。况且家里也不是很有钱，辞职了父母怎么办？

　　我真的很爱我的父母，很爱我的哥哥妹妹，他们也都对我很好。之前上大学的时候，自己的生活就过得很节俭，也是为了给家里省点儿钱。一直想着毕业后，工作了，挣钱了，给父母些钱，让父母也能过上好点儿的日子，可没想到的是毕业后，工作极其不顺心。

　　我是2010年毕业的，曾在浙江辞职过一次，不过辞职没几天又回去了，自从再次踏入那家公司之后，领导对我就极其苛刻，我也知道这不能怪他，最后我还是辞职走人了。

　　如今来到西安了，离家也近，我找了一家学校上班，本该感到高兴才对，可没想到自己的想法一直很消极、很悲观，感觉自己很无能，感觉自己什么都做不成，什么都不懂。

上学的时候，我是个学习很好的学生，本该现在过比较好的日子才对。可如今过成了这个样子，一直对自己感到很失望。

这种消极的思想持续了好长一段时间，大概两个多月了吧！一直不知道怎么才能从这种消极悲观中走出来。感觉每一天都过得很难受，很痛苦。

看着现在这个学校的好多同事们要么在考教师资格证，要么在考公务员，在考研，可再想想自己却什么目标都没有。悲观失望，看不到未来，不知道自己该朝哪个方向努力。

下学期就要给学生上课了，现在好担心自己能不能把课上好。我感觉自己来到这个世界上就是个悲剧，自己过得真的很差。我究竟该怎么做才能让自己心情好一点儿，能让自己感觉乐观一点儿、快乐一点儿啊？

别人都忙忙碌碌的有事情做，就我整天在浪费时间，浪费光阴，什么都不愿意学，将来怎么办啊？我快愁死了。

诗人汪国真说："悲观是瘟疫，乐观是甘霖；悲观是一种毁灭，乐观是一种拯救。"人一旦悲观，就会变得做事犹豫、畏首畏尾，不自信，甚至连日常生活都找不到半点儿乐趣。故事中的年轻人正是这样，他的人生多么痛苦啊！

在生活、学习和日常的人际交往中，我们不可避免地会遇到一些困难或者麻烦，从而产生一定的挫败感。比如，学习成绩落后、人际关系欠佳、被朋友误会等问题。这些挫折会使我们心中产生一些不良的情绪，比如灰心丧气、意志低落。

此时如果不能对挫折进行正确的归因和对自己进行适当的情绪调节，就有可能使这种不良情绪造成长期的影响，使得我们对自我的评价下降，自信心减弱，甚至会产生极其严重的悲观情绪。

如果长期处于过于悲观的心理状态中，势必会给日常生活和学习带来极大的影响。越是悲观，就越自卑，越缺乏自信心。

悲观会使人精神萎靡，眼界狭窄，没有自信。悲观是扑灭理想之火的水，是事业成功的绊脚石。悲观是失望的兄弟，是失败的根源，是苦恼的要素，是烦恼的土壤。

悲观之树只能开出苦涩的花，结出烦人的果。悲观的人说，希望是地平线，就算看得见，也永远走不到；乐观的人说，希望是启明星，即使摘不到，也能告诉人们曙光就在前头。所以说，悲观的人总是看不到希望，找不到快乐，也无法抵达成功的巅峰。

如果一个人整日都完全地沉浸在一种悲观消极的情绪中，会大大影响他的工作，他更不可能有什么大的成就。相反，如果我们能够恰当地控制自己的悲观情绪，就能获得更大的发展。

梁朝伟是大家早已熟悉的明星，他忧郁的眼神和成熟男人的魅力让很多人为之着迷。在一期《艺术人生》节目中，梁朝伟一直强调自己是个很悲观的人。

梁朝伟说："我觉得自己一直是一个很自卑、很害羞的人，所以才当演员，躲在角色后面很安全，否则我就去做主持人了。因为悲观，我永远只会往自己的缺点方面看，永远看不到我自己好的地方在哪里。"

但从另一方面讲，因为他悲观，所以他不怕失败。他说："如果我没有失败过，下回我就可能犯错误，而失败过就会记住自己的缺点。如果我曾经做得很好，下回这个优点自然还会存在。不过，不能整天只记着自己的优点，不然会渐渐自大和骄傲。"

很明显，梁朝伟把悲观变成了一种鞭策自己前进的力量，使得他能够不断地完善自己。

所以说，悲观的性格不可怕，可怕的是不能直面现实，而只是在悲伤的情绪中不能自拔。要克服悲观，保持乐观，就不能害怕面对挫折。

面对困难，我们不能退缩，更不能放弃；面对失败，我们不能垂头丧气、灰心失望，更不能悲观；面对伤痛，我们不能让眼泪白流，我们不能因伤痛而失去勇气；面对所有事情，我们都要乐观向上。

这里有一些克服悲观消极思想的方法，大家不妨借鉴一下：

一是注意力转移法。首先，要有意识地转移注意的焦点。当你遇到挫折，感到苦闷、烦恼，情绪处于低潮时，就暂时抛开眼前的麻烦不要再去想引起苦闷、烦恼的事，而将注意力转移到较感兴趣的活动和话题中去。多回忆自己感到最幸福、最愉快的事，以此来冲淡或忘却烦恼，从而把消极情绪转化为积极情绪。其次，可以自觉地改换环境。如外出散步、旅游参观，调换居住地点等。这样通过新的环境，冲淡、缓解消极的心理情绪。

最后是合理发泄情绪法。所谓合理发泄情绪，是指在适当的场合，采取适当的方法，排解心中的不良情绪。具体而言有以下几种方式：

哭泣。当你遭到突如其来的灾祸，精神受到打击心理不能承受时，可以在适当的场合放声大哭。这是一种积极有效的排遣紧张、烦恼、郁闷、痛苦情绪的方法。

倾诉。当你心中积满苦闷、烦恼、抑郁等不良情绪无法缓解时，可以向父母、老师、同学、知心朋友尽情倾诉，发发牢骚，吐吐苦水。这样使消极情绪发泄出来后，精神就会放松，心中的不平之感也会渐渐消除。

活动。当你的消极心理使情绪极度低落时，越不愿参加活动，情绪就越低落；而情绪越低落，又越不愿意参加活动。这样就形成了恶性循环，使不良情绪加重。如果适当参加一些有益的活动，或跑跑步、打打球、干干体力活，或唱唱歌、跳跳舞，就可以使郁积的怒气和不良情绪得到发泄，这样，原本十分低落的情绪就可以得到缓解。

二是自我控制情绪法。人不仅要有感情，还要有理智。如果失去理智，感情也就成了脱缰的野马。在陷入消极情绪而难以自拔时，应有意识地用理智去控制，这里有以下几种方式供借鉴：

自我暗示。采取这种方法，可以抑制不良情绪的产生。当你参加一些紧张的活动如重要的考试或竞赛前，要在心里暗暗提醒自己，沉住气，别紧张，胜利一定是属于自己的。这样就能增强自信心，情绪就会平静，就能遏制冲动，避免不良情绪造成不良后果。

自我激励。这是用理智控制不良情绪的又一良好方法。恰当运用自我激励，可以给人精神动力。当一个人面临困难或身处逆境时，自我激励能使你从困难和逆境造成的不良情绪中振作起来。

"失败是成功之母"是大家都熟知的一句名言，但是如果在失败后一味消沉，不采取自我激励的方法振作精神，那么失败只能永远是失败，而不会成为成功之母。

心理换位。这也是消除不良情绪的有效方法。所谓心理换位，就是与他人互换位置角色，即俗话所说的"将心比心"，站在对方的角度思考、分析问题。

通过心理换位，来体会别人的情绪和思想，这样就有利于消除和防止不良情绪。如当我们受到家长和老师的批评时，自己心里有气，这时要设身处地想一想，假如自己是老师、家长，遇到此类情况会怎样呢？这样，往往就能理解家长、老师对自己的态度，从而使心情平静下来。

升华转化。就是要发掘调动思想中的积极情绪，抵制和克服消极情绪。将痛苦、烦恼和忧愁等消极情绪升华转化为积极有益的行动。

总之，我们的人生犹如一面镜子，我们对它笑，它就会冲我们笑；我们对它皱眉头，它就会对我们皱眉头。所以在生活中，要学会保持一颗乐观开朗的心。

乐观的心态对于人生，就像阳光对于黑暗，清泉对于干涸的大地，灯塔对于航船！放下心中悲观的包袱吧！没有比脚更长的路，没有比人更高的山，只要勇于攀登，就一定能够成就辉煌。

第二章

人必须活出自己的价值

　　如果你想让自己的梦想开花结果，只有一种可能，那就是活出自己的价值。就像一位名人所说的那样：当回忆往事的时候，他不会因为虚度年华而悔恨，也不会因为碌碌无为而羞愧。

进入心仪的公司，是种什么体验

现如今，大型合资企业、外企是很多人就业的首选。大型企业工资高、福利完善是人们选择这类企业的主要原因，但更重要的是，进入这类企业，可以学到他们的管理经验，他们的思维方式，为自己的将来的发展做准备。

我们来看看敦煌网首席执行官王树彤的成功之路。王树彤1991年毕业于北京邮电大学电子工程学院，随后任教于清华大学软件开发与研究中心。1991年底，她考入了外企，在一家电子设计自动化的公司工作，后来，她又同时考上了IBM、AT&T及微软公司。

最后，她选择了离家最近的微软公司。数年后，王树彤仍心存感激地说："我有时相信命运的安排，因为在微软的6年对我影响太大了。这一行业成就了我。"

1993年加入微软公司，历任市场服务部经理和事业发展部经理，在微软公司历次的业绩评定中都名列前茅，是最年轻的中国经理人。

在进入微软之初，王树彤并不习惯微软的工作方式。微软要求员工在做每个项目和活动前都必须写出一个全面周详的计划书，列明目标、工作方式、所需资源、预算和风险评估等。

王树彤说，最初做计划书时，"是绞尽脑汁往里面生搬硬套，但时间一久，这就成了我血液中的一部分。在我每做一件事情以前，这些事情的框架就立体地呈现在脑子里了。"

王树彤说："其实，除了能够锻炼建构能力外，这种规范也是非常有效的。第一，它能让我一直知道自己的目标，以目标为导向；第二，在开始之初，我就得全面地想问题；第三，能让其他同事了解我在想什么，最大可能地减少沟通成本。"

这种规范和逻辑能力后来已经渗透到王树彤的说话方式，在谈及重要问题时，王树彤总习惯非常快地总结归纳。

在微软，王树彤踏实肯干的作风，经常受到上司的表扬和同事的认可。她擅长与各种不同的人沟通交流，从而学到不少东西。

"那6年包容太多，让我学会如何做一份工作，如何开始职业生涯，如何做一个很好的经理人以及如何去管理自己的职业发展，然后慢慢去了解自己需要什么，将来的路应该怎样走。"

在微软的经历，王树彤除了职业上的收获外，最重要的是她学会了整套想问题的思维方法。"如果你有一个很正确的思维过程，它会带着你得出正确的结果。"正是有了这样的思维方法，1999年4月，王树彤来到了另一家极不普通的外企——思科公司。

然而，就是在思科公司冲向市值最高的时候，王树彤义无反顾地来到了金山和联想共同投资的卓越网。

"为什么离开思科公司，我对这个问题想得很清楚。我一开始在外企工作时就想过，我不可能一辈子待在这儿，有一天我一定要学以致用。看过也到过那么多优秀的外企，我一直在想什么时候我们能有这样的企业。这是我心底里一直蕴藏着的一个愿望，现在互联网给了我实现这个愿望的机会，我绝不能错过。"她说。

王树彤清楚自己要做什么、能做什么、喜欢做什么，所以不管是在当初互联网的狂热当中还是今天互联网光环褪去的冷静时刻，她对互联网的感觉一直都很清晰：未来的大方向是一定的，接下来是怎么踏踏实实去做。

在分析了市场上亚马逊、当当等模式后，王树彤认为，电子商务在中国有很多障碍，除了经常提起的基础设施薄弱外，最重要的是，中国人的消费观念不可能一下子逾越障碍，并没有许多人在需要商品时想到在网上购买。

今天的网上消费还是一种消遣和尝试。王树彤决定一改亚马逊、当当的模式，而是采取俱乐部的形式，以书籍、CD等文化商品为突破，尝试做电子商务。

简单来讲，卓越采用的商业模式是"小品种、大批量"，也就是说，商品品种经过精挑细选，只有几十种。

这样，一来可以减轻库存压力，获得批量优势；二来保证快速的配送速度，确保本市24小时内送货，使得资金、管理成本大大下降，避免了成为"网上书目"，而无真实库存，更避免了网民买书还要去上游厂商进货的尴尬境地，并且配送速度快捷，减少了配送时间。

所有这一切王树彤都以最饱满的热情去做，因为她说："我乐在其中。""赚钱都是次要的。"果然卓越真的取得了不菲的成绩，一天最多卖出近5000多套产品。

而且，一套共11本书的《加菲猫》3个月的网上销量就等于西单图书大厦相同产品5年的销量；一套由11张VCD组成的《东京爱情故事》一个月的销量则是北京音像批发中心两个月的总进货量。

王树彤说："其实我们都低估了互联网的力量。我们也没有想到会如此之快地取得今天的成绩。"

2004年，王树彤借卓越网的东风又创立了电子商务网站敦煌网，2009年，敦煌网小额在线外贸交易额达到25亿元。王树彤的目标是此后几年敦煌网的交易额要占全国小额在线外贸总交易额的60%。

在生活、工作任何一方面，王树彤都选择自己的喜爱，从来都是听由内心的召唤。她很会调理自己，"周末完全属于自己，不再想任何有关工作上的事情，而且，我每年休假都去旅游。"

王树彤做人的原则特别简单，"因为我的脑子没那么快，也没那么聪明，对我来说，掌握最简单的原则就是最好的。生活对我来说就一件事情：做我喜欢做的事，把握自己的能力，不断往前走，同时与我喜欢的人在一起。"

进入自己心仪的公司，是一种什么样的体验。它的答案只有少数人能够回答，王树彤的经历应该对我们有所启示，那就是享受大公司的工资福利待遇，学习大公司先进的管理经验，实现自己的人生理想和远大目标。

无法起床，不是你不去上班的理由

有些年轻人刚刚上班，就有赖床的习惯，特别是到了冬天，晚上稍微熬一下夜，第二天就不想上班了。这种习惯非常不好，它可能会使你的一生一事无成。

懒惰是每个人都有的，它是人的一种天性，是人的一种自我保护本能过分表现，就像睡眠一样与生俱来。人喜欢休息，也需要休息，但休息过分了就成懒惰了。

懒惰是人需要经常与之斗争的天性，战胜了懒惰，人就能上升，屈服于懒惰，人就会下降。在我们的生活中，有很多人因为战胜懒惰而成为一个成功的人，而有一些人却不能改变这个毛病，以至于干什么事都是半途而废，终不能成功，成为一个失败的人。

贫穷最容易让人安于现状了，这也是贫穷者之所以穷的原因之一。安于现状也是一个懒惰的表现。因为他们安于现状，就不愿意去思考未来的事情，自然就不会去对全局进行长远的规划，整天守着自己的那一亩三分地，哪里还看得到外面广阔的世界？

如果一个人对自己的人生没有任何打算，那么，他就无法达到想要的成功，也无法得到想要的财富。

贫穷者因为懒惰而不愿意对自己的事业制定一个长远宏大的规划，从而使自己不知道该追求什么，自己该往什么方向努力，自然也就只能安于现状，老老实实地过一天算一天了。这样下去，人便失去了斗志，也不会去追求财富，一生只可能是一个贫穷者。

懒惰的人经常是无业游民、贫穷者，他们不愿意找费力气的工作，也不愿意找看似低下的工作，还不愿意找人们看起来不好的工作。他们也因懒惰而不去创造让自己成为富人的事业，即使别人看不起，他们也不愿意去行动。

贫穷者因为懒惰，会在白天休息得足足的，没事就大睡特睡，他不会为自己的将来做任何打算。一到了夜里，他们就会去做不该做的事情，会在夜里疯玩，成为一个地地道道的无业游民，成为一个游手好闲的人，一个名副其实的贫穷者。

这样的人不会受大家的欢迎。由于懒惰，其思想会像不长稻谷的田地一样，长满荒芜的杂草，总想不劳而获，其结果很简单，就是人见人躲。

也正是因为他们的懒惰，使他们养成了一种恶习，不会为自己的事业去努力、去争取，将终生成为一个贫穷者。这也可以说懒惰是贫穷者的习惯。

有一个人死后见阎王。阎王一查生死簿，发现有点不对头，便问土地神："此人应该是个富人，为何却穷死了？"

土地神说："他命里是该有一千两白银，我早就把银两埋在他家田里了，等着他挖出来。谁知这么多年，他就是不肯深翻土地，所以我只好把银两转交给灶王爷安排了。"

灶王爷一直站在旁边，还没有等阎王开口，灶王爷就赶紧呈上一个沉甸甸的包袱，说："大王，此事我已办过，我将这一千两银子放在他的床下，想让他扫地时发现，哪里知道他扫地根本就不扫床下。等我察觉时，他已经到您这儿报到了。"

阎王叹口气说："富命不努力，与穷命又有什么区别？你们把这一千两银子给那些勤奋的人吧！"

如果故事中的这个人，去翻一下土，扫一下床下的地，也就不会落下穷死的后果了。一个懒惰的人，既然有致富的机会，他也不会得到。

一个懒惰的人，他喜欢安于现状，而不愿意上进，所以他只能睁着双眼嫉妒别人的财富，而自己却始终是贫穷者，跨不出穷的门槛。财富不是金蛤蟆，它不会自动往你袋里蹦。

要想成为一个富人，一定要克服懒惰。贫穷者如果一直懒惰，他将永远是一个贫穷者，是不会成功的。一个身体懒惰的人，他是光想不干；大脑懒惰的人，则是光干不想。身体懒惰的人每次想的都是不同的问题，说不定常常还会想出些新鲜的思想和念头，但他却什么也不会去做；而大脑懒惰的人一辈子都干着一样的工作，但他从来不考虑去改变什么。

贫穷者身上往往有这两种懒惰，他们要么就是光想不做，有再好的致富方法也只是说，最终不能实现，不会成为一个富人。而另一种体现在贫穷者身上，他们只顾蛮干，从不考虑如何不再这样，过上富有的日子，这样的话，最终也是一个翁穷者，一辈子成不了有钱的人。

所以，一个要想成功的贫穷者，一定要勤奋，不能懒惰，因为机会总会留给勤劳而又善于观察的人。

一个贫穷者过日子总是三天打鱼两天晒网，他怕苦畏难，好逸恶劳。他的这种生活方式，是他人生的伤痛，是盘旋于生命天空的一片乌云。他从没有想过怎样让自己不再是贫穷者，怎么才能过上富人的生活，他有的只是羡慕那些富人。

其实，这是一个很简单的道理，只要自己去努力，不再懒惰也会有自己的好日子，过上有钱人的生活。只有彻底告别懒惰，才能成为一个真正无忧的富人。

古人云："精勤则道成，懒惰则道败。"这个道理很简单，可就是有些人不理解，也有一些人理解了而不去做。

一个懒惰的人，他注定会一无所有，事业失败，生活混乱，最后是两手空空，过着穷困潦倒的生活；而一个精勤的人必定会用汗水和勤快，赢得生活的灿烂和人生的辉煌，收获累累硕果，也会在事业上取得成功，成为一个富人。

一些懒惰的贫穷者一生都坐待时机，等条件成熟，头发都等白了，也没有那个成功的心了，更不会干出什么事，就这样过了一生的穷日子，等了一生也没有过上富有的生活。

一个懒惰的人永远不会有成功的机会，因为机会不是等出来的，是干出来的。干起来再说，边干边寻找机会，边干边创造条件，只有告别懒惰去干，才能有一个成为富人的机会，一个让自己成功的机会。只要大方向是对的，也许最初看起来没有希望的事，最终会有好的结果。

懒惰是很难克服的，但如果一个贫穷者真的想成为一个富人的话，他一定下决心去克服它。很多的事情都是在它一次又一次懒惰的拖延下，让成功的机会擦肩而过，失之交臂。

之后，就是失望，就是自责。恶性循环中，以至于养成一种可怕的习性，它让贫穷者不能成为富人，他让成功成为失败，所以，一个人要想成功，必须战胜懒惰，这样才能让自己变得富有。

在一个贫困的小山村里，住着许多的贫穷者，有一天，一个富有的商人到这里考查，他发现小村里的人极其贫穷，很多人家吃饭时都没有筷子，只得用手抓着吃。

商人决定捐助一些财物给这里的贫困户。然而，当他走到村后的时候，却忽然改变了主意——他看见漫山遍野都生长着一种很适合做筷子的竹子，于是，他便让这些人把竹子做成了筷子，并销售到外面去，没过多久，小村便有了生气，富了起来。

"穷"对一个人来说并不可怕，可怕的是他怕穷。每一个人一到世上都是一无所有的，那些富人，大官也一样，要想富有，就要学会发现，告别懒惰，学会勤劳。

一个贫穷者不想再穷就要告别懒惰，懒惰不能控制每一个人，只要这个人敢想、敢干、勤奋、吃苦耐劳，锐意进取，而不是安于现状，小富即安。

在致富的过程中一定要舍得付出，敢于拼搏，能勇往直前，遇到困难，不屈服，最终会成为一个成功者，不再过穷日子。

不管是贫穷者还是富人，面对充满竞争的社会，都不能胸无大志、安于现状，而应该挑战自我，不能让自己懒惰。自己身上的危机越多，就越不能回避，而是要像医生治病一样，把自己身上的病菌消灭干净，否则就会影响整个身体的健康。一个人要想挑战自我成功，必须克服懒惰，学会勤劳，才有一个完美的财富人生。

一个人不管是多么的穷困，只要他不懒惰，总有一天，他会成为一个成功者，如果一懒再懒，而不坚持做某件事，就绝对不会有所作为。所以，想告别贫穷，就必须克服懒惰，坚持勤劳。

不要怕打击，好好活下去

人生，是一张网，里面装满了成功与失败、欢乐与悲哀、笑脸与苦脸；人生，是一棵大树，树上的茂盛枝叶是人们奋斗的结果；人生，是五味瓶，酸甜苦辣皆在其中。人生需要挑战，需要不怕打击，努力奋斗。

对于初入职场的人们来说，更应该学会挑战！只有做一个勇敢的挑战者，把自己的想法付诸行动，才会走上成功的道路。

有两只小鸟蜷缩在鸟巢中，等待着外出觅食的妈妈回来，可是几个小时过去了，妈妈还没有回来，它们饿得直叫，其中一只小鸟说："我要展翅高飞，出去觅食。也许开始有些困难，但我不会失败，因为我们生下来就是要飞的。"

它的弟弟不放心地说："你千万不要飞，因为你的羽翼还不丰满。"语音刚落，小鸟哥哥已经蹦到了枝头，展开了双翅，一开始它差点跌倒在地，但又振翅飞了起来。

它在高空对弟弟喊道："你看并不像想象中的

那么困难吧！加油吧！你也可以飞起来的！"

小鸟弟弟叹了口气，无精打采地缩在鸟巢中，两个小时过去了，哥哥叼了几只小虫回来了。向弟弟讲述了外面的精彩世界。

小鸟哥哥讲完后说："如果你愿意就跟我一起飞吧。"弟弟回答说："我的翅膀肯定不如你的硬，我会摔在地上被别的动物吃掉的，我也不知道怎么回来，我很害怕。"

第二天，有一条蟒蛇惊醒了小鸟弟弟，它开始靠近小鸟弟弟，但它并没有想逃跑，蟒蛇问道："你为什么不飞？"小鸟弟弟回答说："我以前错过了飞的机会，现在想飞，已经晚了。"就这样，小鸟弟弟被无情的蟒蛇吃掉了！

试想一下：如果小鸟弟弟能跟哥哥一样勇于挑战困难，就不会产生这种悲剧了。

有些人的生活也是如此。如果你一开始不接受生活的挑战，不勇敢做出决定，机会就会一去不复返，你就不能成为负责任、成熟甚至成功的人。

人生中许多灾难和意外，都是人们意志所种下的种子经过一段时间的酝酿而形成的。而决定命运的种子，就是每个人的决定。

命运往往掌握在自己手里。因此，即使是一些微不足道的小决定，也会导致严重的后果，而一些小决定累积起来，也会影响大决定的失败。

从前有一个人提着网去打鱼，不巧这时下起了大雨，他一赌气将网弄破了。网破了还不够，他又因气恼一头栽进了池塘，再也没有爬上来。

下雨不能打鱼，等天晴就是了，也不能为了一场雨而栽进池塘里，一口怨气久久不发泄，就输掉青春、爱情、可能的辉煌和一伸手就能摘到的幸福。

美国西部的一个小乡村，一位家境清贫的少年在15岁那年，写下了他气势不凡的《一生的志愿》："要到尼罗河、亚马孙河和刚果河探险；要登上珠穆朗玛峰、乞力马扎罗山和麦金利峰；驾驭大象、骆驼、鸵鸟和野马；探访马可·波罗和亚历山大一世走过的道路，主演一部《人猿泰山》那样的电影；驾驶飞行器起飞降落；读完莎士比亚、柏拉图和亚里士多德的著作；谱一部乐曲；写一本书；拥有一项发明专利；给非常的孩子筹集100万美元捐款……"

他洋洋洒洒地一口气列举了127项人生的宏伟志愿。不要说实现它们，就是看一看，就足够让人望而生畏了。

少年的心却被他那庞大的《一生的志愿》鼓

荡得风帆劲起，他的全部心思都已被那《一生的志愿》紧紧地牵引着，并让他从此始了将梦想转为现实的漫漫征程，一路风霜雪雨，硬是把一个个近乎空想的凤愿，变成了一个个活生生的现实，他也因此一次次地品味到了搏击与成功的喜悦。44年后，他终于实现了《一生的志愿》中的106个愿望……

他，就是20世纪著名的探险家约翰·戈达德。

当有人惊讶地追问他是凭借着怎样的力量，让他把那许多注定的"不可能"都踩在了脚下，他微笑着如此回答："很简单，我只是让心灵先到达那个地方，随后，周身就有了一股神奇的力量，接下来，就只需沿着心灵的召唤前进了。"

一个15岁的贫苦少年，就写下了那么多的人生志愿。正因为他敢于向命运挑战，才有了后来愿望的实现。

只要你有一颗永不服输的心灵，有一种愈挫愈奋的意志，就算你是个再贫穷的人，内心也会升腾起一股勇往直前的勇气，从而也就不再抱怨上苍的不公。

这样艰苦卓绝地去做了，虽然不一定都能达到理想的彼岸，不一定能够采撷到预想的果实，但这个心灵的激励，这个奋斗过程本身，就闪耀着无边无际的生命之美的光芒。

不要幻想生活总是那么圆满，也不要幻想在生活四季中享受所有的春天，每个人的一生都注定要跋涉沟沟坎坎，品尝苦涩与无奈，经历挫折与失意。

比尔·盖茨说过，生活中的不幸，要认为是人生不可避免的，而这些不幸早晚都会过去的，时间会冲淡痛苦的感觉。把"这没有什么了不起的"这句话在心中重复几次。绝不能因为不幸的打击，就变得憔悴万分，而应不再痛苦，振作起来，干你自己应该干的事情。

威尔逊先生是一个极为普通的人，而经过多年的努力奋斗，终于成了一个受人尊敬的企业家。

这一天，当走出办公楼时，听到背后传来"嗒嗒"的声音，威尔逊知道那是盲人用竹竿敲打地面发出来的，所以他停下了脚步。

这时盲人意识到前方有人，连忙上前说道："先生，我是个可怜的盲人，帮帮我，买一个精美的打火机吧，只需要1美元。"

威尔逊叹了口气，接过了打火机："我不会用的，但我愿意帮你。"说着递了张钞票过去。

盲人一摸发现是100美元，兴奋得声音都颤抖了，他说："您真是个好心的人，上帝一定会保佑您的！"

就在威尔逊准备转身离去时，盲人自言自语地说道："我本不是天生的瞎子，是18年前布尔顿的那次事故引起的，真可怕。"

威尔逊听他这么一说，心里非常地震撼，回过头失声地叫道："那次化工厂爆炸吗？"

　　"是啊！"盲人见引起了威尔逊的注意，便喋喋不休地讲起了自己的遭遇，希望博得这位富人的同情，从而得到更多的好处。

　　"那次死了好多人，我也因此落到了今天这种田地，贫困交加。您不知道，当时的情景真可怕，一声惊雷巨响，然后到处都是熊熊烈火。逃命的人挤作一团，我本来已经到了门口，可后面一个大个子却叫道：'我还年轻，让我先出去'。边说边用力把我推倒。踩在我身上跑了出去。等我醒过来后，眼睛便什么也看不见了……"

　　盲人还要继续讲下去，威尔逊却冷冷地打断了他的话头："你说的都是假话。事情根本就不是这样的。"听到威尔逊说出的这句话后，盲人非常吃惊，停止了自己的诉说。

　　威尔逊又说道："当时我也在化工厂内，是你踩着我的身体跑出门的，你说的那几句话，我一辈子都不会忘记！"

　　盲人呆住了，他忽然拉住威尔逊的衣服，激动地大叫："这不公平！我跑了出去，却成了瞎子；你留在了里面，如今却风光得意！"

　　威尔逊用力地挣脱了他，举起手中一支精致的手杖，不屑地说道："我也是瞎子，可我从不相信命运。"

人的生命总是充满着变数，每个人都有或大或小的苦难，不同的人面对这种困境有不同的应对方法。身体残疾，尤其是眼睛，对人的生活影响最大，很不容易找到适合自己的生存方式。

而威尔逊先生却没有向命运做出妥协，而是坚强地克服了困难，开创出了属于自己的事业，而且能够成功。他的成功中，应该包含着一种无比的宽容，就像宽容18年前从自己身上践踏过去、夺路而逃的那个人，只是不能宽容他的颓废、他的不振作、他的听天由命。

面对狂风暴雨，优美的诗句可以失去新意，而铿锵的足音却不能消失在生命的跋涉里。

在困难面前，一味退缩而不求进取的人永远体会不到成功的喜悦，永远不会拥有多彩的人生，永远体会不到青春激昂的旋律和绚丽的篇章！

张波在10年前，是在山西芮城一家刺绣厂上班。后来因为厂子不景气，所以养家糊口都让他觉得困难。在朋友的帮助下他跳槽到了一家银行上班。

他工作很卖力，领导也赏识，几年后成了人事主管。这期间，由于芮城地区盛产苹果，果农又多半把苹果运到广州销售，银行为开展业务，便派张波常驻广州两年，让他为当地果农办理往家汇款业务。

后来他发现，从当地到广州，公路旁的加油站并不是很多，但是路却越修越大。因此，张波心里就在想着办加油站。加上当时下海经商的潮流冲击，1999年，他便停薪留职下了海。

他在平常有一个喜好，就是爱看报纸、杂志、电视新闻，而且好动脑，搞调查。他发现由芮城到广州一个来回就需要1100多公升汽油，汽车每走三四百公里就必须加一次油，整个路途需三个加油站。

特别是，果农都喜欢到三门峡加油，因为三门峡可从三省进油，价格比芮城每公升低2角钱。他觉得这就是机会，因此便开始了自己大胆的计划。

他与合伙人在广东清远投资办了个加油站，挂上专门招待运城地区老乡的招牌（芮城属运城地区）。为招揽顾客，他们还提供食宿、换车胎以及为资金一时周转不开的老乡提供帮助。

接着来到三门峡，他找了一个濒临倒闭的加油站进行合作。因为这个加油站生意冷清，费用自然低。

合作后他们挂上了标语牌："车行万里觅知音，运城老乡在这里，遇到困难需帮助，随时为你解忧愁"。

此招果然奏效，当天晚上便有5辆车进驻。这种做法极易唤起同乡司机的亲切感，加之各项服务周到，生意越来越好。曾有一天，该油站光运城地区的车就来了150辆。

因为从三门峡到武汉，车一般都没油了，他们又与武汉一个加油站合作，也打出为运城老乡提供各种服务的招牌，而且效果甚佳。

但对于永不满足的张波来讲，他感觉在加油买卖中利润小，总想找点新门路。他发现，当地果农的车，一般是大卡车，如解放141、142，由于路程长，载重量大，加之昼夜连轴转，使用周期短，二三年就要淘汰，而一辆小解放半截车往往能用上七八年。

于是他脑瓜一转，决定搞大卡车代理。为多揽生意，他想到果农买车一次拿出十六七万有困难，如能分期付款，必然买主大增。

因此他计划好以后，就开始行动，因此，他在太原、西安、运城地区找了多家合作伙伴，但都谈得不是很理想。

最后找到山西通达集团，双方一拍即合，结果时间不长便销售了50辆。并且在不到四个月期间的销售便增到70多辆。

由于是预交30%，其余款在两年内月月扣，所以他对其经营状况还有些管理权。至此，他仍不满足，一心想着怎么才能在车上再做点赚钱的文章。

有一天，他在吃饭时，忽然看见芮城的大型知名制药企业亚宝集团的车从路上驶过，车厢上喷有"宝宝一贴灵""亚宝珍菊降压片"的广告字样，忽然灵感骤来，何不在他所管辖的车上也喷上这些广告呢？因此他便赶紧找到亚宝集团，把想法说出来。

精明的老总立即同意。因为他们每年的广告费三五千万，此计划投入小，而这些车每天都在全国各地跑，效果肯定错不了，便答应每辆车付4000元广告费。

而且车主还能得到几百元，车主自然乐意。除去喷广告及交纳各种费用，一辆车张波赚两千多元。于是，一夜间，张波成为10万元小富翁的佳话便传开了。

人生本来就是一种挑战，只有接受挑战，不断追求，才能有充实的生命，才能体验到生活的美妙绝伦。所谓有志者事竟成，正是这种人生的写照。

没有永恒的成功，只有成功了的永恒。向挫折挑战，向失败挑战，向命运挑战，才能造就伟大的自我。

掉进钱眼儿里的你，就是一井底之蛙

一个人如果总是为自己到底能拿多少工资而大伤脑筋的话，他又怎么能看到工资背后可能获得的成长机会呢？他又怎么能意识到从工作中获得的技能和经验，对自己的未来将会产生多么大的影响呢？

这样的人只会无形中将自己困在装着工资的信封里，永远也不懂自己真正需要什么。

孔子有一句名言："人无远虑，必有近忧。"是说人若无长远考虑，必有眼前忧患。要做到深思熟虑，就要瞻前顾后，不能只顾眼前利益。

工作所给你的，要比你为它付出的更多。如果你将工作视为一种积极的学习经验，那么，每一项工作中都包含着许多个人成长的机会。

项羽一生虽然骁勇善战，却缺乏谋略，他攻取咸阳后未做深入细致的思考，便以霸王的身份大封诸侯，封刘邦为汉王，自封为西楚霸王。他只看到眼前的胜利，却未想到以后的失败。

那些诸侯和功臣时隔不久就率兵再起，刘邦趁机与项羽争夺天下，最后在垓下将项羽包围，迫使项羽"霸王别姬"，乌江自刎。

这一曲悲歌提醒我们，深思熟虑者成功，急功近利者则必败。能力比金钱更重要，不要只是为了薪水而工作。

有许多人上班时总喜欢"忙里偷闲"，他们要么上班迟到、早退，要么在办公室与人闲聊，要么借出差之名游山玩水……这些人也许并没有因此被开除或扣减工资，但他们会落得一个不好的名声，也就很难有晋升的机会。

如果他们想转换门庭，也不会有其他人对他们感兴趣。

美国伯利恒钢铁公司的建立者齐瓦勃出生在美国乡村，只受过很短的学校教育。尽管如此，齐瓦勃却雄心勃勃，无时无刻不在寻找着发展的机遇。他相信，自己一定能做成大事。

18岁那年，齐瓦勃来到钢铁大王卡内基所属的一个建筑工地打工。一踏进建筑工地，齐瓦勃就抱定了要做同事中最优秀的人的决心。

一天晚上，同伴们都在闲聊，唯独齐瓦勃躲在角落里看书。这恰巧被到工地检查工作的公司经理看到了，问道："你学那些东西干什么？"

齐瓦勃说："我想我们公司并不缺少打工者，缺少的是既有工作经验、又有专业知识的技术人员或管理者，不是吗？”

　　有些人讽刺挖苦齐瓦勃，他回答说：“我不光是在为老板打工，更不单纯为了赚钱，我是在为自己的梦想打工，为自己的远大前途打工。”

　　抱着这样的信念，齐瓦勃一步步向上，升到了总工程师、总经理，最后被卡内基任命为了钢铁公司的董事长。

　　最后，齐瓦勃终于自己建立了大型的伯利恒钢铁公司，并创下了非凡业绩。凭着自己对成功的长久梦想和实践，齐瓦勃完成了从一个打工者到创业者的飞跃。

　　为薪水而工作，看起来目的明确，但是往往被短期利益蒙蔽了心智，使我们看不清未来发展的道路，结果使得我们即便日后奋起直追，振作努力，也无法超越。

　　那些不满于薪水低而敷衍了事工作的人，固然对老板是一种损害，但是长此以往，无异于使自己的生命枯萎，将自己的希望断送，一生只能做一个庸庸碌碌、心胸狭隘的懦夫。他们埋没了自己的才能，湮灭了自己的创造力。

　　因此，面对微薄的薪水，你应当懂得，雇主支付给你的工作报酬固然是金钱，但你在工作中给予自己的报酬，乃是珍贵的经验、良好的训练、才能的表现和品格的建立。这些东西与金钱相比，其价值要高出千万倍。

工作所给你的，要比你为它付出的更多。如果你将工作视为一种积极的学习经验，那么，每一项工作中都包含着许多个人成长的机会。

我想诚恳地告诫那些刚刚踏入社会，刚刚走上工作岗位的年轻人，不必过分考虑薪水的多少，而应该注意工作本身带给你们的报酬。

譬如发展自己的技能，在工作中努力创新，增加自己的社会经验，提升个人的人格魅力等。

与你在工作中获得的技能与经验相比，微薄的工资会显得不那么重要了。老板支付给你的是金钱，你自己赋予自己的是可以令你终身受益的黄金。

能力比金钱重要万倍，因为它不会遗失也不会被窃取。如果你有机会去研究那些成功人士，就会发现他们并非始终高居事业的顶峰。

在他们的一生中，曾多次攀上顶峰又坠落谷底，虽起伏跌宕，但是有一些东西却永远伴随着他们，那就是能力、毅力与创新力。这些能帮助他们重返巅峰，俯瞰人生。

人们都羡慕那些杰出人士所具有的创新能力、决策能力以及敏锐的洞察力，但是他们也并非一开始就拥有这种天赋，而是在长期工作中积累和学习到的。

在工作中他们学会了了解自我，发现自我，使自己的潜力得到充分的发挥。

不为薪水而工作，工作所给予你的要比你为它付出的更多。如果你一直努力工作，一直在进步，你就会有一个良好的、没有污点的人生记录，使你在公司甚至整个行业拥有一个好名声，良好的声誉将陪伴你一生。

如果你想成功，就必须确定你的人生的远见。你的远见不能由别人给你，如果那不是你自己的远见，你就不会有实现它的冲动和决心。

这远见必须以你的才能、梦想、希望与激情为基础。远见是了不起的东西，它还会对别人产生积极的影响，特别是当一个人的远见与他生活的目的不谋而合时。

逆境永远都是成功者的法宝

你努力过，但失败了。你的爱人离你而去，你的朋友也弃你不顾。从此，你的心中便留下了一道伤疤，一触碰，就痛彻心扉。或许你曾试过一些方法，再找一份工作、再结识一位伴侣，让快乐的时光重现，可都未见成效。

有些人或许会重新振作，力图扭转困境，但当一再失败时，往往就失去了再尝试的勇气。为什么会这样呢？

只因为我们每个人都想避开痛苦，没有人愿意再三遭受失败的打击。

当一个人付出全力去做，结果得到的尽是失望的时候，请问他还有劲去尝试吗？也就是经常受到失望的打击，我们不仅不愿再去尝试，甚至根本不相信还有任何可为之处。

若你发现自己有了不想再尝试的念头，那么就得当心这种心态，你已经患了"无力感"的心理病了。幸好，这种病并不是绝症，只要你现在就改变自己的认知和做法，那么所有的不如意就会一扫而空。

发明家爱迪生说："我才不会沮丧，因为每一次错误的尝试都会把我往前更推进一步。"

扭转人生的第一步，就在于抛却一切负面、消极的想法，别一味认为自己什么都不行、是无可救药的了。为何你会这个样子？只因为曾经试过好多次不见成效，就意味着自己束手无策了吗？

在这个时候，你要记住这样一句话：过去不等于未来。过去你曾怎么想、怎么做都不重要，重要的是今后你要怎么想、怎么做。

在驶往未来的道路上，许多人是借着后视镜的引导，如果你就是其中之一，那么就不免会出意外。相反的，你应放眼于现在，着眼于未来，看看有什么能使你变得更好的方法。

扭转人生的另一重要步骤，就是需要你坚持到底，为改变困境努力不懈。

许多人曾说过这样的话："为了成功，我尝试了不下上千次，可就是不见成效。"你相信这句话是真的吗？别说他们没有试上100次，甚至于有没有10次都颇令人怀疑。或许有些人曾试过8次、9次、乃至于10次，但因为不见成效，结果就放弃了再尝试的念头。

成功的秘诀，就在于确认出什么对你是最重要的。然后拿出各种行动，不达目的誓不罢休。那么，具体该如何对待逆境呢？那就需要你拥有把忧虑改变成为自己的动力的能力。

布鲁斯·詹诺在1976年7月30日以8618分的成绩打破十项全能世界纪录，获得奥林匹克运动会金牌，成为"世界最佳运动员"。但他也曾经忧虑、悲观过。

詹诺于1949年10月出生于纽约州的奥辛宁，他在那里就开始为"夺取金牌"而努力了。在上学的时候，他患上了一种名为"诵读困难"症，这导致他学习能力变低，被分到慢班里上课。

"我对于自己的能力，或者作为一个人，从来没有这样强烈的自信，"詹诺现在这样说。"我搞体育的主要原因之一，是因为我在学校里被人轻视，而搞体育有可能证明我自己的为人。在教室里，我可能已经落后了，但是我要到篮球场上同任何一个人较量一番。"

中学毕业以后，他在艾奥瓦州格雷斯兰大学获得一笔田径奖学金。在这所大学里，他的教练L.D.韦尔登发现他做运动员很有前途，动员他练十项全能，准备参加奥运会选拔赛。

"从1973年到1975年7月，"詹诺回忆说，"我从未败过一场。我非常勤奋地训练，准备1975年的赛季。但是，我的成绩连8500分都不到。虽然我在运动会上连连获胜，但是总有些地方不对头，达不到要求。我参加了在加州大学圣巴巴拉分校举行的全美大学联赛，但有些地方还是达不到要求。"

在圣巴巴拉的体育运动会上，詹诺在比赛撑竿跳的时候彻底失败了，他练了几年的起跳步子有点反常。

"如果跳不到及格高度，就输了。只这一项就能拿1000分。但是，我起跳的步子错了，根本就没跳起来。我非常失望，说了几句话就跑出了大门，看到有一片树林，在那儿大哭了一场。没跳出成绩，关系还不大，可是离奥运会只有一年了。

"千头万绪涌上我的心头：我的成绩也许永远上不去了，也许已经到顶了。不管怎么苦练，永远也不会成功了。我要在精神上有所准备，以防万一得不到第一名，因为我知道那将会是一个重大打击。"詹诺没等运动会结束，就回到家里去思考自己的前途。

"我同我的妻子克里丝蒂谈了几次。她对我说：'你想在奥运会上夺金牌吗？在奥运会上获胜是不是重要的事，是不是你一生当中最重要的事情？'"

克里丝蒂的问题打中了要害。"记得我当时坐在起居室的一张大椅子上。我不能说是，因为当时我脑子里想的都是不会成功。接着，我就想，还是稳妥一点吧。也许去搞保险公司的生意吧。搞不成体育，就靠别的过活吧。"詹诺后来如是说。

"但是，我是有获胜的潜力的；要是得了第二三名，对我来说都是失败。所以我自己又想，如果我说那不是我一生中最重要的事，那么，从思想深处来说便是在欺骗自己。因为我实际上不是那么想的，只是在压制自己而已。

"所以我想，如果我真的以为那是我一生中最重要的大事，就不仅仅是在奥运会上取胜的问题，不仅仅是在运动会上竞争的问题，而是当成了自己的生命，是自己要做的事情。如果不取胜，也是一辈子的事！"

对于詹诺来说，确定下这个目标，就是说活着要以训练为中心，要为这个目标而活着。

"这样要冒极大的风险，几乎是以生命作为赌注。但是，我必须这样想，否则就不会付出百分之百的力气。

"我又想，假若到那一天我失败了，我有充分的信心能够重新打起精神来。也许得要花上几天、几个星期、几年的时间去恢复，但是我是会经得起失败考验的。

"于是，我对克里丝蒂说：'是的，夺取金牌确实是我一生中最重要的大事！'"

詹诺回忆说，当时他觉得像是打开了一个阀门，全身都是劲。虽然他还坐在那把椅子上，态度完全改变了。

过了一个月，詹诺参加了一个非常重要的运动会，以8554分的成绩打破了十项全能的世界纪录。这时离奥运会差不多还有一年。

"这是因为我的态度改变了，认为'这就是我的生命，是我要做的事情。'我去参加这次比赛的时候作好了充分思想准备，每一个项目、整个比赛都拼下来了，力量都发挥出来了！

"这是我在事业上的一个很大的变化，是由于我遇到了挫折，然后对于在奥运会上失败的可能性进行了认真考虑的结果。"

这个故事很清楚地说明了一个人是怎样把忧虑改变成为自己的动力的。詹诺一下定决心知难而上，虽然心中惧怕失败，仍然抱定目标去争取成功，他便觉得浑身充满一种新的力量。

你未必会立志去夺取奥运会的金牌。但是，即便你面临的问题没有那么艰难，你的目标不如詹诺的目标那样大，也可以向他学。

毅然把心中的恐惧承受起来，就能使自己具有充沛的力量去为自己的目标奋斗。你不用等待出现什么危机或者重大事件才去仔细考虑下决心，现在就要把阀门打开，使出你的全部力量，把劲头鼓起来。

请不要放弃，只要坚持，终有一日，你当前所经历的沮丧会化成漫天甘霖洒下，为你拂去伤痛；终有一日，你所熬过的苦难，会变成满场观众为你喝彩！

力争与你的上司做朋友

根据调查发现，几乎所有上司，特别是有传统思想的上司，都认为人际关系具有举足轻重的意义。然而，处理好人际关系绝对不是一件容易的事，一方面要使同事接纳自己又不心生嫉妒；另一方面又要让上司赏识又不猜忌，确实需要莫大的智能。

刚毕业走出校门的社会新人，总感到外面的世界太复杂，自己太过单纯总是被人欺骗。的确，办公室是充满"杀机"的战场，每个人都想得到上司的赏识，都想有加薪升职的机会，尔虞我诈、明争暗斗，谁也不想落后，所以排挤他人、暗中扯后腿也就如同家常便饭了。

这正如初出道的武林中人，为夺取名利行走江湖，每一步都暗藏凶险，即使当上盟主，荣获"天下第一"的名号，还是免不了担心夺位之战，要时时提防他人的挑战或暗算。

同事之间，有时候表面上客客气气，即使对你有不满或愤恨，也不会直率地将意见写在脸上，而是口蜜腹剑，笑里藏刀。

同事间常为了各自的利益关系，为了"争宠"，往往不择手段排挤、诽谤他人。也许很多人都有如此经历：被恶意毁谤、中伤，被人抢功，使得自己做出的成绩不被上司承认，尽管出色，也得不到晋升或加薪，或调迁的职位不理想。

当然，无论你多么会处理人际关系，有多大的容忍度，你也无法让所有人满意、让所有人都信服你。凡事力求完美反而会造成你的压力，所以与同事相处，宜力求和谐团结，不必勉强去适应每个人，但即使不能与一部分人相处和谐，也要避免与人结怨。

俗话说"多一个朋友就多一条路，多一个敌人就多一个绊脚石"。而你在公司内最应该结交的朋友，那便是你的上司。如果你在公司内能得到上司的赏识，离得到晋升的机会，也就不远了。

从前有个大富翁，他身边的人都想巴结他，对他十分敬仰。有一天，富翁吐了一口痰，仆人们都争着用脚擦。

有一个傻子是新来的，由于没来得及争功，便想道："如果等主人的痰吐到地上，别人都抢着擦了，所以我要在主人刚要吐的时候就抢先一步！"

于是当这富翁张嘴准备吐痰时，这个傻子便飞起一脚踢去，正踢在富翁的嘴上，把他的嘴踢坏了，牙也险些踢掉。

盛怒的富翁斥责傻子说："你干什么？为什么踢我的嘴巴？"

傻子回答说："如果等你把痰吐到地上，那些拍马屁的人都抢着擦了，我虽然也想为你效劳，却总是来不及，因此我只有在你的痰刚吐时抬起脚擦，我这都是为了讨你的欢喜呀！"

上面的故事告诉我们一个道理：不去提高自己工作的能力，老想着怎样讨好上司，对于自己本身的竞争力并没有多大帮助，反而会适得其反。就与自作聪明的傻子一般，被人看笑话又受到责罚。

其实，任何一位上司，都希望培植一些心腹，都希望有一批忠心耿耿的下属团结在他周围，这样便更有利于他权力、地位的稳固。当然，想要得到上司的赏识，能力只是其中一部分。

作为一个下属，特别是忠心耿耿的下属，上司自然也会多多关照，顺手提携，所以说，效忠之法不愧为一种较好的晋升之路，我们在运用效忠之法时要注意以下几点：

必须要找对上司，要看下属对他效忠值不值得。他是不是那种得寸进尺，毫不领情的"冷血人"要看他有没有乘龙之势，如何他都快站不住脚了，那对他效忠亦毫无意义了。所说的效忠也并非愚蠢，必须得把握自己的原则性，该做的事就做，不该做的则不做。

成为上司的心腹是晋升的捷径。只要你成了上司的心腹，你就有了晋升的指路人。上司可以在工作中指教你，帮助你，督促你事业上的发展，为你提供心理咨询，在人际矛盾中帮你排忧解难。要想成为上司的心腹，也不是一件容易的事情，我们不妨从以下几个方面入手：

多请示，勤汇报

与上司相处，尤其应该讲点技巧。假如您的上司是个不苟言笑的老头，严肃有余，平易不足，似乎具有沉重的身份感。那么你如何接近他？多请示，勤汇报，是个好办法。这既符合上司希望得到下属尊重的心理，又表明你是谦虚好学、诚恳待人的好下属。

更重要的是这样做给你提供了与上司接近的机会。人与人交往就是这样，一旦相处时间多，双方的紧张心理甚至戒备心理即可自然消除，交往的气氛也会轻松和谐起来，久而久之，心灵哪会沟通不了呢？

具有强烈的角色意识

每个社会成员在社会大舞台上都不例外地扮演一定的角

色。一个成功的下属，他了解自己在组织中所处的地位、将起的作用、担负的责任、应尽的义务，了解自己工作的性质、工作的方式方法、工作的环境等，并积极在工作中全力以赴演好这个角色。

既不荒了自己的地，又耕了别人的田；既保质保量完成了分内工作，又为他人和上司工作的完成创造了条件。

推动你的上司发挥专长

下属晋升成功的一个重要诀窍在于推动自己的上司发挥长处、作出成绩，迅速获得晋升。下属是上司工作的助手，如果上司没有被提升，下属将永居其下，若上司迅速提升则下属也容易成功。

"上司有成效，下属才有成效"。不断地推动上司发挥自己的专长，是下属自己工作富有成效的关键。

上司因个人生活经历、爱好、志趣、素质、层次不同，其专长也各异。下属要学会了解自己上司的长处何在，怎样才能发挥上司的长处，善于问自己："我的上司究竟哪些事能干得好？他过去曾把哪些事干好了？要让他发挥长处，他还需要知道些什么？"

"他需要从我身上得到些什么才能取得成果？"

然后积极为上司提供发挥其专长所需要的各种条件，如您的上司专长在政治方面，那您首先要提供给他的资料是政治形势；若他的专长是在用人方面，你尽量提供他所需要了解的人的全面准确的材料。

各种条件提供，使他决策时，最有效地发挥其专长，上司在工作中做出成效自己才有成效。只推动上司获得成功的晋升，下属才能获得晋升的成功。

不要成为生活的奴隶

人，不可选择自己的出生，但可以选择自己可以过怎样的生活。有的人可以永远做自己生活的主人，而有的人却永远成了自己生活的奴隶。

命运是可以选择的，每个人都有选择的自由。希望、绝望，可爱、可恨，积极、消极，自信、自卑……这所有的一切都统统归结于你自己的选择。你选择了什么样的人生道路，决定了你享有什么样的人生。

在美国，有一个年轻人，他在一个环境很差的贫民窟里长大。他的童年缺乏教育和指导，跟别的坏孩子学会了逃学、破坏财物和吸毒。

他刚满12岁就因抢劫一家商店被逮捕；15岁时因为企图撬开办公室里的保险箱，再次被逮捕；后来，又因为参与对邻近一家酒吧的武装抢劫，作为抢劫犯第三次被送入监狱。

一天，监狱里一个年老的无期徒刑犯看到他在打垒球，便对他说："你是有能力的，你有机会做些有意义的事，不要自暴自弃。"

年轻人反复思索老囚犯的这番话，作出了决定：虽然他还在监狱里，但他突然意识到他有一个囚犯能拥有的最大自由：他能够选择出狱之后干什么；他能够选择不再成为恶棍；他能够选择重新做人，当一个垒球手。

后来，这个年轻人成了明星赛中底特律老虎队的队员。底特律垒球队当时的领队马丁在友谊比赛时访问过监狱，由于他的努力使这个年轻人假释出狱。不到一年，这个年轻人就成了老虎队的主力队员。

这个年轻人尽管曾陷入生活的最低潮，尽管曾是被关进监狱的囚犯，然而，他认识到了真正的自由。这种自由我们人人都有，它存在于自由选择的绝对权利之中，我们所有的人都有这种权利。

所以，不要害怕失败。面对失败，你仍然拥有一种自由，那就是拥有选择的自由。成功也是可以选择的，关键在于你是否有一个明确而切实的目标。

一个年轻人在底特律生活了一段时间以后搬到了新奥尔良。他在底特律时只是一个铅管匠，努力了好多年，也没有发展起自己的事业，原因是缺乏资金。

刚搬到新奥尔良的时候，他带着老婆、三个孩子和120元钱，那是他全部的"家当"和资产。搬来后的第一天，他找了八家铅管公司，可是没有人愿意雇用他，那些人只是告诉他人手已经够了。

无奈，第二天他跳上了一辆公共汽车，走过了一条长长的、繁忙的大街。

那条街上有几家快餐店，他记下了在窗口上张贴征聘店员广告的快餐店的店名。走到路尽头时，他跳上了另一辆返回家的车，一路上去了四家快餐店，可是都没有找到工作。

最后，总算第五家的经理对他有点兴趣。他向那个经理保证，他工作勤奋，而且做人诚实。那个经理告诉他，薪水相当低。但他告诉经理待遇不成问题，他会为顾客提供一流的服务。

他一直工作得很努力，结果在六个星期之内他成了那家快餐店的营业部经理。在那期间，他结识了不少顾客，根据他们的要求，他改善了服务质量，提高了工作效率。

九个月后，这家快餐店的老板把他叫到了办公室。原来这个老板除了经营餐饮业之外，还有别的投资项目，尤其是在房地产方面也搞得不错。这个老板看他能力很强，也很敬业，就想派他去一座有90户的大厦当助理经理。

他当时就愣住了，然后告诉这个老板，他只当过铅管匠，对管理大厦一无所知。但老板笑着对他说："我查过你在快餐店的营业记录，利润增加了83%。管理大厦与管理快餐店的道理是一样的，即乐于助人、推行计划和委派。我想你一定能让大厦保持客满，准时收到房租，而且保养良好。"

结果他接受了这份工作，工资是他在快餐店时的三倍，还配有一间漂亮的公寓。两年后，他已经升为高级经理。不久以后，他就有了足够的钱，创办一家属于自己的、大规模的铅管企业。

这个年轻人选择了一份很少有人愿意去做的工作，但他最终却成就了自己的事业。这个故事告诉我们：命运是可以选择的，但这选择是以我们自己的心态为前提的。

每个人之间存在的差距都不大，无非是积极与消极而已。然而，它们却能造成巨大的差异。在挫折面前，我们往往束手无策，甚至怨天尤人。

不妨扪心自问：我真的陷入绝境了吗？我为自己的人生仔细思考、打算过吗？我朝自己的梦想继续努力了吗？我就这样被轻易打败了吗？

太多的时候，面对困境和灾难，我们选择的是听天由命。认为命运是不可选择和主宰的。

然而一位名叫维克多·弗兰克的幸存者，用他在纳粹德国集中营的经历告诉我们："在任何特定的环境中，人们都有一种最后的自由，那就是选择自己的态度。"

这位幸存者正是靠着这种最后的权利，用信念支撑着自己度过了那段身心备受摧残的岁月。

人的一生从哪里开始并不重要，重要的是你知道自己要到哪里去。即使你选择了一份最不起眼的工作，如果你能让自己的目标明确起来，那你就能在平凡的岗位上为不平凡的事业做好充分的准备，就能为自己的事业打下坚实的基础，从而实现自己的梦想，成为一个成功的人。

漫长的人生，就像是一场博弈。所以每个人都要尽量往远处想，给自己多一些长远的计划和打算。如果你这样做了，那么在这场博弈中，你的胜算就大一些。相反，只顾眼前利益，就会让自己未来的路变得狭窄起来。反过来也可以这么说，你现在的选择决定了你未来的成败。

如果你有一天的时间，你选择的不同也会使你生命的质量完全不同。在某一个星期天，你可以选择睡懒觉，也可以选择去爬山；你可以选择去购物，也可以选择去看书。这种小小的选择也反映了你内心的价值取向。

但有可能到了最后，选择睡懒觉的变成了懒惰者，选择爬山的变成了登山队员，选择购物的变成了商人，选择看书的变成了教授。这些选择也能够反映出你的性格，到底是懒散还是坚定，是物质型的还是精神型的。

即使给你一个小时的时间，你也可以选择使生命过得平淡，还是使生命过得惊喜。

我们的生命中充满了选择，你的选择不仅和你的心情相关，也和你的命运相关。但凡你选择积极的、努力的、向上的生活和工作方式，你的命运就会越来越好；但凡你选择消极的、被动的、懒散的生活和工作方式，你的命运就会越来越糟。选择什么样的生活和工作方式，决定权在你，并且你现在的选择会决定你的未来。

　　有两个和尚分别住在相邻的两座山上的庙里。两山之间有一条溪，两个和尚每天都会在同一时间下山去溪边挑水。久而久之，他们便成了好朋友。就这样，不知不觉已经过了五年。

　　突然有一天，左边那座山上的和尚没有下山挑水，右边那座山上的和尚心想："他大概睡过头了。"便不以为意。

　　第二天，左边那座山上的和尚还是没有下山挑水。第三天也一样，过了一个星期，还是一样。直到过了一个月，右边那座山上的和尚终于受不了了。

　　他心想："我的朋友可能生病了，我要过去拜访他，看看能帮上什么忙。"于是，他便爬上了左边那座山去探望他的老友。

　等他爬上左边那座山看到他的老友之后，大吃一惊。因为他的老友正在庙前打太极拳，一点也不像一个月没喝水的人。

　他好奇地问："你已经一个月没有下山挑水了，难道你可以不用喝水吗？"

　左边那座山上的和尚说："来来来，我带你去看看。"

　于是，他带着右边那座山上的和尚走到庙的后院，指着一口井说："这五年来，我每天做完功课后，都会抽空挖这口井。即使有时很忙，能挖多少就算多少。如今，终于让我挖出了水，我就不必再下山挑水了，可以有更多时间练我喜欢的太极拳了。"

　你今天在做什么，决定了你明天不用做什么和可以做什么。在这个世界上，通向成功的道路何止千万条，但你要记住：所有的道路，都不是别人给的，而是你自己选择的结果。你有什么样的选择，也就会有什么样的人生。

　大约一百年前，美国密苏里州伦道夫县有一个叫克拉克的村子，村子里有一户贫困人家，家里有一个非常聪明的小男孩。

　一天，男孩的妈妈让他去把30个鸡蛋卖给村子里的一个邻居。临出门前，妈妈对小男孩说："孩子，这30个鸡蛋能卖40美分，如果邻居嫌贵，就卖35美分。"孩子听了妈妈的话就拿着鸡蛋到了邻居家。

邻居就问他这鸡蛋要卖多少钱？小男孩把妈妈告诉他的话一字不差地告诉了邻居。

邻居一听笑了，说："你这么聪明的孩子，把你妈妈的话一字不差地告诉了我，如果让别人知道了会说你太笨。

但是，孩子，我不这样认为，我认为你很诚实，是个好孩子。为了对你的诚实进行奖赏，我决定用40美分买你的鸡蛋。"小男孩非常高兴，蹦蹦跳跳地回了家。而这件事，对他的一生都产生了重大影响。

这个孩子长大后上了著名的西点军校。再后来，他成了一名军事专家。一直以来，他都没有改变自己诚实的好品质。为此，他赢得了"诚实的将军"的美誉，他就是奥·布雷特利。

选择决定未来。这就是奥·布雷特利的故事给我们的最好的启示。你选择了宽容别人，就会赢得别人的宽容；你选择了理解别人，就会获得别人的理解；你选择了从善如流，就会听到别人的金玉良言；你选择了与人为善，别人同样会投桃报李。

人生道路的方向，奋斗目标的实现，人际关系的好坏，关键就看你怎样选择。而你为人生目标所付出的不懈努力、吃过的苦、流过的汗等，都直接决定着你将来是出色还是平庸。

第三章

不要把精力浪费在琐事上

　　时间虽说是一种很抽象的概念，但它又让人感到触之可及。当我们还在感叹工作日过得好慢时，再回首，却已经想不起儿时模样。时间就是这样可怕，可怕到能模糊一个人的记忆，可怕到转瞬即逝。希望书前的你，能在白首苍苍之时，脑海中存留的不是被过往琐事纠缠成的混沌，而是能克服时间，闪耀终生的光辉！

生活已经够苦了，就别再哭了

人生而自由，但人生却并不自由。你不会永远有特权去做你高兴的事，但是你有权利从你的所作所为中得到最多的乐趣。生活本就苦涩，又何必自求烦恼呢？

在当今这个有史以来最为神经过敏的社会中，这些精神健全的人一定是倍感孤独的。不曾有一个电视专题节目探讨他们应付生活的能力，杂志里也没有一篇文章对他们强健的精神健康状况进行研究。当那些情绪易于波动的人流迷于舞会上的狂欢滥饮之中的时候，这些人却冷静地坐在角落里，他们与那些人是格格不入的。

然而，这些情绪稳定、精神健全的人并不是不会受到"侵犯"的。只要不加提防，他们也会变得问题百出，也会深感愧疚，从而酿成多种多样的神经系统的疾病。只要落入下列无事生非的陷阱，就会使那些与众不同的人变得和我们大家一样可悲可叹。

当问题第一次出现时就正视它，那么它很容易就化为乌有了。但要让问题安营扎寨，让它们像滚雪球一样，不断地扩大下去，那后果就非常可怕了。乐观还是悲观，取决于你的思维习惯，生活方式以及心理素质，在任何情况下，你都可以选择要乐观还是要悲观。

　　　　某公司的销售额没有达到去年的水平。销售经
　　理召集他的职员开了一个大会，他说："我们必须
　　提高销售额，否则我们明年将会很惨。"

　　我们假设还是同样的经理，他说："我们还有潜力与更
多的客户合作。虽然我们今年没有完成目标，但我坚信以后我
们会的，我们一定会做得更好，因为我们本身就很优秀。"哪
一种表达方式更能激起职员们的乐观情绪和积极的反应？

　　在第一个季度经营平淡的情况下，明智的经理会乐观地
看到在下面的三个季度里他们可以做得更好。而悲观的经理则
会有意无意地寄希望于下一个年头。他的情绪将会通过某种方
式传递给他的职员和顾客。那么毫无疑问，这个年头将不会是
一个好年头。

　　再比如：你以卖车为主，但是你发现几乎所有的顾客都
只买你的竞争对手的车，你可能会想："他们的车的确不
错，但是有谁乐意在大街上驾驶和别人一样的车？现在是我卖
车的好机会。"

　　另外一种想法是消极的："他们的车在市场上很抢手，
每一个人都想买，我可竞争不过他们；每一个来买我的车的客
户都在拿我的车和他的车相比，我不如就此罢手，和他们竞争
是无益的。"

由此看来，乐观是一种选择，悲观是一种选择，沮丧也是一种选择，亚伯拉罕·林肯曾经说过："大多数的人都是像他们所决定的那样高兴起来的。"

一日之计在于晨，所以我们首先应明白的第一件事情就是乐观应从早晨开始。也许你昨天睡得太晚，吃得太多或工作太辛苦，因而你在起床时就会感到太疲惫，你可以在起床前通过呻吟来排遣你的不适，但切记不要把它带到你的新一天的生活中。

要知道如果每天的开始你能保持一个愉悦的心情，并且告诉自己这将是怎样的一天，那么你的乐观情绪就会渗透到你日常生活中的所有角落。当你早晨起来刷手机的时候，可以先看几段幽默笑话，或者搞笑视频，这对你保持一天的好心情是很有帮助的。

作为每天必需的练习，当你起床后不要考虑自己的生活上或公司里出了什么差错，或今天可能出什么问题，而要好好想想，自己到底做过什么，自己往日干出的成绩，最后再告诉自己，今天将会是一个好日子.

这样，每天早晨你起床的时候，你就可以大声对自己说一声："今天将会是一个好日子。"然后你可以再说："今天是属于我的，没有谁能把它从我身边拿走。"

这样你便可以让自己愉快起来，而不会对昨天发生过的不愉快的事抱怨不休，也不会沉溺于对过去历史不幸记忆的缅怀之中，从而把你的乐观情绪带给你周围的人。

在生活中，你不会永远有特权去做你高兴的事。但是你有权利从你的所作所为中得到最多的乐趣。你能够无事生非、自寻烦恼。同样，你也能克服它们。这个选择权就在于你自己了。

当我不再凝视深渊时，抬头看见了大海

人生匆匆，如白驹过隙。我们来这世上一遭，是为了来寻找美丽风景的，绝不是为了在由琐事所布成的荆棘丛里踟蹰。繁杂琐事犹如深渊，凝视过久，终将无法自拔。殊不知，只要你抬起头来，就能看见大海辽阔，星空灿烂。

人活在世上只有短短几十年，却浪费了很多时间，去为一些一年之内就会忘却的小事犯愁。而实际上，要想克服一些事情引起的烦恼，只要把看法和重点转移一下就可以了。这样便能让你有一个新的、开心点的看法。

下面这个最富戏剧性的故事，来自一个叫罗勃·摩尔的人的亲身经历。

1945年3月，我在中南半岛附近276英尺深的海下，学到了一生中最重要的一课。当时，我正在一艘潜水艇上。我们从雷达上发现一支日军舰队，由

一艘驱逐护航舰、一艘油轮和一艘布雷舰组成，正朝我们这边开来，我们发射了3枚鱼雷，但都没有击中。突然，那艘布雷舰加速，直朝我们冲了过来。我们潜到150英尺深的地方，以防被它侦察到，同时做好应付深水炸弹的准备，还关闭了整个冷却系统和所有的发电机器。

3分钟后，天崩地裂。6枚深水炸弹在四周炸开，把我们直压海底，距离海平面276英尺的地方。深水炸弹不停地投下，整整15个小时，有十几二十个就在离我们50英尺的地方爆炸。若深水炸弹距离潜水艇不到17英尺的话，潜艇就会炸出一个洞来。当时，我们奉命静躺在自己的床上，保持镇定。我吓得无法呼吸，不停地对自己说：这下死定了。潜水艇的温度几乎有摄氏四十多摄氏度，可我却怕得全身发冷，一阵阵冒冷汗。

15个小时后，攻击停止了。显然那艘布雷舰用光了所有的炸弹后开走了。这15个小时，在我感觉好像有1500万年。我过去的生活一一浮现在眼前，我记起了做过的所有的坏事和曾经担心过的一些很无聊的小事。

我曾担忧过："没有钱买自己的房子，没有钱买车，没有钱给妻子买好衣服。下班回家，常常和妻子为一点芝麻小事吵架。我还为我额头上一个小疤发过愁。"多年之前，那些令人发愁的事，在深水炸弹威胁生命时，显得那么荒谬、渺小。我对自己发誓，如果我还有机会再看到太阳和星星的话，我永远不会再忧愁了。在这15个小时里，我从生活中学到的，比我在大学念4年书学到的还要多得多。

我们一般都能很勇敢地面对生活中那些大的危机，却常常被一些小事搞得垂头丧气。拜德先生也发觉了这一点。他手下的人能够毫无怨言地从事危险而又艰苦的工作，可是，他却知道：

有好几个同屋的人彼此不说话，因为怀疑别人把东西放乱，占了自己的地方。有一个讲究'空腹进食细嚼健康法'的家伙，每口食物都要嚼28次，而另一个一定要找一个看不见这家伙的位子，才吃得下去饭。

权威人士认为，"小事"如果发生在夫妻生活里，还会造成"世界上半数的伤心事"。芝加哥的约瑟夫·沙巴士法官，在仲裁过4万多件不愉快的婚姻案件之后说道："婚姻生活之所以不美满，最基本的原因往往都是一些小事。"

吉布林和他舅舅打了维尔蒙有史以来最有名的

一场官司。吉布林娶了一个维尔蒙的女子，在布拉陀布造了一所漂亮房子，准备在那儿安度余生。他的舅舅比提·巴里斯特成了他最好的朋友。他们俩一起工作，一起游戏。

后来，吉布林从巴里斯特那里买了一点地，事先商量好，巴里斯特可以每季度在那块地上割草。一天，巴里斯特发现吉布林反唇相讥，弄得维尔蒙绿山上乌云笼罩。

几天后，吉布林骑自行车出去玩时，被巴里斯特的马车撞在地上。这位曾经写过"众人皆醉，你应独醒"的名人昏了头，告了官，巴里斯梅被抓了起来。接下去是一场很热闹的官司，结果使吉布林携妻永远离开了美国的家。而这一切，只不过为了件很小的事。

哈瑞·爱默生·富斯狄克讲过这样一个故事：

在科罗拉多州一个山坡上，躺着一棵磊树的残躯。自然学家告诉我们，它曾经有过400多年的历史。在它漫长的生命里，曾被闪电击中过14次，无数次狂风暴雨侵袭过它，它都能战胜。但在最后，一小队甲虫的攻击使它永远倒在了地上。

那些甲虫从根部向里咬，渐渐伤了树的元气，虽然它们很小，却是持续不断地攻击。这样一个森林中的巨木，岁月不曾使它枯萎，闪电不曾将它击倒，狂风暴雨不曾将它动摇，却因一小队用大拇指和食指就能捏死的小甲虫，终于倒了下来。

我们不就像森林中那棵身经百战的大树吗？我们也经历过生命中无数狂风暴雨和闪电的袭击，也都撑过来了，可是却总是让忧虑的小甲咬噬，那些用大拇指和食指就可以捏死的小甲虫。

毕业后，我开始听老师的话

孔子说，"三十而立"。三十岁建功立业可谓早，至于通常的安身立命，三十才立就嫌晚了一点。年轻人，如果你在二十五六岁时还没拥有相对稳定的职业，会着急的。

所以，务必在你刚刚成为成年人的那个年龄就着眼于未来，不要荒废时光，不要贪眼前之乐。年少时尽量多学点文化，打开眼界，拓宽思路，培养智慧，这样年龄稍长后才有在生活的夹缝里游刃有余的资本。千万不要在毕业后，才开始后悔没有听老师的话。

请书前的你，不要自卑自贱，也不要好高骛远。人生在世，读透了一部书抑或做精一件事，就不用心慌了，就算有挫折，也是暂时的。社会机制本身必然为学有所专的人提供机会，因为社会的运转需要这样的人。

要想成就一番事业，就需要有一笔资本。年轻人是否想过，自己的资本在哪里？实际上，资本就在你自己身上，就是努力、进取与高度的社会责任感。

搞建筑首先应当打图样，筑路不能把材料随地乱铺，搞雕刻也不会随意拿起石头来乱刻一阵就能成功。同样，做任何事，都非要先有一番计划与准备不可，草率从事成就不了大事业。

社会上很少有在年轻时没有打好基础，到后来竟能成就一番事业的人。一般来说，成功者能在晚年获得美满的果实都是因为他们在年轻时就播下了好的种子。

这个时代越来越需要受过专门训练的人。在过去，任何人只要品行不太坏，做事有头绪，就可以做好工作。但是，现在已经不行了。许多人都受过好的教育，处理事情也有经验，似乎都可以做出一番事业来，但是他们却仍过着平凡的生活，甚至一败涂地。为什么会这样呢？原因就是他们从不肯努力求学，无力克服面临的各种困难，到年岁大时后悔已晚。

许多人后悔自己年轻时没有好好学东西，以致后来失去良好的工作机会；也有人说，现在虽然积累了许多钱，但因缺乏经验，以致今日没有什么成就。

一个人，岁数大了，钱也有了，天资也不笨，只因缺少某方面的学识与训练，而对他想从事的工作不能胜任，多么可悲！更可悲的是那些不学无术的人，到了中年后萎靡不振，失去了自信心，这样的人生有何意义？

要知道，平时在学识与经验上的努力，是你在危急关头最有力的支持。一个建筑师，平时他只要拿出一半的经验，就足以应付一般工作，可是到了重要关头时，就必须搬出他所有的技术、学识与经验来应付，他的"资本"到那时才会一显真相。又比如，一个商人，平时他可以随意经营，但不能一直如此，他必须学会更大的本领，好在遇到逆境时搬出来应对。

同样，一个人初入社会时，也要有尽可能多的准备。在初创事业时，或许只要一部分学识就足以应付，但到了他的事业渐渐发展大了的时候，就必须把所有的学识都搬出来应用了。

累积起来的学识与经验是成功的资本，年轻人必须储存这些资本，应当集中精力、毫不懈怠、积年累月地去储存。这样累积起来的资本才是无价之宝。趁年轻时把握机会，努力学习，将来的"收成"一定会很可观。

做事没有进步，是最可怕的。你当初离学校时，可能抱着很大的希望，想尽一切力量，完成一个伟大的事业；或者打算努力自修，以求做事进步，准备开始去过愉快的社会生活，或建立一个理想的家庭。

但等你刚一开始工作时，一切外界的诱惑就纷纷来到，它们使你不能安心自学、工作，甚至把你拖入堕落的深渊里。若你对工作不再感兴趣，那就糟了，一切人生的愉快、幸福、安乐全都将离开你。除非你幡然醒悟，痛下决心，重新进入一个追求进步的轨道；不然的话，随着你的年纪渐增，才能开始减退，就只好过着失败的生活了。

成长大于成功。请你现在就下定决心！不论你的情况怎样，都不要忘记"求上进"，也不要随意消耗时间在没有意义的事情上。你的学识、经验、思想，每一样都要追求进步。若你能这么去做，即使在工作受阻时，你也会有力量求得恢复。

只要具有真才实学，就不怕各种阻挠。即使没有大笔财富，世人也会看重你，因为你的本领是他人无法抢走的。总之，要尽量培养本领，将其积存起来，这才是我们成长过程中的基本功，也是我们成功的前提。

如果在年轻人中问这样的问题：你心中最为向往也最为恐惧的是什么？我想回答最多的是：我将来干什么？做人难，首难在安身立命。这么大的世界，这么小的人。世界上人太多，这么多的人之间既互相联系又互相排挤。时空莫逆，来路莫测。人生在世，要吃要喝要穿要住要养家要建功立业……

千难万难，第一难确实就是如何给自己在这个拥挤的世界里找到属于自己的一席之地。难怪很多人最向往的是它，最怕的也是它：我将来干什么？有位先生以自己的切身体验回答了这个问题：

20年过去了，向往已成明日黄花，恐惧也灰飞烟灭，人生坐标上，我的双脚迂回曲折了那么久，终于立定了。

我摸索的太久，付出的太多，从懂得发问"我将来干什么"到"我干了什么"，花去了将近20年的时间。20年的生命代价教给我一点诀窍，我愿将它诚告现在的青少年朋友，即：读懂一本书，做精一件事。

18岁或许更早一些，你差不多已经高中毕业，在人类高容量知识库里，你算扫了盲。这个时候，如果你上了大学，很好；没上成，也没关系，因为你已经具备了从书架上挑选适合你胃口的某一类专业性书籍来阅读的能力，也具备了寻师问友的能耐。

花上三四年时间，只要真正下功夫，你完全可以把某类专业修习完毕。这时候，你的脚下有了一片坚实的土地。就在你自行修习的同时，你可能已经找到了一件谋生的事做，只是你也许不太满意。

你心中的"将来"不是现在这个样子。你当然可以对你的现状不满意，完全可以，也应该，因为你还年轻。但你千万别太着急，也不要怨天尤人。记住，你已有一块坚实的土地。因此，你可以一边随遇而安一边在你拥有的土地上"打井"。

将你已有的知识整理一下，选定其中一本最有代表性的书来读。这回你不是记忆性地学了，是钻研！当你把它完全给"看透"了，你一定会豁然开朗，智慧跃升到一个崭新的高度。你甚至可以找出这本书的谬误与纰漏。这时，你在某个学问领域，还具备了讨论、探索、发挥、创造的能力。你可以干点什么了！

不必把专家学者看得太神秘，他们就是这么走过来的。有的青年会说，我不爱读书，不想做学问，不想做任何一个领域的哪个"家"，那我该怎么办？

怎么办？去学做一件事，真学。修汽车、煎大饼、画画、养花……可做的事太多了。

总之，选一样你喜爱又有相应条件的事一心一意去做，哪怕诸如刻印章之类的"雕虫小技"，你学会了，做精了，世界的某个位置就是属于你的了。

不要让生活把你变成庸人

也许你没有注意，在生活中你有多少次抱怨老天的不公平。有时，你也许真的遭遇到了某些不公平的待遇，既得利益被无端地剥夺，自己的荣誉拱手让给了他人，公平的分配却怎么也轮不到自己。

于是，常见许多人处于生命低谷时一味地抱怨、苦恼，大声地哭诉着生活对自己是如此不公，长期沉溺其中不能自拔，终日被泪水和无奈的情绪包围着。仔细想来，抱怨、折磨自己又有何用？只能徒增自己的痛苦，让自己坠落得更深、更惨罢了！

人生如海，潮起潮落，既有春风得意、高潮迭起的快乐，又有万念俱灰、惆怅莫名的凄苦。

面对生活，有很多事情不能如己所愿，别人得到了幸运你却与机会擦肩而过，别人获得了成功你却陷入困境，别人一帆风顺你却遭遇不幸。于是，你感叹生活是如此刻薄，命运是如此不公。其实，当你有这样的感叹的时候，你已经把自己命运的掌控权交了出去。

如果把人生的旅途描绘成图，那一定是高低起伏的曲线，它可比呆板的直线丰富多了。

史密斯先生是一位成功的商人，他从一个普普通通的事务所小职员做起，经过多年的奋斗，终于拥有了自己的公司、办公楼，并且受到了人们的尊敬。

有一天，史密斯先生从他的办公楼走出来。刚走到街上，他就听见身后传来"嗒嗒嗒"的声音，那是盲人用竹竿敲打地面的声响。史密斯先生愣了一下，缓缓地转过身。

那盲人感觉到前面有人，连忙打起精神，上前说道："尊敬的先生，您一定发现我是一个可怜的盲人，能不能占用您一点点时间呢？"

史密斯先生说："我要去会见一个重要的客户，你要什么就快说吧！"

盲人在一个包里摸索了半天，掏出一个打火机，放到威尔逊先生的手里，说："先生，这个打火机只卖1美元，这可是最好的打火机啊！"

史密斯先生听了，叹口气，把手伸进西服口袋，掏出一张钞票递给盲人："我不抽烟，但我愿意帮助你。这个打火机，也许我可以送给开电梯的小伙子。"

盲人用手摸了一下那张钞票，竟然是100美元！他用颤抖的手反复抚摸这钱，嘴里连连感激着："您是我遇见过的最慷慨的先生！仁慈的富人啊，我为您祈祷！上帝保佑您！"

史密斯先生笑了笑，正准备走，盲人拉住他，又喋喋不休地说："您不知道，我并不是一生下来就瞎的。都是23年前布尔顿的那次事故！太可怕了！"

史密斯先生一震，问道："你是在那次化工厂爆炸中失明的吗？"

盲人仿佛遇见了知音，兴奋得连连点头："是啊是啊，您也知道？这也难怪，那次光炸死的人就有９３个，伤的人有好几百，可是头条新闻啊！"

盲人想用自己的遭遇打动对方，争取多得到一些钱，他可怜巴巴地继续往下说。"我真可怜啊！到处流浪，孤苦伶仃，吃了上顿没下顿，死了都没人知道！"

他越说越激动，"您不知道当时的情况，火一下子冒了出来！仿佛是从地狱中冒出来的！逃命的人群都挤在一起，我好不容易冲到门口，可一个大个子在我身后大喊：'让我先出去！我还年轻，我不想死！'他把我推倒了，踩着我的身体跑了出去！我失去了知觉，等我醒来，就成了瞎子，命运真不公平啊！"

史密斯先生冷冷地道："事实恐怕不是这样吧？你说反了。"盲人一惊，用空洞的眼睛呆呆地对着史密斯先生。

史密斯先生一字一顿地说："我当时也在布尔顿化工厂当工人，是你从我的身上踏过去的！你长得比我高大，你说的那句话，我永远都忘不了！"

盲人站了好长时间，突然一把抓住威尔逊先生，爆发出一阵大笑："这就是命运啊！不公平的命运！你在里面，现在出人头地了，我跑了出去，却成了一个没有用的瞎子！"

史密斯先生用力推开盲人的手，举起了手中一根精致的棕榈手杖，平静地说："你知道吗？我也是一个瞎子。你相信命运，可是我不信。"

同是面对不幸的遭遇，有人只能以乞讨混日子为生，有人却能通过奋斗出人头地，这绝非命运的安排，而在于个人奋斗与否。

面对自己的不幸，屈服于命运，自卑于命运，并企图以此博取别人的同情，这样的人只能躺在不幸中哀鸣。失败并不意味着失去一切，靠自己的奋斗也可以消除自卑的阴影，赢得尊重。

确实，世界总是不公平的，没有必要去抱怨。你大可不必为自己的点点得失而大喊不公，应该正视现实，承认生活确实是不公平的。

承认生活并不公平这一事实的一个好处便是它激励我们去尽己所能，而不再自我伤感。我们知道让每件事情完美并不是"生活的使命"，而是我们自己对生活的挑战。承认这一事实也会让我们不再为他人遗憾，每个人在成长、面对现实、做种种决定的过程中都有各自不同的能力和难题，每个人都有感到成了牺牲品或遭到不公正对待的时候。

承认生活并不公平这一事实表明你正在逐步成长，并且渐渐走向成熟。承认生活不公平并不意味我们不必尽己所能去改善生活，去改变周围的世界。恰恰相反，它正表明我们应该这样做。当我们没有意识到或不承认生活并不公平时，我们往往怜悯他人也怜悯自己，而怜悯自然是一种于事无补的失败情绪，它只能令人感觉现在比过去更糟。

很多时候，我们自认为"不走运"，于是伴随我们的可能是消极抑郁、悲观绝望情绪。"假如生活欺骗了你"，事情的结局太出乎我们预料，对自己打击太大，不妨反复吟诵"牢骚太盛防肠断，风物长宜放眼量"的佳句，笃信"乐极生悲""苦尽甘来"的哲理，不要忧愁，不要悲伤，不要心急，更不要凄凄惨惨戚戚。

应该知道，世界上有许多事情，是没法尽如我们心意的。同时，我们个人的力量也是有限的，不要把这些不尽如人意的事情变成我们的困扰，而应学会把它们当成人生道路上必须要跨越的沟沟坎坎。

在这个世界上，有阳光就必定有乌云，有晴天就必定有风雨。从乌云中解脱出来的阳光比从前更加灿烂，经历过风雨的天空才能绽放出美丽的彩虹。

人们都希望自己的生活中能够多一些快乐，少一些痛苦；多些顺利，少些挫折。可是命运却似乎总爱捉弄人、折磨人，总是给人以更多的失落、痛苦和挫折。此时，我们要知道，困境和挫折也不一定是坏事。它可能使我们的思想更清晰、深刻、成熟、完美。

我们常说要有一颗平常心，其实平常心就在于选准自己的道路，然后持之以恒地走下去。选择自己的道路，可以凭自己的兴趣或所学习的专业去选择，也可以在工作中、生活中去发现适合自己的道路。

别人的路不是自己的路，自己去走了，才会有自己的路。面对一些坎坷，不要退缩，不要气馁，一次两次走不过去也不要紧。要记住，大不了，我们可以从头再来。

于娟娟是一家美容美发形象设计中心总经理，她原来是某工具总厂游标卡尺装尺工。提起于娟娟五年的创业历程，她自己说，在开美容院之前，她是一个不成功的"商人"。

20世纪90年代末，原来的单位进入困难时期，于娟娟与丈夫一起下岗待业，两人的收入已不能支持家庭开支。

看着上学的女儿，多病的母亲，正上大学的妹妹，于娟娟与丈夫商量后决定，自己下海做生意。

下岗后，于娟娟像很多下岗职工一样，首先想到的就是摆地摊，批发小百货来卖。

每天，她蹲在路边，守着小摊，眼巴巴地盼着有人光顾。就这样看着来来往往的人群守了一个月，连盒饭都舍不得买，一算账，竟还亏了几十元。

小百货不好卖，就卖别的吧！于娟娟从家里挤出120元，从水果批发市场批发了樱桃来卖。可这回，樱桃一颗颗烂在家里，紧赶着处理，还是亏了50元。卖用的、吃的都贴钱，于娟又改卖穿的。东挪西借后，她去进了一批皮鞋，每天她把几大捆鞋装在蛇皮口袋里，用自行车驮着，四处叫卖。

一个秋雨蒙蒙的傍晚，她去卖鞋，艰难地在凹凸不平泥浆四溅的路上骑行。这时蛇皮袋绞入后车轮，她连人带车栽入烂泥中，几次想爬起来都没成功。

幸好一位钓鱼的老人路过，将她拉了起来，还帮她把散落满地的皮鞋捡拢来。

就这样，皮鞋生意也半途而废了。家里也没有钱让她再去"折腾"，经朋友介绍，她到雅芳公司当了化妆品推销员。

由于长期的风吹日晒，东奔西跑，于娟娟患上严重的胃病和美尼尔氏综合征，脸部皮肤粗糙，还有大块大块的黄褐斑。这样的形象去推销化妆品，就有顾客公开奚落她："看看你自己的样子，也来搞化妆品推销。"

于娟娟没有气馁，她觉得很多人下岗后不再创业是因为不肯放下国企职工的架子，这对于她来说不算什么，生活嘛，谁还不都得过几道坎，她一定能干好。

于是，于娟娟每天穿梭于大街小巷，四处苦口婆心推销，终于让自己的生活有了转机。

但是，顾客的奚落一直是她胸口的病，也让她看到美容业中所包含的商机。于娟娟放弃了已能养家糊口的推销工作，到一家美容院当起一个月只有150元工资的"学徒"。

在美容院打工三个月，是她学习的三个月。她全部的工资都变成了有关书籍，加上师姐的指点，她的技艺突飞猛进。

三个月时间，这家美容院已不能满足她的求知欲。在丈夫支持下，她变卖了家中的电视机和部分家具，到一家专业美容美发培训中心学习，拿到了高级美容师职称。

学成后，于娟娟借了2万元，租了一间20平方米的门面，开了只有两张美容床的"娟娟美容院"。

有了自己的目标，有了自己的天空，于娟娟更加努力，摸索出一套自己的洗脸按摩手法，更在化妆、文眉上有了突飞猛进的提高。从此，于娟娟的生活步入坦途，生意越做越大。

后来，于娟娟的美容院更名为美容美发形象中心，有240平方米，上下两层楼；有员工10余人，美容床21张，有自己的美容美发培训学校。于娟娟成功了。

奋斗之后迎来辉煌也是大自然的规律。世上的路很多，归根结底只有两条：上坡路和下坡路。走上坡路，沿途可能会有荆棘刺破你的双脚，你付出了汗水、泪水和血水，也不一定走得很高；走下坡路就显得很容易，你无须把握自己，任他人把你带向未知的方向。

我们不能借口运气不佳就不去成长，那背离了自己生命的本质，是消极厌世。你或许无法获得辉煌的成功，但一定要以一颗平常心面对这浮躁的世界，踏踏实实地成长，一步一个脚印地走好人生路。不过，人生路从没有一帆风顺的，所以，不妨"有意发展，无意成功"，锲而不舍，功到自然成。

享受岁月静好，最忌心浮气躁

一个伟大的艺术家要成就一件传世之作，不知道要吃多少苦头，不知道要经历过多少年的磨炼；一个作家要成就一部优秀的作品，不经过几番痛苦的思考是难以实现的；一支部队要赢得一场战役的胜利，就必须作出巨大的牺牲。这些画家、作家和战士，都是用艰苦的努力和辛勤的汗水铸就荣誉桂冠的。

在羡慕别人成功的同时，不妨扪心自问："他哪里比我优秀？"然后力求改进。如果对方实在没有超越你的地方，那又为什么他做得到而你做不到呢？《圣经》里有这样一个故事：

耶稣带着他的门徒彼得出外远行，途中耶稣看到地上遗落着一块破旧的马蹄铁，于是要求彼得把它拾起来。但是，彼得却因为旅途劳累，不愿为一块马蹄铁折腰，因此充耳不闻，故意假装没有听到。

耶稣并没有多说些什么，他自己弯腰捡起了马蹄铁。到了城里，他用这块马蹄铁向铁匠交换了微薄的金钱，又用这些钱买了十七八颗樱桃。

师徒两人继续往前行，来到了一片荒野。彼得背着沉重的行李，走得又累又渴，但是身上的水却早已喝光了。正当他苦无对策之际，耶稣悄悄地从衣袋里丢出一颗樱桃，彼得看到了，像是发现什么大宝藏似的，连忙捡起来吃。

于是，耶稣每走一段路就丢下一颗樱桃，彼得也只好每走一段路便弯一次腰。一路上彼得为了甘甜的樱桃，不知道狼狈地弯了多少次腰。

耶稣见到彼得腰酸背痛的模样，知道他受够了教训，于是笑着说："如果你不肯为小事付出，那么你将会为更小的事而付出更多。"

清代名臣曾国藩曾说过一句名言："坚其志，苦其心，劳其力，则事无大小，必有所成。"许多看似微不足道的小事，都是成功金字塔上的一块块小砖头，不加以积累，又如何造就出成功？

法国作家夏尔说：“为了换取灿烂的光华，你必须去吹动那些微弱的火花。”耕耘贵在脚踏实地，而非幻想着一步登天。大多数人的成功，都建立在务实的基础上，一步一个脚印。路，就是这么走出来的。

　　每一个成功者都是非常努力的。成功者有成功的方法，可是成功者一定是努力的。努力是成功的捷径，而且是成功必须付出的代价。要想比别人优秀，就要比别人更努力。

　　奈迪·考麦奈西是第一个在奥林匹克体操比赛中获得满分的运动员。他说：“我常对自己说：你一定能做得更好。要成为奥林匹克的冠军，你就得有不凡的地方，要比别人更吃得了苦。我不想过普通而平庸的生活，所以给自己确立的生活准则是：‘不要想过简单容易的生活，而要追求做一个坚强有实力的人。’”

　　真正的冠军都明白，不论有多么充分的借口，任何失败都是自己懒惰的后果。“当一个人觉得不满意、不舒服和受折磨的时候，他才会得到最好的磨炼，”另一位金牌选手彼特·维德玛这样说，“每天，我都会把准备在体育馆里完成的项目列出清单，不管要花多少时间，没有把这些项目完成，我绝对不会离开。我每天的生活目标就是这样，只要走出体育馆，我都可以说今天已经尽力了。”

　　人才是磨炼出来的，人的生命具有无限的韧性和耐力，只要你始终如一、脚踏实地做下去，无论在怎样的处境中，都不放松自我，不自暴自弃，你便可以取得令自己和他人都震惊的成就。

"跬步不休，跛鳖千里"，跛脚的鳖也能走到千里之外，因它总是不懈地向前走；"佛许众生愿，心坚石也穿"，态度坚决可以穿透顽石，足见心力的神奇。

成功的人永远比一般人付出更多，当一般人放弃的时候，他们总是在寻找自我改进的方法，他们总是希望更有活力，产生更大的行动力。

成功者的生活是充满自我牺牲的。"没有劳作，就没有收获"，这应该是每一个成功者的座右铭。洛克菲勒曾对儿子说：

不要总想着去看表，忘掉时间吧。9点到17点的工作时间不是为了你而订的。商业犹如一场对弈，一场比赛。8小时对于大显身手地干一番事业的人是远远不够的。当我初次踏上推销员之路时，发现我的竞争对手们周末都有不工作的习惯。在星期六，我并没有什么特别重要的事情需要做。那时我还是个单身汉，不会被结婚带来的责任所拖累。那我干些什么呢？打网球吗？不，推销本身就是我的娱乐，就是我的比赛。我决意要成为一个胜者。

其实，许多事情都非常简单，一位推销前辈曾说过："世界上最伟大的秘密就是：你只要比一般人稍微努力一点，你就会成功。"

"台上一分钟，台下十年功。"一般人只看得到别人表面的风光，却忽略了他们背后的辛苦。殊不知，成功不会从天而降，一点一滴，都必须从零累积而来。浮躁心理是现代人的通病之一。表现为行动盲目，缺乏思考和计划，做事心神不定，缺乏恒心和毅力，见异思迁，急于求成，不能脚踏实地。

比如，有的人看到歌星挣大钱，就想当歌星；看到专家、经理神气，又想当专家、经理，但又不愿为了实现自己的理想努力学习。

还有的人兴趣、爱好转换太快，干什么事都不能从一而终，今天学绘画，明天学电脑，三天打鱼两天晒网，忽冷忽热，最终一事无成。

张某是某事业单位一般职员。他主动找到心理医生讲述自己的苦闷："我近一年来一直心神不定，老想出去闯荡一番，总觉得在我们那个单位待着憋闷得慌。看着别人房子、车子、票子都有了，我心里慌啊！以前我也曾炒过股，倒过一些货，但都是赔多赚少。我去买彩票，一心想中个大奖，可结果花几千元连个响都没听着！后来我又跳了几家单位，不是这个单位离家太远，就是那个单位专业不对口，再就是待遇不好，反正找个合适的工作太难了。反正，我心里就是不踏实，闷得慌。"

产生浮躁的主观原因是个人间的攀比。攀比使人对社会生存环境不适应，对自己的生存状态不满意，于是过火的欲望油然而生。个人奋斗又缺乏恒心与务实精神，缺乏对自己的智力与发展能力的准确定位，从而失去自我。

然而，当浮躁使人失去对自我的准确定位，使人随波逐流、盲目行动时，就会对家人、朋友甚至社会带来一定的危害。在这个瞬息万变的物质世界中，其实人人都可能有过浮躁的心理。对那些意志坚强的人而言，浮躁也许只是一个念头而已。一念之后，还是该做什么就做什么，不会迷失了方向。

浮躁不是病，而是一种普遍的社会心态，没有什么可怕的。只要我们让自己的头脑稍微保持一点清醒，不因浮躁而紧张，我们的心便会随之复归平静，生活也会变得像以前一样容易掌控。

改变浮躁之气，就是要脚踏实地，凡事认真做。认真就是不放松对自己的要求，就是严格按规则做人办事，就是在别人苟且随便时自己仍然坚持操守，就是高度的责任感和敬业精神，就是一丝不苟的做人态度。

如果每个人都能凭着良心做事，不怕困难，不半途而废，那么不但可以减少失败，而且可使每个人都具有高尚的人格。而一个人养成了敷衍了事的恶习后，做起事来往往就会不认真。这样，人们最终必定会轻视他的工作和他的人品。

认真的精神，其实是对自己、对他人、对家庭和社会的高度责任感。做事能否认真，与是否有耐心关系密切。许多人做事只图快，只图省力气，怕麻烦，于是偷工减料，"萝卜快了不洗泥"，这样做出的"成果"必然是经不起检验的。

商品社会让我们越来越缺乏耐性，拜金主义把我们搞得无比浮躁。而这种"浮躁"，这种"缺乏耐性"，正是为人做事不再认真、充满着"浮躁心"的突出表现。

能否认真做事，不但是个行为习惯的问题，更反映着一个人的品行。很难想象一个整天只图自己安逸和舒服，只想着走捷径取巧发财的人，会不辞劳苦地、耐心地、认认真真地去做好该做的事。认真做事的前提，是认真做人。

杀死你的，是傲慢与偏见

偏见铸就我们偏狭的单面思维，使我们见木不见林：偏见是以我们自己的缺点，去强求他人，更改他人的弱点；偏见是用自己的标准衡量他人的武断，是"只许州官放火，不许百姓点灯"的蛮横。偏见是一把戕害他人的无形软刀。《马太福音》中说：

> 你自己眼中有梁木，怎么能对你兄弟说，容我去掉眼中的刺呢？你这假冒伪善的人，先去掉你眼中的梁木，然后才能看得清楚，去掉你兄弟眼中的刺。

偏见是危害宽容品性的毒素。台湾的李家同先生讲过一件亲身经历的事：

在纽约至波士顿的火车上，我发现我隔壁座位上的老先生是位盲人。我的博士论文指导教授是位盲人，因此我和盲人谈起话来，一点困难也没有，我还弄了一杯热腾腾的咖啡给他喝。当时正值洛杉矶种族暴乱的时期，我们因此就谈到了种族偏见的问题。

老先生告诉我，他是美国南方人，从小就认为黑人低人一等，他家的佣人是黑人，他在南方时从未和黑人一起吃过饭。也从未和黑人一起上过学。到北方念书，有次他被班上同学指定办一次野餐会，他竟然在请帖上注明"我们保留拒绝任何人的权利"。在南方这句话就是"我们不欢迎黑人"的意思。当时举班哗然，他还被系主任叫去骂了一顿。

他说有时碰到黑人店员，付钱的时候，他总将钱放在柜台上，让黑人去拿，不肯和黑人的手有任何接触。

我笑着问他："那你当然不会和黑人结婚了。"

他大笑起来："我不和他们来往，如何会和黑人结婚？说实话，我当时认为任何白人和黑人结婚都会使父母蒙辱。"

但他在波士顿念研究生的时候，不幸遭遇了一次车祸，虽然大难不死，可是眼睛完全失明，什么也看不见了。他进入一家盲人重建院，在那里学习如何用点字技巧，如何靠手杖走路等等。慢慢地他终于能够独立生活了。

他说："我最苦恼的是，我弄不清楚对方是不是黑人，我向我的心理辅导员谈这个问题，他也尽量开导我，我非常信赖他，什么都告诉他，将他看成良师益友。有一天，那位辅导员告诉我，他本人就是黑人。从此以后，我的偏见就完全消失了。我看不出对方是白人，还是黑人，对我来讲，我只知道他是好人，不是坏人，至于肤色，对我已经毫无意义了。"

车快到波士顿，老先生说："我失去了视力，也失去了偏见，是一件多么幸福的事。"在月台上，老先生的太太已在月台上等他。两人亲切地拥抱。我猛然发现他太太竟是一位满头银发的黑人。

我这才发现，我视力良好，但我的偏见还在，是多么不幸的事。

的确，偏见人人都会有，因为源于我们各自不同的出生环境和受教育的背景，源于我们各自不同的个性和生活价值取向。偏见限制我们的视野，使我们戴上了有色眼镜，用一种先入为主的、僵化的观念去看事和看人，结果必然是伤害。

以写《新荒漠甘泉》著称的考门夫人写道：

> 你有没有注意到，别人那样做，叫"笨手笨脚"；你那样做，只是"有点紧张"。
>
> 别人硬要那样做，叫"冥顽不灵"；你自己硬要那样做，却是"意志坚定"。别人不喜欢你的朋友，叫"成见甚深"；你不喜欢他的朋友，却是因为"观人于微"。
>
> 别人花钱，叫"奢侈浪费"；你若花钱，只是"慷慨解囊"。
>
> 别人挑剔是"吹毛求疵"；你挑剔人家的毛病，只是"入木三分"。
>
> 别人态度温和，是因为"懦弱无能"；你若态度温和，便成"文雅敦厚"。
>
> 别人动作大意，叫"动作粗鲁"；你若同样行动，却是"不拘小节。"

的确，"长于责人，拙于责己"是现代人的一个通病，时人也多以自我为中心的心态去看待他人或判断某事。结果，滋生恨与恶。

而世人又多不善于宽容，而是用偏见这把无形的软刀伤害自己，又伤害他人。这使我联想起去年冬天发生的一场争吵。

那天，在某系的资料室，两个年轻人因对"科技是第一生产力"的见解分歧，发生了争吵。学理科的年轻人洋洋自得地说，科技是指我们理工科，你们文科站一边去。学文科的年轻人反驳说，人是生产力中最活跃的因素。科技产生效力的介体是人。没有高素质的人，科技如何能成为现实的生产力？没有文科，原子弹和氢弹就会四处爆炸！

两人开始是据理力争，后是各显身手，嘲笑和贬低对方的价值。两人喋喋不休，直争得声音嘶哑，青筋暴突。奇怪的是。同在资料室的几个人只是静静地埋首报刊，似乎旁边根本没发生什么争吵。两青年终于累得偃旗息鼓。

当时，我内心涌起两种强烈的感觉，一是可怕的偏见，二是世人的麻木和冷漠。谈起宽容，著名作家肖复兴说：

宽容的前提是对那些可宽容的人或事。宽容，不是去对付，去虚与委蛇，而是以心去包容，去化解，让干涩的世界，通过宽容变得温润一些。而不是什么都要你死我活，什么都要勾心斗角，什么都要剑拔弩张，什么都要斤斤计较。我们不能做一泓深邃的湖，不能做浩瀚的大海，但我们起码可以做到如一只青蛙去宽容蝌蚪一样，让温暖的夏夜充满嘹亮的蛙鸣。

　　对于我们现今的时代来说，我们所缺少的不是心计和毒辣，而是缺少坦诚和宽容。尽管心计、毒辣、计较和无所不用其极的人可能带来一时的飞黄腾达、春光占尽、独占鳌头，但终归属阴谋得逞的性质，为美好的人性所不齿。宽容是滋长爱的沃土，让我们各自以自己的能力为爱的温床添一把土，洒一滴水。

第四章

唯有拼搏，才能鲜衣怒马

　　每个鲜亮的人生，都是经过拼搏而来，若想鲜衣怒马，唯有拼搏奋斗。不要只看到别人的光鲜亮丽，也不要只看见豪车别墅，因为这一切的背后都是血汗和泪水，你要明白，天下没有任何一分钱是大水打来的。

那些成功人士到底比你强在哪里

命运是一个人一生所走完的路，是一个人一辈子完成的"作业"。有的人认为，命运是天注定的，是不可以改变的。事实真的如此吗？当然不是了。命运不过是人生的方向盘，驶向哪个方向，完全掌握在每个人自己的手中。

虽然你无权决定你的出身，但你有权决定自己该怎么过。你可以过得很失败，也可以过得很成功；你可以过得很痛苦，当然也可以过得很快乐。这一切全在你的一念之间。我们来看看一个小男孩是如何成长为高级人才的吧：

和很多同学一样，我也出生在一个小城市的普通工人家庭。小时候起，除了学习，我的兴趣非常广泛。

那个年代，在我生活的山西阳泉那个小城市，电视还没有普及，更别说电脑、互联网了。

后来，我的姐姐考取了北京大学，成为我们当地的"明星"。

临走时她对我说："外面的世界很美丽，所以你一定要好好学习，考上大学，走出阳泉，这样你未来的路才会更宽阔。"

我听从了姐姐的建议，从那时起开始发奋学习。我第一次接触计算机是在高中一年级，我一下子就被这奇妙的东西吸引住了。

从那时起，为了能到机房上机，我经常找到老师软磨硬泡。比别人更多的上机实践，也让我在计算机方面的技能比其他同学强。

不久以后，学校派我到省会太原参加全国中学生计算机比赛。去之前我信心满满，只觉得自己的计算机水平不错，甚至还想拿个名次回来。结果没有想到，我连个三等奖也没得到。

这样的结果对我而言在某种程度上是一个打击。一开始我想不通，但是，当我走到太原书店时，我才知道为什么没有办法和他们竞争。

我发现，那里有许多我在阳泉根本看不到的计算机方面的书，别人在信息的获取上比我有先天优势。

这次经历让我第一次感到了眼界与命运的关系，我又想起姐姐对我说的话，于是，我渴望到外面的世界看看。

在之后的近20年，无论是在北大的求学经历，还是在美国学习计算机以及在华尔街和硅谷的工作经历，都大大开阔了我的视野，甚至对我后来创立百度公司也产生了巨大的影响。

故事中的"我"不用详细跟大家介绍了吧？他就是百度创始人李彦宏，他的故事，大家也差不多是耳熟能详的，是不是值得我们认真学习一下呢？

其实，他的这段故事最主要就是表现了一点，他努力掌握了自己的命运。因此，他成功了！

李彦宏的命运是他自己掌握的，那么，我们的命运呢？也只能是我们自己掌握的。我们经常听到有的人总是在抱怨上天不给他机会，自己的命运很糟糕。仔细想想又何必怨天尤人？天上不会掉馅饼，机会是靠拼搏得来的，命运也是由自己掌握的。

亿万富翁比尔·盖茨用他的行动向我们揭示了这一道理。他很有设计天赋，18岁考入了哈佛大学，在第三学年时毅然退学，和朋友一起去开创微软事业。他的父亲十分生气，恨不得用拳头狠狠地教训他。

但父亲的愤怒并没有改变比尔·盖茨的志向。假若他当时听从了父亲的意见，继续上大学，那么这个世界上就很可能少了一个亿万富翁，而多了一个书呆子，正因为他掌握了自己的命运，才成就了他的微软事业。

有时候，是生，是死，也掌握在自己手里。汶川大地震中，有多少人不幸地离开了人世，而又有多少人创造了奇迹。22岁的乐刘会，地震时不幸被埋在废墟中。在黑暗的日子里，她心中怀着光明。有人时她就大声呼叫，无人时她就保存体力。

在艰苦的环境里，乐刘会从来没有放弃过活下去的信念。靠着这个信念，她终于获救了。倘若她放弃了活下去的信念，她就不可能获救。从某个角度讲，是她自己救了自己。

说到底，命运是掌握在自己手里的。自己掌握命运，你就会和鲜花拥抱，和成功握手，和痛苦说再见。古往今来成大事者，他们用一生的奋斗去努力、去争取，最终成就理想。

当你的工作不理想时，不要抱怨，而是应该思考自己有没有付出持续的努力。如果你非要抱怨上天的不公，先来和这两个人比一下吧：

命运对于贝多芬似乎毫无公平可言，一个音乐天才，命运却让他失去了双耳的听力，可是他并没有向命运低头，而是用他的心去创作，经过不懈努力，他最终创作出了闻名于世的辉煌篇章。

命运好像也在故意捉弄霍金，让他终生在轮椅上度过，尽管如此，霍金也不服从命运的安排，自己说不了话，便用眼睛传达，最终他成为20世纪物理学界的伟人。

如果比较不公，你的遭遇与这两个人比起来怎么样呢？许多人都是经历了挫折之后才取得成功的，我们不应该屈服于命运的安排，而应该把握眼前的一切，去面对生活。

　　每一个人都渴望成功，那么我们就应该在用我们无悔的青春，去浇灌那刚刚萌芽的种子。漫漫人生路，谁都难免遭遇各种失意或厄运，一个强者，是不会低头的。

　　我们不能预知生活的各种情况，但我们能够适应它，这个世界上没有任何人能够改变我们，只有我们自己才能真正地改变自己，也没有人能够打败我们，除了我们自己。

　　相信很多人都读过《战胜命运的孩子》这个故事吧！故事中想当音乐家的孩子聋了，想当画家的孩子盲了。他们都埋怨上帝的不公。

　　然而一位老人打着手语告诉聋的孩子："你的眼睛还明亮，为什么不改学绘画呢？"

　　他又跟盲了的孩子说："你的耳朵还灵敏，为什么不改学弹钢琴呢？"两个孩子受到了启发，最后成为有名的音乐家和画家。

　　悔恨、抱怨不会改变命运，它只会消耗你更多的时间。不成功的人通常在不经意间松开他们的双手，任由机会远离他们，在命运面前他们束手无策，这也是他们没有实现理想的主要原因。

　　守株待兔更是没用，命运不会青睐于没有准备的人，只有不断地探索，克服种种不利因素，才能获得成功。

　　其实，成功与否也取决于对命运的态度，因为人的一生中会有诸多的挫折，而成功又恰恰隐藏在这些挫折中。

孟子说得好："天将降大任于斯人也，必先苦其心志、劳其筋骨、饿其体肤。"如果你一遇到困难就退缩，不继续努力，你就只能无所事事，成功的大门永远向你紧闭。

有人说命运的力量是很强大的，它似乎左右着我们的一切，但别忘了，命运掌握在自己的手中，只有自己把握好生命的主旋律，才能奏出幸福的曲调！

因此，生命的意义在于不断探索、不断进取，遇到困难的时候，请握紧自己的双手，记住命运掌握在自己的手中！

每个人都应该心中有梦，有胸怀祖国的大志向，找到自己的梦想，认准了就去做，不动摇。

我们不仅仅要有梦想，还应该用自己的梦想去感染和影响别人，因为成功者一定是用自己的梦想去点燃别人的梦想，是时刻播种梦想的人。

亲爱的朋友，困难并不可怕，只要我们能乐观地面对；命运也可以改变，而钥匙就握在我们的手中。

你贫穷，你奋斗，却失败

你贫穷，虽然尚能在大城市的钢铁丛林中求得温饱，但相比于你心中所梦想的生活来说，还是一贫如洗。为此，你努力奋斗，想改变现状，但最终还是一败涂地。

你曾在夜深人静的时刻，千百次地问自己"为什么"。而我也想问你一个问题，你在奋斗之前，摆正自己的心态了吗？

你祈祷能拥有一掷千金的财富，更渴望能拥有万人之上的地位，但你的内心深处，却还是把自己看成卑微的尘埃。这是错误的，不管现状如何，你一定要坚信一个道理：人穷志不短。你可以穷，但志不能穷，人活着，就要有信念。信念的力量在穷人的足迹中起着决定性的作用，要想摆脱贫穷你，就必须拥有无坚不摧的信心。

你要明白，对于你来说，其实贫穷本身就是一种资本，穷人就算有一百元钱，他也会抱怨自己一无所有；而富人就算一分钱也没有，他也会说自己很富有。

"想一生荣华富贵的条件是什么？"

若有人这样问我，我会毫不犹豫地回答："贫穷。"

人若是曾被贫穷折磨，对财富的欲望和毅力会比别人强，构想才会不断涌出，并有超群的行动力。

贫穷本身并不可怕，可怕的是贫穷的思想。认为自己命该贫穷，必须老死于贫穷的这种信念！

你是应该得到"富裕"的，那是你的天赋权利！心中不断地想要得到某一个东西，同时孜孜不倦地奋斗着去求得某一个东西，最终我们总能如愿以偿。世间有千万个百万富翁，就因为明白这层道理，而挣脱了贫穷的生活！

逆境、危机感、一贫如洗等，会成为聚集财富的最大引爆剂和原动力。假使你现在很贫穷，不要悲叹自己的生涯，不只如此，还应该抱持喜悦之心才对。

《朝日新闻》的记者问卡西欧计算机社长杜尾忠雄先生："获得成功的秘诀是什么？"杜尾忠雄回答说："当然是贫穷。"他如此述说：

> "我切身体会到，贫穷是父母亲所留下来的最大财富。因为贫穷，使人想到要奋发图强，从身无分文、白手起家创立事业，最终目的就是要赶快从贫穷中脱离嘛！我以前最常想的就是，要过像样的生活，要吃像样的食物……"

卡西欧社长是基于贫困的原动力，才创设公司，使该公司成为东京证券交易所第一个上市的公司，取得了相当了不起的发展。

确实，贫穷是成为富翁的重要原因之一，可以说贫穷为富有之母。贫穷没有美德可言，他和疾病一样，需要治愈。

疾病、挫折、贫困等逆境，能锻炼一个人的意志，培养一个人的韧性，同时点燃一个人发奋图强的斗志。

调查一下取得巨大成就的人们的过去，就会发现他们都曾经品尝过令一般人感到绝望的贫穷的痛苦，同时他们又是在这个时候掌握了取得成功必备的能力。

因此，即使痛苦，也要以逆境思维向前看，努力前进。

成功或收获的过程越难、越艰苦，达到成功或收获时的激动才会越坚强。如果想品尝"天生我材必有用""这辈子总算是没白活一场"这样一种最深最强烈的激情，在此之前必然要经历一段艰苦卓绝的岁月。

一生中不论经过多少贫困、多少痛苦、多少失败，只要最终取得成功，这一切又算得了什么呢？贫困是痛苦而辛酸的，但能够变成推动你向前的催化剂，能够转化成为前进必需的强大能量。

穷人总是抱怨自己的运气不好，说什么生不逢时或倒霉之类的话；而富人则恰恰相反。当生活太顺的时候，部分人还会感到难受，他们渴望来点刺激。

这是他们自找的，他们自找麻烦而陷自己于逆境中，并说这就是人生！生活是不会尤风起浪的，是由我们自己的错误想法一手造成的。

命运告诉我们：所谓破坏的力量其实根本不像我们想象中的那么大，如果它真有那么大的话，那是因为我们没有做好选择，没有掌握好命运。

一旦人们认识了选择的威力，那么其人生将完全为之改变，但很多人至今还不知道，是他自己的想法、选择给他带来了后患，而不是外界某些不可见的力量加诸于他的。

当我们周围的人都充满烦恼、困难时，我们自然不太容易安于自己的顺境。然而，我们该知道，很多人之所以不断受挫，主要是因为他们未能正确支配选择命运的威力，所以事情才会演变成那样。

当事事都很顺心的时候，有相当多的人不免会暗自庆幸，太多的东西使人不安，帕它们会随时会跑掉，这种恐惧显然普遍存在。

所以，我们必须不断告诫自己：所谓"好景不长"根本就是谬论。不久之后，这种想法自然会变成我们的信念。当大家都把这种信念带进生活，我们就能够像哥伦布在1492年发现新大陆一样，发现一片新的生活领域。

如果我们看不到快乐的人，我们便会断定：人生就是这样。殊不知，一个人往往可以影响一群人，甚至上百万人。

在这个世界上仍然有成千上万的人一无所有，有成千上万的人一贫如洗、居无定所，他们甚至不再奢望能改善他们的生活。

让我们抱定一个信念——好运也会降临。为什么我们一定要活在陈旧教条的阴影下面，把现状看成一成不变呢？

穷人认为自己注定贫穷一生，那么他就真的贫穷一辈子；而富人认为自己一定能发财，那么他也真的一生荣华富贵。

富兰克林曾经说过："贫穷的本身不可怕，可怕的是自认为命定贫穷，或必须老死于贫穷的心念。"

的确，人穷并不可怕，最怕的就是因为贫穷而失去了自我，失去了奋斗的勇气，自甘堕落，那就只能一辈子都是贫穷的命了。

假使你觉得自己的前途无望，觉得周围的一切都很黑暗惨淡，那么你应该立刻转过身来，朝向另一面，朝向那希望与期待的阳光，而将黑暗的阴影遗弃掉。把贫穷的思想、疑惧的思想，从你的心中驱走，挂上光阴的、愉快的图画。

人若是曾被贫穷折磨，对财富的欲望和毅力会比别人强，构想才会不断地涌出，并具有超群的行动力。

日本歌手千昌夫，如今也是一位在夏威夷毛伊岛有幢豪华饭店的实业家。他在兄弟三人之中排行老二，小学三年级时父亲病故，全家人以母亲的积蓄勉强维持生计。

但因为实在太穷无法支付电费，常常被停电。没办法，全家人只好靠蜡烛照明。即使是现在，他每当看到蜡烛，眼前就浮现当年贫困生活的情景，历历在目。所以，据说他甚至讨厌看到餐桌上的蜡烛。

千昌夫初中毕业升入高中，心里仍旧充满着贫困艰辛的感觉。这种感觉，促使他产生渴望获得成功的雄心。

高中二年级春假的一天，他独自一人乘夜间列车离家出走，以做歌手为目标直奔东京。之后，他拜作曲家远藤实宅为师，历经磨难与痛苦，终于成为如今风靡全国乃至世界的歌手。

就像这样，逆境、危机感、一贫如洗等，会成为取得财富的最大引爆剂和原动力。

任劳任怨地干着自己不喜欢的工作

你任劳任怨地干着一份自己不喜欢的工作，数十年如一日，数十年原地踏步。你永远不可能强按着一头不想喝水的牛去喝水，同样，你也不可能在你自己不喜欢的领域，取得此生你所能取得的最大成就。

目标是欲望的表达，"要什么"从来就比"怎样做"更为重要。但是目标不是欲望，目标更加具体，也往往给自己定了时限。它既有欲望的感情、牵动因素，同时也有自己做主，不让自己从散漫中游移的因素。

丘吉尔曾经说过，当有人问他目标是什么时，他只能用两个字来回答，而这两个字就是"胜利"，就是要不计一切代价取得胜利，不论路有多长，路有多艰苦，也要取得胜利，因为没有胜利就没有生存。

在现代社会中我们需要明白，目标缺乏是走向失败的开端。古罗马哲学家塞涅卡曾说过："有人活着没有任何目标，他们在世间行走，就像河中的一棵小草，他们不是行走，而是随波逐流。"

著名的哈佛商学院做了个实验说，对于一群青年人的人生目标的跟踪调查中，3%有十分清晰的长远目标，25年后发现这些人成为了社会各界的精英、行业领袖；10%有清晰但比较短期目标的人是各专业各领域、事业有成的中产阶级；60%只有模糊目标的人胸无大志、事业平平；27%毫无目标的人则是生活于底层，入不敷出。

事实真如实验所测吗？我个人认为不会偏离得太大。我把自己归于10%与60%之间，属于60%中偏向10%的那一类。既未立长志，也不常立志，但对所立之志的负责态度不可少。所以说，人生是受目标驱使的，目标就是由一个一个的目的组成的。

我们知道，2003年受非典的影响，很多人的事业都遭受了失败，但我的一位朋友则例外。

当他的公司因非典关闭时，这对他犹如当头一棒，在大约两三个月，他的情绪一度低落，但最终他还是接受了这一事实，而且他的心态也为之一变，变得更加宽容、更加谦逊、更加懂得珍惜所拥有的一切。

在勤奋工作之余，他从没有放弃对自己目标的向往。就这样，在经过两年之后，他取得了巨大的成功，当有人问他为什么能够在极短的时间内东山再起时，他回答说：

　　　　每天给自己一个希望，就是给自己一个目标，

　　给自己一点信心。希望是什么？是引爆生命潜能的

导火索，是激发生命激情的催化剂。

每天给自己一个希望，我们将活得生机勃勃，激昂澎湃，哪里还有时间去叹息、去悲哀，将生命浪费在一些无聊的小事上？

生命是有限的，只要我们不忘每天给自己一个希望，我们就一定能拥有一个丰富多彩的人生。

生活中有很多人没有确定的目标和抱负，没有规划良好的人生计划，而只是一天天地得过且过，我们不能不感到触目惊心。

在生活的海洋中，我们随处都可以看到这样一些年轻人，他们只是毫无目标地随波逐流，既没有固定的方向，也不知道停靠在何方，他们在浑浑噩噩中虚掷了许多宝贵的时光。他们在做任何事时都不知道其意义之所在，他们只是被挟裹在拥挤的人流中被动前进。

如果你问他们中的一个人打算做什么，他的抱负是什么，他会告诉你他自己也不知道他到底要做什么。他只是在那儿漫无目的地等待机会，希望以此来改变生活。

正是绝大一部分人对于自己未来的目标及希望，只存有模糊不清的印象，因而他们通常到达不了目的地。试想，一个人没有目标，又如何到达终点呢？

明确的目标能够对生活产生巨大的影响力。它使得我们的努力凝聚到一处，并为我们的工作指明了奋斗的方向，因而我们的每一步都稳重而有力，我们的每一步都是朝向目标前进。

拿破仑·希尔说："没有目标，不可能发生任何事情，也不可能采取任何步骤。如果个人没有目标，就只能在人生的路途上徘徊，永远到不了任何地方。"生命本身就是一连串的目标。没有目标的生命，就像没有船长的船，这船永远只会在海中漂泊，永不会到达彼岸。

我在青年时期决定的目标，就是建议人们要有信仰和信念，要有积极进取的态度，借此充分发挥个人的潜能，度过充实的人生。我把这个目标写在卡片上，以后有好几年都一直放在上衣口袋里。

我偶尔也会设定其他目标，所以把每一张卡片都放在口袋里，就这样，我的口袋总是装满了写上目标的卡片，每实现某个目标，就取出那张卡片。除此之外，我也把应用这个方法的朋友想要达到的目标抄下来，放在自己的口袋里，祈愿他们能够梦想成真。

我常和从事推销工作或商界的人士谈及这个实现目标的方法，有不少人使用这个方法获得了成功。

例如，从我在保险公司的全国性聚会的演讲中听到这个方法的一个青年，就是无数成功者中的一个。在这之前他虽然努力投入保险推销工作，但业绩始终不理想。

听了我的演讲后，他相信自己之所以不成功，就是因为没有认真想过要创下纪录的原因，他于是采取更积极的态度，在心里描绘自己获得最佳业绩的情景，下定了创纪录的决心。

那次演讲是在新年后不久举行的，后来他告诉我，那天他回到饭店的房里冷静思考了一会儿，决定了该年度的营业目标额，那是个"吓人的"数字，根据他过去的业绩来看，几乎是不可能达成的目标。

以下介绍的就是他写在纸上，在上衣口袋里放了一年的话语。他深信自己能够成功完全依靠这些话语：

今年是我最好的一年。我要把所有的干劲和精力投入工作中，享受工作的乐趣。

以积极进取的态度，相信能达到高于去年50%的业绩。

我一定会实现这个目标。

"这样，那一年结束时，你获得了什么样的结果呢？"我问道。他回答说："你能相信吗？营业额正好增加了50%。如果没有实行你教我的上衣口袋的方法，我可能仍旧徘徊在公司最低的业绩边缘。那个方法使我采取从来没有过的积极态度，激发了连自己都不知道的潜能。总之，我现在的业绩仍在持续成长中。"

"增加50%是很了不起的数字，在决定增加营业额时，你是怀着什么样的心情呢？"我问道。

他这样回答说："说起来很奇怪，我觉得一定能实现。我是个基督徒，常到教会去，所以每天念圣经上的话给自己听，'只要有一颗芥菜种子般大的信仰，就没有不可能的事。'圣经上所写的这些话真的很有用。现在就在我身上发生了效用，这是事实。"

"你做到了，不是吗？"我赞佩地问他。

他回答说："哪里。事情现在才刚刚开始呢。要学习的东西太多了，一旦松懈，又会回到以前的样子，还会重复失败。我绝不会有'一切都已经完成'的想法，并因此心满意足，这是极大的错误。"他聪明地把自己的不安转向了积极创造。

所以说，每个人手中都握着成功的种子和失败的种子，也都握着伟大的潜能。明确的目标是一件宝贵的工具，它是驱动一个人不断向上发展的原动力。

如果分析一下世界上的成功者，可以发现他们都有共同的特点，那就是他们都拥有人生的明确目标规划。为了完成他们的目标，他们反复思考，努力实践，他们在积极地向自己的目标前进时，赢得了精彩的人生。

一个人若想拥有成功，首先要先定义"成功"的界面，这个界面就是目标。一个明确的目标。它是所有行动的出发点。

别把碌碌无为当成害怕竞争的遮羞布

在当今社会上，很多年轻人都患上了一种"竞争羞耻症"。这种病症的主要症状为：即使心里有很好的想法也不敢在会议上发言；在与别人竞争一个工作岗位时总喜欢谦让；不敢争取属于自己的正当利益；总喜欢说"这都无所谓"等。

在生活和工作中勤于上进和学有所长的人，有时会遇到这种情形：有些比自己条件差的人却先于自己取得了某种成功，或比自己升迁得更快，或比自己更被人们赏识和器重，这究竟是什么原因造成的呢？答案之一就是缺乏"竞争意识"。

从古至今，人类总是生活在各种各样的竞争之中，达尔文的进化论，所得出的最重要的结论是"物竞天择，适者生存"。要生存和发展就要优于自己的竞争对手，这是极简单的道理。

相反，某人在一定阶段先于自己进步，或者说先于自己被提拔，那么他在某些方面就必然优于自己。我们不能不承认这是客观现实。

所以，勇于竞争和擅于竞争才是使自己在人群中脱颖而出和在事业上卓尔不群的基本原因之一。一味埋头赶路而丝毫不顾及其他对手情况，缺乏在社会上立足的竞争意识，则很可能落伍于同时起跑的群体。

人的聪明才智和能力只有在竞争中才能更有效地发挥出来。而为了使自己尽快变得更聪明、更能干的最佳途径莫过于积极地参与竞争。

没有与人攀比的竞争意识，就不会有奋斗和进取的动力。整天稳吃大锅饭、安睡太平觉的生活如一潭死水，涌不起人生的波澜，漾不出生活的涟漪。

人在这种生活里像老黄牛碾米一样，慢悠悠沉寂寂地走着，虽然也辛劳，一刻也不曾停歇，却步履艰难而迟缓，因而收益甚微。

长此以往，只会使人窒息，使人意志消沉而至堕落。如此打发岁月，打发人生，不啻为人生莫大的悲哀。

你一定深深厌恶那样一种沉闷死寂般的日子。

你是现代人，你自然具有现代人的意识和现代人的生命冲动，其中突出之点就在于喜欢竞争，积极地投入竞争。

在竞争中，你不要看重对财富的占有，也不要过分计较竞争的结果如何，而要注重于生命运动本身，注重于竞争的过程，注重于在竞争过程中生命的感觉。生命的感觉常常压倒了对财富的占有，竞争的过程常常重于竞争的结局。

跟着感觉走成为时下人们最普遍的心态，关注生命运动的过程而不在乎生命归宿何所，是为现代人对生命的真正珍惜。发烧友们更是如此。

现代人的心灵里无时不在奔涌着参与竞争的欲望。不论什么方式的竞争，也不论竞争对手是谁，竞争的具体内容怎样。总之，凡是竞争都能强烈地激发人们的生命冲动，只有在竞争中才能感觉到生命的存在，只有在竞争中才能感到自己活得充实而有意义，只有在竞争中才能真正实现自我。

你知道，不论什么方式的竞争，也不论竞争的对象是谁，竞争的具体内容怎样，总之，竞争都是为了自己方面的感觉和利益压倒对方，超越对方，你就在这种压倒和超越对方的竞争中得到心理的满足，实现生命的意义。

与人竞争，首先得具备良好的竞技心理状态：必胜的信心和勇气即使失败了也决不气馁，只当作暂时的失利，随时准备下一轮夺魁。

肯尼迪家族的口号："不能甘居第二。"因为有这种必胜的竞技心理状态，约翰·肯尼迪在1961年竞选美国第35任总统时，击败了实力强大的尼克松。

乔治·大卫·伍兹在一家股票经纪机构当小厮时，便萌发压倒对手，一定要在华尔街这个世界金融中心争到一席地位的坚强信念，他每时每刻保持着良好的竞技心理状态，终于脱颖而出，步步高升，直至跻身世界银行行长之职。

要在竞争中压倒和战胜众多的竞争对手，当然更需要强大的竞争本领和出色的竞争技巧。

以公众的信誉和你本身强大的实力、出色的工作绩效或服务质量压倒和战胜对手。

不要抛弃社会公德。不要背离法律规范。任何以损害对方利益、搞阴谋诡计、投机钻营式的胜利都不是真正的胜利。那样的胜利也往往是暂时的、短命的。经不起长期反复的较量。

人与人之间的竞争，个体的人之间或群体的人之间的竞争，过去现在或未来的竞争，说到底都是智慧的竞争。只有智慧枯竭，知识贫乏的人才恐惧竞争，也无法在竞争中取胜。所以，你要想在竞争中总是立于不败之地，最根本的还是要充实你的智慧。

不论你面对什么样的竞争，也不论你所处的环境怎样的恶劣，于你不利，你不要气馁，不要畏惧，你要相信自己。知识的不断更新和智慧的日益丰富使你能够永远保持良好的竞技状态，永远都能参与竞争。

只要你富有压倒对方的智慧，富有新鲜的知识，什么时候什么环境之下你都能取得胜利。

甚至可以说，你总是能以良好的心态积极地参与竞争，这本身就是你的胜利。

心理学告诉人们，一般人，在遇到一个陌生人时，都有一种很奇妙的感觉，即"对陌生人的估价往往略低于自己"。这种感觉在很多情况下是不自觉的。

所以，要客观公平地评价一个人，往往要对这个人有较全面的了解后，才能得出正确的结论。

如果把社会生活中的一切利害关系带进去评价自己的对手。往往得出的结论是有失公允的，甚至是错误的。这也是人在竞争视野中的"盲点"，用时下的词就是"误区"。在竞争中还容易犯另一个毛病就是妒忌。这些对心理健康都是极不利的。

年轻人竞争中易犯的一个毛病。就是情绪上大起大落。比如一个人在一阵争强好胜激烈的心理冲击后，又感到十分悲观，一旦发现条件不如他的人都上去了，于是又自卑起来，甚至在事业上产生了垮掉的感觉。从心理学上来讲，这种感受又叫作"自卑型失意"，这种情绪如果占据了主导地位，对工作和事业是十分有害的。

上面的是在事业竞争中比较典型的心理及情绪上的反映。还有一些人，由于失败而忌恨，甚至产生报复心理，这是极端自私的变态心理。这对于群体生活和个人的心理品质都有莫大的害处。

人的一生充满了各种竞赛和竞争，成功有先后，胜利有迟早，只要目标是合乎客观实际的，加上自己顽强的努力，人人都能成功。

千万不要因小失大，图一时的利益而背弃了远大目标，争一日之长短而有损于自己的素质与品行。美国总统布什，在总结他成功的经验时说：事业上的竞争与做人是不矛盾的，良好的品格修养只会在竞争中有利于你。

只有明白了这些，我们才能在竞争中保持健康的心理，才会在事业上不断地取得成就，特别是在年轻的时候，不应该让自己的生活总是平静如水。

如果没有奋发的动力。就应该主动为自己找一个竞争的对手，否则，长期置身于枯燥乏味的生活之中，很可能会使自己逐渐颓废消沉下去。

有人说，作为一个英雄，最大的悲哀并不是被别人打败，而是在征战的疆场上没有一个可以与之一比高下的对手。

在这个世界上我们不可能每一个人都成为英雄。我们只是一些普普通通的人。

但和那些威名显赫的英雄一样，我们这些凡夫俗子也有一个强烈的渴望，那就是给自己找个对手，让平淡的生活激荡出一些清亮亮、蓝莹莹的浪波。

瀑布寻找深潭作为对手，它在纵身飞跃的刹那，才创造出银瓶乍裂、金进玉溅式的美丽和壮观。

钻机寻找岩石作为对手，它才在寂寞、枯燥的工作中谱写出流热溢火的壮歌，才能在单调乏味的日子里释放出自己的能量，闪耀出自己的辉煌。

给自己找个对手，就如同刀在寻找剑；歌词在寻找旋律；骆驼在寻找沙漠；金刚钻在寻找瓷器……给自己找个对手，并不是盲目地寻找"挑战者"。

在这儿必须弄清楚的一点就是：你是在为自己寻找"对手"。而不是寻找"敌手"。

你不要逞一时之能而四面树敌八方树威，更不必把对方打倒在地，然后气喘吁吁地决出胜负、分出高下。

给自己找个竞争对手，说白了就是为自己找一个具有挑战性的"参照物"。这之后，才可能有人生的超越。

真正把自己投入如火如荼的生活。就是勇敢地把自己置于人生角逐的竞技场让那颗历经风霜的心在跌宕起伏的岁月里，能够不断地迎接机遇与挑战，并且把其中的经验与教训作为自己不断成长的养料。

给自己找个对手，从某一种意义上说，又何尝不是在检验自己的那根名叫命运的弹簧，到底能够承受住多少来自生活的重量？！

给自己找个对手，就是积极的处世和主动的竞争。就是在向人生的理想目标挺进的过程中为自己寻求底蕴、寻求动力。只有坚持争上游做前驱，才能创造出人生的辉煌。

跨过山海，才知道自己的独一无二

我们是世界上独一无二的，只要我们能够主宰我们自己的命运，我们即将无所不能，我们就能够做生命中的第一。这就是说，我们每个人都是独一无二的，每个人都有其存在的理由和存在的价值。

我们要坚持我们是很重要的，如果我们自己都不相信自己，如果看不起自己，我们怎么能够脱颖而出呢！

所以，这也正是力量定律向我们展示的生命的意义就在于：我的命运我主宰！在我们的人生历程中，这是何等豪迈的气势！

每个人在成长奋斗的过程中都要面临外在的条件和环境以及重重困难。这些条件和环境可能不同，甚至相差万里。但是每个人成长面临的困难归根结底却是十分类似。

日本在第二次世界大战后受经济危机的影响，失业人数陡增，工厂效益也很不景气。一家濒临倒闭的食品公司为了起死回生，决定裁员三分之一。

有三种人名列其中：一种是清洁工，一种是司机，一种是无任何技术的仓管人员。这三种人加起来有30多名。经理找他们谈话，说明了裁员意图。

清洁工说："我们很重要，如果没有我们打扫卫生，没有清洁优美、健康有序的工作环境，你们怎么能全身心地投入工作？"

司机说："我们很重要，这么多产品没有司机怎么能迅速销往市场？"

仓管人员说："我们很重要，战争刚刚过去，许多人挣扎在饥饿线上，如果没有我们，这些食品就有可能被流浪街头的乞丐偷光！"

经理觉得他们说的话都很有道理，权衡再三决定不裁员，重新制定了管理策略。最后经理在厂门口悬挂了一块大匾，上面写着："我很重要。"

自从经理挂出这块大匾之后，每当职工来上班时，第一眼看到的便是"我很重要"这四个字。不管一线职工还是白领阶层，都认为领导很重视他们，因此工作也很卖命，这句话调动了全体职工的积极性，几年后公司迅速崛起，成为日本有名的公司之一。

有一次，一位朋友向我问起张其金这个人如何时，我对那位朋友说："张其金在小时候曾经是一个木讷的孩子，他家里经济拮据，想上学连学费都交不起，但他并没有被困难吓倒，也并没有因此而怀疑自己的能力。他坚定地相信，自己拥有别人不具备的潜能和优势，只不过暂时还没有发挥出来罢了。"

张其金的自信不断鼓励着他勤奋学习、积极进取。事实证明，这种自信可以帮助他最大限度地发挥自身的潜能，在高二的时候，他就参加了全国数理化的联赛，并取得了好的成绩。更难得的是，他虽然在高中学的是理科，但在文学方面也取得了令人瞩目的成绩，

同样是在高三，他就发表了许多的文章，并获得全国诗歌大赛特等奖，后来被评为全国优秀文艺工作者。

张其金在取得如此骄人的成绩后，并没有心浮

气躁，反而加倍地努力，从而在出版专著方面业绩
非凡。

张其金的成功鼓舞了很多人，但他却非常谦虚地对自己
说："是的，我是比别人向前迈进了一步，但这只是万里长
征刚开始迈出的第一步。"即便是在后来的创业过程中，他
经历了失败，经历了别人的打击，他还是对自己说，"我会
成功的，我的命运我主宰，我会执着地为了我的人生目标而
奋斗的。"

由此可以看出，一个人只要勇于让自己的人生不再平
凡，他立志让自己摆脱困境，走出平庸，那么，他就会为自己
创造一个极好的机会。

贝多芬学拉小提琴的时候，技术并不高明，他宁可拉他
自己作的曲子，也不肯做技巧上的改善，他的老师说他绝不是
个当作曲家的材料。

发表《进化论》的达尔文当年决定放弃行医时，遭到父
亲的斥责："你放着正经事不干，整天只管打猎、捉狗捉耗
子。"另外，达尔文在自传上透露："小时候，所有的老师和
长辈都认为我资质平庸，我与聪明沾不上边的。"

爱因斯坦 4 岁才会说话，7 岁才会认字。老师给他的评
语是："反应迟钝，不合群，满脑袋不切实际的幻想。"他曾
遭到退学的命运。

我在前面讲过的张其金在上初中时数学老师曾对他说：

"你这样腼腆，你将来的生活如何照顾。你写的东西是如此的乱七八糟，你还想出书，简直是做梦。"

《战争与和平》的作者托尔斯泰读大学时因成绩太差而被劝退学。老师认为："他既没有读书的头脑，又缺乏学习的兴趣。"如果这些人就被他们的平庸所淹没，怎么能取得如此瞩目的成绩。

所以，我们在看待自己或别人时，一定不要抱怨自己的成长特别难，而别人的成长却特别容易。其实区别就在于，有些人面对困难和挫折的时候，反而会越战越勇，在他们看来，成功只是一个既简单又复杂，既平实又玄妙的字眼。

在浩瀚的历史长河里，东西方的无数先贤为了悟透成功的真谛而皓首穷经；在纷繁的现代社会中，一代又一代的年轻人为了追求或世俗、或理想，抑或是有个性的成功而奔波忙碌。但他们却很少停下来想一想那些成功者是如何做得更好，如何使自己走向成功的巅峰。

没有不需要努力的年纪

总有人会觉得，反正现在自己还年轻，过几年再努力吧。当事实上，人这一生中，没有哪个年龄段不需要努力，即使是一秒钟，也足以成为你与他人之间不可跨越的鸿沟。

对于任何人，速度都是至关重要的。奥运会110米栏的跑道上，刘翔成为我们中国人的骄傲，他靠的是什么？是速度。在电影《南征北战》中，人民解放军凭小米加步枪战胜了敌人，靠的是什么？也是速度。兵贵神速，胜利来自于速度。

拿破仑所向披靡，威名远扬，他有一句名言：我的军队之所以打胜仗，就是因为比敌人早到 5 分钟。

打仗时，比对方早到5分钟就会抢占到有利地形，从而获取胜利的筹码。其实，不仅是战争年代需要速度，在任何时候做任何事都需要速度。

在生活中，别说是比别人早5分钟，就算是早几秒钟抓住机会，都有可能会成为最后的胜利者。

松下幸之助，是一位杰出的成功人士。每当人们问及他成功的秘诀时，他总是淡淡一笑，说"靠的是比别人稍微走得快了一点。"

1917年，松下幸之助在确立自己事业方向上，靠的就是在自己智慧基础上形成强烈的超前意识。严格地讲，松下幸之助能同电器结下不解之缘，并没有内存的必然联系。

他的祖上经营土地，父亲做大米生意，所有这些都与电器制造相隔甚远，况且有关电的行业在当时只是凤毛麟角。

然而，他深信电作为一种新式能源，给人类带来方便的同时，也会带来更多的需求。因此，投身电器制造，一定会前途灿烂。

尽管在创业伊始，他就受到挫折和打击，但是这种超前意识使他具有了坚强信念和必胜的信心。正是由于"稍微走得快了一点"才使得松下电器从无到有，从小到大。

第二次世界大战结束后，世界又恢复了新的和平。遭受战争创伤的人民，在新的和平环境里又重新燃起生活和工作的热情。

睿智的松下幸之助又超前地看到"新文明"将带来世界性的"家电热"。对于松下电器来说，这既是一次发展壮大难得的机会，也是一次艰巨而又严峻的挑战。

而松下幸之助正是凭借着"稍微走得快了一点"，大刀阔斧地进行机构调整和技术改革，从而使松下电器在新的挑战和机构中得到了前所未有的发展。

商海中有人挣钱，有人赔钱，创业难、赚钱难是多数人的体会。松下幸之助的例子告诉我们，步别人的后尘是很难挣到大钱的，只有提高赚钱的嗅觉，快人一步抓住商机，才会在激烈的商战中稳操胜券。

世界首富比尔·盖茨也说过：让思想永远走在年龄的前

面。正因为有这种追求高速的意识，他才有了今天的成功。

速度能够创造奇迹。皮埃尔·居里说："当我像嗡嗡作响的陀螺一样高速旋转时，就自然排除了外界各种因素的干扰，抵抗着外界的压力。"

陀螺高速旋转时，就可以站立起来。按常理，陀螺上大下小，是不可能站立的，但只要有了速度，就可以站起来。石头本来是一定会沉下去的，因为有了速度，就可以漂起来。也就是说，速度可以克服弱点，速度可以创造奇迹。

日常生活中，如果我们提高自己的做事速度，在别人做一件事的时间里做两件事，那么便等于我们的生命比别人多了一倍。上天给我们的时间是公平的，一天都只有24小时，但是速度可以改变这一点。我们可以让自己在24小时内做别人48小时也做不完的事，这样我们就可以争取时间，把握机会，增加成功的概率。

老鹰如果不是有惊人的速度，它就不可能捕捉到同是在飞翔的鸟类。兔子如果不是跑得快，就难以生存；羚羊如果落后了，就一定会成为食肉动物的美食。速度决定成败，只有加快步伐，一直走在别人的前面，才可能先人一步抓住机会。谁最先利用现有的机会，谁就能更快，更容易获得更好的时机，取得更大的成功。

在这个发展迅速的时代，我们必须紧跟时代的步伐，跨步向前进，否则就会被时代淘汰，而要想胜人一筹，则必须永远快人一步，走在时代的前面，以速度取胜。

我最终看到了成功女神的微笑

如果你是一位领导者，那么，你只要能对自己规定三个"不要"，最终将会看到成功女神的微笑。

第一个不要：不要把领导权让给假象。很多人会这样做，当你面对一群听众、看见有人皱起眉头或听见有人在清喉咙时，这些身体语言似乎都在告诉你，他们对你不大支持。

从他们脸上的表情，你就知道他们要批评你、反对你。而你在不知不觉间，就被这种身体语言吓得退缩不前并且沉默不语了。毫无疑问，此时的你，已把领导权让给了别人的表情。

假象是骗人的。一些来自非洲的人，很多时候都被误导，以为自己属于次等的民族，智商不如人。但其实这只是个谎话，是个骗局。假如有人对你说某个民族是优等的或是次等的，你千万不要相信他。

我有一个黑人朋友乔治·约翰逊，他遭遇过种族歧视的问题。他在芝加哥长大，工作是在理发店为人擦鞋。他常听他的黑人朋友说："我要是能弄直我的头发就好了。"

一天，当乔治·约翰逊为一个顾客擦鞋时，他问这个客人说："你是做什么工作的？"

那人答道："我是个化学师。"

约翰逊问："化学师是做什么的呢？"

"配制化学品。"

"那么，你能配制些什么东西使我的头发变直吗？"

那人说："也许我可以试试。"

那人成功了，约翰逊把这产品抹在头发上，头发果然变直了。其后，他把这些产品卖给了他的朋友和几家商店。不久，他就拥有了一支销售"直发剂"的推销队伍。

今天，约翰逊的个人财产有数百万美元。对于一个擦鞋出身的人来说，这实在令人鼓舞。

第二个不要：不要把领导权让给"栅栏"。"栅栏"是一些你容许它们来影响你的目标和理想的局限观念。因为这些观念，我们会抛弃一些我们以为一生都不可能实现的理想，而它们亦会降低我们追求的目标，从而导致我们所收获的远远低于我们自己应当得到的。这些栅栏是负面的自我认识，如：

"我没受过什么教育。"

"我并没有良好的人际关系。"

"我没有足够的钱。"

"我不是内行。"

千万不要把领导权交给这些僵化的思想。僵化的思想会让人动不动就说："以前这也是行不通的，现在就更不行啦！"或者是："一向都是这样做的啦，这一定是最好的方法！"

那些受过高等教育的专业人士，最常犯的就是思想僵化的毛病。他们虽因受过训练成为了某种专业人才，但他们的思想也因为受的训练太多而变得僵化了。

第三个不要：不要把领导权让给挫败感。有些人曾遇到过"极限"，发觉自己已不知如何去应对问题。事实上，那些有理想和目标的人也都有过最沮丧的时刻，如缺乏金钱和时间、最好的助手也令人失望等。

要预防这些挫败感累积起来，使你更加灰心丧气；但千万不要因此放弃你的领导权，否则你就会渐渐放下一切，不再有继续奋斗下去的决心。

也许你有一个极其出色的想法，但奇怪的是，你会因自己负面的幻想而止步不前。你会说："我会尝试的，但我相信自己还是会吃闭门羹。""我会成为别人的笑柄！"

亲爱的朋友，让我坦白地告诉你，我自己对这类古怪的念头也是不能免疫的。

当我们要建盼望之塔和水晶大教堂时，我曾怀疑别人会怎样看这件事。假如我们尝试过又失败了，那怎么办呢？全国都会取笑我们呀!

不过事实上，当你的梦想比别人更伟大、构思比别人更有创意时，你就千万不要再为自己制造更多的嘲讽和自责，不要沉溺在消极的幻想中，以致你不能追求更大的目标、发挥更多的想象力。

假若你有很多恐惧，那首先该做的就是要治好其中的一项恐惧，不要害怕失败。下面这句话可能会帮你一把："勇谋大事而失败，强于不谋一事而成功。"

我非常欣赏那些拿定主意就能坚持到底的人。我也欣赏那些尝试过却失败了的人。他们可能是那些竞聘公职、立志去为公众谋福利的人士。因为参选，他们可能会受到批评和谴责，被人误解，自尊心也会受到严厉的打击。

最后他们会得到什么呢？他们战胜了不敢尝试的恐惧，打了一场美好的仗，虽败犹荣。每一个肯尝试而失败的人都是一个成功者。

失败并不意味你一事无成，它意味着你已经有所收获；失败并不意味你做了次傻瓜，它意味着你有很多的信心；失败并不意味你丧失名誉，它只意味着你勇于尝试；失败并不意味你不是材料，它只意味着你要用别的方式去做；失败并不意味你应该放弃，它只意味着你要加倍努力。

书前的朋友们，只要在我们遇到困难时，大声吼出这三个"不要"对自己进行鼓舞，那这世上就没有什么问题可以难倒我们了。

你不努力
谁也给不了你想要的生活

方士华◎编著

民主与建设出版社
·北京·

图书在版编目（CIP）数据

努力奋斗 / 方士华编著 . -- 北京 : 民主与建设出

版社 , 2020.4（2024.1 重印）

（努力奋斗）

ISBN 978-7-5139-2944-8

Ⅰ . ①努… Ⅱ . ①方… Ⅲ . ①成功心理—通俗读物

Ⅳ . ① B848.4-49

中国版本图书馆 CIP 数据核字 (2020) 第 033533 号

努力奋斗

NU LI FEN DOU

编　　著	方士华	
责任编辑	刘树民	
封面设计	三石工作室	
出版发行	民主与建设出版社有限责任公司	
电　　话	（010）59417747　59419778	
社　　址	北京市海淀区西三环中路 10 号望海楼 E 座 7 层	
邮　　编	100142	
印　　刷	三河市天润建兴印务有限公司	
版　　次	2020 年 6 月第 1 版	
印　　次	2024 年 1 月第 6 次印刷	
开　　本	850 毫米 × 1168 毫米　1/32	
印　　张	25	
字　　数	605 千字	
书　　号	ISBN 978-7-5139-2944-8	
定　　价	168.00 元（全五册）	

注：如有印、装质量问题，请与出版社联系。

前 言

我们每个人都非常向往美好幸福的生活，但是应该明白，幸福生活不是天上掉下来的馅饼，而是用自己勤劳双手创造出来的。残酷的现实生活告诉我们一个道理，凡事必须靠我们自己。在这个世界上，唯一能够改变我们命运的人不是别人，而是我们自己。你如果不努力，谁也给不了你想要的生活。因此，为了将来生活得更加美好，唯有现在不停地努力，努力拼搏，努力奋斗，努力追求！

我们每个人都渴望成功，然而成功却不是那么容易的，这需要我们用自身努力去换取。而努力也不仅仅只是说说而已，需要我们身体力行去实践。最终决定命运的还是我们努力的程度，只有付出得越多，才会收获得越多。请你坚定信心，从这一刻起，开始拼搏与奋斗吧！相信，在许多年后的一天，当你抬头仰望那灿烂星空、当你拥有一个美好未来时，一定会感谢现在拼搏的自己呢！

但是，生活中往往不乏这样的人，一遇到困难，不是临阵退缩，就是寄希望于他人，结果一事无成。这种人缺乏自信，认为自己做什么都不行，万事依赖别人，结果养成了胆小畏惧的个性。勇敢建立自信的最好办法，就是认真对待每一件小事。坚强自信心是

自己在不断努力、不断进步中逐步建立的。什么都寄希望于他人，只能成为可怜虫。因此，你如果不勇敢地树立自信心，那么谁人能够替代你坚强呢？请记住，世上没有救世主，只有自己救自己！

我们要明白，人的一生很短暂，要想活得既有价值又开心，就必须找到自己梦想和目标，做自己喜欢做的事，并为此而努力奋斗。有人或许会说，我努力过，也奋斗过，却一事无成。其实，真正想干事业的人，必须持之以恒，坚忍不拔，一往无前。余生很贵，请勿浪费。我们所浪费的一分一秒都非常有价值，时间不能复制，人生不能重演，所以，我们的路该怎么走，想过什么样生活，全凭自己及时选择和努力，千万别在白白等待中浪费光阴啊！

其实，我们每个人都希望过上快乐而安逸的生活，在物质生活极其丰富的今天，这个要求并不过分。但是应该明白，在青年时代，正是风华正茂、精力旺盛的建功立业阶段，如果耽于享乐，贪图安逸，请想想，年老后没有雄厚物质和经济基础，拿什么去安享晚年呢？请不要在吃苦年纪选择安逸，此时要用自己知识和智慧，努力奋斗，顽强拼搏，用青春的汗水换取将来的幸福生活吧！

为了对广大读者加强启迪，指导进行努力奋斗，我们特地编撰了本套作品，分别从奋斗、拼搏、坚强、惜时、追求等方面，用通俗的语言，经典的故事，详细具体地阐述了相关内涵，具有很强的可读性和启迪性。相信通过阅读本书，一定会让你更加懂得努力奋斗，并能够很好走上一条铺满鲜花的成功人生之路。

目录

第一章
只有努力，才能过想要的生活

　　名车、别墅、奢侈品，别人的生活，看起来总是那么美好，而我们的生活，却与理想相差甚远。不要以为他们是上帝的宠儿，事实上。每个人的成功，都来之不易，只不过别人付出的时候你没有看见，而人家享受时偏偏被你发现。

　　你如果想让自己过上梦想的生活，只有一条路可走，那就是丢掉幻想，努力工作。

心有多大，世界就有多大

古往今来，成功人士的经验无不告诉我们，成功源自理想。心有多大，世界就有多大。理想最大的意义就是给了人们一个方向、一个目标。天下之大，不管是哪一个伟人，只要是有成就者，做任何事情无不是先树立伟大的理想。

远大理想是我们伟大的目标。仅仅拥有理想，不一定能成功；但如果没有理想，成功对你而言就无从谈起。如果做事情没有理想，没有目标，那么其结果会是怎样呢？有人说过："没有理想的人生，不叫真正的人生。"让我们看一个故事吧。

一位年轻的妈妈正在厨房里洗碗，她5岁的儿子正在后院里玩耍，忽然她听到了一阵"咚咚"的跳跃声，便对他喊道："你在干什么呢？"

儿子稚嫩地回答说："妈妈，我要跳到月球上去。"

妈妈听了并没有做出一副吃惊的样子，或是不屑一顾的表情，而是关切地说："好的，但是不要忘记回家吃饭呀！"

后来，这个小孩长大后，成了世界上第一个登上月球的人，他就是美国著名的宇航员阿姆斯特朗。

由此可以看出，一个远大的志向对于一个人的人生的重要性。当然，也许有人会说，阿姆斯特朗的成功只是一个偶然，甚至是一个巧合，和他小时候的志向没有关系。那么，下面的一项调查也许更能说明这一个问题。

英国的研究人员曾经做过一项长达30余年的调查，他们针对上万名英国人进行跟踪调查，被调查的对象为11岁左右的孩子，研究者让他们在纸上写下自己对未来的展望，然后封存起来，直至他们42岁的时候再开启。

结果发现，具有远大志向的孩子，长大以后的人生更容易成功。在11岁时便有专业技术职业抱负的孩子当中，约有一半的人在42岁的时候从事这类职业，而没有此类抱负的孩子的比例只占20%。

理想是一个人的信仰。它是人在做事情时候的动力。并且，理想也理应被渲染上浪漫的色彩。它是一个人心里的美好世界。

理想，是永远闪耀在夜幕中的那颗最亮、最炫目如钻石般的星；理想，是炽热无边的沙漠里那座看得见却始终走不近的城市；理想，是一张拉满的弓，鼓起的帆。有理想才会有坚定的信念、不懈的追求，才会有缤纷绚丽的人生。

理想是成功路上的一盏明灯，它照亮你前进的方向。如果你不知道自己的方向，你就会谨小慎微，裹足不前。不少人终生都像梦游者一样，漫无目标地游荡，他们每天都按照熟悉的"老一套"生活，缺少做梦的能力，从来不问自己："我这一生要干什么？"他们对自己的作为很不了解，因为他们不再做梦，不再有理想。

理想是石，敲出星星之火；理想是火，点燃熄灭的灯；理想是灯，照亮夜行的路；理想是路，引你走到黎明。理想开花，桃李要结甜果；理想抽芽，榆杨会有浓荫。

一个具有远大理想的人，同时也会具有坚定不移的决心、信心和毅力，在困难面前不动摇、不退缩、不迷失方向。通常，理想远大的学生都会有较强的成就动机，其积极性、自觉性、主动性、意志力都较强，因而，学习成绩也相对优异。相反，不考虑自己将来做什么工作，没有想过将来做什么的人，没有明确的目标，表现在学习上是消极被动、敷衍应付的，成绩也多不理想。

人生，需要理想，成功的人生更离不开理想。如果翻开史册，你便会发现，自古以来，凡是在事业上有所成就的人必定是青少年时代就胸怀大志的。

人生，是一艘船，理想便是指引方向的罗盘；人生，是一列火车，理想便是延伸道路的铁轨。所以，人生不能没有理想，理想之于人生，犹如空气之于人，阳光之于花草，水之于鱼。

如果人生没有理想，就像小溪的流水只能带走凋谢的青春花瓣；如果人生没有理想，就像山间燃烧的野火已失去了原有的生命色彩；如果人生没有理想，那么青春的活力只消失在低吟浅咏的哀叹中，青春的火焰只能熄灭在杯的泡沫中。

只有树立了崇高的理想、远大的抱负，你才有可能成就伟大的事业。可以说，理想一旦确定了，你就成功了一半，这就好像要远航的帆船有了宽大结实的风帆，不管途中风再大、浪再高，只要坚持心中不灭的信念，它总会带领你驶向成功的彼岸。

世上没有天生的赢家

从前，有一位聪明的国王召集全国的智者说："我要你们收集'人类所有智慧'，著书留给后代。"智者离开皇宫之后，经过一段很长时间的努力，终于带回12册巨著，骄傲地把这套"人类智慧全集"呈献给国王。国王看了之后却说："各位，我相信这是人类智慧的精华，但是内容实在太长了，恐怕没有人想看，还是浓缩一下吧。"

智者只好又回去花了很长的时间，浓缩成一本书。国王仍然觉得太冗长，命令他们再次浓缩。智者挖空心思，呕心沥血，把一本书浓缩成一章，一章又变成一页，一页变成一段话，最后只剩下一句话。

这一次，国王终于满意地说："诸位，这的确是人类智慧的结晶，如果每个人都能体会这个道理，世界上大部分的问题就都能解决了。这一句话就是：'天下没有免费的午餐。'"

好笑的是，虽然有责任心的人都同意"天下没有免费的午餐"，但是他们却经常赞成赌博、赛马、赛狗及彩券的合法化。难怪年轻人会对父母的价值观混淆不清。有一位智者说："成功的家庭必须有辛勤工作的父亲和负责家务的母亲。"如果你能赞同父母的这种观念，必能和家人和睦相处。

工作是一切事业的基石，是成功的源头，是天才的根本。

工作能使年轻人比父母更有成就。

把工作所得储蓄起来，就是所有财富的基础。

工作是生活的调味品，爱工作，它才能带给你最大的幸福与成功。

爱你的工作，生活就会甜美、有目标、有收获。

我们研讨工作的重要性时，希望你保持开放的心。你或许知道，有些人的心就像水泥一样，搅拌好之后，就固定得一成不变。其实人的心像降落伞一样，只有张开的时候才能发挥最大的效力。

有些人诚恳地接受能使生活变得更美好的道理，也知道正确心态、健康自我形象、积极人生哲学能带来的美好、快乐人生。可惜他们经常左耳进、右耳出。再强调一次，如果不去实行，任何实际、美好的理论都只是空口说白话。

许多人找到工作之后就不再认真做事。就像问某些人为公司工作多久，回答常是典型的"从公司威胁要开除我开始"。有人问一位雇主有多少员工，他回答："公司人数的一半。"可见有许许多多人每天上下班，却把工作当成瘟疫一样看待。

刚进入企业界时，常听人说爬到高位要牺牲许许多多事。但是几年后才体会到，大多数出人头地的人并不是"付出代价"，而是真正"乐在工作"。因为他们真心喜爱工作，所以工作就成了享受。本书一再强调正确心态的重要性，也就是这个道理。

多年前，金克拉到澳洲演讲时，遇到一个叫约翰乃文的年轻人，他对工作的心态就非常正确。他热爱生命、家庭和工作。他原来兼职推销"世界百科全书"，因工作极为认真，从兼差改为全职。十四年前，升为菲德企业洲地区负责人。最近更成为菲德企业董事会中少有的外国人。

下面这则"标杆杂志"上的故事，也同样说明了对"享受"代价的态度。法国名画家雷诺瓦老年时患关节炎，手部扭曲变形。他的画家朋友马蒂斯看到他只能忍痛用手指夹笔作画，心里非常难过。有一天，马蒂斯问他为什么要强忍痛楚作画，雷诺瓦回答："痛苦会过去，美却是永恒的。"

有三件事非常难做，第一件是爬上正向你身上倒下的篱笆，第二件是吻一个用力把身子挪开的女孩，第三件是帮助一个不想要人帮助的人。

常听人说："要是有人给我一笔钱，让我付清所有欠款，银行里还能再结余一千元，这辈子我就可以重新起步好好走下去了。"不幸的是，很多人都有这种观念，永远在"等待"别人带领他们迈出第一步。我赞成在别人需要时伸出双手，但更要坚信："给人一条鱼，只能让他饱餐一顿；教他钓鱼的方法，却可以使他终生受用。"给人一笔钱，并不是助人的正确方法，因为他不是拿这笔意外之财去"还债"，就是去买渴望已久的东西，反倒助长了花钱的坏习惯。一旦养成习惯，就难以改变了。

20世纪60年代时，一度风行奖金丰富的彩券，不少人得到7万元、10万元，甚至更多奖金。几年之后，有人对这些得大奖的人进行调查，发现他们当中没有一个人的存款比以往暴增，因为他们并没有把这笔意外之财储蓄起来，而是恣意挥霍。

近年来，幸运中了州政府百万元彩券的人，往往变本加厉，生活糜烂、家庭破裂、事业失败、朋友离散、形象败坏。免费的午餐不但没有使生活更舒适，反而经常使人得不偿失。

金克拉到各地巡回演讲时经常询问听众，他们最希望未来的生活中拥有什么，许多人都提到"安全感"。在谈到工作的尊严及安全时，下面这个例子令人深省。

前几年，瑞典政府向人民保证，政府一定会"照顾"每一个人从出生到死亡的需要。尽管《圣经》上明白阐示，不工作的人就不该吃饭，还是有许多瑞典人觉得政府"应该"照顾他们的生活。大意是说，瑞典政府言而有信，人民看病、生孩子都不必付费，如果收入不足以维持基本生活，政府也会补足差额。

许多人可能觉得瑞典人非常幸福，没有任何烦恼。事实上，瑞典人在西方国家中的缴税额数一数二，青少年犯罪率不断攀升，吸毒率很高，离婚率最高，上教堂的比率最低。

除了这些青少年和中年人的问题之外，老年人又如何呢？这块"安全的乐土"有西欧国家退休人口最高的自杀率。由此可见，自己建立的安全感与退休计划和别人给你的安排之间，有很大的差异。真正的安全是内在的，一定要自己争取，别人是无法给你的。

二次世界大战结束之后，美国人的休闲时间大增，社会及道德问题也大为增加。由于时间太多又无事可做，造成沮丧、精神崩溃、婚姻破裂、酗酒、吸毒及犯罪率暴增等问题。美国文化具有普遍的容忍性以及得过且过的心态，使得问题更加复杂。

工人不再以工作为荣，工作表现大打折扣，产品质量降低，因而找不到市场。美国消费者一向注重质量，于是转而购买进口货，厂商业绩一落千丈。

为了挽救美国，人们必须彻底改变观念，重拾往日的勤俭，才能制造出高质量的好产品，重建美国商品的市场。

字典上对安全的解释是免于危险，免于疑虑或恐惧，不必担心。麦克阿瑟将军讲得好："安全感就是生产能力。"能够满足自我需求，因此得到自尊、自信的人，远比靠别人解决问题的人具有安全感。"工作不仅供给我们生活所需，更赋予我们生命。"只有自给自足并且能奉献助人的人，才会真正感到快乐。

许多老板都同意，现职人员远比失业的人容易找到好工作。失业越久，越不容易找到工作。找到工作是事业的第一步，最不容易迈出。但是只要有了第一份工作，往上爬就容易多了。

许多人找工作时最大的问题，就是对工作要求太多，一心想找"十全十美"的工作或雇主，却没有想到自己未必是十全十美的员工，只知注重薪资、休假、退休等福利。

对于想跳槽的人，这些条件当然有商榷的余地，但是对失业或没有工作经验的人，这些要求未免太高了。别忘了，一般人都是由下往上工作，只有盗墓者才从上往下工作——而他们最后总是置身在洞穴中。

高楼万丈平地起，任何事都必须迈出第一步。一旦开始，继续往下做就不难了。遇到困难或不喜欢的事，更应该立即动手。等得越久，就觉得越可怕。就像第一次站在游泳池的跳板上一样，越是犹豫不决，跳水的成功率就越小。

你为什么总是失败

有的人常常这样想，我与别人同样努力，同样勤奋，为什么别人成功了，我却总是失败？是啊！同样是人，为什么别人成功，你却总是失败？

许多年前，有一则关于300条鲸鱼突然死亡的报道。这些鲸鱼在追逐沙丁鱼时，不知不觉被困在一个海湾里。美国学者哈里斯这样说："这些小鱼把海上巨人引向了死亡。鲸鱼因为追逐小利而惨死，为了微不足道的目标而空耗了自己的巨大力量。"

哈里斯指出，没有目标的人，就像故事中的那些鲸鱼。他们有巨大的力量与潜能，但他们把精力放在小事情上，而小事情使他们忘记了自己本应做什么。说得明白一点，要发挥潜能，你必须全神贯注于自己有优势并且会有高回报的方面。目标能助你集中精力。

爱因斯坦说：一个人只有全部精力集中于他的事业的时候才能成为一个大师！分得清楚主要矛盾和次要矛盾的人能拿到西瓜，即使他有可能丢了芝麻，而先抓住次要矛盾不放的人，他能得到芝麻，可是，离西瓜的目标就有点远了。

另外，当你不停地在自己有优势的方面努力时，这些优势会进一步发展。最终，在实现目标时，你自己成为什么样的人比你得到什么东西重要得多。

著名的职业顾问罗宾斯也告诫人们："别把精力放在鸡毛蒜皮这类小事上，多想想大事！不要让那些琐碎的小事情绊住了伟大的灵魂。"

许多人在面临职业生涯选择时总显得犹豫不决，这个现象称为"被艾尔维斯所干扰"。如果你总是"被艾尔维斯所干扰"，就永远无法在职业生涯中有所作为，在其他许多重要的方面估计也成不了什么大器。

关于人们这种逃避现实的倾向，亨利·戴维·索洛曾这样描述道："假设把生活比作开火车的话，如果让人们完全按照本性去生活一天，我敢担保每列火车都会走上岔路而脱轨，谁也不可能一直在直直的轨道上行走。而出岔的原因也许是铁轨上的一个小小的螺丝钉或是空中飞过的一只蚊子。"

"一个小小的螺丝钉和空中飞过的一只蚊子"实际上是不可能让你的火车翻倒的，可人们却往往愿意把注意力分散到这些小事情上去，结果忘记了行驶的方向和手里掌控的方向盘。

主要矛盾和次要矛盾是必须得分清楚的。我们在行驶的过程中，那些蚊子或者是那些螺丝钉，既然它们不会影响我们的行驶，我们大可不必去理睬它们，我们唯一要做的是抓住主要矛盾，先解决主要矛盾。

这蚊子和螺丝钉能不能称得上是次要矛盾？能的话你还

是得把它们先放一边，如果连次要矛盾都称不上的话，你最好不要去理睬这些对你的成功无任何帮助的事情。

每个人都有过这样的想法：既然每道难题都有其最好的解决办法，那么我为什么不多想想，从而做出最正确的选择呢？这种在很多人身上都存在的固有的思维方式导致我们原本简单的生活复杂化。

虽然每个人都有自己作决定的独特方法，但不幸的是，很多人都认为自己的选择未必是最正确的。我们无法预知将来，无法提前看到我们的选择究竟会有多少益处，所以害怕将来不遂心愿。

可话说白了，将来的事谁又能把握住呢？最重要的是抓住现在，只要你现在觉得自己是对的就可以了。如果相反呢？也简单，马上改过来！

利用好现有资源，最大限度地让其为你的选择服务；相信自己能够随着局势的变化做出恰当的调整；如果意识到自己的选择是错误的，以最快的速度放弃并给自己找出新的机会。

做决定前，将注意力集中于自己的真实目标上。你可以先问问自己，这些事情是不是主要的，是不是你当前必须处理的大事情，那些小事情，对你的目标没有实质性益处的，就不要理会太多了，即使花时间，也尽量减少那些时间的投入。

在小事情上迅速做决定，别浪费时间和精力，那样做很不值得，不然的话，多年以后你会后悔的。

一种选择的获取同时也意味着对另一种选择的放弃，没有人能够什么都得到，贪婪反而会令你失去全部。因此，应该告诉自己是将最不重要的那一个划掉的时候了，丢掉不必要的负荷，抓住最主要的，这就足够了。

如果面对的问题很复杂，选择的意义很重大，那千万不要草率。深呼吸，放松你的全身，问问自己最想要的是什么。一遍不行，再问一遍。要是还不能决定的话，那就不要勉强自己，这说明现在还不是选择的时候，将问题搁置一下，也许明天的某个时候会有答案来找你。最重要的是一定要放松心情！当我们犹豫不决的时候，不妨出去走走，去散散心，看看蓝天，看看花草树木，说不定主意已经在某个路口等着你。

注意力集中在小事情上的时候，会使自己从更大事情的紧迫中虚假地摆脱出来，让你忘记了你该做的大事情；人的注意力是有限的，把注意力集中在重要的、有效的事情上是提高时间效率的根本。许多人总喜欢抱怨效率不高，时间不够用，实际上是他们往往花了很多时间在那些无谓的事情上，这又是何苦呢？

把小事情列份清单，包括所需要的时间，然后根据实际情况在适当的时候安排完成其中的某些事情，包括每天定期完成某几项。这样你就可以减少那些小事情对你的干扰，避免小事情打乱你正常的思维方式。

不束缚于小事情，让我们做事的眼界更宽阔、更灵活。小事情是指无关大局的细枝末节，非原则的琐事。它的外延非常之广，小到生活琐事，衣着起居之类的。大科学家爱因斯坦整日蓬头垢面，可谓不拘小节；大文豪李白豪放不羁，也是不拘小节。小事情是事物发展的次要矛盾，把握事物的发展更应看方向和主流。

从"成大事者"的主体特点来看，成大事者，绝非普通的成才，他必然在某个领域取得了杰出成就，并对社会产生较大并持久的积极影响。

纵观古今之成大事者，可以发现他们身上共同的特征：一是具有长远的眼光，对事物发展有敏锐的洞察力和预见力，有明细的人生目标和定位；二是他们善于把握事物的主要矛盾，不会拘泥于无原则的琐事上；三是成大事者往往性格独特，不拘小节。若拘于小节，将精力和时间过度地投放在非原则的琐事之上，"眉毛胡子一把抓"，必然对成大事产生阻碍作用。

从理论层面判断，事物的矛盾可分为主要矛盾和次要矛盾，"方向""大局"是事物的主要矛盾，对事物的发展起主导作用；"小节"是次要矛盾。处理问题不能舍本逐末。要知道，解决主要矛盾的同时，次要矛盾也能迎刃而解。

韩信是个个性很强的人，他受胯下之辱，当时怎么就不用身上挎的宝剑杀死那个敢当众侮辱他的人呢？韩信正因为不把这些小事情放在心头，甘受胯下之辱，得以保全了性命，从而为西汉立下了汗马功劳，并名载史册！

当时的情况，如果他要出那口恶气的话，他随时都有可能杀死那个人，可他没有那么做，因为他知道还有更重要的事情等待他去完成，比起后来他所建的功业，受个胯下之辱又如何？

作为一个社会人，我们要从烦琐的事务和干扰中脱身出来，从全面的角度为自己的事业把脉，不要被那些小事情所迷惑而挡住了你的视线。学习"会当凌绝顶，一览众山小"的本领；而不能"舍本逐末；只见树木，不见森林；一叶障目，不见泰山"。韩信胸存大志，目标明确，所以才能够"将军额头能跑马，宰相腹中能撑船"。

著名的德国诗人歌德说过：重要之事不可受芝麻绿豆小事所累。为什么一些人树立了目标却久久不能实现？为什么成大事者总会那么少？因为太多人缺少了"不拘小节"的品质和气魄。

他们很容易被琐碎的小事分散精力，而成大事者就不同了，认准了目标就勇往直前，抛开一切不必要的束缚和羁绊，集中精力做主要之事。久而久之，差距就拉开了，"拘泥小节"的人仍然是一般人，而"不拘小节"的人却成就了大事业。

上帝是公平的，给每个人的时间都是24个小时，不会因为你是成大事者就多给你2个小时。成大事者与一般人相比，有着更卓越的思想和更超群的能力，他们只是集中精力做一般人不能做成或无能力做的大事，而不会拘泥于琐碎小事。就全社会而言，成大事者是稀缺资源，这些稀缺资源只有用到最需要的地方，才能实现效益最大化，否则就意味着重大损失和浪费。

在社会分工日益细化的今天，每个职位的责任和范围更加明确。所谓各司其职，不是说一个领导对下属工作不闻不问，而是说不能越界过多去干涉下属的具体工作。否则，不但自己因为琐碎之事模糊了整体考虑问题的视野，舍本逐末，做不好本职工作，而且会引起信任危机，使下属的积极性受到损害。出力不讨好的事，成大事者是不会去做的。

循序渐进走稳前行步伐

理想可以远大，但做事要根据客观情况，不可急于求成。做事若急于求成，就会像饥饿的人乍看到食物，狼吞虎咽，反而会引起消化不良。

做事迅速的人，并不是事事贪多图快的人，而是办事富有成效的人。赛跑中率先抵达终点的人，并非因为步子迈得大、脚跨得高，而是身体的协调使他冲到了第一。因此，事业不能以耗时长短来论英雄。

一位智者说过："慢些，我们就会更快。"没错，有人为了显示效率，凡事草草了事，结果得不偿失，使得一件本需一次完成的事情，要重复多次。所以，做事情不要急于求成。

有一个小朋友，他很喜欢研究生物学，很想知道蛹是如何从茧里出来，变成蝴蝶的。

有一次，他走到草原上面看见一个茧，便带了回家。几天以后，这个茧出了一条裂口，看见里面的蝶蛹开始挣扎，想抓破茧出来。

这个过程达数小时之久，蝴蝶在里面很辛苦地拼命挣扎，怎么也没法子出来。这个小孩看了很着急，就想：不如让我帮帮它吧。便随手拿起剪刀把茧剪开，使蝴蝶飞出来。

但蝴蝶出来以后，因为翅膀的力量不够，变得很臃肿，飞不起来。蝴蝶以后再也飞不起来了，只能在地上爬，因为它没有经过自己奋斗。

这个故事说明了什么？说明必须瓜熟，方能蒂落；必须水到，方能渠成。急于求成，反而不成，这正是我们经常说的"欲速则不达"。

那只蝴蝶在茧里面要破开茧飞出来的时候，要很辛苦地挣扎，而挣扎的过程实际上是锻炼它那一对翅膀的过程。

如果通过它的努力，最后将这个茧冲破，便可以一飞冲天。但是这个小孩帮助它，用剪刀剪开茧，蝴蝶轻而易举地出来了，可是它的翅膀没有经过冲茧的奋斗，是没有力的。所以这个小孩想帮蝴蝶的忙，结果反害了蝴蝶，是欲速则不达。

当然，不急于求成，并不是说我们就放弃奋斗，不再努力做事。相反，我们要更加认真地做事，要懂得循序渐进，一步一个脚印地实现自己的理想。

蜗牛不相信自己的缓慢，一步一个脚印地向自己的目标爬行，终于到达了自己的目的地；水滴不相信自己的脆弱，日复一日，年复一年，一步一个脚印地撞击石块，终于造就了水滴石穿的奇迹；蚕蛹不相信茧的坚硬，一步一个脚印，每天努力一点，终于获得了破茧重生的光明。在生活中，也许你没有一个好的开始，但只要你一步一个脚印，每天努力一点，你终会获得成功。

起初，人本是不会走路的，就像人本身的进化一样，后来学会了走路。因为学会了走路，才可以在以后的人生中，画上一个又一个精彩的感叹号。起初，这地上也是没有路的，但因为走的人多了，于是便形成了一条又一条的路。

而我们，则是这一条条形形色色的路上的一个旅行者。我们从小到大，从会走路开始，便开始了我们漫长的旅途。

其实，我们在不知不觉中，就已经背起了行囊，踏上我们的人生之路。在这个漫长的旅途中，我们会遇到各种各样的事情，可能是我们意料之中的，也可能是我们从未遇到的难以想象的事情；可能会是一帆风顺、没有阻碍，也可能是充满坎坷、布满荆棘。

走羊肠小路，还是宽阔的大路？当然，我们每个人选择的路都不一样，都会选择一条属于自己的路，并且顺着这条路坚毅地走下去。

如果不同的两个人都有坚持到底的信念，那么走出来的路想必也是不错的。相反，如果一个人没有顽强的信念，不能坚持到底，那么他的生活肯定也是不如所愿的。

有时，我们自己站在了一个十字路口，十分迷茫，不知道到底应该如何抉择，是向左，向右，向前，还是向后。但是，无论哪条路，如果没有信心走下去，那么最后的结果只有一个，那就是失败。

走路如此，学习知识当然也是这样。学知识是一个艰苦而漫长的过程，我们只有走稳脚步，才能见到美丽的风景。

成绩对我们来说有好有坏，一时的成绩差是避免不了的。对此，我们不可奢望一步登天，归根结底，就是要一步一个脚印地走下去，并且稳扎稳打，才能把成绩提高。

其实一步一步地走，就是要我们打好基础，唯有基础牢固，才不致被生活中这样或那样的事情难倒。再深奥的知识也是以基础来组合的，总是万变不离其宗。

这就好比修一栋房子，如果地基都没有，能修好吗？总不能把房子修在空中吧！修房，不但要选好地基，并且地基要牢固，如果地基不稳，还谈什么修房子呢？也许刚修了一半，房子就已经散架了。

基础坚固了，我们还得有一颗积极进取的心，心态要摆正。如果成绩差了，不找原因，而是一味地消沉，连同事、朋友的提醒，都视而不见，不落后才怪呢！

所以，我们要明白，如果我们成绩不好，只是暂时的，只要我们好学、勤学、善学，哪怕知识的大山再高、再险，我们都能攀越，登上顶峰。对于学知识，我们要做到的就是稳扎稳打，一步一个脚印！

忍辱负重成就人生事业

忍，是我们的一种情感，是一种自然的反应。同时，忍也是对我们人生的一种考验。人生中处处需要忍，正所谓"退一步海阔天空"，也许你忍一下，误会就会消除了。

人生在世，不可避免要同其他个体发生千差万别、千丝万缕的关系。事物之间总是要相互制约的，一个人在社会中同样不能够随心所欲、无拘无束。

而一个人要想成就一番事业，就必须吃常人不能吃的苦，流常人不能流的汗，忍常人不能忍之忍，归根结底，就是人生怎样运用好这个"忍"字。

每个人在其一生当中，不可能任何事情都是一帆风顺的，总会遇到各种各样的困难与挫折，不管是来自外界的，还是来自自身的，都在所难免。

一个真正想有所成就的人，必然不会以一时一事的顺利与阻碍为念，也不会为一时的成败所困扰，而是去奋发图强，艰苦奋斗，成就功业。"忍一时风平浪静，退一步海阔天空。"为了长远的考虑，何必去计较一时之长短呢？

人生有很多事，需要忍。人生有很多话，需要忍。人生有很多气，需要忍。人生有很多苦，需要忍。人生有很多欲，需要忍。人生有很多情，需要忍。

忍辱负重，对于做大事之人来说，它是成就事业所必须具备的基本素质。能在各种困境中忍受屈辱是一种能力，更是一种本领。小不忍则乱大谋，凡成就大业者莫不如此。

忍是一种宽广博大的胸怀，忍是一种包容一切的气概。忍讲究的是策略，体现的是智慧。"弓过盈则弯，刀至刚则断"，能忍者追求的是大智大谋，绝不做头脑发热的莽夫。

忍不是软弱，也不是窝囊；不是无能，也不是麻木；不是放弃对真理的追求，也不是放弃对原则的维护。

忍是一种眼光，忍是一种胸怀，忍是一种领悟，忍是一种人生的技巧，忍是一种超脱的智慧。

忍是一种美德，是一种风范，是一种高尚的境界，是一种无私的胸怀。没有忍，就没有平静；没有忍，就没有和谐；没有忍，就不存在友谊；没有忍，就谈不上远大的理想。

忍是一种风度。风度不是刻意表现出来的，而是源自遵经守训的内心修养，有德、有识、能忍、能让者方能有风度。

忍是一种勇气。在利益面前忍，是一种失去；在名誉面前忍，是一种牺牲；在情感面前忍，是一种付出。忍，可能使我们暂时失去一些东西，但却会带来永久的幸福；忍可能使我们感到暂时的痛苦，却不会让我们有太多的遗憾；忍可能让我们难过一阵子，但却不会让我们的心灵无法平静。

忍是一种智慧。有些人宁愿在一些小事情、小损失面前死缠烂打也不愿让步，结果和兄弟之间、朋友之间、邻里之间伤了和气，失去了情谊；有些人宁愿在矛盾面前针锋相对，也不愿退让，结果败坏了心情，为人际关系埋下了地雷。而睿智的人，总是以退为进，从长远的角度、积极的意义出发，摆脱现实的困境与纠缠，适当退让，为自己、为他人赢得更宽敞的生存空间。

忍是一种宽容；忍是一种谋略；忍是一种境界。一丝宽让，是积福的根苗。当被别人误解时，要宽容大度。从别人的角度去理解事情的起因，用一种善意的方式处理人际关系，相互理解，相互关爱。

忍，是人生的一种基本谋生课程。懂得忍，游走人生方容易得心应手。当忍处，俯首躬耕，勤力劳作，无语自显品质。不当忍处，拍案而起，奔走呼号，刚烈激昂，自溢英豪之气。

懂得忍，才会知道何为不忍。只知道不忍的人，就像手舞木棒的孩子，一直把自己挥舞得筋疲力尽，却不知道大多数的挥舞动作，只是在浪费自己的体力而已。

有所忍，必有所不忍。所以，这里所讲的"忍"并不是怯懦，也不是无能。从本质上来说，忍是强者的涵养，不能忍正表现出弱者的无奈。

俗话说："宰相肚里能撑船。"肚量小，不能容忍，那是不配做宰相的。忍是修身养性的前提，忍是安身立命的最好法宝，忍是众生和谐的祥瑞，忍是成就大业的利器，忍是生财致富的妙门……为了长远的考虑，何必计较一时、一事之长短？

一个人在自己的生命当中一定要学会忍，只有做到了忍一时之愤，才能够真正地干出一番大事业。我们青少年朋友也是如此，不管是在学习、生活还是以后的工作中，都要学会忍，只有这样，才能为自己打造出一条成功之路。

一往无前，不给潜能设限

生活中，常常有些人自我设限，从而扼杀了自己的潜在能力，使自己拖着沉重的枷锁生活！自我设限，让我们沦为平庸之辈，让我们做事情过于依赖"经验"，让我们畏缩，不敢去追求成功。

因为我们在设限的时候，就在心里默认了一个"限止"，诸如"我不行啊""我不适合""我就只能做这些"之类的暗示，这些往往是人们无法取得伟大成就的原因之一。让我们来看一个有关潜能的小故事吧。

在美国纽约的街头，有一个卖气球的小贩，每当他生意不好的时候，总要向天空中放飞几只气球。这样，就会引来很多玩耍的小朋友围观，他的生意就会好起来。

一天，当他在纽约街头重复这个动作时，他发现在一大群围观的白人小孩子中间，有一位黑人小孩，用疑惑的目光望着天空，他在望什么呢？

小贩顺着黑人小孩的目光望去，他发现，在天空中一只黑色的气球也在飞。黑色，在黑人小孩的心中，代表着肮脏、怯弱、卑劣和下贱。

小贩很快看出了黑人小孩的心思，他走上前去，用手轻轻地触摸着黑人小孩的头，微笑着说："小伙子，黑色气球能不能飞上天，在于它心中有没有想飞的那一口气。如果这口气足够，那它一定能飞上天空。"

确实，能不能飞上天，关键在于气球里有没有那口气，而不是在于气球的颜色。如果你认为你飞不起来，那你肯定就飞不起来。

很多人，都在限制自己的能力，因为他们对自己没有信心，这样是不会成功的。

你是不是总是在想：不可能的，我身体这么弱，怎么能跑那么远；我脑子这么笨，怎么能够学会；我说话一点也不幽默，别人怎么会喜欢我？

这跟懦夫有什么区别？由于我们的自我设限，导致身体内无穷的潜能和欲望没有发挥出来。自我设限和其他人性的弱点一样，让你沦为平庸之辈！

有科学家曾经做过这样一个实验。

科学家在一个玻璃杯里放了一只跳蚤，发现跳蚤立即轻易地跳了出来。再重复几遍，结果还是一样。根据测试，跳蚤跳的高度一般可达它身体的400倍左右。

接下来实验者再次把这只跳蚤放进杯子里，不过这次在杯上加一个玻璃盖，"嘣"的一声，跳蚤重重地撞在玻璃盖上。跳蚤十分困惑，但是它不会停下来，因为跳蚤的生活方式就是"跳"。

一次次被撞，跳蚤开始变得聪明起来了，它开始根据盖子的高度来调整自己跳的高度。再过一阵子，这只跳蚤再也没有撞击到这个盖子，而是在盖子下面自由地跳动。

一天后，实验者开始把这个盖子轻轻拿掉了，它还是在原来的这个高度继续地跳。三天以后，他发现这只跳蚤还在那里跳。

一周以后发现，这只可怜的跳蚤还在这个玻璃杯里不停地跳着，它已经无法跳出这个玻璃杯了。

我们很多人的遭遇与这只跳蚤极为相似。在成长的过程中特别是青年时期，遭受太多打击和挫折，于是奋发向上的热情、欲望自我限制了。

既对失败惶恐不安，又对失败习以为常，丧失了信心和勇气，变得懦弱、犹疑、狭隘、自卑、孤僻，害怕承担责任，不思进取，不敢拼搏。

这样的性格，在生活中最明显的表现就是随波逐流。成功的火种过早地熄灭了。他们不是抱怨这个世界不公平，就是怀疑自己的能力，他们不是千方百计去追求成功，而是一再地降低成功的标准，即使原有的一切限制已取消。

"玻璃盖"虽然被取掉，但他们早已经被撞怕了，或者已习惯了，不再跳上新的高度了。人往往因为害怕追求成功，而甘愿忍受失败者的生活。

难道跳蚤真的不能跳出这个杯子吗？不是。只是它的心里面已经默认了，这个杯子的高度是自己无法逾越的。

让这只跳蚤再次跳出这个玻璃杯的方法十分简单，只需拿一根小棒子突然重重地敲一下杯子；或者拿一盏酒精灯在杯底加热，当跳蚤热得受不了的时候，它就会"嘣"的一下，跳出杯子。

人有时候也是这样。很多人不敢去追求成功，不是追求不到成功，而是因为他们的心里面也默认了一个"高度"，这个高度常常暗示自己的潜意识：成功是不可能的，这是没有办法做到的。"心理高度"是人无法取得成就的根本原因之一。

自我设限是一种较为严重的心理误区，具有这种心理的人往往过分地贬低自己的才能，认为别人是不可超越的，从而使得自己不敢涉足一些原本可以涉足的领域。

在现实生活中，有许多喜欢为自己设限的人，如在追求一个目标的过程中，如果几个回合下来，没有达到自己预期的成效，就会产生"我不行""我根本不是做这件事的料"等消极想法。一个人如果总是给自己设限，那么无形中就给自己套上了一副枷锁，不能放开手脚去做事。

要不要跳？能不能跳过这个高度？能有多大的成功？这一切问题的答案，并不需要等到事实结果的出现，而只要看看一开始每个人对这些问题是如何思考的，就已经知道答案了。

不要自我设限。要每天都大声地告诉自己：我是最棒的，我一定会成功！

曾经有一家跨国企业在招聘中出了这么一道题："就你目前的水平，你认为10年后，自己的月薪是多少？你理想的月薪应该是多少？"

结果，那些回答数目奇高的应聘者全部被录用。其后招聘官解释说："一个人认为自己10年后的工薪竟然和现在差不多或者高不了多少，这首先说明他对自己的学习、前进的步伐抱怀疑的态度，他害怕自己走不出现在的圈子，甚至干得还不如现在好。这种人在工作中往往没什么激情，容易自我设限，做一天和尚撞一天钟。他对自己的未来都没有信心，我们又怎能对他有信心？"

实际上，所谓的"不行"，只是自己给自己画的一条线而已，只要你再努力一下，只要换一种思考方式，就能够看到胜利的曙光，就会发现原来困难也不过如此。

成功，应该首先始于一个人的意愿。当一个人失去了生活的动力，甚至是万念俱灰时，不论旁人如何为他鼓劲，都是徒劳的，你不愿成功，谁拿你也没办法；但如果一个人有了"不达目的誓不罢休"的念头时，不论周围有多少的反对声，他也会"上刀山下火海"，在所不惜，你想成功，谁都阻挡不了。

青年朋友们，永远不要给自己设限！我们应该多多地思考，人生还有更加广阔的天地。

如果你想得到从来没有得到过的东西，那就得去做你从来没有做过的事情，你的潜能就能成为真正的能力，你的人生就会从此改变……

坚定意志撞了南墙也不回头

一个人如果没有了意志，如同草木没有了水一样，逐渐枯萎。如果志向不能实现，那么人生将会变得黯淡无光。古人成就大事毫不缺乏坚忍不拔之志。所以，坚持坚忍不拔之志，成就我们的梦想。

意志坚定能使得人的生命力得到最大限度的发挥，即使败，也败出动人心魄的辉煌来。

坚定的意志，能激励我们不断前进，并最终取得成功。坚强的意志，甚至可以创造出惊人的奇迹。

在现实社会中，志是不容易被阻挡的，有志的人，非常清楚自己人生的价值。"有志不在千里，但无志却判若一世。"意思就是说，志向是人的一生都要去追寻的。

人生的志向，犹如一盏长明灯，照亮着我们人生成功的道路；犹如一首感人肺腑的乐曲；犹如一杯甘醇的清泉，激励着每个人勇往直前、永不言败。

志向是不能被阻挡的，漫漫人生路上，没有人能阻止一个人的志向，一旦你有了志向，就会一发不可收拾，勇往直前，去完成人生奋斗的目标。

可是在现实生活中，很多人一旦自己的愿望和要求不能实现，或遇到困难和打击，他们就会精神萎靡不振，或唯唯诺诺，或马上退缩。

不难发现，那些对奋斗目标用心不专、左右摇摆，对琐碎的工作总是寻找遁词，懈怠逃避的人，注定是要失败的。成功与失败的分水岭就在于意志力的强弱差异：成功者常常是意志力坚强的人，失败者常常是意志力薄弱的人。

我们必须培养自己的意志力，从而获得更大的动力之源，成就自己多彩的人生。在日常的学习和生活中，不管做什么事，坚定的意志力是必不可少的。虽然有许多事情我们不能顺利完成，但如果我们能坚持到最后，能够全力以赴，就会受益匪浅。

其实，每个人的行动都是由自身的意志力决定的，意志力是一个人性格特征的核心力量，是人行动的驱动器。顽强的意志就像人生旅途中的成功指南，能助你一臂之力，帮助你渡过难关。

青年朋友们，我们做事时，遇到困难、令人头疼时就放弃不做了，这是不行的。在学习与生活中，需要具有百折不挠的精神，不断地调整自己的心态，学会坚定，把持住自己的意志，在坚持中找到自我。

也许有人会问："为什么我坚持了却没有胜利呢？"那么，你是否长期坚持了呢？"功到自然成"，你如果只坚持了三天，五天，一个月，两个月，当然无法到达胜利的彼岸。

法国启蒙思想家布封曾说过："天才就是长期的坚忍不

拔。"我国著名数学家华罗庚也曾说："治学问，做研究工作，必须坚忍不拔。"的确，无论我们做什么事，想要取得成功，坚忍不拔的毅力和持之以恒的精神都是不可缺少的。

什么东西比石头还硬，或比水还软？然而软水却穿透了硬石，这只是因为它能够坚持不懈而已。

也许，我们的人生旅途上沼泽遍布，荆棘丛生；也许我们追求的风景总是山重水复，不见柳暗花明；也许，我们前行的步履总是沉重、蹒跚；也许，我们需要在黑暗中摸索很长时间，才能找寻到光明；也许，我们虔诚的信念会被世俗的尘雾缠绕，而不能自由翱翔；也许，我们高贵的灵魂暂时在现实中找不到寄放的净土……

那么，我们为什么不以勇敢者的气魄，坚定自信地对自己说一声"再试一次！"也许只是再试一次，我们就有可能达到成功的彼岸！

永不放弃心中的梦想，因为未来的路还很长；永不放弃心中的梦想，因为彩虹总是在风雨之后才能在天空中显现；永不放弃心中的梦想，因为星星不仅指示着黑暗，也报告着曙光！永不放弃心中的梦想，不是愚昧的坚持，不是愚蠢的执着，而是对生命万分的敬仰和感激，而是对生命无比深情的歌唱。

青年朋友，我们每天的奋斗就像对参天大树的一次砍击，刚开始可能了无痕迹。每一击看似微不足道，然而，累积起来，巨树终会倒下。

努力就像冲洗高山的雨滴，吞噬猛虎的蚂蚁，照亮大地的星辰，建起金字塔的奴隶，只要一砖一瓦地建造起自己的城堡，只要持之以恒，什么都可以做到。

当困难绊住你成功脚步的时候，当失败挫伤你进取心的时候，当负担压得你喘不过气的时候，不要退缩，不要放弃，一定要坚持下去，因为只有坚忍不拔才能通向成功。

现在的社会，处处存在着机遇和挑战，作为新时代的青年，我们是肩负祖国伟大的重任的，因此，更应该学会坚忍不拔，坚持刻苦学习，坚持磨炼自己的意志，才能不断地提升自我，使自己的理想得到实现。

不懈追求，天生我材必有用

人生总有太多的不如意，我们只能用良好的心态去面对。我们应该清楚，世界上只有一个自己，就像世界上不存在相同的两片树叶一样。

不要总是以为自己是一个失败的人，要坚信天生我材必有用。人无完人，每个人都有自己的缺点，同时也有自己的优点。我们应该对自己充满信心，善于发现自己的优势，不论在何种境遇下，都要不断地暗示自己："我一定能行！"

爱尔兰的著名作家克里斯蒂·布朗，在幼时就身患脑瘫，有口难言，全身只有左脚听使唤。对这个小生命的降临，他的父母是既惊喜又伤悲。

布朗长到5岁还不会走路，也不会说话，身体也不能活动，父母带着他四处求医，却无济于事。

一次，妹妹和布朗玩，看到妹妹在地上用粉笔写字，布朗突然兴奋起来。他使劲伸出唯一听使唤的左脚，将粉笔夹到指缝里在地上写下了生平第一个单词"妈妈"。

布朗的父母欣喜若狂，之后他们通过自己的努力给了布朗和正常人一样的教育内容，布朗以自己的聪明才智很快学到了很多知识。他虽然身残，但是志不残，最后他凭借着才能与毅力，加上持之以恒的努力，成功地学会了用左脚做很多的事情，如打字、画画、写作诗文等，充分发挥了自己唯一的肢体的功能。

布朗21岁那年，他正式出版了自己的第一部自传体小说《我的左脚》。他在自传中，向世人宣告，"我的左脚支撑起了我的整个生命，我的左脚在创造着不屈不挠的生活"。

之后，布朗创作了很多作品，成为爱尔兰最有名的诗人和小说家，创造了爱尔兰的神话与奇迹。

与布朗相比，我们拥有的太多了，他能用唯一能活动的左脚，写出人生的辉煌，四肢健全的我们还有什么理由抱怨而不去努力呢？

假如你坐在家里的一把旧椅子上，读到布朗的故事，那么，你应该相信，即使那把旧椅子，也可能变成一把通向梦想的梯子，只要你肯攀登。

每个人都有自己所擅长的与所生疏的，每个人都有自己的价值，都有自己存在的意义，所以，不要拿自己的缺陷同别人的长处相提并论，不要自卑，不要自怨自艾，相信自己，是金子总会发光。

小草没有大树的伟岸，它却可以将大地变得富有生机，激情四射。清泉没有大海的雄浑，它却可以抚平人们内心的激荡与愁思。明月没有太阳的火热，它却可以给人们心中注入一缕思念与感伤。因此，请相信"天生我材必有用"。

我们有很多东西是无法改变的。但是，我们未来的人生是靠自己来谱写。无论你家境贫寒还是富有，都不应当失去上进的心。

不管你的家境多么富有，后盾力量多么强大，你都不应当高枕无忧。要记住，只有知识填充的大脑才是真正属于你自己的。如果你家境贫寒，那就更应该坚定信心，用自己的双手创出一片新天地。

"天下之物，见行可以测微，智者决之，拙者疑之。"用我们特有的处世方法去展现自己，用自己的能力说服我们身边的人；我是唯一的，我是最好的。我们要铭记"立大事者，不唯有超世之才，亦必有坚忍不拔之志"。

　　不要用世俗的眼光看待自己的人生，世界是一个多角度的球体，换一个角度去寻找自己的人生焦点，展现自我。请我们务必相信：天生我材必有用！

第二章

潇洒生活，不要在乎别人说三道四

　　世界是自己的，跟别人真的没有多大关系。如果事事想着别人，这不敢做那做不好，缩手缩脚，瞻前顾后，那么，你永远也做不成任何事情。

　　敢爱敢恨，敢想敢干！愿做什么就做什么，想怎么做就怎么做，只要心中有目标，行动有步骤，那就向着自己的目的地前进吧，不要在乎别人说三道四。

没有必要为了攀比而活

人往高处走，水往低处流。在这个日新月异、不断变化发展的社会里，人们往往都向往发展，追求"往高处走"，这当然是很正常的！但是，我们还要清楚，人活着，是为了快乐和幸福，而不是为盲目攀比，盲目竞争。攀比心态，竞争意识，人人皆有，但是不可盲目，否则只会导致心理失衡，害了自己。让我们来看一个小故事吧。

花季的岁月，是成长的岁月，也是一段虚荣心强、爱攀比的岁月，就拿我来说吧！

星期天，我和爸爸、妈妈一起去逛街，看中了一件价值99元的红色运动服，妈妈见我那么喜欢，便把它买了下来。我非常高兴，心里暗暗想道：我如果把它拿到好朋友面前炫耀一番，他们一定十分惊讶。想到这儿，我内心一阵窃喜。

星期一，我高高兴兴地穿着刚买的新衣服来到好朋友可可的家门口，想叫她一起上学，顺便让她看看我的这件新衣服。

谁知，我刚进门，可可也拿出了她刚买的衣服，对我说道："瞧！这是我昨天在'美特斯邦威'买的衣服，价值120块钱呢！一分钱也不能少，好贵哟！怎么样，很好看吧！"

我一听，顿时妒火中烧，刚才想炫耀的劲头全都没有了。上学的路上，我一直在想：哼！有什么了不起，不就是120块钱吗？我一定要叫爸妈买一件更贵、更好看的衣服！

突然，一个声音打断了我的思路，只听可可说："刘一洁，我觉得你身上这件衣服蛮好看的呀！多少钱？"

我有气没力地回答道："好看什么呀？才99块钱呢！"

"啊？才99块钱呀！我还以为有多贵呢！"可可故意带着讥讽的口气说道。

中午放学，我气冲冲地跑回家，非常生气地对爸爸说："可可在'美特斯邦威'买了一件120块钱的衣服，比我的贵又比我的好看！我不管，我想要一件比她那件更贵的衣服！"

爸爸一听，眉头一下子皱了起来，他语重心长地对我说："一洁，你昨天不是刚买了一件运动服吗？你这么小，就想和别人攀比，这样是不行的！在学习上你们可以做竞争对手，可在生活中你们是不能攀比的！知道了吗？"

爸爸的一番话，令我感慨万千。的确，我还是一个年仅11岁的小学生，正处于花季年龄，是应该努力学习的时候，不应该和同学们相互比吃、比穿、比谁家里最有钱，而应该比一比谁的学习好，将来比一比谁的本领大，长大比一比谁对祖国的贡献多，这才是最主要的。

从此以后，教室里出现了我和同学比学习、比进步的身影……

大多数人都有一种虚荣心，爱攀比，在拥有和享受一些东西的同时，又在努力奋斗去争取他们想要的东西。但是，他们却忘记珍惜现在拥有的，只一味去追求他们所没有的，最终弄得自己疲惫不堪。就如故事中的小女孩，仅仅因为自己的新衣服比朋友的便宜了几十块钱，就伤心不已。

当然，攀比不一定就是坏事情。有的同学爱攀比金钱和物质，他们常把眼光停留在金钱、衣服、日用品上，甚至比各自的家底。然而，有的同学却把攀比看作是在学业、功课上有益的竞争，在体育竞赛上乃至同学间团结、班级间先进等方面互不相让，积极争上游。这两种攀比的性质是截然不同的！

爱攀比金钱的人往往是自小生长在富裕的家庭环境中的，一切都追求高档、奢侈和气派。久而久之，形成了虚荣心理，以为无论什么都要胜过他人，但是他们从来不想想自己所得到的一切并非是通过自己的辛勤劳动得来的，而是伸手向父母要来的。

大多数父母的财富也是靠自己的努力、辛勤劳动后才获得的！但是这些人并不理解幸福、富裕的物质生活并不是天上掉下来的！

有一则新闻报道中有这样令人心酸的一幕。

一家苹果产品销售店门前，一名女孩儿怀抱一台ipad，一脸愠色。而不远处，一名中年女子蹲在墙角，手捏纸巾，低头不时抽泣。

这名女孩儿即将去外地上大学，今天特意过来买数码产品，她上来就要买iPhone6s、iPad和macbook"苹果三件套"，而且都得是高配，超过两万元的支出让母亲觉得有些吃不消。

看到母亲不给自己买，只听女孩儿大喊一声："不给我买，就让我在大学丢脸去吧！"说完便扔下母亲，扬长而去。

显然，这位女孩儿，买"苹果三件套"只是为了免于"丢脸"而已。其实，这样的攀比摆阔，从中学、小学甚至幼儿园就已经开始。而一当家长不遂其心愿，如这位女孩那样"扔下母亲，扬长而去"的，已让人屡见不鲜。

当虚荣蒙蔽了求真的双眼，当名牌充当了彰显身份的外衣，当攀比之风在校园里蔚然盛行，我们不禁要问：攀比从何而来？有人说攀比源自财富，有人说攀比源自虚荣，其实，攀比源自我们的贫乏。

攀比源自知识的贫乏。知识本来就是我们孜孜以求的宝藏，学业有成方为学者最引以为骄傲的珍藏。学者因才学而留芳，君子因智明而传世。古人醉心琴棋书画，切磋六艺，今人却沉迷于名牌豪奢，盲目攀比，为什么会这样呢？这都是因为我们知识的贫乏。有识之士的满腹经纶足以让人瞩目，无识之士便唯有依靠钱财的虚名为自己徒增亮色了。

攀比源于感恩的贫乏。受伤时最坚实的臂膀、失意时最温暖的拥抱，父母已经给予我们太多，而我们回报父母的实在太少。我们是否看到父母在工作岗位上日日辛劳？

我们是否看到父母省吃俭用给我们带来美味佳肴？我们是否看到父母的每一分、每一毫，都凝结着他们汗水的苦涩、四处的奔忙？如果我们看到，我们又是否忍心肆意挥霍，在金钱上做无谓的攀比争高？

攀比源于感恩的贫乏。我们没有看到，或者我们已经习惯父母的付出，不再懂得回报。索要名牌手机，网上冲浪索要虚拟钱币，迎接家访索要豪宅庭院，在我们一次次向父母摊开索取的双手之后，我们是否曾有些微的愧疚，愧疚辜负父母的爱，愧疚亏欠他们的良苦用心？

不要沉醉在炫耀财富的满足感里，因为那是以父母的辛勤付出为代价的；不要总是要求从父母身上获得什么，因为我们已经长大，我们要学会问自己，我们能为父母做些什么。

攀比源于精神的贫乏。伟大的作家梭罗远离尘世喧嚣，从哈佛校园步入瓦尔登湖畔，在鸟鸣与清风陶冶下，聆听自然，回归真我。面对贵族的奢靡，梭罗宁愿简朴地生活，并且自给自足——这也是一种富有，更为可贵的精神富有。

何须财富的装饰？何须攀比满足自己膨胀失控的虚荣？精神的富足已成为他们人生最好的注脚。在攀比的深渊里越陷越深的人们，我们精神的花园是否过于荒芜，是否更需要花朵的馨香？

攀比源于知识的贫乏，源于感恩的贫乏，源于精神的贫乏。

亲爱的朋友，如果我们学富五车，请不要攀比，因为知识的华彩已足够让我们发光；如果我们心存感恩，请不要攀比，因为金钱的背后是父母日夜的辛劳；如果我们精神高尚，请不要攀比，因为物质财富的多少已无法将我们的价值衡量。相反，攀比只能让我们更加贫乏。

有时知足常乐也是幸福的根吧！为什么我们的攀比只在金钱之上，而没有情感与幸福！尺有所短，寸有所长！我们在没有别人所拥有的东西之时，同样我们拥有的也是别人所没有的！有时在攀比之时要看看自己真正缺的是什么。

放松心态做自己想做的事

在我们成长的岁月中，我们是否仍然在坚持最初的那个梦想呢？我们是不是因为种种原因，而放弃了自己想做的事，而转向那些自己并不愿意做的事了呢？

如果是那样，相信你一定很累，是吧！人都有逆反心理，当一个人做自己不愿意做的事情时，没有人是快乐的。所以，选择自己喜欢的，才是重要的。

做自己想做的，让我们的人生更有价值，让我们的心态更健康，让我们得到更多想不到的快乐。让我们来看一个小故事吧：

漫画家蔡志忠15岁那年，刚上初中二年级，就带着投漫画稿赚来的250元稿费，到台北画漫画、闯天涯。

他很快就面临学历的问题，在他打算到以制电视节目而闻名的光启社求职时，看到求才广告上"大学相关科系毕业"一项条件，立即就傻眼了。

不过他仍旧相信自己的实力，没有理会这项学历限制而加入了应聘的行列。结果他击败了另外29

名应聘的大学毕业生，进入了光启社。

以后他在漫画界的表现如异军突起，尤其"庄子说""老子说"系列图书被译成各国文字向外输出后，他一度成为全台湾纳税额最高的一位作家，他颇以此为荣。

而在连初中都没念完的情况下，是什么使他能有勇气踏入这个文凭至上的社会呢？

他说："做人最重要的就是要了解自己。有人适合做总统，有人适合扫地。如果适合扫地的人以做总统为人生目标，那只会一生痛苦不堪，受尽挫折。而我，不偏不倚，就是适合做一个漫画家。我从小就知道自己能画，所以才15岁就开始专门地画，不停地画，终究画出了自己的一片天空。"

是啊，当我们找到我们真正喜欢的、真正适合我们的事时，我们一定会像蔡志忠这样轻松地"画出自己的一片天空"，而不是痛苦不堪，受尽挫折。

这也让人联想到巴西的世界球王"黑珍珠"贝利。他曾经说："我是天生踢球的，就像贝多芬是天生的音乐家一样。"人生就是这样，只有在真正属于自己的天空中遨游，才能有轻松自在的生活，才能有淋漓尽致的畅快。如果天天勉为其难，结果只能是一个字：累。

意大利诗人但丁说："走自己的路，让别人说去吧！"

于是他揭开了文艺复兴的帷幕；哥白尼说："地球在绕太阳运行。"于是他奠定了日心学说。无论前方是光明、黑暗，勇敢做自己；无论前方是康庄大道、羊肠小道，勇敢做自己想做的。

不管我们的梦想是什么，我们用自己的方式，创新的方式把它实现出来，成就完完全全属于我们的志愿。无须步人后尘，无须和别人比较，从内心出发，追寻自己的梦，这就是我们的生命价值。

不以物喜，不以己悲，尽管四周满是阻力，尽管不明前方是康庄大道还是羊肠小路，是光明是黑暗，勇敢地做自己，独特的灿烂将伴我们一路前行。

别以为只有那些天才才知道自己的能力，我们周围有许许多多平凡的人，他们也能不为世俗所动，安安静静地做他们自己喜欢的事，活得自由自在，活得快快乐乐，这不也是一种成功吗？

有一位小学老师，大学毕业后就想要教书，但因为不是师范院校的毕业生，当时没有找到教书的机会，她便到日本留学，攻读教育硕士学位。

刚回国时，一时还找不到教职，她就到一家公司担任日文秘书，很得老板的信任，待遇也相当好。但是，她仍不放弃想要教书的念头。

后来，她参加了教师资格考试，考取后立刻辞去了秘书工作。教书的薪水不如她担任秘书的薪水多，周围的朋友很不理解，以她的学历绝对可以去教高中，为什么要去教小学呢？

她很坚定地说："我就是因为喜欢小孩子才选择这个工作呀！"有一回，一个熟人碰到她，问她近来如何。

她长得胖胖的，是个很可爱的女孩子。她兴奋地答道："今天刚上过体育课。我也跟小朋友一起爬竹竿，我几乎爬不上去，全班的小朋友在底下喊'老师加油！老师加油！'我终于爬上去了，这是我自己当学生的时候都做不到的事呢！"

这是一个多么快乐、跟学生打成一片的好老师啊！而我们可以肯定的是，如果她因为薪水或是其他因素而违背自己的愿望，选择做个秘书，或者到高中教书，就不会那么快乐了。

在现代社会里，处处充满着诱惑，能沿着自己的生活轨道毫不偏离地前进的人已经不多了。做自己想做的人，做自己想做的事，才是真正快乐的人！这样的人生，才是幸福的人生！

学会享受孤独的乐趣

在很多人的眼中，孤寂是个贬义词，人们躲避着孤独、寂寞，追逐着热闹、辉煌。事实上，孤寂包含丰富的营养，我们应该面对孤寂，体验孤寂，甘于孤寂。

孤寂能使心态平和。闷热的天气需要一阵冷风，一场凉雨。浮躁的心需要饮一杯孤独和寂寞的茶，让心跳恢复平稳，心灵沉淀得净洁澄明。

"高速"的生活节奏，让人步履匆匆；纷扰的世间万象，使人眼花缭乱；功名利禄的喧噪，诱惑得人心杂乱无章。

这时，我们应该暂时放慢脚步，左手拉着孤独，右手领着平淡，沉静地走进林间幽径，独自面对一处风景，拨弄着其中的奥秘；或者泡一杯绿茶，静坐在窗边，放飞思绪，想一想"我是谁"，独自回味一下逝去岁月的酸甜，体会一下人生的意义。

或许你并不知道，许多人都是在不断地品尝孤寂中成功的。让我们来看一个名人小故事吧。

世界电影的2005年可谓"李安年"：一部成本

只有1400万美元的独立制片作品《断背山》继在威尼斯电影节夺得金狮奖后，又摘取金球奖的4项大奖，并以最佳影片、最佳导演等8项提名领跑该年度奥斯卡，最终如愿拿到最佳导演奖。

然而，这些耀眼夺目的光环背后，却是一颗寂寞多年的心灵。

李安祖籍江西德安，出生于台湾屏东潮州，父亲给他起名"李安"。父亲对儿子的希望是考上大学，成为诗礼传家的楷模。

可是两度联考落榜，第二次数学甚至交了白卷，让父亲对他的人生前景非常忧虑。最终，怀着电影梦的李安考进了台湾艺术专科学校影剧科。可是父亲对他这个选择一直很担忧，直到让他保证毕业后出国深造，才同意他继续留在艺专。

然而，父子的冲突并没有结束。李安做了一个让父亲十分愤怒的决定：报考了美国的戏剧电影学校。这让父亲很无奈，因为这并不违反当初让他出国深造的"命令"，只是，他不能接受儿子竟然想去从事没多大出息的娱乐业。他可能为此耿耿于怀了一生。

李安拿到了戏剧学学士后，顺利进入纽约大学。对李安来说，进入这所大学，无异于进入了一座辉煌的电影殿堂。

转眼3年过去了。美国3大经纪公司之一的威廉·莫瑞斯公司的经纪人见到李安，当场要与之签约，劝他留在美国发展。没想到，这一留就是6年的无所事事和孤寂难耐。

被那位不靠谱的经纪人留在美国之后，李安开始了在好莱坞的漫长而无望的奔波，但大多数情况都是毫无结果。

转眼李安已过而立之年。可是，李安却成为家庭的累赘，一家人只靠妻子微薄的薪金度日。为了缓解内心的愧疚，李安每天除了在家里大量阅读、看片、埋头写剧本以外，还包揽了所有家务，负责买菜做饭带孩子，将家里收拾得干干净净。

1990年，李安可以说到了山穷水尽的地步：当时他在银行的存折只剩下43美元，又赶上小儿子出生。走投无路的李安将两个剧本《推手》和《喜宴》投给我国台湾省"新闻局"主办的优良剧本甄选，希望能碰碰运气。这是改变命运的一搏。结果，他的两个剧本双双获奖，得到了40多万新台币的奖金。

《喜宴》获得金熊奖之后，父亲仍然希望儿子改行，对儿子的电影，他从来不予置评。直到2001年9月，他才说，他就像《喜宴》里最后一幕双手高举的老父！

6年的煎熬，李安终成正果。艺术与商业双丰收，从此改变了李安的命运。接下来的《饮食男女》是李安第一部由他人编剧的电影。至此，他成功地完成了"父亲三部曲"。该片获得了一系列大奖，包括当年奥斯卡最佳外语片提名，帮助李安敲开了好莱坞的大门。

而到此时，李安已经非常清楚，自己的一生注定是要在电影界奔波。而父亲临终的遗言："你不应该放弃，应该继续拍下去。"是这个孤独寂寞的电影导演此生唯一一次听到的父亲的鼓励话。

成功者往往都是孤寂的，正如大导演李安一样，他正是在孤寂中坚守了自己，所以，他最终获得了巨大的成功，成为电影界的巨人、华人的骄傲。

孤寂不是秋日孤雁的离索，那是一只翱翔展翅的雏鹰孕育明朝飞翔的方向，是一种生命的沉思。

孤寂不是春日里在风中摇摆的向日葵在摇曳它的金黄，那是一株劲草，寻找扎根的泥土，那是生命的展示。

孤寂不是秋季零落的飘絮，那是春日里在寒冷的末尾悄悄发芽的种子，是一种生命的力量。

孤寂不是身居斗室，闭门苦读，而是开辟伏案耕耘、与文字相谈、与音乐相伴，咀嚼人生浮沉的一方净土，那是心灵的陶冶，是人生的一种品位。

孤寂不是蓝天漂泊的一朵白云，而是一片落地的雪花，在干涸的土壤袒露淡泊的心事，那是一种淡定的胸怀、孤洁的操守。

孤寂是身居闹市的一颗苍松，看惯人生沧桑、岁月轮回却无人倾诉的慨叹，是一种深深的遗憾。

孤寂是饱经风霜袭击的一枝寒梅，不屑于和百花争艳，却独立残冬，是一种坚忍的心志和无言的承诺。

孤寂是孤灯下多情的灵魂，虽望穿秋水，总也割不断丝丝缕缕泪洒信笺的思念，是一种深深的无奈的情缘。

孤寂是酒阑人散后一杯醒酒的清茶，是消去喧闹后的一份真实的寂寞，是人生的况味。

孤寂是咀嚼人们谄媚或忠言的空间，是一种人生的难得的空闲。

孤寂将成为一部分人的好朋友，但往往一个人独居品尝一份难消的忧愁，那是一种人生的创伤。

孤寂和幸福一样，那也是一种人生的体验，更是一种人生的感悟，是一种习惯，去尝试，去品味，更要笑看人生……

孤寂是人一生中不可缺少的组成部分。伴随着成长，它一步步地进入人们的心里，一天天慢慢延伸。困惑时，将所有的人和事抛开，全身心进入到寂寞之中，从黎明到黑夜保持那种心境，在成熟的空间里充分享受自己的天和地。因为有了孤寂，人们才一步步走向成熟，孤寂带给人们快乐的时候，也把成熟带来。

现实生活中，失望、悲伤时有发生。这个时候我们不用灰心，无须流泪。如果我们想写出来，孤寂就是我们的忠实读者，会用最真实的想法去评价我们的心灵；如果我们想唱出来，孤寂就是我们的超级"粉丝"，用心倾听我们的心灵之声；如果我们想说出来，孤寂就是我们的忠实听众，会用无声的爱抚平我们内心的伤痛。

因为孤寂，人们不会再跑到父母面前撒娇；因为孤寂，人们学会放弃不属于自己的东西；因为孤寂，人们不再幼稚地把所有事情都想得那么简单；因为孤寂，人们不会再胆小怕事，并害怕自己长大。

在孤寂中长大的人更容易成熟，因为孤寂，学会了很多，不再凡事指望别人帮助。孤寂会牵着我们的手带我们去梦开始地方，在那里，尽情享受甘甜雨露的清爽，尽情奏响奋斗的乐章，无须掩饰，无须流泪。忍住孤寂，在孤寂中成长，去实现梦想。

面对突然而来的孤寂，强者把它变成垫脚石，而弱者却把它看作拦路虎。孤寂是成才的沃土，也是成才的必经之路。只有在孤寂的情况下，人才可以平静下来，专注去做一件事，使自己思想得到提升，心灵得到净化。

孤寂可以让人养成一个勤于思考的好习惯。好的习惯在成功的道路上也起到了垫石铺路的作用，功不可没。

在孤寂中成长，一步一个脚印，脚踏实地。"水滴石穿，绳锯木断"，要具有持之以恒、锲而不舍的学习精神，耐得住孤寂，吃得了苦头，方能取得成功。

只有当我们亲身经历孤寂、悟透孤寂之后，才能体会到孤寂的价值是难能可贵的。因为，忍受孤寂，在孤寂中成长，并不是所有人都能做到的。有目标的人可以忍受，之所以忍受孤寂也是因为有这样的目标。也许这种目标不被人理解，甚至会被人嘲笑讽刺。

在实现目标的过程中没有人相陪，没有人嘘寒问暖，别人的不理解、别人的冷眼更是让人心寒。自己的孤单为自己做伴，向着目标前进，只要有一颗坚定的心就足够。

孤寂会让人变得更加冷静，思维更加清晰。忍受孤寂是一种本领，尽管这本领不易学，但坚持下去必为高手。

人生就是一个向上攀登的过程，在这个过程中更要忍受住孤寂，目标就在眼前，不能因为受不了孤寂而放弃，不能因为一点点的疲劳而放弃前面所有的付出，一定要坚持到底。如果你做到了，那就一定会攀登上成功的高峰。

孤寂如随行的影子，伴我们左右，随我们终生。认识孤寂，珍惜孤寂，不拒绝、不虚度孤寂，人生会更加完美。生活才是一个完美的旅程，就如同《享受孤寂》歌里面所唱的：

笑容灿烂的你，
心情就像冰冷的雨。
思念竟然在这夜色中慢慢清晰，
任思绪穿透这黑夜自由纷飞。

给自己一点放纵随心所欲，

享受着孤寂，享受着孤寂。

......

自由自在，何不潇洒走一回

人生苦短，一个人降生到世上，浑浑噩噩是一生，轰轰烈烈亦是一生，与其碌碌无为，何不潇洒走一回？朱自清先生曾说过："我赤裸裸地来到这个世上，转眼间又将赤裸裸地离开。"

的确，我们本来就是一无所有地来到世上，家人、朋友、感情、智慧……一切的一切，只不过是上苍给予我们的恩赐，为的是让我们用这些去建立家园、奉献社会、开创事业，能够潇洒地走完自己的人生之路。

每个人都会死，但并非每个人都真正活过；每个人都在追求高质量的生活，但并非每个人都活出了自我。从我们呱呱坠地的那天起，我们就注定要在这个世界走上一回。

也许，在我们的前面是一条开遍鲜花的金光大道，也许在我们的前面是一条荆棘满地的艰难之路，也许这条路崎岖坎坷，也许它本来就是一条死亡之路。

然而，不管路途怎样，既然我们降生到这个世界上，就应该勇敢地、毫不犹豫地在这个世界上潇洒地走一回。

但是，到底什么是"潇洒"呢？可能不同的人对它有不同的理解吧！这里有一个故事，我们来看一个少女心中的"潇洒"吧。

国庆节的前一天晚上，我们这群住宿生终于可以回家了！我们一群人高兴地来到车站，一起等208公交车。

这时，站在一边、稍比我们大点的哥哥笑嘻嘻地捂着肚子说："唉哟，肚子在唱空城计了！"他的话引起了一阵笑声。

这时，一辆208驶了过来，我们一拥而上，结果人太多了，我们还是上不了，只好作罢。车的后门因车太挤了，也关不了门。这时，我突然间看见一个中年男人趁乱拉开了一个女生书包的拉链，而那位女生仍不知情地拼命往里挤……

"喂，我们上错车啦！"车内突然传来了这句话，那位女生在毫无准备之下被人硬生生地拽下了车，车开走了。

女生甩开拉她下车的手，气呼呼地说："你干吗拉我下车？我认识你吗？"

"你最好先检查一下你的书包有没有少了什么东西！刚刚有人把你的书包拉链拉开了。我一着急就把你拉下车了。"

女生急忙打开书包仔细翻了一遍，终于松了一口气，对那个人说："谢谢你！多亏了你，我什么东西都没少。"

路灯亮了，灯光正好照在那个人的脸上，我才发现，那人就是那个幽默的哥哥，他背着一个黑色书包，戴着眼镜。

后来，我们终于上车了，那个哥哥也与我们同坐一辆车。这时，听见售票员对一位阿姨说："你把行李放到后面去吧！放这里让别人很不方便。"

"可是这行李这么多……"那个阿姨说。

"阿姨，我帮你吧！"一个熟悉的声音传进耳朵，又是那个哥哥！我也挤了过去，说："我也帮你，阿姨！"

我们费了很大的劲，终于把行李一件不剩地搬到了车后。

不久，到了一站，车门开了，他下车了，背着黑色的书包，在我的眼帘变得越来越小……

看着他远去的背影，我突然觉得，他真潇洒！

原来，在故事中的少女心中，聪明、善良的本性，幽默、洒脱的作风，就是潇洒。那么，朋友，我们心中的潇洒是什么样的呢？是不是下面这样呢：

一身上下都是名牌，身穿"探路者"，脚踏"耐克"，手上还戴着"依波"，金光闪闪，耀人眼目！发型更是多种多样，什么"板寸""草坪""短碎""鱼弹头""侧点放射"……花花绿绿，令人眼花缭乱。

这样的潇洒，我们应该不是很赞同吧！说句不客气的话，他们肚中的知识能有几何？大好的青春年华全花费在了打扮上！更有甚者，竟然借钱去消费，网贷买快乐。这怎么会是潇洒呢？这只是愚不可及。

潇洒不是一味地享乐，它应该表现为不拘世俗、不卑不亢、积极轻松、坦然雍容，一味地享乐达不到这样的境界。

网吧、迪厅、舞厅、酒吧、赌场，无疑都可以成为我们一展"才华"的场所，但如果把潇洒仅仅理解为网络对战、跳舞、喝酒、打麻将的话，就显得太庸俗、片面、单调了。

如此的潇洒未必就能给我们带来轻松愉悦，倒极有可能是一种相反的东西。作为一个年轻人，不管我们面对的是怎样的现实，不管多么的残酷，我们都不应当如此颓废，如此堕落。

潇洒是一种心灵的释放，更是一包人生的调味剂，应该有更为积极的内涵，更为广阔的意境。

潇洒以理想为魂。理想不是海市蜃楼，而是眼前实景。说到底，理想是我们内心深处的一种欲望，是它成了我们生活的动力，是它支撑着我们的人生。

人们总是认为理想是空而不切实际的、大而无边的美妙幻景，其实它与我们的生活息息相关。理想不会破坏生活的温馨和平静，只会让我们的生活更加滋润，更加有朝气。

所以成功固然是漂亮的大书一笔，而失败不也是优美的婉转一弧吗？正所谓拿得起，放得下，能张能弛，能开能合，这才是真正的潇洒！

潇洒以创造为源。现实生活中有这样的一类人，他们热爱生活，懂得享受人生，但同时他们也明白享乐的前提是创造。他们对生活各方面都充满了兴趣，不会拒绝生活的赏赐。

他们也从不鄙视那些屋檐下忙碌一生的燕雀，因为那也是一种生活，但他们更向往成为搏击长空的雄鹰，去创造出属于他们的一片蓝天，去抒写人生辉煌的篇章。

他们努力从大局上主宰自己的人生，虽然他们的想法和选择不一定总是对的，但他们努力了，这一点就足够让他们更贴近潇洒一些。于是，他们有寂寞，但不会空虚；有挫折，但不会萎靡；有感慨，但不会沉沦……

潇洒需要有向世界捧出一颗心来的勇气和信心。任尔说我透明也好，苍白也罢，敢于活出自我，这便是一种大气与从容。能在调侃中开心活着的人，必能领悟到人生的真谛。

在这个世界上，真正的潇洒的人不多，故作潇洒的人不少。不过，潇洒是绝对故作不出来的，否则，人人都会很潇洒，世间也就没有潇洒。

可悲复可叹的是，一些故作潇洒的人，往往自我感觉良好，以为自己真的很潇洒。这时，他给人的感觉，宛如重温了西方人常说的一句话——"我的上帝啊！"

内心的潇洒是一种境界，它的极致是无我——脱尘出俗；

外表的潇洒是一道风景，它的极致是有我——舍我其谁。

遗失了一件贵重物品，只在心中懊恼片刻，便弃之脑后，这是一种潇洒。与朋友分手，在心中惋惜了几天，便平静如初，这却不是潇洒，而是从未真正爱过。

当我们刻意模仿潇洒的时候，是我们离潇洒最远的时候；当我们无意潇洒的时候，是潇洒离我们最近的时候。

有人认为，那种一掷千金的派头就很潇洒，这真是对潇洒的误会和嘲弄。做这种派头，除了证明这钱八成不是他自己辛苦挣来的以外，并不能更多地说明什么。这样的人一旦落难，不要说潇洒，恐怕连自尊都不一定能保得住。有谁见过落难的阔少或暴发户是如何表现潇洒的吗？

潇洒，是一种本色。那些特别潇洒的人，也就是把本色自然表现发挥到了淋漓尽致程度的人。失去了本色，也就没有了潇洒。不畏人言，也是一种潇洒。畏惧人言，必定常常裹足不前。一个常常裹足不前、犹豫不决的人，是没有潇洒可言的。

谁不爱潇洒？谁不能潇洒？

具有博大胸怀的人，才有可能在心灵上潇洒；具有自信和实力的人，才有可能在外表上潇洒。这样的潇洒，才是真正意义上的潇洒。

生活中，那种更多的只是接近于漂亮意义的潇洒，与真正的潇洒比较起来，实在不过是"雕虫小技"。它既无助于一项伟大的事业，也无助于一种崇高的人生。

真正的潇洒不是长得俊俏，也不是穿得妖艳，而是努力学习，不断充实自己。有精力不用，过期作废。青年时代不抓住时间努力学习，将来就有可能成为"少壮不努力，老大徒伤悲"的又一实例，那又何谈潇洒呢？

遇到困难、挫折，有的人倒下了；有的人却"知其不易而为之"，与困难斗争到底，那些绕过困难走路的人，表面看来很潇洒，因为他选择一条无坎坷的路。而事实证明，他是最令人为之羞耻的，因为他没有面对困难的勇气。

一个真诚的人，一个正确对待成功与失败的人，一个勇于面对现实、不肯轻易低头的人，他的一言一行本身就是一种潇洒的表现，找回自我，面对现实，摆脱自己编织的梦幻，做一个真正潇洒的人，不是很好吗？

潇洒走一回，便多了一份坚实、一份醒悟、一份自信。跌倒后，不妨爬起来，潇洒地走一回。

潇洒走一回，失落星星和月亮之后的清晨，会让我们领略到初升太阳的壮美；潇洒走一回，朝着太阳走，地平线就不会拒绝我们的痴迷和恋情；潇洒走一回，诱人的辉煌更加接近我们放飞的渴望。

快乐其实很简单

每一个人都会有烦恼和不顺心、不高兴的时候，然而在不经意间，也会惊奇地感悟到"快乐其实很简单"。

只要我们把那些忧愁甩到一边去，尽力去做快乐的事情，便会感到快乐许多，快乐不需要寻找，只要用心体会。因为快乐与愁苦只在心之一念间而已。

亲爱的朋友，人生快乐最重要，只要注意掌控自己的情绪，以积极的心态面对生活中的一切，就能做情绪的主人，生活中的"乐者"。朋友，现在我们来看一个故事吧。

父亲给一对孪生兄弟每人一枚金币，让他们到远处的一个小镇上，随便购买一件东西。而在这之前，他偷偷地把他们的衣兜剪了一个洞。

中午，兄弟俩回来了，大儿子闷闷不乐，小儿子却兴高采烈。父亲先问大儿子发生了什么事，大儿子沮丧地说："金币丢了！"

父亲又问小儿子为什么兴高采烈，小儿子说他用那枚金币买到了一笔无形的财富，足以让他受益一辈子。这个财富就是一个很好的教训：在把贵重的东西放进衣袋之前，要先检查一下衣兜有没有洞。

于是，父亲准备对兄弟作"性格改造"。一天，他买了许多色泽鲜艳的新玩具给大儿子，又把小儿子送进了一间堆满马粪的车房里面。

第二天清晨，父亲看到大儿子正泣不成声，便问："为什么不玩那些玩具呢？"

"玩了就会坏的。"大儿子仍在哭泣。

父亲叹了口气，走进车房，却发现那小儿子正兴高采烈地从马粪里掏着什么。

"告诉你，爸爸。"小儿子得意扬扬地向父亲宣称，"我想马粪堆里一定还藏着一匹小马呢！"

朋友，你快乐吗？笑容满面是一天，愁容满脸也还是一天，为什么要板着个脸不快乐呢？快乐与悲伤，只不过是你看待事情的一个态度而已。

正如故事中的兄弟俩，无论面对同一件事情，还是面对完全不同的事情，结果都是一样，一个人痛苦不堪，而另一个人开心快乐，这难道还不能说明问题吗？

同样的一天，我们为什么偏要纠缠些烦恼、制造些痛苦，来和自己较劲？为什么不寻些美好、找些乐趣，而让自己高兴呢？

每个人都有烦恼和痛苦，只是有的人把它踩在脚下，让它枯萎，被时间湮没；有的人把它顶在头上，让它沸腾，并预备着对准走近你的人，令它们喷涌而出。你是不是颠倒了秩序，把它们放错了位置？

每条路上都有烦恼和痛苦，只是有的人目光被烦恼束缚，双脚被痛苦羁绊，走得痛苦不堪；有的人解放了自己，不断地欣赏着环境中的鸟语花香，不时地蹦蹦跳跳、嘻嘻哈哈，走出了一路风景、一路开心。

人们往往不是因为烦恼而烦恼，而是因为有烦恼的阻隔，放弃、拒绝、失去了一些美好的东西，为此忧虑、痛苦着。

所以，不要因为心头停留着一片阴霾，而拒绝青睐我们的阳光送来的温暖；不要因为心里堵塞着什么渣滓，而让流动到我们耳畔的音乐绕道而行……

烦恼只是我们在想什么，而现实却是我们要去做什么。所以，不要放任自己消极的思想和情绪；不要在胡思乱想中走失；不要用烦恼和痛苦画地为牢，作茧自缚。

冷却、沉淀、忘记烦恼和痛苦，做自己该做的事，用积极的行动把好的自己树立起来，打败、消灭坏掉的自己，让他成为过去，找到全新的自己。

如果不幸被坏的自己奴役，他会把我们心中的烦恼生成天际的一片阴霾，遮住阳光；他会让痛苦尾随着我们，成为我们无法摆脱的梦魇。

如果多一些坚强、勇敢、自信等积极因素，来帮助好的自己取得胜利，坏的自己就会偃旗息鼓，悄悄带领烦恼和痛苦两个手下撤退。

快乐对于我们每个人来说都是重要的，一个快乐的人总是会给身边的人带去许多欢笑；一个快乐的人，对生活始终保持着一种乐观向上的态度；一个快乐的人走过的地方也会留下许多快乐的足迹。没有人不希望自己是一个快乐的人，没有人不希望自己身边充满了欢笑。

快乐是一种心境，其实它每时每刻都在我们的身边，只是我们常常不去注意它。有时候仅仅是我们一个小小的微笑，就会给身边的人带来快乐；有时候只要我们一句温暖的话语，就能让别人感到快乐；有时候，看着身边的人快乐，自己也会感觉很快乐。

有句话总是在我们中间流传，叫作"你快乐，所以我快乐"。只要我们用心去寻找，真诚去对待，总是会找到属于自己的快乐的。

快乐其实是一件非常简单的事情，但对于有的人来说，却是一种奢侈。这跟人的追求和生活的态度有很大的关系，有的人即便是生活充满艰辛，充满坎坷，一样可以笑对人生，而对于那些总是抱怨生活的艰难、命运的不公的人来说，快乐其实离他们很远……

的确，生活的艰难会给人带去很多的忧愁，事事不总是如意的，尽管这样，我们还是在努力地生活着，并在艰难中寻找着快乐。有句名言说得好啊："知足者常乐"嘛。所以，一个人的快乐不仅仅是取决于周围的环境，也不仅仅取决于物质享受的高低，而在于一个人的心态，心态的好坏才是快乐之根本。

做一个快乐的人，就得学会做一个心中充满爱的人，爱自己的亲人，爱周围的朋友，爱我们的生活，当爱无处不在时，快乐也就无处不在，学会以平和的态度处事，学会在困难面前变得坚强，学会不向挫折低头，学会爱自己，学会让自己以一颗感恩的心去对待生活中的点点滴滴，这样才能快乐。

我们还得学会让自己的生活充实起来，我们不能每天数着时间去度日，那样不仅大好的时光白白浪费不说，自己还会成为一个迂腐的人。学会充实，也就学会了快乐，在充实中寻找快乐，在快乐中寻找充实。

不仅仅这样，我们还得有一颗宽广的胸怀，遇事不去斤斤计较，凡事放开心胸，懂得包容，有这样一句话："有时候，快乐不是因为拥有很多，而是因为计较很少的缘故"。如果一个人是大度的，那么他的身边一定时有欢乐。

快乐不难寻找，难寻找的是自己的心态，是一种好的心境，只要我们保持一颗平和的心态去对待生活中的人和事，相信快乐不用我们去找，它也会自动找到我们，但如果心态做不到平和，那么快乐就会躲着我们，远离我们。

每当清晨的阳光照耀在我们的窗前，闭上眼睛去感受它的温暖吧，当微风轻轻拂过我们的脸颊，仰头去感觉它的温柔吧，学会享受大自然的美，懂得如何去积极地生活，相信快乐就在我们身边。

亲爱的朋友，世界上真的没有什么事情能阻挡我们快乐！心情好时，笑是愉悦的表现；心情不好时，笑一笑也可以改善心情。

诗人说："笑是午夜的玫瑰，是人类的春天"，笑出了美好；"度尽劫波兄弟在，相逢一笑泯恩仇"，笑出了宽容；弥勒佛的"笑口常开，笑天下可笑之事"，笑出了大度。

呵呵，让我们一起笑对人生吧！

爱生活就要爱自己

美国著名医生史迈利·布兰敦说："适当程度的自爱对每一个正常人来说，都是健康的表现。为了从事工作或达到某种目标，适度关心自己是无可非议的。"

布兰敦医师的理论是正确的。要想活得健康、成熟，"喜欢你自己"是必要条件之一。喜欢自己，并不是"充满私欲"的自我满足。它仅仅是意味着"自我接受"，也就是接受自己的本来面目、自重和人性的尊严。

心理学家马斯洛在其著作《动机与个性》中也曾提到"自我接受"。他把它列入了心理学的最新概念："新近心理学上的主要概念是：自发性、解除束缚、自然、自我接受、敏感和满足。"

成熟的人不会浪费时间比较自己和别人不同的地方，不会担忧自己不像比尔·史密斯那样有信心，或是像吉姆·琼斯那么积极进取。他可能有时会批评自己的表现，或觉察到自己的过错和效率低下，但他知道自己的目标和动机是对的，他仍愿意继续克服自己的弱点，向前奋进，而不是裹足不前。

成熟的人会适度地忍耐自己，正如他适度地忍耐别人一样。他不会因自己有缺点就痛不欲生。

喜欢自己，是否会像喜欢别人一样重要呢？回答是肯定的。憎恨每件事或每个人的人，只是显示出他们的阴暗和自我厌恶。

哥伦比亚大学教育学院的亚瑟·贾西教授，认为教育应该帮助孩童及成人了解自己，并且培养出健康的自我接受态度。他在其著作《面对自我的教师》中指出：教师的生活和工作充满了辛劳、满足、希望和心痛，因此，"自我接受"对每名教师来说，都是非常重要的。

据调查，目前全美国医院里的病床，有半数以上是被情绪或精神出了问题的人所占据。有资料表明，这些病人大都不喜欢自己，都不能与自己和谐地相处下去。

分析导致这种情况的各种因素并不是我要讲的内容，我只是认为，在这个充满竞争的社会，我们往往以物质上的成就来衡量人的价值。再加上名望的追求、枯燥乏味的工作，凡此种种，都容易使我们的精神产生疾病。我还坚信，由于普遍缺乏一种有力、持续的宗教信念，更使人们的精神无所依靠。

哈佛大学的心理学家罗伯·怀特，在其发人深省的著作《进步中的生命：有关个性自然成长的研究》中提到，现今有一种观念极为流行，那就是："人必须调整自己，以适应周遭环境的各种压力。"

怀特博士还说，这个观念是基于一种理想，也就是认为，"人能毫无问题地去适应各种狭窄的管道、单调的例行公事、强制性的规定及达成角色任务的种种压力，等等。但其采取的行动是否成功，则须看其是否具有拒绝、帮助成长或是改进角色的能力；并且要能创造、表现出积极的力量，说到底，就是在其成长过程当中，要具有创意性的方针和态度。"

怀特博士的论点十分令人赞赏。我们很少有勇气独树一帜，或很清楚明了自己究竟拥护什么主张。我们的行为通常受社交或经济族群的影响，如衣、食、住或思考的方式，大概都与邻居差不多。假如周遭环境与我们的个性有差异，有抵触，我们就会变得神经质或不快乐，就会感到失落和迷惑——就会虐待我们自己。

卡耐基成人训练班上的一位女学员便曾碰到这种情形。她的先生是位成功的律师，有野心，做事积极，也相当独裁。这对夫妇的社交圈子当然是以先生的朋友为主，也都是相同典型的人——都以声望和取得的成就来衡量人的价值。

这位太太个性十分安静、谦逊，这样的生活环境常常使她觉得自己十分渺小，不能发挥自己的长处；而她所具有的品质美德，也常常被忽略、被蔑视，因此她愈来愈对自己没有信心，也为自己不能达到别人的期望而痛苦不堪。渐渐地，她变得不珍爱自己。

这位女学员能够适应环境，但却不能适应她自己。她不能坦然地接受自己的本来面目，而期望能变成另一个与自己完全不同的人。她不明白的是：每个人都具有一定的作用，都可以在生活中表现出来。这种作用必须按照自己的个性表现出来，而不是模仿他人。什么时候明白了这点，她才会把失去的自我找回来。

她自我认同的第一步，是不再用别人的标准来评判自己，同时必须建立起自己的一套价值观点，然后以此为依据开始生活。她也必须学习如何与自己相处，不要常常批判自己、贬低自己。

不喜欢自己的人，外在表现的症状之一便是过度自我挑剔。适度的自我批评是健康的、有益的，对自我要求进步极有必要。但若超过一定的限度，则会影响我们的健康生活。

在卡耐基成人训练班上，有位女学员在下课之后跑来找老师，抱怨自己的演讲没有达到预期的效果。

她向老师诉苦说："当我站起来演讲的时候，突然显得很胆怯、很笨拙，而班上的其他学员似乎都显得泰然自若，很有信心。我想到自己的种种缺点，便失去了勇气，无法再讲下去了。"

她还继续分析自己的弱点，并说得十分详细。

等她讲完之后，老师便告诉她原因的所在："并不是你演讲不好，而是你老想着自己的缺点，没有把长处发挥出来。"

其实，并不是缺点使我们的演讲、艺术作品或个人性格显得失败。莎士比亚的戏剧里有许多历史和地理上的错误；狄更斯的小说也有不少过度矫情的地方。但谁会去注意这些缺点呢？这些作品闪耀着不朽的光辉，是因为它们成就远远大于缺点，以至缺点都变得不重要了。我们爱我们的朋友，是因为他们的种种优点而不是缺点。

把注意力放在我们自身的好品质上。培养优点，克服弱点，如此才能不断进步并自我实践。当然，我们也要随时改正错误，但不必一直念念不忘。

耶稣遇到身体或精神受折磨的人后，他不会先去查问为什么这些人会如此，也不会只给予简单的同情说："可怜的人哪，你的运气真不好，环境处处与你做对。告诉我，你是如何落难的？"

耶稣没有这样做，而是直接切入问题重点。他说："你的罪被赦免了，回家去吧，不要再犯罪了。"

人们常因以前和现在所犯的种种过错，加之自己心灵的罪恶感，而显得自惭形秽。我们不应该尊敬或喜爱这样的自己。为了让自己跳出这样的情境，我们必须忘记过去，轻装上阵。为了学习喜欢自己，我们必须培养出面对自己缺点的耐心。这并不意味我们必须降低水准，变得懒惰、糊涂或不再努力。这是表示我们必须了解一个事实：没有人，包括我们自己能永远达到100%的成功率。期待别人完美是不公平的，期待自己完美更是愚蠢荒唐的。

有一位女士是地地道道的完美主义者。她对每件事都力求精确，因此凡事不肯相信别人，而必须自己亲自去做。她连做个小小的报告都要费去许多时间研究；至于演讲，就更要准备得精疲力竭为止。她讨厌不速之客去打扰她，每次请客都要事前计划得尽善尽美，这一位女士费了这么大的苦心，终于把每件事都料理得井井有条，十分完美，一种冷酷的机械性的完美，没有欢乐、自在或温情。这样的完美，只能令人敬而远之。

要求自己时时保持完美其实是一种残酷的自我主义。其深一层的意思是，我们不能仅表现得和别人一样好，而是要超越其他人，要像明星一样闪闪发亮。我们的重点不是自我发挥，不是为了把事情弄好；我们注重的是要胜过别人，使自己达到凌驾于他人之上的独特地位。

作为一个凡人，完美主义者也如同一般人一样会犯错，会失败。但他们不能忍受这样的状况，因此会变得痛恨自己，不喜欢自己。

这样苛待自己是错误的。有时候，我们要练习自我放松，认识到自己的某些错误，要学习喜欢自己。

第三章
生活的磨难，我们只能选择面对

　　世事无常，人生总要遭遇许多磨难。谁也逃避不了，只能选择面对。其实，我们生命中遭遇的那些苦难和考验，全是使我们变得卓越的台阶，跨过一步，离成功就近了一步。克服它、消化它，就会变得越来越强大。人生，喝得下苦酒，就能饮到甘露。

谁的人生也不可能一帆风顺

在人生的长河里，我们每个人都不可能总是一帆风顺、事事如意，各种干扰、困惑会经常伴随着我们。可以说，一个人身处逆境，在现实生活中是正常的现象。很多时候，我们并不能从别人的痛苦中学习到一切，就像俗语所说的那样，我们必须自己受苦，在逆境中成长。

我们应当学会从生命的每个不幸和艰难中不断学习，我们必须学会做一些事情。一些出其不意的机会，往往是在生命中最痛苦的经验里出现的。我们必须面对挑战，让奇迹发生。

意外事故、病痛以及诸如此类的其他挫折并非毫无意义。即使是在最严重的情况下，只要我们愿意去寻找，希望就会存在。即使身体受到伤害，在其后的复原期间，也会伴随着一种独特的内省，或者一个自我发现的机会。

临床心理学家梅尔文·金德写过许多畅销作品，例如《聪明女人／愚蠢选择》《男人爱的女人、男人离开的女人》《欲速则不达》。他形容儿时的一次意外事故如何给他留下深刻印象，最终为他打开创作生涯的大门。

11岁的时候，他跟邻家一个女孩进行骑自行车比赛。他们在宁静的街道上骑车，他骑在马路中间，企图闪开路上弯弯曲曲的坑洞。可突然间出现了一辆车子，迎头撞上了他。

据目击者形容，他当时被撞飞到6米高的空中，落地后一根约有12厘米长的断裂的白色大腿骨，刺进了他的大腿。他当然很惊恐，以为再也不能走路了，至少也会失去一条腿。他在医院住了3个月，医生保住了他的腿。

他出院时，身上从胸部到脚趾仍然还裹着石膏。接下来的6个月，他不得不躺在床上。之后的6个月，他又换了石膏，可以勉强用拐杖走路。起先他很难过，觉得很难看，并心里暗自认为，一定是以前做错了什么事，因为邻居的其他小孩并没有如此凄惨的遭遇。他变成了"跛子"，成了父母的负担。

同学们来探望他，他让妈妈以各种理由推托，不让同学看见他。他觉得，让同学看到自己现在的样子，很丢脸。他把自己封闭在一个狭小的空间里。慢慢地，他也认识到，再不能这样下去了，不能因为身体的残疾让心灵也变成残疾。

男孩把目光转向另一个世界，一个阅读文学、历史作品的世界。从此，他每隔两天就央求母亲给他买或是借几本文学历史类的书。徜徉在知识的海洋，他知道了希腊马拉松平原的战争，懂得了兰斯特洛的大无畏精神……

后来，他原本强健、迅速发育的身躯逐渐变得软弱无力了，但这并不再困扰他。复原的日子一长，他成了一名不屡足的读者。最后，他上了大学。对阅读的热爱与求知的欲望，为他此后杰出的学术成就铺了路，而这一切都归功于他在小时候的那次灾祸。

梅尔文·金德用事实向世人证明：在疾病面前，只要不向生活屈服，勇敢地选择坚强的生活，就永远不会被生活打败。只有经得起生活考验的人，才是真正的强者！

我们不必羡慕别人的成功，而应该积极地去争取属于自己的辉煌。一个人没有了金钱，可以靠双手去挣，但如果没有了坚强，那就只能任由困难将他击倒、再击倒，直到一无是处、一无所有。所以，坚强永远比金钱更珍贵，它是人生中一笔不可替代的财富。

为了让自己在人生的道路上能够走得顺、走得远，我们每一个人都应该学会坚强。那么，具体应该怎么做呢？

第一，我们要树立坚定的理想。理想是坚强的航标，是人生成功的蓝图和基石，是人生奋进的路标和动力。有了理想，生活才有方向。当然，有了理想之后，还要为之执着奋斗。

第二，要学会战胜自我。人总是有缺点的，但缺点是可以改正的。我们要勇于战胜自我，这是学会坚强的关键。

第三，要善于发现自己的长处和兴趣爱好。可以说，找到自己的长处和兴趣爱好，就很容易确定自己努力的方向，我们的主动性就能得到充分的发挥。可以说，找到自己的长处和兴趣爱好，是养成坚强性格的捷径。

第四，要持之以恒，善始善终。大凡获得成功的人都是许多年如一日，专心致志、坚忍不拔的人。俗语说"只要功夫深，铁杵磨成针"，愚公能移山，靠的就是恒心；王羲之从4岁开始练字最终成为一代书法大家靠的也是恒心。我们青少年还不够成熟，对短期目标尚能坚持，对较长期的目标则常常难以坚持到底，所以我们就更需要锻炼自己做事的恒心，这也是养成坚强性格的一项重要内容。

第五，正确对待失败、挫折、逆境和困难。在漫长的人生中，我们总会遇到逆境和困难，会遭受很多失败和挫折。可以这样说，再伟大的人，也遇到过失败和挫折。奥斯特洛夫斯基在双目失明、全身瘫痪的情况下，凭着坚强和毅力，克服了重重困难，完成巨著《钢铁是怎样炼成的》。他的坚强性格、顽强精神给后人留下了一笔宝贵的精神财富。可见，坚强的性格总是与克服困难联系在一起的，克服困难的过程，最能表现一个人的意志和毅力。因此，我们在学习和生活中，应该正视失败、正视挫折，这些都有利于坚强性格的培养。

人生的道路曲曲折折，在以后的日子里，我们可能会成功，也可能遭遇困难与逆境。困难就像恶魔，我们越是害怕它，它越是张牙舞爪；但困难更是一块试金石，如果我们是一块真金，经过一次次的锤打和考验，就会变得更加坚强。

我们要挑战困难，用微笑面对困难；我们要经受磨炼，学会自立自强。虽然自强者未必都能成功，但"不自强而大成者，天下未之有也"。胜人者有力，自胜者强。青少年朋友，永不退缩，我们终究会成为人生道路上的强者。

上帝不会对某一人不公平

在我们成长的道路上，会遇到很多的困难，但是无论面对怎样的逆境、多大的苦难，我们都不能放弃自己的信念和对生活的热情，我们只有经受住种种考验，才能获得坚强的性格。事实上，但凡具有坚强性格的人都经受了苦难的塑造，凤凰涅槃才能得以永生。要知道，世界上的事情没有什么是可悲的，上帝也没有对谁不公平，即使生活中出现一些打击，我们也应该把这些事情当作是一种磨炼，只有这样，才不会为了某件事情而沉沦。

因此，在生活中，当我们觉得很失落的时候，可以多往好的方面想，在战胜苦难的过程中，我们才会有所收获。我们应该相信，只要选择了坚强，就不会被生活中的苦难所击倒。就像我们下面要讲到的这个男孩子一样。

有一个男孩子，家里世代都是农民，父母也没什么文化，过着面朝黄土背朝天的日子。这个男孩从小就很懂事，6岁时就已经能自己去村里的菜园买菜，还能帮妈妈编织挣钱。因为他的母亲有先天性心脏病，不能干重活，他就尽力为父母分担一些家里的负担。在艰苦的生活中，他养成了勤劳简朴和坚强独立的好习惯。

他学习很刻苦，成绩自小就很突出。尤其是小学四年级，他考了全镇第一名，还获得了市里的"希望之星"称号。父母很高兴，这是他第一次看到父母那么快乐。当时他就下定决心要好好学习，让父母的脸上有更多的笑容。

但是，在他上初中的时候，母亲的心脏病又一次发作了，而且病情十分严重，这对这个本来就不宽裕的家境来说，真是雪上加霜。尽管日子如此艰难，但为了让他安心读书，父母仍尽了最大的努力。在苦难面前，他没有低头，而是更加刻苦地学习，也更加严格地要求自己。后来，他终于考上了理想的高中，和家人一起坚持渡过了难关。

由于学习成绩优秀，在上高中后，他连续两年获得校综合奖学金和"校三好学生"称号。这一切的收获都同他在苦难面前没有低头、选择坚强面对有很重要的关系。

后来有人采访他，他说："我感谢国家、社会、学校、村里的乡亲，还有我的父母，感谢所有关心和爱护我的人。我会更加努力使自己成才，早一天回报社会，帮助那些需要帮助的人。即使遇到更大的苦难和挫折，我也要坚强面对，同苦难做斗争，渡过重重难关。"

是啊，坚强的人在苦难面前是不会退缩的。

一般来说，大多在幼年常遇苦难阻碍的青少年，日后往往有发展，而从没有遇过苦难挫折的人，反而比较脆弱。因为，艰难困苦的环境能磨炼我们的意志，我们必须为了生存而克服各种困难，奋斗不止，为了取得成功，必须经受住失败的考验，因此，我们唯有选择坚强，忍受他人难以忍受的苦难，才能更好地解决问题，获得成功。

在茫茫无垠的沙漠里，骆驼像个哲学家一样，一边踱着步子，一边沉思着。在沙漠里，没有水，没有草，有时候还会风沙漫天，难辨方向。坚忍不拔的骆驼却总是能向前行走。

有一天，骆驼在沙漠里发现了一株仙人掌，惊异地停步问道："小家伙啊，你是怎么在这么恶劣的沙漠中生存的呢？"

仙人掌笑着反问说："嘻！大块头啊，那么你又是怎么在这沙漠中行走的呢？"

骆驼回答道："我啊，因为我能吃苦耐劳，经过长期的磨炼，形成了适应沙漠生活的特殊习性和身体机能，所以我能在沙漠里行走。你又是怎么做到的呢？"

仙人掌说："我同你一样，都是因为长期的锻炼，养成了抗旱耐渴的习性，拥有了适应沙漠生活的特殊机能，所以能适应沙漠中的生活。"

骆驼又发问道："你为什么身上长了这么多的刺？"

仙人掌笑着回答说："就是因为我满身生刺，才不会被动物吃掉。刺是我的叶子，这样的叶子不会使身体里储藏的水被蒸发掉，我不怕干旱，所以能够在沙漠里生存下来。"

骆驼听后认真地点了点头，带着敬意告别了仙人掌，向前走去，伴着沉思："不错，凡是能够在艰苦环境中生存下来的，都经过了无数次的磨炼，具有了百折不挠、战胜一切的意志和坚忍不拔的品质。"

那么，在日常生活中，当我们遇到苦难时，我们应怎么办呢？这个小故事中的骆驼和仙人掌都是我们的好老师。它们指导我们，在遇到苦难时，我们应选择坚强，勇敢地战胜困难，并且要适应不良的环境，最终才会渡过难关。

大自然里，这样的例子还有很多，如嫩绿的小草为了呼吸到地面的空气，能够用尽全力从石头缝中生长起来；又如河里的鱼儿为了寻找食物，常常逆着水流往上游。

自然科学家达尔文曾说过这样一句话："适者生存。"它的意思是生物必须学会适应糟糕的环境才能生存下来。对于我们来说，只有在苦难面前坚强起来，永不退缩，克服困难，才能使自己不断进步，才能有更好的发展。

我们要怎么做，才能在苦难面前使自己变得坚强呢？我们可以从以下几个方面入手，进行自我培养。

第一，找出自己的不足。明确了自己的不足之处，就可以针对具体的问题进行自我修炼。

第二，培养丰富的情感。丰富的情感可以成为我们行为的支撑，因为丰富的情感使我们懂得爱生活，爱我们周围的人，为人处世，我们便多了一些热情，多了一些责任感，也就有了人们所说的"良心"。从而我们也会有勇气、有毅力克服困难，把事情做好。

第三，从小事做起。坚强的性格最终要在实践锻炼中才能获得，我们要让自己投身到各种实践中去，从小事着手培养自己坚强的性格。

在我们身边有些人既希望自己具有坚强的性格，又害怕平时遇到困难，事事讲舒服、图安逸，即使是去野外游玩，也吃不得半点苦。这样，坚强的性格将永远停留在遥远的彼岸，属于别人而不属于自己。

因此，我们要学会把眼前的困难当成锻炼自己的机会，用微笑来对待困难，在日常与困难的斗争中使自己坚强起来，要逐步养成自我检查、自我监督、自制的习惯。当自己犹豫时，使自己果断一些；当自己畏惧时，让自己"大胆些""不要怕""不要丧失信心""再坚持一下"。久而久之，我们就可以逐渐战胜自己的软弱，使自己的意志力达到新的高度。

抱怨，只会使你更加困顿

在生活中，我们难免要遭遇挫折与不公正的待遇，每当这时，有些人就会产生不满情绪。不满通常会引起同情，吸引别人的注意力。从心理角度上讲，这是一种正常的心理自卫行为。但这种自卫行为同时也是许多人心中的痛，牢骚、抱怨会削弱责任心，降低工作积极性，这几乎是所有人为之担心的问题。

通往成功的征途不可能一帆风顺，遭遇困难是常有的事。事业的低谷，种种的不如意让你仿佛置身于荒无人烟的沙漠，没有食物也没有水。这种漫长的、连绵不断的挫折往往比那些虽巨大但可以速战速决的困难更难战胜。

在面对这些挫折时，许多人不是积极地去找一种方法化险为夷，绝处逢生，而是一味地急躁，抱怨命运的不公平，抱怨生活给予的太少，抱怨时运的不佳。

张三是一家汽车修理厂的修理工，从进厂的第一天起，他就开始喋喋不休地抱怨，"修理这活太脏了，瞧瞧我身上弄的""真累呀，我简直讨厌死这份工作了"。

每天，张三都是在抱怨和不满的情绪中度过的。他认为自己在受煎熬，在像奴隶一样卖苦力。因此，张三每时每刻都窥视着师傅的眼神与行动，稍有空隙，他便偷懒耍滑，应付手中的工作。

转眼几年过去了，当时与张三一同进厂的三个工友，各自凭着精湛的手艺，或另谋高就，或被公司送进大学进修，独有张三，仍旧在抱怨中做他讨厌的修理工。

抱怨的最大受害者是自己。生活中你会遇到许多才华横溢的失业者，当你和这些失业者交流时，你会发现，这些人对原有工作充满了抱怨、不满和谴责。要么就怪环境条件不够好，要么就怪老板有眼无珠，不一而足。

总之，牢骚一大堆，积怨满天飞。殊不知这就是问题的关键所在。吹毛求疵的恶习使他们丢失了责任感和使命感，只对寻找不利因素兴趣十足，从而使自己发展的道路越走越窄。

他们与公司格格不入，变得不再有用，只好被迫离开。如果不相信，你可以立刻去询问你所遇到的任何10个失业者，问他们为什么没能在所从事的行业中继续发展下去，10个人当中至少有9个人会抱怨旧上级或同事的不是，绝少有人能够认识到自己之所以失业的真正原因。

提及抱怨与责任，有位企业领导者一针见血地指出："抱怨是失败者的一个借口，是逃避责任者的理由。爱抱怨的人没有胸怀，很难担当大任。"

仔细观察任何一个管理健全的机构，你会发现，没有人会因为喋喋不休的抱怨而获得奖励和提升。这是再自然不过的事了。想象一下，船上水手如果总不停地抱怨：这艘船怎么这么破，船上的环境太差了，食物简直难以下咽，以及有一个多么愚蠢的船长……

这时，你认为，这名水手的责任心会有多大？对工作会尽职尽责吗？假如你是船长，你是否敢让他做重要的工作？

如果你受雇于某个公司，就发誓对工作竭尽全力，主动负责吧，只要你依然还是整体中的一员，就不要谴责它，不要伤害它，否则你只会诋毁你的公司，同时也断送了自己的前程。如果你对公司、对工作有满腹的牢骚无从宣泄时，做个选择吧。

一是选择离开，到公司的门外去宣泄；二是选择留下。当你选择留在这里的时候，就应该做到在其位谋其政，全身心地投入到工作上来，为更好地完成工作而努力。记住，这是你的责任。

一个人的发展往往会受到很多因素的影响，这些因素有很多是自己无法把握的，工作不被认同、才能不被发现、职业发展受挫、上司待人不公、别人总用有色眼镜看自己……

这时，能够拯救自己走出泥潭的只有忍耐。比尔·盖茨曾告诫初入社会的年轻人："社会是不公平的，这种不公平遍布于个人发展的每一个阶段。"在这一现实面前，任何急躁、抱怨都没有益处，只有坦然地接受现实并战胜眼前的痛苦，才能使自己的事业有进一步发展的可能。

　　他首次参加职业高球赛时，穿着网球鞋、两美元的裤子，没戴手套，背着20美元的球袋，以及总价70美元的球杆。他有啤酒肚，留着络腮胡，打球的姿势也不雅观。他的手抬得又高又远，挥杆画出大约四分之三个圆圈，和一般高尔夫球职业选手教人打球的方式大相径庭。

　　他是谁呢？他就是最近在世界高尔夫球职业赛中创造佳绩的罗勃·蓝德斯。50岁的他，可以说是最不可能名列职业高球名将的人。如果有人把他写成剧本，好莱坞片商绝对不会花钱买下来。

　　罗勃从22岁开始打高尔夫球，28岁第一次参加职业赛。1983到1991年之间，他因为背痛无法练习深爱的运动。从那时候起，他平均每周只打一次球。他完全是苦出身，没看过任何相关书籍，也没上过高尔夫球课。

这位球坛名将一生起伏很大，他原先的工作每年有1.8万美元的收入。但是公司倒闭，他就失业了。为了谋生，他只好砍柴出售，因此手臂非常强壮。他有一座小农场，就在农场的房舍和牛群上空打高尔夫球。为了筹措到佛罗里达州的旅费，以便符合参赛资格，他把手中1万美元的股票以4000美元变卖掉。

罗勃·蓝德斯的梦想几乎是个遥不可及的梦，但是他志在必得，利用每一个机会练习，为这项艰难的挑战做准备。他不像有些人那样自怜自怨："我真是命苦呀！"反而以百折不挠的态度，开创了崭新的局面。或许你和我也可以本着相同的态度达成梦想呢！

拳击选手吉尼·东尼一辈子最幸运的一件事，就是曾经在比赛中打断了双手。他的经纪人觉得他再也不可能用力出拳争取重量级冠军。然而，东尼却决心做个有头脑、有技巧的拳击家，而不是不顾一切出拳的猛将。

拳击史家可以告诉你，他果真成了拳击史上数一数二的好手。如果他像没有断手之前那样只知凶狠出拳，绝对无法打败最强悍的重量级选手杰克·谭普西。总而言之，如果东尼没有遇到断手的问题，绝不会浴火重生而得到重量级冠军的荣誉。

包容你遭遇到的不平事

生活中的不平事很多，以至于有人在不平事面前拔不开腿脚，智慧得不到施展。其实，如果你能够包容，看淡生活中的那些不平事，那么，这些不平事必然会转换成公平之事。

亨特遭到女友抛弃后来请大师指点，他说女友还活得好好的，感到愤恨难平。大师非常诧异，问他为什么。

亨特回答："我们在一起时发过重誓的，先背叛感情的人在一年内一定会死于非命，但是到现在两年了，她还活得很好，老天难道听不到人的誓言吗？"

大师笑了，他告诉亨特，如果人间所有的誓言都会实现，那么人类早就绝种了。因为在谈恋爱的人，除非没有真正的感情，全都是发过重誓的，如果他们都死于非命，这世界还有人存在吗？老天不是无眼，而是知道爱情变化无常，我们的誓言在智者的耳中不过是戏言罢了。

"人的誓言会实现其实都是巧合。"大师说。

"那我该怎么办呢？"亨特问。

大师没有直接回答他这个问题，而是给他讲了一个寓言：

"从前有一个人，用水养了一条非常名贵的金鱼。一天，鱼缸被打破了。这个人有两个选择，一个是站在水缸前诅咒、怨恨，眼看金鱼因离开水而死；一个是赶快拿一个新水缸来救金鱼。如果是你，你怎么选择？"

"当然赶快拿水缸来救金鱼了。"亨特迅速而有理智地说。

"这就对了，你应该快点拿水缸来救你的金鱼，给它一点滋润，救活它。然后把已经打破的水缸丢弃，一个人如果能把诅咒、怨恨都放下，才会懂得真正的爱。"大师语重心长地对亨特说。亨特顿悟，面带微笑，欢喜而去。

生活确实有它不公平的一面，绝对的公平是不存在的，世界不是根据公平的原则而创造的。如果我们遇到不公平的事，也不要整天怨天尤人，其实，怨也没有用，他丝毫改变不了你的境遇，只会徒然增加自己的烦恼而已。

付出与回报的天平上总会出现不尽如人意的误差，苦苦地追寻换来的也许只是一身的疲惫，挥洒的汗水也不总是换来期待中的收获。

这是一个出身于贫寒单亲家庭的黑人小男孩，他只有7岁，由于长期营养不良，他显得瘦弱，但是眼睛却是明亮的。然而这天的事情，使这双明亮的大眼睛黯淡下来。

老师让同学们为"社区基金"捐钱。小男孩手里攥着自己捡垃圾挣的3美元，激动地等待着老师叫他的名字，然后他便可以自豪地走上讲台捐出自己挣的血汗钱。但老师没念他的名字，他感到很奇怪，于是问老师为什么不叫他的名字。

老师厉声说："我们这次募捐正是为了帮助你和像你这样的穷人，这位同学，如果你爸爸出得起你5美元的课外活动费，你们就不用领救济了。何况，你没有爸爸……"

这些无情的话语如霹雳一般，狠狠地击中了男孩的心。小男孩眼含泪水冲出了学校。羞辱让他变得坚强。从此，他拼命学习和做工。这个黑人小男孩就是当今美国著名的黑人电台节目主持人狄克·格里戈。

可见，不公平并不一定是坏事，他可以摧毁人的自信，但也可以催促人奋进。就看你能否忍耐，选择向下还是向上了。

自然有失衡的一面，譬如豹吃狼，狼吃獾、獾吃鼠、鼠又吃其他动物，只要看看大自然就可以明白，这些对于受到威胁的弱者来说永远是不公平的。

强者生存，弱者灭亡，优胜劣汰，没有公平可言。飓风、海啸、地震等自然灾害对所有生命来讲都是不公平的。同样，人生也有失衡的一面，人类社会里，贫穷、战争、疾病、犯罪、吸毒等不平等的现象此起彼伏。公平是神话中的概念，人们每天都过着不公平的生活。

面对生活中不公平的人和事，学会包容显得尤其重要。只要我们能够平心静气，不被其所牵绊，不让它成为控制自己理智的绳索。你没有好的家境，但是你经过漫长的坚忍努力，最后获得了突出的成绩；你这次没评上职称，但是你忍耐下来，从改进自己的工作入手，最后你成了公司独当一面的人物，这些都是包容带来的成果。

既然如此，你又何必对不公平耿耿于怀呢？人的心理常常受到伤害的原因之一，就是要求每件事都必须公平。其实，世界上根本就没有绝对的公平，所以我们不要事事都拿着一把公平的尺子去衡量。

生活也许并不是我们想象得那样美好，它对每个人的待遇都存在着偏心。有的人，从一生下来就非常顺利，做什么都一帆风顺，没有什么坎坷，事业、婚姻都让别人羡慕；可有的人，从生下来就注定是个倒霉蛋，事业的挫折，生活的艰苦，情感的失意，都在困扰着他，甚至有时连小小的心愿也难以实现。

其实这就是正常的生活。因此，不要对生活中给予你的不平心存怨恨，尽早地忘却它吧！只有不断地抛弃烦恼，生活才会对你展露它最灿烂的微笑。

你的教养，全都写在脸上

人的一生，就像是一次旅行，沿途中既有数不尽的坎坷泥泞，也有看不完风景。我们既能享受阳光、希望、快乐、幸福……也要面对黑暗、绝望和不幸。

在面对人生的美丽时，我们都能微笑迎接，可是当我们面对人生那些不可避免的哀愁时，我们会有什么样的反应呢？你的教养，全都写在脸上。

古希腊有一个大政治家叫狄摩西尼，他的齿唇上天生留有缺陷，说话含糊不清，很难与人沟通、交流，这令他非常苦恼。为了纠正自己的这个毛病，狄摩西尼找来一块小鹅卵石含在嘴里练习说话。

他有时跑到海边，有时跑上山，尽量放开喉咙背诵诗文，练习一口气念几个句子。长时间的练习，石子磨破了他的牙龈，每次都弄得满嘴是血，血染红了他的嘴里那块石头。但这些困难没有使他放弃练习，一直到口齿流利，能侃侃而谈为止。

狄摩西尼的故事之所以感人，是因为他在用意志与躯体抗争，用美好的愿望与不幸的缺陷抗争。其实，这更像是在拔河，是在心里拔河。有时候，我们的心中时常会萌生出一些美好的愿望，并按照这美丽的线索，去寻找自己生命的春天。

但是，自身的缺陷、懒惰、怯懦等束缚着愿望远行的脚步。为此，双方总要在内心深处较量一面。而较量的结果大概只有这样两种：一种是行动伴着愿望一起走，一种是美好的愿望枯萎在束缚的泥潭里。

有两个姑娘，她们一个叫珍妮，是美国人，另一个叫南希，是英国人。她们聪明、美丽，但都有残疾。

珍妮出生时两腿没有腓骨。一岁时，她的父母做出了充满勇气但备受争议的决定，截去珍妮的膝盖以下部位。珍妮一直在父母怀抱和轮椅中生活。

后来，她装上了假肢，凭着惊人的毅力，她现在能跑，能跳舞和滑冰。她经常在女子学校和残疾人会议上演讲，还做模特，频频成为时装杂志的封面女郎。

与珍妮不同的是，南希并非天生残疾。她曾参加英国《每日镜报》的"梦幻女郎"选美，一举夺冠。1990年她赴南斯拉夫旅游，决定侨居异国。当地内战期间，她帮助设立难民营，并用做模特赚来的钱设立希茜基金，帮助因战争致残的儿童和孤儿。

1993年8月，她在伦敦不幸被一辆警车撞倒，造成肋骨断裂，还失去了左腿。但她没有被这一生活的不幸击垮。她很快就从痛苦中恢复过来，康复后她比以前更加积极地奔走于车臣、柬埔寨，像戴安娜王妃一样呼吁禁雷，为残疾人争取权益。

也许是一种缘分，珍妮和南希在一次会见国际著名假肢专家时相识。她们一见如故，现在情同姐妹。

虽然肢体不全，但她们都不觉得这是多么了不得的人生憾事，反而觉得这种奇特的人生体验，给了她们更加坚强的意志和生命力。她们现在使用着假肢，行动自如。只有在坐飞机经过海关检测，金属腿引发警报器铃声大作时，才会显出两位大美人的腿与众不同。

只要不掀开遮盖着膝盖的裙子，几乎没有人能看出两位美女装有假肢。她们常受到人们的赞叹："你的腿形长得真美，看这曲线，看这脚环，看这脚趾涂得多鲜红！"

珍妮说："我虽然失去双腿，但我和世界上任

何女性没有什么不同。我喜欢打扮，希望自己更有
女人味。"

这对姐妹几乎忘了自己身带残疾，她们没有时间去自怨
自艾，人生在她们眼里仍然是美好的，她们在人们眼中也是美
好的。也有很多异性在追求她们，她们和别的肢体健全的姑娘
一样，也有着自己的爱情。

乐观地面对生命的一切，永远积极地生活，这就是珍妮
与南希的做事原则和人生态度。虽然，每个人的人生际遇各不
相同，而且命运也并不是对每一个人都很公平，但是相信上帝
在关上一扇窗的同时，会为你打开一道门。

面对窗外大地和天空，就看你能不能高昂起你的头，用
一双智慧的眼睛，透过岁月的风尘寻觅到辉煌灿烂的繁星。先
不要说生活怎样对待你，而是应该问一问自己，你是怎样看待
生活的？

面对人生的阴暗面时，如果我们的一颗心总是被忧愁、
沮丧所覆盖，干涸了心泉、黯淡了目光、失去了生机、丧失了
斗志，我们的人生轨迹岂能美好？而我们又岂能成就大事？

但假如我们能始终保持一种健康向上的心态，乐观地看
待眼前发生的一切，那么，即使我们身处逆境，四面楚歌，也
一定会有"山重水复疑无路，柳暗花明又一村"的那一天。

在人生的道路上，既有阳光也有风雨，一个人要想赢得
人生，就不能总把目光停留在那些消极的东西上，那只会使人

沮丧自卑、徒增烦恼，让人生被生活的阴影遮蔽它本该有的光辉。

不幸是人生的催化剂

日本宣布投降后的第二天，也就是1945年8月16日，玛丽·布朗太太走进位于加拿大渥太华的自家住宅，无边的寂静与空虚顿时包围了她。

若干年前，她的丈夫丧生于车轮之下。接着，与她住在一起的母亲也因病去世，更大的不幸还在后面：

"当许多钟声和汽笛声都在宣告和平再度降临的时候，我唯一的儿子达诺也猝然离开了人世。我已失去了丈夫和母亲，如今儿子一死，我在这个世界上已没有一个亲人了。"

"孩子的葬礼结束之后，我独自走进空荡荡的屋子里。我永远也不会忘记那种空虚的、无依无靠的感觉。我害怕今后的生活，害怕整个生活方式的完全改变。而最可怕的，莫过于我将与哀伤共度余生，这才是最让我感到恐惧的。"

接下去的一段日子，布朗太太完全生活在一种茫然的哀伤、恐惧和无依无助的感觉里。她迷惑又痛苦，全然不能接受所发生的一切。她继续描述道："渐渐地，我明白时间会帮助我治疗伤痛。只是时间太空虚了，我必须做些事来填补这些空虚，因此，我再度回去工作。"

"工作使人充实起来，我也逐渐对生活再度感兴趣，如朋友、同事等。一日清晨，我从睡梦中醒过来，忽然认识到所有不幸均已成为过去，以后的日子一定会变得更好。我知道用头撞墙的举止是愚蠢可笑的，是不能面对生活的弱者的做法。对于那些我无法改变的事实，时间已教会我如何承受。"

"这种心路历程进行得十分缓慢，不是几天或几个星期，而是一年、两年，但不管怎么说，它还是发生了。"

"多年过去了，当我回过头去再看那段生活，就会感到自己这只船只虽然历经一场巨大的风浪，如今又重新驶回风平浪静的海面上。"

往往很难让我们相信为什么布朗太太这样的悲剧会发生在我们身上。因此，当悲剧发生时最好先面对它们，接受它们。当布朗太太强迫自己接受失去家人的事实时，心理上便已预备要让时间来治疗这样的痛楚。抗拒命运就像把毒药倾倒在伤口上，是无法让自己开始新的生活的。

我们面对不幸的唯一方法就是接受它。当我们的生活被不幸的遭遇分割得支离破碎的时候，只有时间可以把这些碎片捡拾起来，并重新抚平。我们要给时间一个机会。在初受打击的时候，整个世界似乎停止运行，而我们的灾难也似乎永无止境。但苦难已经发生，时光难以逆转，活着的人总还得往前走，去履行生命计划中的种种目的。

我们只有完成了这些生命中的种种运作，痛楚便会逐渐减轻。终有一天，我们又能唤起以往快乐的回忆，并且感受到被护佑，而不是被伤害的感觉。要想克服不幸的阴影，时间是我们最好的盟友，但唯有我们把心灵敞开，完全接受那不可避免的命运，我们才不会沉溺在痛苦的深渊里难以自拔。

不幸遭遇并非都是扼杀人的刽子手，有时候，它还是促使我们采取行动的催化剂，对改善状况大有必要。它能使我们的才智变得灵敏，以帮助我们解决以前难以解决的问题。

印度的克里士纳说："人的幸福结局，并非是平淡、安稳的喜乐，而是轰轰烈烈地与不幸奋斗。"

人的生活会因"轰轰烈烈地与不幸奋斗"而变得更深沉、更多彩，也更丰盛。它会让我们挖掘出深藏在人性深处的资质。这些能力和资源只有经过大苦难、大悲大喜才会苏醒过来，为我们所用。莎士比亚在《哈姆雷特》一剧中曾这么说过："要采取行动以抵制困境。只有对抗，才能结束困境。"

你见过美国西南地区的沙尘风暴地带吗？你见过那些无情的沙尘暴摧毁过多少农庄、破坏过多少人的生计吗？你曾感受过那些沙尘，见过那些沙尘，并且日复一日地吞食那些沙尘吗？

下面这个故事的主角便是一个自小生活在沙尘阴影下的男孩。他今年21岁，家就住在沙尘暴地带内，双亲为了生存，一生都在与风暴和干旱搏斗。

父母去世之后，年轻人便担负起养家的重担。直到有一天，他们实在到了山穷水尽的地步——没有农作物可以收，谷仓里一无所有，他们就要饿肚子了——年轻人眼望着破败的农舍，一筹莫展。忽然，他8岁的小妹妹开门走进来，身旁还跟着她的一个好朋友。

"吉米，你可以给我10美分吗？"她热切地问道，"我们想到店里去买些饼干，我们每一个人需要10美分。"

吉米点点头——因为他想不出一个好理由来拒绝。但他没有10美分，搜遍了全身的口袋也找不到10美分。

他非常羞愧地说："妹妹，非常对不起，我没有10美分。"

当天晚上，吉米翻来覆去睡不着觉，因为他永远也忘不了妹妹脸上失望的表情。在他短短的人生历程中，他曾历经不少打击——双亲去世、工人离职、沙尘暴的袭击……但没有一次像这样——他居然没有10美分可满足自己年幼的小妹妹……这么卑微的要求……自己的生活，改善自己的人生状况。就在天色将亮的时候，他终于下定了决心，并想好了整个计划。

吉米的理想是当一名教师。但是自从双亲过世之后，他想继承双亲的遗志担负起农场的工作。现在，眼见农场一再受到沙尘暴的摧残，农场的工作已难以为继。于是第二天，吉米到镇上给自己找了一份临时工作。

从那时起，他借来许多书，每天都认真地读到深夜，以准备有朝一日能得到他真正想要的工作——当一名教员。经过不懈的努力，后来他终于在一所乡村学校找到教职。由于他努力不懈，诲人不倦，赢得了邻居的赞美与尊敬。

这是一种不幸的形式——由于一名小女孩向她的兄长要10美分——这个事件驱使吉米改变生活的方向，并且突破了困难，最后终于达到自己所追求的目标。

人生最大的悲痛莫过于生离死别，但是有时候，某些行动却可以减轻与家人分离的痛楚。这是发生在密西西比州杰克森市一位克文顿太太身上的故事。克文顿太太有3个小孩，身体状况都不好，仅照顾他们就使她颇费心机。不幸的是，有一天他的家庭医师又告诉她，说她的丈夫得了一种严重的心脏病，随时都有病发身亡的危险。克文顿太太事后回忆说：

"我听了医师的话感到非常害怕，并且开始担忧。我晚上开始睡不着觉，没多久体重便减轻了15磅，医师认为我是过于神经质。一天晚上，我又睡不着觉，便自问自己这么担惊受怕是否能改变状况。到了第二天早上，我开始计划自己应该做些有用的事。

"由于我丈夫颇精于木工，能亲手做出许多种家具，所以我要求他替我做一张床头小桌。他答应下来，并且花了好几个下午认真去做。我注意到这种工作带给他极大的乐趣。小桌完成后，他又为朋友做了好几件家具。

"除此之外，我们还开辟了一片园地，开始种花种菜。我们把最好的收成都送给朋友，并尽量想出一些我们可以帮助别人的事来做。闲暇的时候，我们还坐下来讨论有关种植果树等种种计划。

"一日凌晨一点多钟的时候，我的丈夫突然病发逝世。我那时才体会到，其实最近这几年，我们一直把这可怕的压力放在一边，过着有生以来最快乐、最有意义的生活。我就是这样面对悲剧，并尽力用最好的方式来接受它，转化它。"

克文顿太太用超人的勇气和毅力来面对不幸，使她丈夫最后几年的岁月过得快乐又有意义，而她自己也因此留下一段美好的回忆。

要想摆脱不幸的阴影，最好的方法便是提升自己去帮助别人。有一位家住威斯康星州的太太，由于她把自己个人的伤痛化成力量，转而去帮助其他陷于痛苦的人，因此广受别人的敬重。这位太太的儿子是名飞行员，在第二次世界大战期间驾机迎敌，血染长空时，年仅23岁。

虽然这位母亲十分哀痛，却不需要别人的怜悯，她说道："我认识许多不快乐的母亲。她们有的因为孩子得了痉挛性瘫痪的疾病；有的则因孩子精神上或心理上不健全，无法正常为社会服务。当然，还有些妇女是想当母亲却一直无法如愿。我有幸拥有一个好儿子，并且与他共度了23年快乐的时光。我会把这些快乐的记忆永远保留在我的脑海里。现在，我要服从上帝的意旨，尽可能支持帮助其他需要救助的母亲。"

她真的是这么做的。她不辞辛劳地安慰那些因儿子出征而需要帮助的父母，或是出征者本人。"把自己的心思和精力用来帮助别人，你便没有时间去注意自己的烦恼。"这位母亲的所作所为正是成熟的标志，也是我们某些沉溺于苦难中的人应该学习的课程。

生命并不是一帆风顺的幸福之旅，"不幸"这个恶魔随时都可能向我们发起攻击。我们不能像鸵鸟一样把头埋在沙堆里面，拒绝面对各种麻烦。麻烦不会因此获得解决。苦难是人类生活的一部分，只有实实在在地去面对，才是成熟的表现。

不成熟的人最常犯的过错，便是遇事不敢面对，一味退缩，一味害怕。许多小孩在游戏的时候，常因自己没有胜算便拒绝玩下去，成熟的成年人便不会如此，他们会一试再试，直到成功为止。

请看康涅狄格州诺维斯市长塞门讲的一个故事，内容是有关一名男孩虽然遭遇不幸，却仍然勇往直前的故事。赛门先生在大学时代有个室友名叫杰克，是个活泼有朝气的学生，后来却戏剧性地离大家远去。以下是塞门先生的叙述：

"杰克极有艺术天分，而且是个非常热心的学生。他参加学校各种表演活动，包括幕后工作与幕前的表演。他是学校各种年度表演的总召集人，他还在乐队担任鼓手，可说是多才多艺的全能人才。离开学校之后，他到一家电视台工作，后来成为电视影片制作人。他极热爱自己的工作，每天都把全部精神和力气投到工作上面。

"一天，我突然接到朋友打来的电视，告诉我杰克去世了。这使我异常惊讶和悲痛。朋友告诉我杰克得了一种绝症，但他却从来没有让别人知道。从大学时代他便知道自己来日不多。我一想到杰克那时的热忱、风趣及积极参与各种活动的精神，实在唏嘘不已。从他身上，我学到了珍贵的一课：除非生命结束，否则绝不停止。"

杰克的故事使听到的人无不为之感动，也无不受到他的精神的鼓舞。他选择了最勇敢、最成熟的方法去面对难以拒绝的不幸遭遇。

在卡耐基成人训练班里，有位名叫迈克的学员讲了一个类似的故事：

1948年，迈克21岁，但已经可以进入军中服役，他在一次战役中受了严重的眼伤，眼睛因此看不见东西。虽然他承受这么大的伤害和痛楚，性格却十分开朗。他常常与其他病人开玩笑，并把自己配给到的香烟和糖果分赠给大家享用。

医生们为恢复迈克的视力尽了最大的努力。一日，主治大夫亲自走进迈克的房间向他说道："迈克，你知道我一向喜欢向病人实话实说，从不欺骗他们。迈克，我现在要告诉你，你的视力是不能恢复了。"

时间似乎停止下来，房间里呈现可怕的静默。

"大夫，谢谢你！谢谢你告诉我实情。"迈克终于打破沉寂，平静地回答道，"其实，我一直都知道会有这个结果。非常感谢你们为我费了这么多心力。"

医生走后，迈克对他的朋友说道："我觉得我没有任何理由可以绝望。不错，我的眼睛瞎了，但我还听得见，还能讲话，而且我的身体强壮，还可以行走，双手也十分灵敏。何况，就我所知，政府可以协助我学得一技之长，以让我维持生计。我现在所需要的，就是调整自己的心态，迎接新的生活。"

这位拥有明亮视野的盲眼士兵，由于忙着计算自己所拥有的幸福，竟不屑花时间去诅咒自己的不幸。这便是100%的成熟，也就是我们要面对问题的方法。我们每个人有生之年都要面对这样的考验，无论是谁！

对那些面对厄运只会怜悯哀叹的人来说，这里只有一个答案："为什么不呢？"

上帝并不偏爱任何人。身为一个人，我们都会历经一些苦难，正好像我们也会历经许多快乐一样。生活的磨难早晚会使我们懂得：在受苦受难的经历里，我们每个人都是平等的。无论是国王或乞丐、诗人或农夫、男性或女性，当他们面对伤痛、失落、麻烦或苦难的时候，他们所承受的折磨都是一样的。无论是任何年纪，不成熟的人都会表现得特别痛苦或怨天尤人，因为他们至死都不明白，诸如生活中的种种苦难，像生、老、病、死或其他不幸，其实都是客观世界的自然现象，是每个人都避免不了的。

微笑着面对人生的逆境

我们都希望自己的生活中能够多一些快乐，少一些痛苦，多一些顺利，少一些挫折，可是命运却似乎总爱捉弄人、折磨人，总是给人以更多的失落、痛苦和挫折。

面对逆境，我们是选择流泪还是微笑呢？我相信，微笑是个明智的选择。一味地沉溺在悲伤中，只会让人永远痛苦。在一切事情与他的愿望相悖时仍面带微笑的人，是胜利者，因为这是常人不能够做到的。让我们来看一个小女孩是如何做到在逆境中微笑的吧。

那是一个阴冷的日子，我永远也忘不了那一天。那天，我和姐姐在房间里剪窗花。我们费了好大工夫，终于剪好了，我们开心得手舞足蹈。

就在这时，一件想不到的事情发生了。姐姐因为忘乎所以，忘记了手中的剪刀，我只觉得眼前一黑，疼痛难忍，捂着眼睛大哭起来。

惊慌失措的姐姐也被吓得哭了起来，哭声惊动了爸爸妈妈，他们跑进屋里。当知道事情经过时，爸爸抱起我疯了似的向医院奔去……

经过医生的极力抢救，我虽然保住了左眼球，但医生却告诉我，我的左眼永远没有视力了！我如同五雷轰顶！这怎么可能？我还只是一个不满10岁的小女孩呀，以后我怎么生活？我又哭又闹，不配合医生的治疗。妈妈用尽了各种办法安慰我，都无济于事，只好偷偷地抹眼泪。

就这样，我在悲伤中艰难地度过了一年时间。直到有一天，我在电视里偶然看了马丽姐姐的故事，她也是一个残疾人，可她却在自己的生活舞台上创造了辉煌。

那一刻，我才明白，残疾并不等于残废，也同样可以有自己的梦想，自己的追求。从那以后，我不再愁眉苦脸了，每天用微笑迎接初升的太阳。

现在，我已经是一名六年级的学生了，我不但学习成绩优秀，还是班上合唱队的主力。我还有更远大的志向：长大以后干出一番惊天动地的大事业！

人生在世，都有可能遇到逆境。逆境是不可避免的，但是，如何面对逆境，如何走出逆境，甚至，将其变成我们前进的动力，才是我们需要考虑的问题。

故事中的这个小姑娘不幸失去了左眼的视力，可以说是逆境，但是可贵的是，她没有让自己永远悲伤下去，而是选择了微笑去面对，这是我们都要学习的。

人生就像在大海中航行的船只，有时候会遇到顺风；有时候则会遇到逆流，扰乱你的航向。生活中，坎坷是绝对的，顺利是相对的，一帆风顺则是少有的。人有悲欢离合，月有阴晴圆缺，这是自古以来的人生规律。关键就看我们是如何面对人生中的逆境。

人处逆境，并不完全是坏事。星星只有在黑暗中才能闪光，逆境能催人奋发，能使人更加坚强，我们须正视逆境，在生活的海洋中不断端正自己的航向，一个人一旦具有了高尚的情操和精神境界，就会心胸开阔，淡泊名利；就能老当益壮，不坠青云之志；就能自强自立，变逆境为顺境。

客观世界不会改变，需要改变的是我们的心态和眼光。面对逆境，我们与其痛苦地倒下去，还不如微笑着站起来！

微笑是不幸生活的一帖良药，保持快乐的精神，用微笑去面对生活中的人和事物，面对平凡中的每一天，你就会发现生活的美好与真谛了。

一个人的一生，微笑也是一辈子，痛苦也是一辈子。用微笑去面对打击，经历过后，你就会发现原来没什么过不去的坎。如果总是叹息自己的命不好，埋怨命运对自己不公平，那么你的生活就会真的越来越狭窄了。

在顺境中微笑，是人人都能做到的。在逆境中微笑，是我们应该学会的。因为强大的信心，才能坚持下去，才会带来形势的转变。

在逆境中保持微笑，它能给你战胜挫折的勇气。我们前进的脚步总是让挫折绊住。我们要做生活的主人，不要坐在绊脚石的面前唉声叹气，要学会微笑着用有限的生命来超越无限的自己。

在逆境中保持微笑，能让你把痛苦瞬间减小，长期沉迷于痛苦的失意中只能让人不能自拔。只有微笑，能让你重新振作起来，摆脱挫折的阴影，走向辉煌的未来。

生活中，不管遇到了多大的困难，我们都要保持微笑，以平和的心态去面对。记住，假如我们转身面向阳光，身子就不可能陷在黑暗的阴影里。

学会给自己带来一份好的心情，拥有一份坦然；给他人一个微笑，就会给自己一份舒心；给他人一个微笑，就会给自己一点阳光。让自己保持微笑，面对生活，珍惜每一天吧！

把负能量变为正能量

如何才能快乐地生活下去呢？芝加哥大学校长罗伯特·哈金先生说："我一直按照一个小小的忠告去做，这是已故的西尔斯百货公司董事长朱利亚斯·罗森沃德告诉我的。他说：如果你手中有个柠檬，何妨榨杯柠檬汁！"

伟大的人物都采取那位芝加哥校长的做法，但是一般人的做法则相去甚远。要是他发现生命给他的只是一个柠檬，他就会自暴自弃地说："我完了！这就是命运。我连一点机会也没有。"然后他就开始诅咒这个世界，开始自怨自艾，自暴自弃。

可是，当聪明人拿到一个柠檬的时候，他就会说："从这件失败之中，我可以学到什么呢？怎样才能吃一堑，长一智，怎样才能把这个柠檬做成一杯柠檬汁呢？"

伟大的心理学家阿德勒花了一生的时间来研究人类和人们所隐藏的保留能力。最后宣称发现人类最奇妙的特性是"把负变为正的力量"。

下面要讲述的这位女士的经历正好印证了那句话。这位女士是瑟尔玛·汤普森。

"战时，我丈夫驻防加利福尼亚州沙漠的陆军基地。为了能经常与他相聚，我搬到附近去住。那实在是个可憎的地方，我简直没见过比那更糟糕的地方。我丈夫出外参加演习时，我就只好一个人待在那间小房子里。那里热得要命——仙人掌树荫下的温度高达华氏125度，没有一个可以谈话的人。风沙很大，所有我吃的、呼吸的都充满了沙尘！

"我觉得自己倒霉到了极点，觉得自己好可怜，于是我写信给我父母，告诉他们我放弃了，准备回家，我一分钟也不能再忍受了，我情愿去坐牢也不想待在这个鬼地方。我父亲的回信只有3行，这几句话常常萦绕在我心中，并改变了我的一生。

"有两个人从铁窗朝外望去，一个人看到的是满地的泥泞，另一个人却看到满天的繁星。

"我把这几句话反复念了好几遍，我觉得自己很丢脸。决定找出自己目前处境的有利之处，我要找寻那一片星空。

"我开始与当地居民交朋友，他们的反应令我心动。当我对他们的编织与陶艺表现出极大的兴趣时，他们会把拒绝卖给游客的心爱之物送给我。我研究各式各样的仙人掌及当地植物。我试着多认识土拨鼠，我观看沙漠的黄昏，找寻300万年前的贝壳化石，原来这片沙漠在300万年前曾是海底。

"是什么带来了这些惊人的改变呢？沙漠并没有发生改变，改变的只是我自己。因为我的态度改变了，正是这种改变使我有了一段精彩的人生经历。我所发现的新天地令我觉得既刺激又兴奋。我着手写一本书———一本小说。我逃出了自筑的牢狱，找到了美丽的星辰。"

瑟尔玛·汤普森所发现的正是耶稣诞生前500年希腊人发现的真理："最美好的事往往也是最困难的。"

20世纪的哈里·爱默生·佛斯狄克也这样说："快乐大部分并不是享受，而是胜利。"不错，这种胜利来自于一种成就感，一种得意，也来自于我们能把柠檬榨成柠檬汁。

不知你是否听说过佛罗里达州那位快乐的农夫？他甚至把一个毒柠檬做成了甜柠檬汁。这位农夫用多年积攒的钱买下了一片农场，结果令他非常颓丧。

那块地既不能种水果，也不能养猪，能生长的只有白杨树及响尾蛇。后来他想到了一个好主意，他要把那些响尾蛇变成他的资源。他的做法使每一个人都很吃惊，因为他开始生产响尾蛇肉罐头。

还不仅如此，每年来参观他的响尾蛇农场的游客差不多有20000人。他的生意做得非常大。他将响尾蛇所取出来的蛇毒，运送到各大药厂去做蛇毒的血清；将响尾蛇皮以很高的价钱卖出去做女人的鞋子和皮包；将装着响尾蛇肉的罐头销到了世界各地。更令人惊奇的是，这个村子后来改名为"佛罗里达州响尾蛇村"。可见，当地人是多么尊敬这位把毒柠檬做成了甜柠檬汁的先生！

在世界各地，有许多"把负变正"的男人和女人。

已故的威廉·伯利梭生前曾经这样说过："生命中最重要的一件事就是不要把你的收入拿来算做资本，任何一个人都会这样做。真正重要的是要从你的损失中去获利。这就需要有才智才行，聪明人和傻子的区别就在这里。"伯利梭曾在一次火车失事中摔断了一条腿。

不过，还有一个断掉两条腿的人，也把负的转为正的。他的名字叫本·佛森。尽管他断了两条腿而坐在轮椅里，但他看上去却非常开心。下面就是他所讲述的故事。

"事情发生在1929年，我砍了一大堆胡桃木的枝干，准备做我的菜园里豆子的撑架。我把那些胡桃木枝干装在我的福特车上，开车回家。中途，一根树枝滑到车下，卡在车轴上，当时正是在车子急转弯的时候。车子冲出路外，我撞在一棵树上。我的脊椎受了伤，两条腿再也站不起来了。

"那一年我才24岁，从那时起我就再没有走过一步路。"

那么年轻就被判终身坐着轮椅过活。他怎么能够这样勇敢地接受这个事实，"我当时也确实难以接受。整个心中充满了愤恨和难过，每天都在抱怨命运对自己的不公待遇。可是随着时间一年年过去，我终于发现愤恨使我什么也做不成，只有使自己的脾气见长。我体会到，大家对我那么好，那么有礼貌，所以我至少应该做到一点，对别人也很有礼貌。"

随着时间的流逝，佛森是否还觉得他所碰到的那一次意外是一次很可怕的不幸？"不会了，相反，我现在还很庆幸有过那一次经历。"

当佛森克服了当时的震惊和悔恨之后，就开始生活在一个完全不同的世界里。他开始看书，对好的文学作品产生了喜爱。在14年里，他至少读了一千四百多本书，这些书为他带来了一个新奇的世界，使他的生活比他以前所想到的更为丰富。他开始聆听很多好音乐，以前让他觉得烦闷的伟大的交响曲，现在都能使他非常的感动。

更为重要的是，他现在有时间去思想。"有生以来第一次，我能让自己仔细地看看这个世界，有了真正的价值观；我开始了解，以往我所追求的事情，大部分实际上一点价值也没有。"

读书思考的结果，使他对政治有了兴趣。他研究公共问题，坐着轮椅去发表演说。由此他认识了很多人，很多人也认识了他。后来，本·佛森坐着他的轮椅做了佐治亚州州务卿。

现在，很多人都有一个很大的遗憾，就是没有机会接受大学教育。他们似乎认为未进大学是一种缺陷。但告诉你一个跌破大牙的事实，许多成功的人士都没上过大学，因此，上不上大学并没有这么重要。有谁听说过传奇人物阿尔·史密斯的故事？

史密斯的童年非常贫困。父亲去世后，靠父亲的朋友帮忙才得以安葬。他的母亲每天必须在一家制伞工厂工作10小时，再带些零工回来做，做到晚上11点钟。

他就是在这种环境下长大的，有一次他参加教会的戏剧表演，觉得表演非常有趣，于是就开始训练自己在公众场合演说的能力。后来他也因此进入了政界。

30岁时，他已当选为纽约州议员。不过对接受这样的重大的责任，他其实还没有准备妥当。事实上，他还搞不清楚州议员应该做些什么。他开始研读冗长复杂的法案，这些法案对他来说，就跟天书一样。

他被选为森林委员会的一员，可是他从来不了解森林，所以他非常担心。他又被选入银行委员会，可是他连银行账户也没有，因此他十分茫然。

如果不是耻于向母亲承认自己的挫折感，史密斯先生可能早就辞职不干了。绝望中，他决定一天研读16个小时，把自己无知的酸柠檬，做成知识的甜柠檬汁。因为这种努力，他由一位地方政治人物提升为全国性的政治人物，他的表现如此杰出，连《纽约时报》都尊称他是"纽约市最可敬爱的市民"。

这位传奇人物就是阿尔·史密斯。

在阿尔开始自我教育后的10年，他成为纽约州政府的活字典。他曾连续任4届纽约州长，当时还没有人拥有这样的纪录。1928年，他当选为民主党总统候选人。包括哥伦比亚大学及哈佛大学在内的6所著名大学，都曾颁授荣誉学位给这位年少失学的人。

如果史密斯先生不是每天勤读16个小时，把他的缺失弥补过来，他绝对不会有后来的成就。

尼采对超人的定义是："不仅是在必要情况之下忍受一切，而且还要喜爱挑战这种情况。"

如果你对那些事业有成者做过深入的研究，就会深刻地感觉到，他们之中有非常多的人之所以成功，是因为他们开始的时候都有一些会阻碍到他们的缺陷，促使他们加倍地努力而得到更多的报偿。正如威廉·詹姆森所说："我们的缺陷对我们有意外的帮助。"

是的！很可能弥尔顿就是因为瞎了眼，才能写出更好的诗篇来。贝多芬因为聋了，才能作出更好的曲子。

海伦·凯勒之所以能有光辉的成就，也就因为她的瞎和聋。

如果柴可夫斯基不是那么的痛苦——他那个悲剧性的婚姻几乎使他濒临自杀的边缘——如果他自己的生活不是那么的悲惨，他也许永远不能写出他那首不朽的《悲怆交响曲》。

　　如果陀思妥耶夫斯基和托尔斯泰的生活不是那样地充满悲惨，他们可能也永远写不出那些不朽的小说。开创生命科学的达尔文也说："如果我不是那么无能，我也许不会做到我所完成的这么多工作。"很显然，他坦诚自己受到过缺陷的刺激。

　　达尔文在英国诞生的同一天，在美国肯塔基州森林里的一个小木屋里也降生了一个孩子。他也是受到自己缺陷所激发而成就了一世伟业。他就是亚伯拉罕·林肯。

　　如果他出生在一个贵族家庭，在哈佛大学法学院得到学位，又有幸福美满的婚姻生活的话，他也许绝不可能在他心底深处找出那些在葛底斯堡所发表的不朽演说。也不会有在他第二次政治演说上所说的那句如诗般的名言——这是美国的统治者所说过的最美也是最高贵的话："不要对任何人怀有恶意，而要对每个人怀有喜爱……"

　　佛斯狄克在其著作中提到："有一句斯堪的纳维亚地区的俗语说，冰冷的北极风造就了爱斯基摩人。我们什么时候相信人们会因为舒适的日子，没有任何困难而觉得快乐？刚好相反，一个自怜的人即使舒服地靠在沙发上，也不会停止自怜。反倒是不计环境优劣的人常能快乐，他们极富个人的责任，从不逃避。我要再强调一遍——坚毅的爱斯基摩人是冰冷的北极风所造就的。"

如果我们真的灰心到看不出有任何转变的希望——这里有两个我们起码应该一试的理由，这两个理由保证我们试了只有更好，不会更坏。

第一个理由：我们可能成功。

第二个理由：即使未能成功，这种努力的本身已迫使我们向前看，而不是只会悔恨，它会驱除消极的想法，代之以积极的思想。它激发创造力，促使我们忙碌，也就没有时间与心情去为那些已成过去的事忧伤了。

世界著名的小提琴家欧尔·布尔在巴黎的一次音乐会上，忽然小提琴的琴弦断了一根，他面不改色地以剩余的三条弦演奏完全曲。佛斯狄克说："这就是人生，断了一条弦，你还能以剩余的三条弦继续演奏。"

这不只是人生，这是超越人生，是生命的凯歌！

威廉·伯利梭的这句话说得非常好，应该刻在铜板上，挂在每一所学校的教室里："生命中最重要的一件事，就是不要把你的收入拿来算做资本。任何一个人都会这样做。真正重要的是要从你的损失中获利。这就需要有才智才行，聪明人和傻子的区别就在这里"。

第四章

这个世界，不是你一人在奋斗

在这个世界上，你不是一个人在奋斗，你的亲朋好友，你的至爱家人，甚至一些陌生路人，都会在你困难时为你助上一臂之力。世界残酷，而人心美好。活在这个世界上，你会时常感受到一丝丝温暖。愿你且行且珍惜。

幸福人生要用心灵体会

有一样东西，像春风，轻轻地拂过人的心畔；有一样东西，像清泉，静静地流过人的心田；有一样东西，像白云，悄悄地掠过人的头顶；有一样东西，像太阳，默默地温暖人的心灵。这种东西就是幸福。

家庭的幸福，我们往往在少年时代体会得最真切。我们过生日的时候，妈妈买了一个美丽的大蛋糕，又插上了彩色的蜡烛，爸爸妈妈他们都为我们庆祝，我们是不是感到幸福呢？

一次遇上雨天，我们忘记了带伞。正焦急万分的时候，出现了一个高大的身影举着一把黑色的伞，我们定眼一看，原来是爸爸举着伞来接我们了，我们感到幸福了吗？

那天气温非常低，而我们只穿了一件薄薄的T恤衫。正当我们冻得瑟瑟发抖的时候，奶奶把一件红色棉袄披在了我们的身上。我们穿上了这件棉袄，感到幸福了吗？

可是，许多朋友却很少能够体验到幸福。调查显示，面对"你觉得自己现在幸福吗"的提问，过半的青少年朋友自感"不幸福"，或者"不知道"。

"现在的孩子不好交流，总是不快乐的模样。"家长们也经常有类似的怨言。"如今的学生们显得老成,郁郁寡欢的多,没有过去学生那种阳光和朝气了。"教师们也在议论。

按理说,我们现在的物质生活提高了,而且大多数孩子都是独生子女,是家里的心肝宝贝,怎么会感觉不到幸福呢?或者不知幸福为何物呢?

当然,原因是非常复杂的。但是,不得不说,我们青少年没有用心体会生活,是其中的一个重要原因。

对于许多青少年朋友来说,父母的关心爱护、老师的谆谆教导、朋友的患难与共,仿佛都是应该的,不算什么幸福。只有那些得不到的,才是幸福。

其实,幸福很简单,就在我们的身边,无时无刻不在发生。不信,让我们来看一个小故事吧。

也许是因为我爱吃板栗,每次赶集,妈妈总会提上一大篮子。煮熟的栗子松软而富有韧性,轻轻地咬上一口,浓浓的甜味漫延于口中,一直甜到心头。

这一次,妈妈照例买了一大篮子板栗。只可惜,煮后,轻轻咬一口,苦涩的粉末震撼着全身,偶尔运气好点儿,才能够吃上稍甜的板栗。

还剩一锅,经过一番激烈的思想斗争,爸爸愁眉苦脸地宣布:"倒了未免太浪费,不如硬着头皮一点一点吃下去,下次吸取教训,不再购买这类的板栗。"于是，当天中午，我们的午餐成了一锅板栗。

妈妈端着栗子走进餐厅，板栗独特的香气迎面扑来。放眼望去，粗糙的外壳却不像往常一般富有光泽。

爸爸剥了一个板栗，皱着眉头细嚼慢咽，我心不在焉地剥着板栗，望着黑不溜秋的栗肉，不知该如何是好。

突然妈妈递给我一瓣板栗，她激动不已："你尝尝，这一个板栗颜色稍浅，我想味道应该不错。"

我舔了一口，甘甜的粉末溶化于口中。"嗯，味道真好。"我竖起大拇指不住地赞赏。

妈妈微笑着低下头，拿起一块棕色的板栗。只见她小心地吃着，生怕触到某个苦味"原子弹"。我呆呆地盯着手中娇嫩珍贵的栗肉，某种东西涌上心头，鼻子酸酸的。

这时，爸爸也递给我一瓣板栗："这块味道似乎也不错，你尝尝。"我细细品味着这美味佳肴。想象着爸爸必须对付另一瓣苦涩的板栗，心中不知不觉点燃一盏微弱的烛光，顿时照亮我的心房，很幸福很满足。

后来，妈妈虽然为我煮了许许多多的板栗，

每次品尝它们，甘甜的味道冲荡其间，比吃了蜜还甜，但我总觉得不如那次淡淡的板栗好吃，也许我再也不能吃到那次温馨美味的板栗了。

　　幸福，就在那一瓣板栗中，故事中的这位朋友体会到了，而且体会得很深刻。亲爱的朋友，我们体会到这样的幸福了吗？幸福就藏在日常生活中，关键在于自己是否用心去感受。一块巧克力、一杯牛奶、一份礼物、一句轻轻的祝福、一个温暖的呵护、一束激励的目光、一句体贴的话语、一丝灿烂的微笑、一个热情的拥抱，何尝不是幸福？

　　幸福，它如春风般温暖，如彩虹般美丽，如阳光般明媚。每个幸福的时刻，都会有一股温馨流遍我的全身，幸福是多么美妙，多么令人向往，令人回味……

　　鱼儿因为有了幸福，才会在大海中尽情地畅游，才可以在波浪中体验生命的风雨历程；草儿因为有了幸福，才能在阳光沐浴下享受那清爽的春风，在洁净的细雨下茁壮成长；鸟儿因为有了幸福，才能在广阔的天空中展翅飞翔，才可以在狂风暴雨中奋力展翅，展现自己的英姿。

　　幸福永远伴在我们的身边，只要善于发现，善于感受，我们便能时常体验幸福那甜蜜的感觉。幸福如花，懂得欣赏它的人，才能感受到它的芳香。幸福如火，懂得呵护它的人，才能感受到它带来的温暖，消融心灵的冰霜。

　　在生活中，我们很多人只顾着追求自己所需要的东西，来慰藉自己的虚荣心，但却忽略了身边的幸福，去羡慕别人的幸福。于是在匆忙的步履中，少了更多的快乐，直至岁月、容颜消逝后，回忆往事，只觉一片茫然，后悔自己不懂珍惜自己曾经拥有的幸福。

停下来吧！在匆忙的生活中慢下来，静静地享受身边的幸福所带来的快乐，它是"忽如一夜春风来，千树万树梨花开"，让我们在枯燥的生活中感受一丝丝的快乐；它是"山重水复疑无路，柳暗花明又一村"，让我们堵塞的心情一下豁达开朗，感到无比喜悦；它是在我们"问君能有几多愁，恰似一江春水向东流"的时候，让我们在孤僻的心灵中得到滋润……

是的，在生活的紧迫感下，我们无暇顾及身边幸福，于是在匆忙的岁月中，我们开始遗忘，但聪明的你，告诉大家：时间会给我们机会吗？在我们生命的尽头，时间会再让我们重温曾经自己所遗忘的幸福吗？在生活中，不是时间没有给予我们机会，只是我们不懂把握机会；在生活中，不是幸福抛弃了我们，而是我们抛弃了幸福。

在岁月的长河里，幸福，悄悄地来，又悄悄地走了，留下来的不是它的足迹，有的只是更多的无奈与惆怅，只是曾经的匆忙的步履。每个人都有各自的幸福，幸福是不能交换的，不要羡慕别人的幸福，幸福是最珍贵的。

青少年朋友，幸福就在我们的身边，享受自己的幸福吧！

时刻感恩我们的亲人

　　没有阳光，就没有日子的温暖；没有雨露，就没有五谷的丰登；没有水源，就没有生命；没有父母，就没有我们。没有亲情和友情，世界就会一片孤独和黑暗。

　　英国作家萨克雷说过："生活就是一面镜子，你笑，它也笑；你哭他也哭。"送人玫瑰，手有余香。无论生活还是生命，都需要感恩。你感恩圣火，圣火将赐予你灿烂阳光；你怨天尤人，最终可能一无所有。

　　这些都是很浅显的道理，没有人会不懂。但是，我们常常缺少一种感恩的思想和心理。"谁言寸草心，报得三春晖""谁知盘中餐，粒粒皆辛苦"，这是我们小时候常常背诵的诗句，讲的就是要感恩。滴水之恩，涌泉相报；衔环结草，以报恩德。这些流传至今的成语，告诉我们的也是要感恩。

　　有一次，罗斯福总统家里被盗，失去了不少东西，朋友们纷纷写信安慰他，罗斯福却说："我得感谢上帝，因为贼偷去的是我的东西，而没有伤害我的生命；贼只偷去我的部分东西，而不是全部；最值得庆幸的是，做贼的是他而不是我。"

谁会想到，一件不幸的事，罗斯福却找到了三条感恩的理由。这个故事，可以说将感恩的美丽展示得淋漓尽致了。

　　学会感恩，就是对世间所有人、所有事物给予自己的帮助表示感激，并铭记在心。只要我们常怀感恩之心，相信你会有所收获。

　　"谁言寸草心，报得三春晖。"父母给了我们生命，我们对父母要常怀感恩之心，是他们让我们来到了这个充满色彩的世界，让我们看到了世界的真善美。

　　从早上起来的一碗热腾腾的牛奶，到一年四季被子床单的换洗，你们应该心存感激，应该感谢上天给了自己那么好的父母，感谢父母给了自己健康的身体和一个完整的家。

　　老师给了我们知识，我们对老师要常怀感恩之心。是老师帮我们开启了知识的大门，是老师让我们懂得了在生活中如何对于别人的帮助去说一声"谢谢"，是老师让我们明白了受到别人的恩惠，当涌泉相报，是老师从青丝到白头在三尺讲台上教书育人，他们最大的心愿就是学生个个有出息。学生能常怀感恩之心，就有用不尽的学习动力。

　　兄弟姐妹从小照顾我们，呵护我们，帮助我们，使我们懂得了亲情的真谛，使我们一路走来，温馨备至，我们同样不能忘记他们。

　　朋友给了我们友谊，我们对朋友要常怀感恩之心。朋友能与你患难与共，在你最困难的时候，朋友能千方百计帮你，给你"打气"给你信心，助你跨过学习上各种各样的障碍物。让你刻骨铭心地觉得，朋友的情谊终生难忘。

只有知道了感恩，内心才会更充实，头脑才会更理智，眼界才会更开阔，人生才会赢得更多的幸福。懂得感恩的人，是勤奋而有良知的人，是聪明而有作为的人。

一对夫妻很幸运地订到了火车票，上车后却发现有一位女士坐在他们的位子上。先生示意太太坐在她旁边的位子上，却没有请那位女士让位。太太坐定后仔细一看，发现那位女士右脚有点不方便，才了解先生为何不请她起来，他就这样从嘉义一直站到台北。

下了车之后，心疼先生的太太就说："让位是善行，可是起点到终点那么久的时间，中途大可请她把位子还给你，换你坐一下。"

先生却说："人家不方便一辈子，我们就不方便这三小时而已。"太太听了相当感动，觉得世界都变得温柔了许多。

"人家不方便一辈子，我们不过是不方便这三小时。"多浩荡大气、慈悲善美的一句话。它能将善念传导给别人，影响周遭的环境氛围，让世界变得善美、圆满。

"善良"，多么单纯有力的一个词语，它浅显易懂，它与人终生相伴，但愿我们能常追问它、善用它，因为老祖宗早就叮嘱过"善为至宝"，一生用之不尽啊。

学会感恩很重要。这会减少一些抱怨牢骚、烦恼仇恨，心胸就会宽广和舒畅起来；常怀感恩之心，这是一种美好的情感，是生活幸福的催化剂，是事业成功的原动力，是一个人走向高贵，还原纯真的净化器。

很久以前，有一棵苹果树，一个小男孩很喜欢和这棵树玩耍。每天，他爬到树上，摘苹果吃，在树荫下打盹……他爱这棵树，树也爱他。

时间一天天地过去了，转眼间，小男孩长大了，他便不愿意和树玩了。一天，男孩回到树旁，树看起来很悲伤，树说："孩子，咱们一起玩吧。"

"我不是小孩子了，我不会再到树下玩了，我想到森林里去玩。"男孩回答说，"我想要玩具。"

树说："对不起，我没有钱。但是，你可以摘掉我的果实去卖，那样你就有钱了。"

男孩很高兴，他摘下树上的所有果实，然后开心地离开了。从此以后，男孩很久都没有来过，树很伤心。

有一天，男孩回来了。树见到男孩非常高兴，"来和我玩吧。"树说。

"我没有时间玩，我得为我的家庭工作，我需要一间房子来挡风遮雨，你能帮我吗？"

"对不起，我没有房子。但是，你以砍下我的树枝来建房子。"

于是，男孩砍下所有的树枝，然后又离开了。此后，男孩再也没出现过，树感到很孤独，伤心了起来。

突然有一天，男孩又回到树旁，树很高兴。"来和我玩吧。"树说。

"我很伤心，我开始老了，我想去航海，你能不能给我一条船。"

"用我的树干去造一条船吧。"

男孩照着树说的做了，他造了一只船，然后去旅行了，很长一段时间都没有消息。

许多年以后，男孩终于回来了。这时树不再要求男孩陪他玩了，"对不起，我的孩子，我再也没有任何东西可以给你了，没有苹果给你，也没有枝干给你，也不能供你乘凉……"树说。

"我没有牙齿啃。"男孩答道。

"没有树干供你爬。"

"现在我老了，爬不上去了。"男孩说。

"我真的想把一切都给你……我唯一剩下的东西是快要死去的树墩。"树含着眼泪说。

"现在，我不再需要什么东西，只需要一个地方来休息。经过了这些年我太累了。"男孩说道。

"太好了！老树墩就是倚着休息的最好地方。

过来，和我一起坐下休息吧！"

男孩坐下了，树很高兴，含泪而笑……

这是一个发生在我们每个人身上的故事，那棵树就是我们的父母。小时候，依恋着父母，长大后，就会离他们而去找自己的世界。可是，当我们在受伤的时候，总会想起我还有个家，还有爸爸妈妈。当我们有困难时，我们会想到我们还有一棵树可以依靠。为了我们的幸福，父母总是心甘情愿地付出一切。你也许觉得那个男孩很残忍，但我们何尝不是他的一个翻版呢？

"感恩"，是一种回报。我们从母亲的子宫里走出，而后母亲用乳汁将我们哺育。而更伟大的是母亲从不希望她得到什么。就像太阳每天都会把她的温暖给予我们，从不要求回报，但是我们必须明白"感恩"。

常怀感恩之心，是人类情感中至真至纯的芬芳美酒；常怀感恩之心，无论你贫穷还是富有，无论你处于顺境还是逆境，无论你是成功还是失败；常怀感恩之心，在你闪烁着感激的泪光中，花儿般灿烂怒放的将是一个春光荡漾的美妙世界！

人生于天地之间，时时保有一颗感恩的心最为可贵。人生中会遇到许许多多值得回忆的事和让我们无法忘怀的人，这些人在我们的生命旅途中，都曾给过我们爱，给过我们帮助，给过我们幸福和快乐。他们是我们应该感谢的人。

每一天，让我们怀着感恩的心感受阳光雨露；每一天，让我们怀着感恩的心领受食物；每一天，让我们怀着感恩的心领受他人的服务并给予回报。让我们怀着感恩的心感谢日月星辰，让我们怀着感恩的心感谢山河大地，让我们怀着感恩的心感谢社会人生，让我们感谢自己，感谢自己拥有一个懂得感恩的灵魂。愿感恩的心陪伴着每一颗心灵与天地常存！

"感恩"是一个人与生俱来的本性，是一个人不可磨灭的良知，也是现代社会成功人士健康性格的表现，一个连感恩都不知晓的人必定是拥有一颗冷酷绝情心的人。在人生的道路上，随时都会产生令人动容的感恩之事。

且不说家庭中的，就是日常生活中、工作中、学习中所遇之事所遇之人给予的点点滴滴的关心与帮助，都值得我们用心去记恩，铭记那无私的人性之美和不图回报的惠助之恩。感恩不仅仅是为了报恩，因为有些恩泽是我们无法回报的，有些恩情更不是等量回报就能一笔还清的，唯有用纯真的心灵去感动去铭刻去永记，才能真正对得起给你恩惠的人。

"感恩"是一种钦佩，这种钦佩应该是从我们血管里喷涌出的一种钦佩。"感恩"之心，就是对帮助我们的所有人和所有的事物对自己的帮助表示感激，铭记在心。

回报父母是一种感恩的行动，回报亲人是对他的爱戴，回报朋友是对他的真诚，回报老师是对他的尊敬。懂得回报是一种明智的行动，感动回报是发自内心的感动，回报是一种文明的举动。

只要我们常怀感恩之心，人生没有什么不幸会永恒得让人永久地淹没在痛苦的海洋里。世间的纷争、生活的烦恼，永远也不会屏蔽我们心中发出的淡泊而宁静的妙音。

真诚地爱你的另一半

多年前，金克拉的一位朋友经常因为婚外情和太太闹得水火不容，虽然他表面上很快乐，事实上却痛苦不堪。几年不见，再度碰面时，金克拉发现他判若两人。他快乐多了，更自在了，事业也有相当成就。

金克拉问他原因何在，他很兴奋地告诉金克拉，他发现一位美丽却寂寞、不被丈夫了解的小女人，就搬去和她住，热烈地追求她，因此生活得非常幸福美满。看到金克拉满脸愕然，他才得意地解释道，那个女人就是他结婚十五年的妻子。

金克拉虽然松了一口气，却不明白是怎么回事，就请他再说清楚些。他说得很简单，但他的方法却可以解决目前绝大多数的婚姻问题。他说："我发现，如果我用追求其他女人的体贴、细心、甜言蜜语去追求夫人，就可以拥有幸福、快乐了。"他又说，世上最可贵的事，就是拥有一个只属于你自己的人——让你爱她、信任她、尊敬她。

这种爱，就是对配偶全心全意的忠贞。忠贞可以带来快乐、安全、心灵的平静。如果夫妻间对彼此的忠贞有丝毫怀疑，婚姻生活一定非常可悲。

不幸的是，很多人对同事、下属、邮差甚至陌生人都亲切随和，对另一半却老是暴躁、粗鲁。为什么呢？金克拉曾以他三十一年幸福婚姻的经验，试着回答这个问题。上帝赐给成年男人一个美丽的女人，让他去爱她、尊敬她，她是他生命中最重要的人，而且一天比一天亲近。任何有责任心的已婚人士，必须有和谐的婚姻关系，工作才能有效率，生活才会幸福。

婚姻是家庭的基础，家庭则是社会的根本。换句话说，一个人用什么眼光看配偶、如何对待配偶及与配偶相处，都极具重要性，并且与个人的成功、幸福关系密切。

金克拉以他的亲身经验及观察，提出可能导致大多数婚姻问题的三点原因：第一，结婚一段时间之后，大部分人都已经习惯有配偶在身边，觉得一切都理所当然，不会再有任何问题。事实上，一切还言之过早，因为现在的离婚率高达40%，还有更多夫妻同床异梦；第二，生活环境造成的问题。大部分丈夫认为向配偶示爱太迂腐或太娘娘腔。喜剧里更有一些专门取笑妻子或丈母娘的；第三，道德标准改变。试婚、婚外情等行为，使婚姻失去了安全感，甚至造成恐惧。

任何幸福美满的婚姻，一定要有坚贞的爱做基础。到底什么叫爱呢？诗人为爱写诗，歌唱家为爱歌颂，每个人对爱都可以侃侃而谈，但却见解各异，当然也包括各位读者在内。

心理学家及婚姻咨询专家强调，父亲能为子女做的最重要的事，就是爱孩子的母亲；反之亦然。即使父母不爱子女，只要孩子知道双亲彼此相爱，觉得父母会同心协力给予他们安全，他们永远不必面对在父母亲当中选择一位的痛苦，心里也会有安全感。

现在的年轻人常常把爱与性相提并论，事实并非如此。爱是对另外一个人毫不自私的感觉，性却是绝对自私的。

许多夫妇在结婚典礼上信誓旦旦地表示永爱不渝，但往往过不了多久就恨不得置对方于死地。大多数人原本都真心真意地爱着对方，可惜爱像花木一样，不去灌溉就会枯萎。

快乐的婚姻能使每一个人在工作上表现得更出色。心理学家乔治·柯蓝说，爱需要语言及行动的滋润。爱就像银器一样，每天擦拭才会发出亮丽的光泽。可惜许多人都把配偶为自己做事视为理所当然，等到日久生腻，就已经难以挽回了。

柯蓝博士说，许多夫妻在感情陷入僵局之后，又会重新沐浴爱河。有道德责任感的人，为了挽救面临危机的婚姻，就会在责任心的驱使之下，重新开始追求对方。在这种情形下，具体表达爱意往往可以找回失去的爱。只要经常、坚定、持久地灌溉爱的花朵，婚姻就会越来越美好，不如意的事会越来越少。

威廉·詹姆斯说得好："不是因为快乐才唱歌，而是因为唱歌才快乐。"他认为行动上的表现，可以加强精神上的接纳。卡耐基说："积极行动，就会行动积极。"也就是说，你的行动表现得像在恋爱一样，就会发现自己真正在恋爱了。

金克拉曾描绘过一幅美好动人的婚姻生活画面。金克拉的嫂子乔儿到印第安纳州密西根市去探望她的长女，十天后回来。结婚三十三年以来，这是他们夫妻首次分开。乔儿下了车走向屋子，金克拉的哥哥立即飞奔上前。两人在庭院中热烈地拥抱，哭得像小孩子一样，发誓这辈子再也不分开了。

这一幕小别胜新婚的场面，正是真情至爱的表现。这份爱源自少年时代，经过青年时期的滋养、中年时期的奠基，在人生的黄金岁月达到了圆满美好的巅峰。

真爱是个成长、发展的过程，其中包含了人类所有的情绪、问题、欢乐及胜利。在这个过程中，困难的时刻比舒适的时候多，付出比收获多，限制比自由更多，面对的问题也往往比快乐多。金克拉哥嫂的情况就是如此。他们的生活一直很清苦，她为他生儿育女、煮饭缝衣，对他所做的每件事都用所有的信心与爱支持。他宠她、爱她、尊敬她。五个孩子需要大量的时间、金钱、爱心与管教，但是他们凭着坚定的信心，共同建立了一个美好的家庭。

也许我们从未看过任何人家拥有如此多的爱与欢笑，全家人聚在一起时，不需要其他游戏来改变时间。家庭是一个整体，我们要担负起家的责任。

真正把配偶视若情人的人，绝对不会把两人之间甜蜜生活的一切细节、彼此深挚的爱说给任何外人听。这样做，无疑是把最亲密、最隐私、最美好的关系变成大家谈论的题材，真爱是美丽的、隐秘的。

精钢唯有在高热及低温交替作用下才能炼成，高速公路一定要有高、有低、有弯度才会安全，爱情及婚姻也必须经过考验才会稳固。现代的许多年轻人根本不把法律放在眼里，试婚、同居的情形屡见不鲜。他们不了解两个有责任感的人相爱是怎么回事，也不知道爱与性的分别何在。如果性是爱的表现，而且存在于婚姻关系中，就是美好的。如果只是肉欲的发泄，就是自私的行为。

真爱也不是影视节目中的一见钟情。金克拉述说了自己的爱情故事："我第一眼见到我的红发美人就被她吸引住了，在追求她及新婚的前几年，我一直以为自己很爱她；但是坦白地说，结婚二十五年之后，我才体会到什么是真爱。11月26日，我们结婚即将满26年，但是这份爱仍然在生长。如果我可以在和她相处五分钟与做其他事之间做一个选择，我总是选择她。"

从金克拉的述说可知，这并不表示他们对任何事的看法都一致，也不表示他们从未有过争执，只是表示他们从来不会对彼此存有恶意。如果有一方知道自己错了，一定会心甘情愿地承认错误。他们都深爱对方，愿意把对方摆在第一。他们从来不会带着怒气上床。他们愉快坦白地相处这么多年，希望在他们踏上永恒之旅前，还可以共处许多年。

你能伤害的，永远是最爱你的人

托尔斯泰有句名言：幸福的家庭都是相似的，不幸的家庭各有各的不幸。要创造良好的家庭氛围，首先必须加强夫妻双方的共同心理修养，做到互敬、互爱、互勉、互让、互谅。否则，你能伤害的，永远是你最爱的人。

夫妻之间要经常进行情感沟通，彼此相敬如宾、恩恩爱爱、相依为伴，使家庭成为生活中平静的港湾，在家里能得到鼓励，得到关心，得到欢乐，让家庭生活充满生气，充满绚丽的色彩。

一对年轻夫妻中的太太哭着跟朋友说："你快来，我恨他，我要和他离婚！"当她的朋友快速赶到他们家时，他们吵得正厉害。

丈夫说："她很无聊，我上班好累，她说晚上要去散步，我说改天，她就又哭又闹，真是讨厌！"

妻子说："你才讨厌，我在家做牛做马，为这个家洗洗涮涮，为你做饭，为你生孩子，我只要求散个步，你就会累死啦？"

妻子不满，继续说道："哼！早知道生了小孩你不管，我根本就不会生，我们女人为何辛苦生下孩子，就一定要负责孩子的一切，又不能出去工作。"大夫说："喂！生孩子又不是你一个人能办到，没有我你生什么。"妻子说："哼！你有何贡献？"

丈夫说："哼！没有我的贡献，你生什么？"

妻子说："哈哈！你贡献了，那看看我们女人的贡献：我怀孕要忍耐呕吐，我要小心饮食，我连生病都不敢吃药，我要为肚里孩子注意一切，我怀孕行动不便，我不再能远行郊游，我要穿上大肚装，我要担心肚里孩子是否健康，我要定时去医院检查，我怀孕要破坏身材，我要烦恼妊娠纹的出现，生产后要努力恢复身材使丈夫不嫌弃，我要忍受疼痛…."。

他沉默了。这场架吵完了，想一想，好像事实真是如此。他什么都没说，只是将妻子抱了抱，对她说："对不起，我没有考虑到你的感受，我会加倍爱你。"

他是个大度的男人，听了妻子的话，他发现自己的妻子真的很辛苦。而他以前忽略了这一点，所以，当妻子对他发出一连串的"攻击"以后，他没有较真儿，而是选择了沉默和一个歉意的拥抱。

婚姻的日子要想长久，有时候需要睁一只眼闭一只眼。彼此心知肚明就好，往后的日子还很长，如果单纯为了洗刷清白而过于较真，反而会失去得更多。

婚姻不同于小孩子玩过家家，说散就散。它是男女双方爱情的见证，是情感的升华。因此，对于来之不易的婚姻，我们千万不可太过较真，否则，感情就会产生细小裂缝，日久天长，蚁穴溃堤，最终将难以修补。

聪明的人懂得如何用智慧去调整每一次二人关系的微妙变化，故而能够安然度过或大或小的婚姻危机。无论男人或女人，切忌在这一关键时刻放纵自己的情绪而把事情弄得更糟。

一对夫妻在日常生活中，能给对方带来最大伤害的话是："跟你在一起真亏，你根本配不上我。"在这样的话说出口时，我们是否想过，既然他配不上我们，我们又为何与他结婚？

记住，在婚姻中，两人是休戚与共的，如果你不幸福，对方同样不会幸福。而我们能给予对方的最美好的礼物，就是自己的幸福。英文里有句俗语：大凡是锅，早晚会有一个盖子相配。夫妻之间就是盖子与锅的关系。

一群女人围坐聊天时，有些人会平和地说话，有些人则一定要摆出一副强势的作风，总是把自己放在中心。比如，在家谁抓住了财政大权、在家谁怕谁、重大事情做决定时谁能拍板等。

通过仔细观察这些细小的动作与气派，我们可以大约地猜出其生活背后的隐情所在，包括她为何找不到对象、她为何离婚、婚姻中她为何要埋怨不休，等等。

幸福的婚姻绝非将军与士兵的搭配，而是将军与士兵角色不断变换中的搭配。瑜伽训练的基础是：收放自如、阴阳结合、保持平衡、游刃有余……中国传统中的中庸之道，正是幸福婚姻必备的基础。包容与妥协并非天生就能做到的，但却是在婚姻路上牵手一生必须学会的内容。

有一位女人刚结婚时男方家庭条件非常艰苦，但好在女方父母条件还可以，在女人嫁过来时给女人陪了不少嫁妆，所以生活过得也还算可以。但是，女人也因此从一开始就在男人面前有一种优越感，平时说话做事都是泼辣的性格，在家里绝对是说一不二。

男人很少做主，每次做重大决定都是听女人的，否则女人就会指责，甚至是谩骂他。在这个家里，女人的表现一直都非常强势。

这位女人非常勤劳能干，拿着"压箱底"的本钱，开了一个水饺摊、起早贪黑，养家糊口。由于她泼辣能干，短短几年就将生意迅速扩大，开起了几家颇具规模的饭店。后来，她不顾男人的反对，把摊子继续越铺越大，产业延伸到宾馆、电子、汽车销售等行业。

随着挣的钱越来越多，越来越成功，她感到无比地骄傲与自豪。在公司她是说一不二的老总，回到家他同样把自己的男人当作员工一样使唤、训斥。男人的自尊心受到了极大的伤害，虽然偶尔也会做出言语上的反抗，但在表面上还是强忍着这一切的"凌辱"。而她对这些却浑然不知。

人的欲望是不断扩张的。女人看到前几年许多投资房地产的人大多都挣到了很多钱，于是也决定把全部的资产抵押给银行，贷更多的钱来投资做房地产，男人极力地反对，因为这事他们闹翻了，开始了分居生活。

但是，她坚信这么多年自己的投资都是成功的，这次肯定也不会出错，所以这一次还得她说了算！她完全没有考虑男人的反对，如前面的每一次投资一样，这次还是她独裁决策。

没想到，这次她失算了。由于政策的调控加之市场需求的饱和，她投资房地产可谓是"生不逢时"，房价急速下滑，最后她破产了，而这时，男人向女人毅然提出了离婚。

女人非常伤心，最终也没有想明白男人为什么会这样做。也许男人是因为她没钱了，也许男人是实在承受不了她的霸道和长期以来的"凌辱"才这样做的，但这一切都已经不重要了。

一位事业有成的女强人曾这样对身边的人说："你知晓吗，婚姻中的顺服很重要。"这样的话出自强势的她的口中，令身旁的人非常震惊。她解释道，顺服的理念并非源自中国传统的三纲五常，而是更超然的包容妥协。改变自己，完善自己，其实比期待对方的改变更加重要。

这是一种重要的包容和妥协的形式，因为它是阳光的、主动的、积极的，无论事业、婚姻，还是平日的交往，明白何时包容和如何妥协的人，往往是充满自信、品格健全、善解人意的强者。

其实夫妻之间，没必要讲什么输赢，都是一家人，吃的是一锅饭，睡的是一张床，有什么必要非要争个你死我活？彼此谦让一点，包容一点，没有过不去的桥，更没有走不通的路。

不要贩卖爱、忠诚和友谊

在人生之路上，我们一定要记住，在任何时候，你都不是一个人在奋斗：小时候，你的身边有父母、有老师；长大后，你有领导、有同事；在困难的时候，你有家人、有朋友……

在这里，我们重点说一说朋友，朋友是一种真诚的互动，是心有灵犀的感应。真正的朋友，是一生的财富，应该用一生去珍惜。

美国学者约翰·查尔登·柯林斯说："成功的时候，朋友认识我们。失意的时候，我们认识朋友。"《美国英语辞典》对"朋友"的解释是："喜爱一个人；尊重、喜欢另外一个人，并且设法使他更快乐、更幸福。"换句话说，就是愿意为另外一个人做事。朋友是为你服务的人，是你的伴侣，是帮助你的人，是对你好的人。

如果一个人走到生命终点的时候，还有两个以上的朋友愿意随时随地帮助他，为他做任何事，那实在是太幸运了。

我们可以和朋友谈生活的所有方面——快乐、悲哀、希望、需要、胜利……在他们面前，可以不必隐藏自己脆弱的一面，因为我们知道朋友永远会为我们做最好的打算。

约瑟夫·艾迪森说："友谊可以使快乐加倍，使痛苦减半。"

罗勃·赫尔则说："有一个明理又有同情心的朋友，等于多了一个头脑。"

既然朋友及友谊如此可贵，怎样才能交到更多朋友呢？专门去寻找朋友，往往不容易找到；只要你努力去做别人的朋友，就会发现处处都是朋友。

山缪尔·强生说："一个人如果不继续交新朋友，很快就会感到孤单寂寞，友谊是需要不断发展的。"相信他的话，你就不会孤独了。

有人说，陌生人只是"尚未结交的朋友"。《美国英语辞典》对朋友的解释是：喜欢一个人，愿意与他为伍，或者非常乐意为他服务。

这种解释充分表现出麦克·柯伯和他的朋友马克·魏曼在1989年7月9日开始攀登凯普峰的情形。凯普峰是一座3569英尺高的岩壁，位于加州北部亚斯麦山。对攀岩者而言，这是最难攀登的几座岩壁之一，即使全世界最有经验的攀岩老手，也不一定具有足够的体力及勇气。

魏曼和柯伯花了七天时间才登到山顶，途中曾遇到40℃以上的高温及猛烈的强风，为攀登增加了困难。爬到山顶之后，柯伯胜利地站着，魏曼却只能坐着——他是第一个不用双腿登上凯普峰的人。

1982年，魏曼绊了一跤，从此就瘫痪了。此后，他只能在梦中攀岩。但是柯伯努力说服他同行。当然，如果没有柯伯带路，一步一步帮着他往上爬，他绝对不可能完成这一壮举。第七天，柯伯无法把铁栓固定在山顶四周松软的石头上，他的友谊及勇气在此时发挥到了最高点。柯伯知道，如果这时候出丝毫差错，他们两人都可能没命，于是他背起魏曼，一路艰难地爬到终点。

俗话说得好，想要结交好朋友，自己就要先做个好朋友。希望你也能做个像麦克·柯伯那样的好朋友。

"总有一天我要跟你扯平！"这是一句大家常会听到的话，常被人拿来威胁对方，也有人真的说到做到。问题是，如果你只能跟对方"扯平"，就永远也赢不了对方了。

接下来讲一则有关柏林围墙当年的故事。有一天，住在东柏林的人决定送给西柏林人一点"礼物"。他们在大卡车上装满了垃圾、碎瓦砾、损坏的建材，以及许多毫无价值的废物。然后把车子开过边界，得到出关证明之后，一股脑地倒在西柏林。

西柏林人自然很气愤，一心想跟他们"摆平"。幸好有一位智者极力劝阻，提出完全不同的建议。结果，西柏林人也同样装了一卡车东西——都是东柏林视为珍宝的衣物、食品及药物。他们把卡车驶过边界，小心翼翼地卸下货物，并且留下一块干干净净的牌子，上面写着："每个人都按照自己的能力付出。"

西柏林人之所以这么做，是因为他们相信布克·T.华盛顿的一句话："我不愿意让任何人使我恨他，因而侮蔑我的灵魂。"《圣经》上说，以德报怨就是在敌人头上"堆炭火"。在写作《圣经》的时代，在敌人头上堆炭火是上帝所赞许的善行。想想看，东柏林人看到那一卡车迫切需要的物品时，心里会有什么感想？必然是既羞愧又感激吧！这个故事告诉大家，要以柔克刚，不要以怨报怨，要做个心胸广阔的人。

朋友是我们一生的依托

朋友有很多种，只有好朋友才会真心对待我们，也只有好朋友才会为我们真心付出，为我们排忧解难。好朋友是我们一生的依托。

从前有两个人关系甚好，是不分彼此的好朋友。有一次，他们结伴而行，途中经过了一片沙漠，两人又累又渴。为了考验他们的友谊，上帝来到他们跟前说，前面有一棵树，树上结了两个苹果，谁吃了大的谁就能走出沙漠。

两人当时并没有急着去摘苹果，就在原地开始争论起来。他们都坚持要小苹果，谁也说服不了谁，嘴唇更加干渴，以致双双昏迷。

不久，一个人突然醒来，见朋友已经不在了，急忙往前跑，找到了苹果树，发现上边就剩下一个很小很小的苹果。他顿时傻了眼，觉得朋友欺骗了他，在困难时刻只顾自己。想起上帝说的话，他很绝望，知道自己走不出沙漠，但还是坚持向前走着。

他见到了他的朋友，当时朋友已经昏倒在沙漠中。他跑了过去，发现一个更小的苹果躺在朋友松开的手边。是的，他们的友谊经受了考验。

面对危难，这两个人都没有动摇过，都在尽力守护着友谊，心甘情愿为朋友付出，这才是真正的好朋友，也是友谊的可贵之处。

作为好朋友，当我们有困难的时候，他们会想着我们，把我们的事放在心上。一旦想到了办法，便会主动给我们提供帮助。

小信辞职后没有找到工作，无所事事，于是想回家乡休息一段时间，又担心家乡偏僻，消息不灵通，怕错过了这里的工作机会。对此，他在临走之前请好朋友们吃饭。饭桌上，他向朋友们说了自己的情况，希望大家能帮他留意一下城里的招聘信息，

其中一个朋友爽快答应："小事一桩，包在我身上，我找人帮帮忙，为你弄一份好工作。"见有人抢了先，又怕众人觉得自己不够朋友，于是大家争先恐后地表态，都说一旦有消息，肯定通知他。

小信见朋友们如此真诚，非常感动，许诺说等他找到工作后，一定请大家吃顿更好的。当时有位叫小立的好友一直没说话，见大家都说完了，于是

站起来说："小信，既然你要回去，还不如到县城开店，经营好了肯定舒服自在，比在外边找工作强多了。"大家顿时没了心情，因为这些朋友掏心挖肺拍胸脑的保证好像白费。

见小立提出了这么一个建议，想留在大城市的小信顿时心凉了半截，觉得小立不够朋友，同是从一个地方出来的，非得让自己待在那个小县城里。回到家乡后，他换了电话，唯独没有与小立联系，有空便主动与那些朋友们打打电话闲聊。

在家一待就是半个月，时间过得太快了。可是，小信根本没有得到关于城里有什么工作的消息。即使朋友打电话来，也是聊些无关紧要的事。

时间一晃过去了半年。一天晚上，小立出现在小信的眼前，小信正在家里看书。不待小信开口，小立先说了："你换了电话也没告诉我，我只得跑一趟。现在城市晚报正在招聘记者，明天中午就结束了，我们赶紧去吧。"

小信随便收拾了一下，便与小立一起返回了城里。小信比较优秀，应聘成功。他答应过要请大家喝酒的，于是又去饭店聚了一下。

当时，朋友们又是一顿吹嘘，除了恭喜就是夸耀小信有才华。对之前答应帮忙留意工作的事，很少提起。这时，小立起身举杯说："为了小信的工作，大家都费了不少心思，现在终于安定下来了，我们庆祝一下。"

当时，小立就坐在小信旁边。趁大家酒酣之际，小信紧紧握住了小立的手。

路遇知马力，日久见人心。分清一个人是否够朋友，在酒桌上是看不准的。只有落实到行动中，在办事过程中才更能看清一个人的本质。这个时候再去认定朋友，就能从众人中找到好朋友。

一个人有一个朋友不容易。对待好朋友，一定要好好珍惜。然而，生活中，有些人随着地位、名声的提高，渐渐疏远了以前的好朋友。这种做法是不可取的，这种人不仅会让朋友们看不起，还会留下一个忘恩负义、趋炎附势的坏形象，不利于个人的发展。

杰克·伦敦很小的时候，因家境贫寒而不得不辍学。14岁时，他开始四处流浪。转眼间两年过去了，杰克·伦敦依然过着贫苦的日子。后来，他和姐夫一起加入了阿拉斯加淘金者的队伍中。在那里，他结识了许多朋友，不过大多数都是美国穷苦的劳动人民。

尽管大家的生活非常艰苦，可并没有因而丧失生活下去的勇气。在众多的朋友中，杰克·伦敦与一位名叫坎里南的人甚是投缘。坎里南来自芝加哥，他的经历里充满着苦难。

如果把他的苦难生涯记录下来，足够写成一部厚厚的小说。每当听他讲述自己的痛苦经历时，杰克·伦敦总被感动得潸然泪下。于是，写作的想法从杰克·伦敦的心底油然而生。他想以淘金生活为题材，写一部关于淘金者的书。

在坎里南的帮助下，杰克·伦敦的处女作终于在1899年问世了，当时他只有23岁。随后，他一部部精彩的作品也相继出版。因为他的作品都是以淘金工人的贫苦生活为题材，所以受到了广大中下层人士的喜爱。杰克·伦敦也因此走上了成功之路，远离了过去。

生活富裕以后，杰克·伦敦并没有忘记那些与他同甘共苦的朋友。他经常去看望他们，与他们一起喝酒、聊天。后来，杰克·伦敦因名声的扩大、财富的不断增多和社会地位的逐渐显赫，他开始过起了豪华奢侈的生活，而且毫无节制地大肆挥霍。他的那些老朋友，也逐渐地被他遗忘了。

一次，杰克·伦敦的好朋友坎里南前来探望他。然而，在几个星期内，他只与杰克·伦敦见了一面。坎里南对杰克·伦敦非常失望，伤心地离开了。

从此，杰克·伦敦的那些老朋友们再也没有出现在他的生活当中。当然，杰克·伦敦再也写不出好的作品，因为他离开了朋友，也失去了写作的源泉。

1916年11月22日，处于精神和金钱危机中的杰克·伦敦选择以死亡来了结生命。

一个人在任何时候，都不能缺少朋友。朋友在我们困难的时候会帮助我们，在我们误入歧途的时候会提醒我们。如果杰克·伦敦依然拥有以前的那么多好朋友，在朋友的帮助和提醒下，也不会走到轻生这一步。

在与朋友相处的时候，无论发生什么情况，都不要盲目猜疑朋友的真心。既然把对方认定为好朋友，就要充分相信对方。即使有值得猜疑的地方，也不要说出来，也要等事情有了结果再作定论。否则，因为自己的误解而失去了朋友，双方都不好受。

王鹏、冬冬、小强是从小一块儿玩大的铁哥们儿，彼此间的友谊十分深厚。可是，最近他们之间的友谊却因一些误会出现了裂痕。

有一天，王鹏遇到了小强。二人走进了一家小餐馆，聊了起来。王鹏对小强说："冬冬这个人真不够朋友。难怪人们说人的本性都是自私自利的，这回我算是领教了。"

小强不解地问王鹏发生了什么事。王鹏气愤地说:"我和冬冬合伙开了一家小商店,我出资,他来打理,可到现在为止,一分钱的成本都没有收回来。一提到这些,他就告诉我说生意不好。而他呢?整天吃喝玩乐,日子过得相当惬意呢!这不,刚才我过来的时候还看到他跟几个陌生人走进了一家高级酒楼。"

小强对王鹏说:"不会是这个样子吧?也许冬冬有什么不得已的苦衷。况且他也不是这样的人。"

王鹏余怒未消地说:"算了,算了,就当我瞎了眼睛交错了人。咱们别说他了,我再也不想见到他。"

几天之后,王鹏和小强又在一家饭店里相遇了。二人落座后,王鹏说道:"等一会儿,我先给冬冬打个电话,让他也过来,咱们哥仨好好地聚聚。"

小强纳闷地看着王鹏,忍不住问道:"前两天你不是还在生冬冬的气吗?还说再也不想见他了。今天怎么了,雨过天晴啦?"

王鹏不好意思地笑了笑说:"是误会,是误会。上次我误会冬冬了。我们一起开的那个小店生意是不好。上次，他与几个陌生人去酒店，是为了谈一笔业务，正是因为那笔业务，才挽救了即将倒闭的小商店。"

上面这个故事里的冬冬就是一个甘愿为朋友付出，而不求回报的人。相信朋友，就是相信自己的眼光。如果不相信朋友，就是在怀疑自己的能力。毕竟，好朋友不是一朝一夕得到的。既然久经考验，就不要盲目地猜疑。

找到一个好朋友不容易，珍惜两人之间的友情很重要。不要为一些鸡毛蒜皮或捕风捉影的事情而破坏了友情，一旦出现了感情裂缝，想修复是很难的。另外，与不经常见面的好朋友要保持联系，因为时间会冲淡很多东西，包括我们好不容易得到的友情。

人世残酷，但也有真情

这个世界很残酷，但也有真情。确实，无情的竞争，没有硝烟的拼杀，让人会感到阵阵凉意，然而，人间的友爱，亲情的温暖，又让人觉得春风拂面。如果我们无论对什么事情都会用善意和真情去对待，多为别人考虑，这样的人生一定会增添无穷的暖色，我们的事业也会获得意外的成功。

三国东吴的周泰是位武将，因勇敢善战很得孙权喜爱。建安二十三年，孙权留平虏将军周泰为镇守重镇主将。孙权借到前线视察名义，来到前线款待众将。

席间，孙权乘众人酒酣耳热之际，让周泰脱去上衣，露出身上的累累伤痕。孙权指着周泰身上的伤痕一一询问是哪次战斗中留下的，周泰逐一作答。

最后，孙权拉着周泰的手流着眼泪说："将军临战勇如猛虎，从不计安危，以致数十次负伤，我怎么能不像亲兄弟一样对待你，把重任托付给你呢？"孙权的一番表演，使周泰感动得热泪盈眶。

在中国人眼里，"重赏之下，必有勇夫"是用勇者的常见方法，而在"施之以恩，动之以情"之后再"委之以重任"或"有所求"则是用智者的做法。

乔伊·吉拉德是美国汽车推销大王，他认为在推销中重要的是"要给顾客放一点感情债。"他的办公室通常放着各种牌子的烟，当客户来到他的办公室忘记带烟又想抽一支时，他不会让顾客跑到车上去拿，而是问："你抽什么牌子的香烟？"

听到答案后，就拿出来递给他。这就是主动放债，一笔小债，一笔感情债。一般顾客会感谢他，从而建立友好洽商的气氛。

有时，来的顾客会带来孩子。这时，推销大王就拿出专门为孩子们准备的漂亮的气球和味道不错的棒棒糖。他还为客户的家人每人准备好了一个精致的胸章，上面写着："我爱你。"他知道，顾客会喜欢这些精心准备的小礼物，也会记住他的这一片心意。

他说，他交到客户手上的任何一样小东西，他交到客户家人手上的任何一样小玩意儿，都会使客户觉得对他有所亏欠，客户欠下了他的一份情。这就是他给客户的感情债，不太多，可是有这么一点点就足够了。

乔伊·吉拉德的经验证明了这样一个道理：顾客不仅来买商品，而且还买态度，买感情。只要你给顾客放出一笔感情债，他就欠你一份情，以后有机会他可能会来还这笔债，而最好的还债方法就是购买你推销的产品。

真情最能打动人，运用真情，往往就会获得真情的回报。

红豆集团公司是江苏省第一家省级乡镇企业，该企业精心选用象征美好情感的"红豆"作为自己产品的注册商标，这一将情感因素融进品牌的做法，将产品与消费者之间的感情纽带巧妙地联系起来，并以其丰富的文化内涵深深吸引了众人。

老人把它视为吉祥物，非穿一件不可；年轻情侣把它当成爱情的信物，互相赠送；知识分子由"红豆"衣联想到"红豆"诗，因怀古而激起购买欲；海外侨胞则通过购买一件"红豆"衣，来寄托自己的一片思乡情……

由于红豆集团"以红豆名立誉，以红豆情传声，以红豆衣为载体，把华夏文化洒向世界，把故土情意赠予海外炎黄子孙"，从而征服了广大消费者的心。

"红豆"很快成为全国十大名牌之一，原来名不见经传、只有八台老式棉毛车当家的乡镇企业，一跃成长为拥有过亿元固定资产的现代化企业。

世间人们表达感情，多讲究赠人以物品，而物没必然情尽。最珍贵的是赠人以情，人生旅程，情始终会装在心中。人间冷暖是人最关心的，人与人的交往也往往就在这情中。你赠物品于他并不能暖心，而赠他一份真情，即是寒冬也会觉得暖烘烘，人自然也就归顺你。

将来的你一定感谢现在拼命的自己

方士华◎编著

民主与建设出版社
·北京·

图书在版编目（ＣＩＰ）数据

努力奋斗 / 方士华编著 . -- 北京：民主与建设出

版社，2020.4（2024.1重印）

（努力奋斗）

ISBN 978-7-5139-2944-8

Ⅰ . ①努… Ⅱ . ①方… Ⅲ . ①成功心理－通俗读物

Ⅳ . ① B848.4-49

中国版本图书馆 CIP 数据核字 (2020) 第 033533 号

努力奋斗
NU LI FEN DOU

编　　著	方士华	
责任编辑	刘树民	
封面设计	三石工作室	
出版发行	民主与建设出版社有限责任公司	
电　　话	（010）59417747　59419778	
社　　址	北京市海淀区西三环中路 10 号望海楼 E 座 7 层	
邮　　编	100142	
印　　刷	三河市天润建兴印务有限公司	
版　　次	2020 年 6 月第 1 版	
印　　次	2024 年 1 月第 6 次印刷	
开　　本	850 毫米 ×1168 毫米　　1/32	
印　　张	25	
字　　数	605 千字	
书　　号	ISBN 978-7-5139-2944-8	
定　　价	168.00 元（全五册）	

注：如有印、装质量问题，请与出版社联系。

前　言

我们每个人都非常向往美好幸福的生活，但是应该明白，幸福生活不是天上掉下来的馅饼，而是用自己勤劳双手创造出来的。残酷的现实生活告诉我们一个道理，凡事必须靠我们自己。在这个世界上，唯一能够改变我们命运的人不是别人，而是我们自己。你如果不努力，谁也给不了你想要的生活。因此，为了将来生活得更加美好，唯有现在不停地努力，努力拼搏，努力奋斗，努力追求！

我们每个人都渴望成功，然而成功却不是那么容易的，这需要我们用自身努力去换取。而努力也不仅仅只是说说而已，需要我们身体力行去实践。最终决定命运的还是我们努力的程度，只有付出得越多，才会收获得越多。请你坚定信心，从这一刻起，开始拼搏与奋斗吧！相信，在许多年后的一天，当你抬头仰望那灿烂星空、当你拥有一个美好未来时，一定会感谢现在拼搏的自己呢！

但是，生活中往往不乏这样的人，一遇到困难，不是临阵退缩，就是寄希望于他人，结果一事无成。这种人缺乏自信，认为自己做什么都不行，万事依赖别人，结果养成了胆小畏惧的个性。勇敢建立自信的最好办法，就是认真对待每一件小事。坚强自信心是

自己在不断努力、不断进步中逐步建立的。什么都寄希望于他人，只能成为可怜虫。因此，你如果不勇敢地树立自信心，那么谁人能够替代你坚强呢？请记住，世上没有救世主，只有自己救自己！

我们要明白，人的一生很短暂，要想活得既有价值又开心，就必须找到自己梦想和目标，做自己喜欢做的事，并为此而努力奋斗。有人或许会说，我努力过，也奋斗过，却一事无成。其实，真正想干事业的人，必须持之以恒，坚忍不拔，一往无前。余生很贵，请勿浪费。我们所浪费的一分一秒都非常有价值，时间不能复制，人生不能重演，所以，我们的路该怎么走，想过什么样生活，全凭自己及时选择和努力，千万别在白白等待中浪费光阴啊！

其实，我们每个人都希望过上快乐而安逸的生活，在物质生活极其丰富的今天，这个要求并不过分。但是应该明白，在青年时代，正是风华正茂、精力旺盛的建功立业阶段，如果耽于享乐，贪图安逸，请想想，年老后没有雄厚物质和经济基础，拿什么去安享晚年呢？请不要在吃苦年纪选择安逸，此时要用自己知识和智慧，努力奋斗，顽强拼搏，用青春的汗水换取将来的幸福生活吧！

为了对广大读者加强启迪，指导进行努力奋斗，我们特地编撰了本套作品，分别从奋斗、拼搏、坚强、惜时、追求等方面，用通俗的语言，经典的故事，详细具体地阐述了相关内涵，具有很强的可读性和启迪性。相信通过阅读本书，一定会让你更加懂得努力奋斗，并能够很好走上一条铺满鲜花的成功人生之路。

目录

第一章
志向坚定，努力拼搏

　　志向是人们在某一方面决心有所作为的努力方向。只有志向坚定，才能获取成功。坚定志向的前提是要对自己有信心，相信自己一定能成功，永不轻言放弃！

　　拼搏是实现志向的重要条件。拼搏就是在困难面前不低头、压力之下不逃脱，摔倒了爬起来继续向前。拼搏是长期的过程，需要坚韧的毅力来维持，需要坚定的信心来导航。

心有多大舞台就有多大

随着我们逐渐长大，我们的自我意识开始迅速发展，就会对认识"自我"表现出极大的兴趣。此时，我们要注意培养、激发与保护自我意识的发展，特别要注意培养自我接受能力和自我认识能力，正视自己，不断自我勉励，建立自信心。

青少年本来处于不断成长的时期，不断发展、不断超越，是这一人生阶段的基本要素与要求，也是成长的标志。长身体，长知识，初步确立人生观和世界观，是我们此时的"天职"。我们青少年理应信心十足、朝气蓬勃，应对未来充满美好憧憬。

心指引着我们人生的方向，环境虽能造就人的品性，但不能改变我们坚定的意志。不要太在意你头顶上的那层屋檐是高还是低，因为那不是最重要的，最重要的是你能不能让自己飞扬在心灵的天空中，越飞越高。

心有多大舞台就有多大，这是促进一个人成功的理念，只有你的心里一直惦念着草原，你才有可能坚持去看一看你心里的那个草原。只有心里想到了，才有可能做到。

朋友，我们来看看一个侏儒症小女孩的心有多大，意志有多坚强吧：

1980年，逯家蕊在吉林省吉林市出生时，体重为三千克，一切正常，但是在2岁左右的时候，父母发现她长得特别矮。经过多方求医，逯家蕊得到的诊断是：垂体性侏儒症。经过治疗，最终，她的身高定格在1.16米。

　　随着年龄的增长，逯家蕊渐渐习惯了别人异样的眼光。可是，身高直接影响到逯家蕊的求学。很多学校都因为她长得太矮小，担心她身体会出问题而拒绝她入校就读。经过父母多方面的努力，逯家蕊终于顺利上学，并在高考时，考入长春师范学院，英语专业。

　　选择英语专业，是逯家蕊的父母和逯家蕊商量过的。大家都认为，学英语、做翻译工作很适合她。

　　在大学期间，因为逯家蕊的个子太矮，坐下去就看不到黑板，她只能站着上课，常常一节课下来腿都肿了。她就是这样站着读完了大学，顺利通过专业英语八级考试的。

　　很多人都不相信，以为逯家蕊会很自卑。在她上小学和初中时，她的确有过自卑，但上高中、大学后，她便一直很坚强和自信，因为她知道：人活着总会有挫折、有坎坷，个子矮不是自己的错。

　　大学毕业后，由于逯家蕊不仅拿到大学本科文凭，还顺利拿到八级英语证书，很多单位向她抛出橄榄枝。

考虑到暂时不能离父母太远，她选择在长春一家制药企业做兼职翻译，同时还为上海、北京和杭州的三家企业做网上翻译的工作。

一个身高只有一米多点儿的女孩，不仅实现了自理，而且顺利地考上大学，顺利拿到毕业证，获得了英语专业八级证书，找到了合适的工作，为自己撑起了一片天，真是值得我们每一个人敬佩。这真是人小志气高，心有多大舞台就有多大啊！

种子怀着对春天的渴求，冲破泥土的禁锢，迎来了轻快的春风；蝴蝶怀着对世界的梦想，冲破茧蛹的封闭，迎来了芬芳的鲜花；鸣蝉怀着对新生的憧憬，冲破蝉蜕的束缚，迎来了清凉的微风。

朋友，敞开你心灵的门吧，大胆去追求你的目标，实现你的梦想，成就你的憧憬！不管你多么平凡、多么渺小，但要相信心有多大，舞台就有多大。

志当存高远。崇高的理想可以激发人的才智，激励人奋发向上。唯有心怀梦想，才有一飞冲天的壮举；唯有志在蓝天，才有盘旋翱翔的雄姿。

雏鹰，激荡着信心和毅力，历经磨难，终于成为天空中飞翔的精灵。有这样一个故事：

在一个群山起伏连绵不断的山区里，儿子问父亲："山的那一边是什么？"

从来没有走出过大山的父亲告诉儿子："山的那一边是山。"

儿子又好奇地问道："山的那一边最后是什么呢？"

吸着自己做的老烟袋的父亲很肯定地说："还是山！"

儿子长这么大第一次没有相信父亲说的话。他在心里想着：山的那一边一定不是山。他想象着各种美丽的画面，并且下定决心，将来自己一定要走出这一片大山，去看看山的那一边到底是什么。

后来，儿子长大了，他背着包袱，尝试走出那一片祖祖辈辈的思想误区。

最后他坚持着自己的信念，不辞千辛万苦，终于走出了那一片连绵起伏的山，映入他眼帘的是一片蔚蓝色的大海。

假如这个小男孩相信了父亲说的话，他就很可能一辈子见不到蔚蓝的大海了！可喜的是他怀着远大的志向，因此走出了大山，看到了山外的世界，看到了梦想中的大海。

心有多大，舞台就有多大。小小的蜗牛因携着重重的壳而行动缓慢，在其他动物的嘲笑和讥讽中却依然不放弃自己的梦想，跳跃在自己心灵的舞台上。

终于，蜗牛在不断攀登、不断仰望的过程中踏上了最高点，寻找到了属于自己的天空，登上了属于自己的舞台。

平凡的身躯，当拥有渴望时，心灵的舞台会彰显它的高大；渺小的生命，当怀有梦想时，心灵的舞台会放大它的光芒。

心有多大，舞台就有多大。没有世人的掌声，便用心灵奏乐，将自己先征服，先感动。我们不能做到让所有人都认可我们，但我们可以做自己的观众。

拿破仑说过，不想当将军的士兵不是好士兵，因为一个人只有拥有了更远大的梦想，在心中有了更大的舞台，才会付出更多的努力，才会是一个好的舞者，才能创造更大的价值。

人生的志向犹如一盏长明灯，照亮着我们人生成功的道路；犹如一首感人肺腑的乐曲，激励着我们勇往直前、永不言败。人生志向犹如航海中的罗盘，有了罗盘，才能更准确地到达胜利的彼岸。

竺可桢在少年时就写下自己的人生志向："我将一生学好科学，以科学来唤醒中华，振兴中华。"

之后，他就为之不停地努力拼搏，最终，他在气象学等领域取得了非凡的成就。

少年茅以升立志要做一名出色的桥梁建筑专家，以后要建造坚固而实用的大桥。因为有了志向，他也就有了努力、奋斗的方向，因此，他最终成为一名著名的桥梁大师，实现了自己的人生志向，钱塘江大桥、武汉长江大桥就是他人生志向最好的见证。

人生有远大志向才能充满意义与色彩。带着人生志向去追逐人生中的彩虹，相信你一定可以拥有一个多彩的人生。否则，你很可能庸庸碌碌一辈子，甚至连自己都养活不了。

天上不会掉馅饼，生活不会毫无缘故地送给你礼物，你付出多少，就会收获多少；你想到多少，就会做出多少。它只为你的所作所为付出报酬。

我们心中的志向可以将我们带入平常人所不能到达的世界，在那个世界里，有我们渴望获得的一切。思想有多远，我们的路就能走多远。

在这个充满竞争与挑战的时代，有梦想才能发展，有梦想才能走上成功之路，有信心才能进步。每个人心中都应该有一个舞台，心有多大，舞台就有多大。

作为青少年我们要时刻记着：心中的舞台是发展的动力和求取成功的源泉，大胆务实地确立目标，并坚定不移地实现目标，这是无数人取得成功的法宝。

青少年朋友们，让我们认准自己的方向，朝着目标，勇敢前进吧！前方，就是胜利的曙光！

为实现理想奋斗不息

　　青少年朋友，我们每一个人都有着自己的理想，这理想都需要在我们自己的努力与他人的帮助下才能实现，要历经很多的艰难险阻，但它绝不是高不可攀的！它需要我们现在从每一件小事做起，正如中国的一句古话——"千里之行，始于足下"。

　　在我们向着理想努力的过程中，不可能是一帆风顺的！就像《钢铁是怎样炼成的》一书中的主人公保尔，曾经被关进牢房，也曾在战斗中受伤失去了右眼，再后来他左臂不能动弹，两条腿也不听使唤了。

　　这一切对于一个人来说是一种致命性的打击。保尔曾想过放弃生命，但是真正的英雄在面对生活的困难时是不会轻易放弃生命的，他们会努力地去战胜困难，保尔当然也会这样做。

　　我们虽然不是英雄，但是为了理想，我们可以成为奋斗在理想道路上的英雄。我们在面对大大小小的打击时，想到的应该是生命不息，战斗不止。

　　《易经》中说："天行健，君子以自强不息。"自强不息，是中华民族伟大精神的所在，是一个国家不断发展与强盛的动力之源。如果一个人不论面对什么困难，都能够百折不挠、自强不息，那么毫无疑问，成功必将属于他。

然而，我们有些青少年因为安逸的生活，缺乏自强不息的精神，他们就像温室里的花朵，经不起风吹雨打，很容易凋零。我们不要做温室里的花朵，朋友们，让我们从现在开始，为理想而奋斗吧！

也许你的信心还不够充足，也许你还没有做好充分的准备，也许你还有这样那样的理由……但是，朋友们，我们要清楚，时间是不会等我们的。让我们来看看下面这个年轻人是如何追梦的吧：

郭荣庆从小就有一个理想，那就是用知识改变命运。但是，初中毕业后，他就因为家庭贫困不得不辍学去打工。他到过上海、徐州、威海、秦皇岛，挖过地沟，扫过大街，捡过破烂，生活漂泊不定。

但是只要工作一稳定下来，郭荣庆就会把仅有的几本藏书拿出来翻看。每次发了工资，他只兴奋地买回一本新书，走路都觉得轻盈。看书是他在体力劳动后的一种精神享受。

1995年，郭荣庆在大连落脚了，这一年，他萌生了参加自学考试的念头，并报考了大连外国语学院成人大专英语的自考班。英语学习靠的是日积月累，郭荣庆毕竟只是初中文化程度，英语底子本来就薄。更何况，他只是一个普通的农民工，既要面对大于常人的生存压力，又要面对毫无情面可讲、更无投机取巧可言的国家统一考试。他，能行吗？

为了理想，郭荣庆毅然接受了这个挑战，他一边卖菜一边看书。每天一有空闲，哪怕只有两分钟，他也会打开书看上一会儿。晚上回到家，他做点儿面条、土豆之类的简单饭菜，一边吃一边看书。

没有书桌，没有椅子，郭荣庆拣回一个旧沙发，砍去半边改成了一个读书用的椅子。屋里地方实在太小，看书时他才将椅子从屋顶上搬下来。就这样，先后用了六年时间，郭荣庆通过了大连外国语学院英语专科、本科自考的全部考试。

2003年，郭荣庆下决心考研。这年他报考了上海复旦大学的研究生，但以31分之差落榜。2004年，经过笔试和复试，他顺利地被社科院研究生院录取为法律专业硕士生。

只要梦想不灭，一切皆有可能。郭荣庆的例子就是一个很好的证明。朋友，你有梦想吗？想实现它吗？那就从现在开始，不断努力、冲刺、抗争、拼搏，目标会一步一步向你靠近，你也就一步一步地实现了自己的理想！你还等什么呢？

光阴似箭催人老，日月如梭趱少年。光阴何其短暂！光阴何其宝贵！当人们还没省悟过来之时，时间老人早已蹒跚地走过了一个又一个人生的巷口。

倘若你不抓紧时间奋斗进取，拼搏出属于自己的一片天地，那么你将会成为一个既可悲又可怜的人。因为你的人生画卷是如此的空白，如此的缺乏光彩。本来应该由你涂抹的画卷，却因为你的虚度而被白白地弃用。

铸剑师十年磨一剑，为的是打造一把真正的利器。漫长的十年，在铸剑师眼里是那样短暂，因为他早已将岁月忽略。可以这样说，他没有浪费光阴，他可以自豪地说："为了一剑活十年，我无怨无悔！"

与其任时间白白流逝，倒不如抓住它，好好利用一番。相信成功总是垂青这类人的。若干年后，当步入暮年，你可以对自己说："我的青春没有虚度，我的人生终于有所成就，我高兴，我自豪。"

这是一个理想的结果，事实上许多人到老的时候，往往感到很失落、很无奈。青春无悔对他们来说只能是个谎言。青年时无所建树，让他们后悔莫及。世上没有后悔药，一错过成千古恨，再回首已百年身。人生之悔莫过于此。

人生如白驹过隙，岁月无情地流逝着。我们应该静下心来，抓住时间的尾巴，乘风破浪，享受搏击沧海的乐趣。这样，在离世的时候，我们才能够平静地说："我来过，我无悔，我快乐。"青少年朋友啊，不要将遗憾留下，抓紧时间奋斗吧！

别让梦想在途中夭折

青少年朋友，我们每个人都有自己的梦想，无论是儿时仰望星空的想象，还是少年壮志凌云的豪迈，或是对美好未来的憧憬……这一切的一切，都是我们最初的梦想，也是我们最高的理想。

但是，亲爱的朋友，我们要相信：奋斗的路上从来不是一帆风顺的，我们总是要经历许许多多的挫折与坎坷，走过许许多多的荆棘与泥泞，才能在最后体会到幸福与快乐。

漫漫人生路，有谁能说自己是踏着一路鲜花、一路阳光走过来的？又有谁能够放言自己以后不会再遭受挫折和打击？在成功的背后往往有很多激流险滩！

如果因为一时的受挫就轻易地退出"战场"，半途而废，到头来懊悔的只能是你自己；如果总是因为害怕失败而失去前行的勇气，就永远不会追求到心中的梦想。正如歌中所唱的，阳光总在风雨后……

那么，朋友，我们如何让自己的人生绽放绚烂的光彩呢？唯有守护我们的梦想，终始如一地去守护。我们来看一看两个小女孩是如何守护她们的梦想的吧：

因为两家是邻居，所以小云和她从小就是好朋友。她们志同道合，无话不谈，此外，她们都有一个共同的爱好，那就是唱歌。

她们从小学到初中一直都是同学，后来因为不在一个班级，在一起的时间少了，说话的时间也少了。虽然一切都在变，可她们的梦想不会改变。她们约定共同考上大学，然后出国，尽她们最大的努力，实现自己的音乐梦想。

日子一天一天地过去了，直到有一天，她突然在课堂上晕倒，生病住进了医院。诊断的结果居然是她身患绝症。

在医院，她拉着小云的手伤心地问："你说我们的梦想会实现吗？"小云说："会的，一定会的。"

然后，她又说："如果有一天我不在了，我不在你身边了，请你一定要完成我们的梦想，连同我那份一起努力，好吗？"小云点点头说："我会的！"

最后，她们不约而同地唱起了她们最喜欢唱的那一首歌。渐渐地，她的声音越来越弱。最后病房中只剩下了小云哽咽的歌声和她父母的哭泣声。小云流着眼泪把歌曲唱完了……

从那以后，小云更加努力学习，不只是为了实现自己的梦想，还有属于她的那份。小云永远不会放弃她们的梦想，更不会让它在中途夭折，因为这既是对自己的承诺，也是对朋友的承诺。

我们好比一个个追梦者，只要心中还有梦，只要梦的方向不变，只要我们努力去追求，总能到达梦想的彼岸。

彩虹绚烂多彩，是经历狂风暴雨之后；枫叶似火燃烧，是经历秋风寒霜之后；雄鹰的展翅高飞，是经历坠崖的危险之后。理想的实现，更需要坚定的守护。

人生没有停靠站，现实永远是一个出发点。无论何时何地，不能放弃对梦想的渴望，只有保持奋斗的姿态，才能证明生命的存在。同样，守护梦想，坚定信念，才能谱写出人生华丽的乐章。"神曲"《志忐》的问世，让世人为之赞叹，可又有几人知道这是龚琳娜坚定信念才奏出的乐章？

十年前龚琳娜曾以《孔雀飞来》在舞台上赢得掌声，而这并无太多自己东西的歌曲并不能代表自己的水平，龚琳娜迷茫了，茫然中她恍然大悟："我要走自己的路！"对，那才是自己的梦想。

从此，龚琳娜拾起被她遗忘的梦想，在海外苦苦奋斗，让不懂民乐的外国人喜欢上她的演唱。坚定了信念，才能让梦想飞得更高更远，正是龚琳娜的坚定，让她的梦想在成功的彼岸飞翔，幸福而自在。

守护梦想，不仅要有信念，还需要一份勇气。仰望天空的那颗明星，追溯千年前的战火硝烟，寻觅脚踏实地的墨老夫子。为了和平，为了宣扬"仁爱"，为了拯救深陷不安中的黎民百姓，墨子孤身进敌国，经过与鲁班的九攻九拒，与大王的口舌之战，终于换来了两国的和平与安定。

倘若墨子只有智慧，只有信念，而少了一份勇气，那他还会冒死前往吗？还会宣扬出"非攻兼爱"吗？不，少了勇气，那只是纸上谈兵罢了。

正是墨子的这份勇气，让"仁爱"二字深入人心；正是有了这份勇气，墨子的梦想才得以守护。

有时候，守护我们自己的梦想，还能帮助别人实现梦想。曾有新闻报道一个名叫刘丽的平凡的洗脚妹，不仅依靠微薄的收入养活了自己，还资助了一个又一个贫困生，帮助这些青少年实现了上学的梦想。

用勤奋和微笑乐观面对艰辛的生活，这份勇气让刘丽的助学梦得以实现。最美洗脚妹默默地守护梦想，让爱的梦想在人间蔓延，传递着浓浓的温情。

守护梦想需要"采菊东篱下，悠然见南山"的淡泊名利，需要"柳暗花明又一村"的乐观，需要"长风破浪会有时，直挂云帆济沧海"的信心。

守护梦想的过程中，我们需要披荆斩棘、直视磨难，踏过每一个坎坷。在逆风中对生活微笑，终能采撷生命之花，奏响生命的交响曲。

守护梦想，让心飞翔！在青春路上探索的朋友们，别忘了，做个梦想的守护者！别让梦想夭折，别让现实的困难把你吓倒。学会调节与解脱，未来的你会到达成功的彼岸，希望与梦想一同飞翔！别让梦想夭折，学会关心别人，学会感动，坚持自己心中的梦想，克服身边的重重困难，美好的明天正向我们走来！

命运就在自己手中

命运是一个人一生所走完的路，是一个人一辈子完成的"作业"。有的人认为，命运是天注定的，是不可以改变的。事实真的如此吗？当然不是了。

命运不过是人生的方向盘，驶向哪个方向，完全掌握在每个人自己的手中。虽然你无权决定你的出身，但你有权决定自己该怎么过。

你可以过得很失败，也可以过得很成功；你可以过得很痛苦，当然也可以过得很快乐。这一切全在你的一念之间。青少年朋友，我们来看看一个小男孩是如何成长为高级人才的吧：

"和很多同学一样，我也出生在一个小城市的普通工人家庭。小时候起，除了学习，我的兴趣非常广泛。那个年代，在我生活的山西阳泉那个小城市，电视还没有普及，更别说电脑、互联网了。

"后来，我的姐姐考取了北京大学，成为我们当地的'明星'。临走时她对我说：'外面的世界很美丽，所以你一定要好好学习，考上大学，走出阳泉，这样你未来的路才会更宽阔。'

"我听从了姐姐的建议，从那时起开始发奋学习。我第一次接触计算机是在高中一年级，我一下子就被这奇妙的东西吸引住了。从那时起，为了能到机房上机，我经常找到老师软磨硬泡。比别人更多的上机实践，也让我在计算机方面的技能比其他同学强。

"不久以后，学校派我到省会太原参加全国中学生计算机比赛。去之前我信心满满，只觉得自己的计算机水平不错，甚至还想拿个名次回来。结果没有想到，我连个三等奖也没得到。

"这样的结果对我而言在某种程度上是一个打击。一开始我想不通，但是，当我走到太原书店时，我才知道为什么没有办法和他们竞争。我发现，那里有许多我在阳泉根本看不到的计算机方面的书，别人在信息的获取上比我有先天优势。

"这次经历让我第一次感到了眼界与命运的关系，我又想起姐姐对我说的话，于是，我渴望到外面的世界看看。

"在之后的近20年，无论是在北大的求学经历，还是在美国学习计算机以及在华尔街和硅谷的工作经历，都大大开阔了我的视野，甚至对我后来创立百度公司也产生了巨大的影响。"

故事中的"我"不用详细跟大家介绍了吧？他就是百度创始人李彦宏，他的故事，大家也差不多是耳熟能详的，是不是值得我们青少年认真学习一下呢？其实，他的这段故事最主要就是表现了一点，他努力掌握了自己的命运。因此，他成功了！

李彦宏的命运是他自己掌握的，那么，我们的命运呢？也只能是我们自己掌握的。我们经常听到有的人总是在抱怨上天不给他机会，自己的命运很糟糕。仔细想想又何必怨天尤人？天上不会掉馅饼，机会是靠拼搏得来的，命运也是由自己掌握的。

亿万富翁比尔·盖茨用他的行动向我们揭示了这一道理。他很有设计天赋，18岁考入了哈佛大学，在第三学年时毅然退学，和朋友一起去开创微软事业。他的父亲十分生气，恨不得用拳头狠狠地教训他。

但父亲的愤怒并没有改变比尔·盖茨的志向。假若他当时听从了父亲的意见，继续上大学，那么这个世界上就很可能少了一个亿万富翁，而多了一个书呆子，正因为他掌握了自己的命运，才成就了他的微软事业。

有时候，是生，是死，也掌握在自己手里。汶川大地震中，有多少人不幸地离开了人世，而又有多少人创造了奇迹。22岁的乐刘会，地震时不幸被埋在废墟中。在黑暗的日子里，她心中怀着光明。有人时她就大声呼叫，无人时她就保存体力。

在艰苦的环境里，乐刘会从来没有放弃过活下去的信念。靠着这个信念，她终于获救了。倘若她放弃了活下去的信念，她就不可能获救。从某个角度讲，是她自己救了自己。

说到底，命运是掌握在自己手里的。自己掌握命运，你就会和鲜花拥抱，和成功握手，和痛苦说再见。古往今来成大事者，他们用一生的奋斗去努力、去争取，最终成就理想。

当你的成绩不理想时，不要抱怨自己天资不够，而是应该思考自己有没有付出持续的努力。如果你非要抱怨上天的不公，先来和这两个人比一下吧：

命运对于贝多芬似乎毫无公平可言，一个音乐天才，命运却让他失去了双耳的听力，可是他并没有向命运低头，而是用他的心去创作，经过不懈努力，他最终创作出了闻名于世的辉煌篇章。

命运好像也在故意捉弄霍金，让他终生在轮椅上度过，尽管如此，霍金也不服从命运的安排，自己说不了话，便用眼睛传达，最终他成为20世纪物理学界的伟人。

如果比较不公，你的遭遇与这两个人比起来怎么样呢？许多人都是经历了挫折之后才取得成功的，我们不应该屈服于命运的安排，而应该把握眼前的一切，去面对生活。

每一个人都渴望成功，那么我们就应该在刚刚起步的时候，用我们无悔的青春，去浇灌那刚刚萌芽的种子。漫漫人生路，谁都难免遭遇各种失意或厄运，一个强者，是不会低头的。

我们不能预知生活的各种情况，但我们能够适应它，这个世界上没有任何人能够改变我们，只有我们自己才能真正地改变自己，也没有人能够打败我们，除了我们自己。

相信很多人都读过《战胜命运的孩子》这个故事吧！故事中想当音乐家的孩子聋了，想当画家的孩子盲了。他们都埋怨上帝的不公。

然而一位老人打着手语告诉聋的孩子："你的眼睛还明亮，为什么不改学绘画呢？"他又跟盲了的孩子说："你的耳朵还灵敏，为什么不改学弹钢琴呢？"两个孩子受到了启发，最后成为有名的音乐家和画家。

悔恨、抱怨不会改变命运，它只会消耗你更多的时间。不成功的人通常在不经意间松开他们的双手，任由机会远离他们，在命运面前他们束手无策，这也是他们没有实现理想的主要原因。

守株待兔更是没用，命运不会青睐于没有准备的人，只有不断地探索，克服种种不利因素，才能获得成功。

其实，成功与否也取决于对命运的态度，因为人的一生中会有诸多的挫折，而成功又恰恰隐藏在这些挫折中。

孟子说得好："天将降大任于斯人也，必先苦其心志、劳其筋骨、饿其体肤。"如果你一遇到困难就退缩，不继续努力，你就只能无所事事，成功的大门永远向你紧闭。

有人说命运的力量是很强大的，它似乎左右着我们的一切，但别忘了，命运掌握在自己的手中，只有自己把握好生命的主旋律，才能奏出幸福的曲调！

因此，生命的意义在于不断探索、不断进取，遇到困难的时候，请握紧自己的双手，记住命运掌握在自己的手中！

青少年朋友，每个人都应该心中有梦，有胸怀祖国的大志向，找到自己的梦想，认准了就去做，不动摇。我们不仅仅要有梦想，还应该用自己的梦想去感染和影响别人，因为成功者一定是用自己的梦想去点燃别人的梦想，是时刻播种梦想的人。

亲爱的朋友，困难并不可怕，只要我们能乐观地面对；命运也可以改变，而钥匙就握在我们的手中。

勤奋也要注意休息

青少年朋友，勤奋是必须的，但是还要注意休息、讲究方法。无论是娱乐、生活还是学习，都是如此。然而，在现实生活中，许多青少年却只知道勤奋努力，而不太懂得休息，不讲究方法，做起事来往往事倍功半，达不到理想的效果。

"晚睡早起，又困又累；一二节课，埋头苦睡；三四节课，肠胃开会；课间十分，强行补睡；讲台之上，吐沫横飞，讲台之下，昏昏欲睡；老师提问，全都不会；下课铃声，起立准备；蜂拥而上，厕所排队；跑得再快，迟了没位；来到食堂，精神百倍。"这几乎是很多青少年学习生活的真实写照了。朋友，我们来看一个故事吧：

有一个非常勤奋的年轻人，很想在各个方面都比身边的人强。经过多年的努力，仍然没有长进，他很苦恼，就向智者请教。

智者叫来三个弟子，嘱咐说："你们带这个施主到五里山，打一担自己认为最满意的柴火。"

年轻人和三个弟子沿着门前湍急的江水，直奔五里山……等到他们返回时，智者正在原地迎接他们。

年轻人满头大汗、气喘吁吁地扛着两捆柴，蹒跚而来；两个弟子一前一后，前面的弟子用扁担左右各担四捆柴，后面的弟子轻松地跟着。正在这时，从江面驶来一个木筏，载着小弟子和八捆柴火，停在智者的面前。

年轻人看看几个弟子，沉默不语；三个弟子却与智者坦然相对。智者见状，问年轻人："怎么啦，你对自己的表现不满意？"

"大师，让我们再砍一次吧！"那个年轻人请求说，"我一开始就砍了六捆，扛到半路，就扛不动了，扔了两捆；又走了一会儿，还是压得喘不过气，又扔掉两捆；最后，我就把这两捆扛回来了。可是，大师，我已经很努力了。"

"我和他恰恰相反，"大弟子说，"刚开始，我俩各砍两捆，将四捆柴一前一后挂在扁担上，跟着这个施主走。我和师弟轮换担柴，不但不觉得累，反倒觉得轻松了很多。最后，又把施主丢弃的柴挑了回来。"

划木筏的小弟子接过话，说："我个子矮，力气小，别说两捆，就是一捆，这么远的路也挑不回来，所以，我选择走水路……"

智者用赞赏的目光看着弟子们，微微颔首，

然后走到年轻人面前，拍着他的肩膀，语重心长地说："一个人要走自己的路，本身没有错，关键是怎样走；走自己的路，让别人说，也没有错，关键是你认为自己走的路是否正确。年轻人，你要永远记住：选择方法比努力更重要。"

亲爱的朋友，你看到了注意休息和讲究方法的重要性了吗？同样的一件事，同样的努力，注意劳逸结合与不注意劳逸结合的区别真是太大了！

青春期正是我们人生中最浪漫、最富有诗意的一段时光，但是，在高考这个角斗场中，我们寒窗苦读，甚至将自己的个人爱好也丢到了一边，无暇顾及，可以说一切都是为了高考！

没办法呀，发奋努力是老师的谆谆教诲，孜孜不倦更是家长的苦口婆心，他们都希望我们每天进步一点儿，然后，金榜题名。但是，正值人生花季的我们，有谁不爱玩呢？有谁愿意整天埋头苦学呢？因为一心只顾着学习，我们可能失去了很多快乐的时光，也失去了很多朋友；可是，我们如果只顾着肆无忌惮地玩耍，不学习的话，那最后自己也一定会后悔的，特别是在看到别人都拿到大学录取通知书的时候，自己会很伤心、很难过的。

我们在玩与学习之间经常徘徊、拿捏不定。时间一天天地过去了，我们学也没有学成，玩也没有玩好，于是，我们就更加矛盾了，我们该怎么办呢？

其实很简单，我们完全不必有这么多顾虑。该玩的时候就痛痛快快地玩，该学的时候就痛痛快快地学，一张一弛，勤奋有度。这就是我们学习的最佳方法。

在玩中学习，由浅入深，在轻松的气氛中去感知未知世界的魅力。善于玩的人往往也是极富创造力的人，我们能够在玩耍中发现新知识。玩能够发展我们多方面的能力，这是书本上学不到的，而且很多事实也都证明，平时在学校最会玩、能玩出水平的人，大都头脑灵活、不拘一格，而许多发明创造就是出自这样的人。

我们的生活是否丰富多彩，这全然掌握在自己手中。每个人都希望在若干年后，当回忆起往事的时候，自己会说："看，我的生命是多么的色彩斑斓、绚丽多姿呀！"是呀，生活只有过得丰富多彩，才算精彩。

那么，处于青少年时期的我们，究竟该如何安排自己的生活才能让自己过得丰富多彩，既享受了玩的乐趣，又能学到很多东西，做到学习与玩乐两不误呢？其实，方式有很多。

第一，借助音乐的力量。相信大家都深有体会，音乐能使人快乐，为我们的生活增光添彩；美妙的音乐，美好的歌曲，可以和谐、净化人的心灵，启迪人的心智。

歌唱可以提高我们的文化素质和艺术修养，使人感情丰富，心绪平和。音乐和歌唱，使得我们的生活更加丰富多彩。因此，没事时多唱唱歌，不仅可以放松心情，也能够让自己和他人快乐起来，何乐而不为呢？

第二，借助舞蹈的魅力。也许，你也挺喜欢跳舞的，只不过迫于学习的压力，不得不压抑了自己的天性。那现在就放松一下吧，即使你可能根本不会跳。

你知道吗，经常与好友或是家人在乐声中翩翩起舞，有助于消除学习上的压力，保持轻松愉快的心情，促进身心的健康，还能增进彼此的感情。

所以，想跳舞的时候，就找个人一块儿跳吧，也许，别人也正有此想法呢！

第三，借助旅游散散心。旅游可是一个很好的放松方法，在旅行游玩的时候，我们可以开阔眼界，增长见识，同时美丽的风景也能陶冶我们的情操，愉悦我们的心灵。

天文馆、海洋馆、自然博物馆、植物园、动物园等许多地方都值得我们一去；嵩山、黄山、峨眉山、青藏高原、蒙古大草原也不妨走一遭；故宫、长城、中山陵、少林寺等许多名胜古迹，都是我们休闲时的好去处。旅游可以让忧郁的人忘记烦恼，让性格内向的人变得外向。想象一下，走遍大江南北、看遍祖国山河，这是一件多么健康、自由而快乐的事啊！而且我们也不愁作文没内容可写了。

第四，借助运动舒缓压力。在我们的业余时间，打打篮球、踢踢足球、打打排球、练练乒乓球都是很不错的选择。

事实证明，当一个人心情不好的时候运动一下，能把坏情绪发泄掉；另外，经常打球还能促进新陈代谢，有助于身体发育；可以提升体能，增强心肺功能，也能帮助我们减轻压力。此外，在运动的过程中，我们会认识更多的人，可以培养我们与人相处的能力，有助于我们树立自我形象，增强自信心，训练反应能力。

总之，青少年朋友，单纯的学习生活也许是枯燥无味的，但是如果我们懂得自我调适，就能使自己的生活变得丰富多彩起来，就能使我们的学习变得有趣起来，就能让我们的人生变得更加精彩，世界变得更加美好。

不要让头脑"生了锈"

对于青少年来说，知识当然重要，但最重要的还是思考能力。绝大多数人看待优秀者，往往只关注他们工作的成果和辉煌的成就，很少去留心和分析他们的行为习惯。换句话说，就是只羡慕别人篮子里的苹果多了，但没有留心是怎么多起来的。

其实，我们每个人都有能力把学习搞好，只不过普通人还没有真正把握能力的真谛，而优秀者已经在思考的小路上踏出了闪光的足迹。他们依靠过人的思维和审时度势的能力，不断抢抓机遇，不断创造辉煌。

思考有这么大的威力吗？当然！毫不夸张地说，人之所以为人，就是因为人会思考。人通过思考改变了历史，发展了时代，统治了世界，成了大自然当之无愧的主人。如今，在全社会鼓励创新、呼唤创新时我们可曾想过，思考是开启成功之门的钥匙？青少年朋友，让我们来看一个关于思考的小故事吧：

同学们，你们能用一支香烟打一个烟结吗？

有些同学可能会回答："这有什么难的，我肯定会。"但是，如果真的让你来试试的话，也许就很难成功了。不信，你往下瞧。

看，在教室里，围着一大群人，他们在干什么？原来，这就是二班的同学。

作文课熊老师给他们出了个题目：给香烟打个烟结。这样的题目，他们从没遇到过，因此，同学们都异常兴奋，个个都摩拳擦掌，跃跃欲试，准备给这支香烟打结。

首先，陈晗闪亮登场了。只见他把香烟用自己衣帽上的绳子紧紧地裹了几圈，然后再打上一个结，就算是做好了。

张向涛也不甘示弱，信心十足地走上了讲台，可还没过30秒钟，那支可怜的香烟已经被他拦腰截断了。见两位男生都没有成功，熊老师又让女生来试一试。

坐在后排的丽丽同学自告奋勇地跑了上去，这次，丽丽拿来一支笔芯，用笔芯尖将香烟里的烟末都挖了出来，最后终于打好了烟结。同学们都以为成功了，但是老师并不认可，毕竟里面的烟丝都没有了。

最后，还是熊老师亲自出场了。只见她从口袋里拿出一张长方形的银色纸，用它把香烟紧紧地裹了起来，卷成了一个长条。然后，她很灵巧地把长条打了一个结。

接着，熊老师把银纸打开，同学们惊奇地发现，那根香烟并没有断，完好无损。

这是怎么回事？熊老师和蔼地告诉同学："其实，我用银纸把香烟紧紧裹好，是为了让它把力平均分给一支香烟的各个位置，这样，烟就不会断了。"

老师简短的话语，让同学们茅塞顿开，更让他们佩服得五体投地。是呀，这么简单的道理，自己怎么就没想到呢！？

通过这次有趣的游戏，同学们明白了——只要勤于思考，善于动脑，哪怕再大的困难，也能克服；再难做的事情，也能成功！

关于思考，古人已经非常重视。有句话说得好："学而不思则罔"，足可以说明思考的重要性。思考对于我们每一个人，对于我们做任何事情，都非常重要。

就拿我们学生为例吧，为什么考试后发现，同一个班的学生的成绩会有如此大的差异？学生从事的是脑力活动，所以思考是少不了的，可是有的人勤于思考，有的人则反之。

同一道难题，拿到这两种人的面前，第一种人会不厌其烦地思考，反反复复地计算，大有不做出此题誓不罢休之意。

可是，第二种人呢？他们会瞟上两眼，然后对自己说："这么难的题目，反正老师是要讲的，我又何必在这儿耗脑细胞呢？"

最后的结果可想而知：第一种人欣喜若狂地做了出来，而第二种人虽然听懂了老师讲的，可是毕竟没有第一个人理解得透彻，在考场也只有抓耳挠腮的份儿了。

我们来看这样一道物理选择题：

如果将一个塑料瓶装满水，拧上盖子封死，然后朝着瓶子开一枪，结果会怎样？

    A. 水从子弹的出口向前喷出

    B. 瓶子向四周炸开，水向四周喷出

    C. 瓶子里的水会向前和上下左右喷出，但不会向后喷出

    D. 瓶子里的水会上下喷出

要想解决这样一道题目，我们的大脑应该怎样进行思考？

第一，我们首先要做的，就是找到题目的"关键词"。这道题目当中有这样几个关键词：塑料瓶、子弹、水。

第二，我们要从关键词展开联想：关于塑料瓶，中学物理没有什么相关的知识点；关于子弹，我们会想到极高的速度、极强的穿透力，也许还能想到子弹运行的抛物线轨道，但根据这些好像还是不能得出结论。

然后我们想到水，中学物理中关于水的知识点有很多，例如水的密度、浮力、压强，光在水中的折射、全反射等。再进一步往下想，其中密度、浮力、折射、全反射都好像和这道题没什么关系。那么压强呢？可以想到压强的大小、方向……

对，方向！这道题目的选项不就是在说瓶子里的水会朝什么方向喷吗？那么水的压强的方向是怎样的呢？物理书上写得很清楚，在同一位置上，水的压强在各个方向都是一样的。

第三，我们再把前面想到的关键词联结起来，就可以得出一幅完整的画面：

子弹以极高的速度穿过塑料瓶，给瓶子里的水施加了巨大的力量，由于水的压强是向四周传播的，所以，瓶子会向四周炸开。正确答案是B。

如果我们在考试中遇到了这么一道题，我们在哪几种情况下能够找到正确答案呢？

第一，瞎蒙一个，蒙对了；

第二，以前做过这道题；

第三，见过子弹穿过水瓶的照片或视频，知道它会向四周炸开；

第四，从题目出发，利用学过的知识，通过思考推出正确的结论。

这四种情况中，前面三种都属于运气好，如果遇到别的题目的时候没有这种运气，那就只有干瞪眼了。而只有第四种是真正意义上的"解题"，具备了思考能力，不仅能够解这一道题，更多的题也能解。

学习而不思考，学再多的东西也没有用。所以，学习方法比学习内容更重要。因为一个人掌握了学习方法，那么他可以自学，即使没有老师教，他一样学得会。

一个人若不掌握学习方法，老师再努力教也没有用。活人读死书，读一辈子也不会有出息。学习知识不是目的，使用知识、创造知识、储存知识才是关键。

学习知识必须有所舍取，一个优秀的人才必须清楚自己该学什么，不该学什么；也应该知道跟谁学，如何学。对自我认识越早越清晰，你学的知识才越有用。

那些看见别人学什么，自己就跟着学什么的人永远不会学出好成绩。因为学习一定要追随自己内心的意愿，你一定要了解学习的意义和价值，才能学出好的成绩。

学习的关键在于思考，你在学习前一定要想清楚，想明白自己学习的动机和目的，只有这样你才会让学习达到事半功倍的效果。伟人之所以伟大，不是因为他有一个伟大的老师，而是因为他是一个善于思考的人，善于学习的人。

爱因斯坦狭义相对论的建立，就经过了十年的思考。他说："学习知识需要思考、思考，再思考，我就是靠这个学习方法成为科学家的。"

黑格尔在著书立说之前，曾缄默六年，不露锋芒。在这六年中，他以思为主，专研哲学。哲学史学家认为，这平静的六年，其实是黑格尔一生中最富有成效的思考时段。

牛顿从苹果落地导出了万有引力，有人问他有什么诀窍，他回答说："我并没有什么诀窍，只是对于一件事情做长时间的思考罢了。"他还说："我的成功归功于精心的思索。"

思考光芒万丈，它照亮了通往创新的道路。阿基米德曾经说："我只有一个嗜好，那就是不停地思考。"

他在洗澡的时候，发现了浮力定律，这是因为他被纯金王冠问题困扰，连日来苦思冥想，持续深入的思考最终带给了他豁然开朗的喜悦。

孟子说"困于心，衡于虑，而后作"，我们每一个有志的热血青年，都应该勤于思考，保持自己如推进器般强大功率的思考力，在成功之路上我们就能高歌猛进。那么，我们平时应该如何思考呢？

我们知道，人的思维速度非常快，大脑内部的信号是靠生物电流传播的，速度可以达到每秒钟30万千米，所有人都完全一样，生物电流不会因为你是天才或者不是天才而改变传送速度。

爱因斯坦的大脑电流速度不会超光速，你的大脑电流速度也不会只有每秒钟20万千米。请务必记住：你的大脑运转速度和爱因斯坦的完全一样。

所以说，所谓的聪明人和不够聪明的人，他们在思维能力上的区别并不是谁的大脑"运转更快"，而关键在于思维的方式要对路，在于谁的大脑"运转更正确"。

具体到我们的学习中，学习能力和解题能力的强弱，也不在于谁的大脑天生就比别人运转得"快"或者"慢"，而关键在于是否"正确"。

因此，对于一个头脑聪明的人而言，"思维快捷"只是表面现象，"思路清楚"才是根本。

我们小学做数学题的时候就知道一个简单的公式：时间=距离/速度。既然大家的思考速度都是一样的，要比谁能更快、更好地达到目标，成为一个优秀的学习者，就看谁能找到正确的道路，走出最短的距离。

一条正确的道路应该包括三个部分：正确的起点、正确的过程和正确的终点。如果我们在学习和解题的时候不能采用正确的思维方式，就会面临如下的问题：

第一，输在起点：面对问题不知道从何下手。经常听见很多学习成绩不好的同学抱怨说"哎呀，我一看见题目就犯晕""我一看见课本就犯晕""我一想到数学就头痛"等。不管是犯晕还是头痛，其实都是思维混乱的表现。

例如看到一道物理题目，有人就会一头雾水："天哪，老师从来没有告诉过我，我怎么会知道？"最后只能依靠猜测来胡乱蒙一个答案。而思路清晰的人则会知道分析题目中的关键词，开始进一步思考。

第二，输在过程：知识点越多，思路越混乱。很多人都玩过一种叫"俄罗斯方块"的小游戏，如果能够把各种各样的俄罗斯方块按照形状互补地堆砌起来，就可以不停地玩下去，赚个几十万分。但如果只是胡乱摆放，那么只需要十几个方块就可以把屏幕填满，游戏也就很快结束了。

我们从小学、中学到大学，需要掌握的知识越来越多。如果能够有效地梳理，人就会越学越聪明，知识也会越来越渊博，越是综合性的大考，他的成绩就越能和普通同学拉开差距；如果知识只是像一堆乱七八糟的俄罗斯方块一样堆在我们脑子里，大脑很快就会被填满，学习就会越来越痛苦。

所以有不少人小时候学习挺好，显得挺聪明的，但是随着年级越来越高，知识越来越多，他们就无法应对，学了后面的忘了前面的，复习前面的又忘了后面的，成绩越来越差。

有的人平时学习不错，做一些课后习题也感觉还行，但是一旦遇到把很多知识点串起来考的题目，遇到综合性的大考试，成绩就一落千丈。这样一些现象，都是不正确的思维模式所造成的。

第三，输在终点：无法利用已经知道的知识推理出清楚、正确的结论。很多人在学习过程中都有这样的感觉：相关的知识全都学过、全都知道，但就是不会做题；平时看书听课自我感觉良好，一上考场就一塌糊涂。原因很简单：他们不知道怎样才能把学过的知识有效地组织起来，用现成的知识来解决新的问题。

还有的人能够找到正确答案，却不知道怎么表述。常常有人在某一次考试结束以后，和同学们对题，发现自己答案全对，试卷一发下来就傻眼了：基本上全错。原因也很简单：理科的题目，答案正确，过程乱七八糟，没人知道他是怎么算出来的；文科的题目，他觉得他说的就是标准答案的意思，但判卷老师却看不出来他有这个意思。一言以蔽之：思维混乱，不知所云。

讲到这里，大家已经可以理解为什么思路清楚对一个人如此重要，因为它直接决定着一个人思考的成果，也对我们有效地学习和解题起着至关重要的作用。一个聪明的大脑，必定是一个思路清晰的大脑，反之亦然。

如果我们在学习中遇到了前面提到的各种问题，对自己目前的学习效率和解题速度很不满意，总觉得自己不够聪明，我们应该怎么办呢？

毫无疑问，我们需要努力改变错误的思维模式，学习正确的思维模式，让自己成为思路清楚、头脑灵活的优秀学习者。现在，就让我们立刻行动起来吧！

第二章

周密安排，积极进取

　　不管干什么事，事先都要有计划。只有预先做好了安排，有了准备，才能把事情办好。明确了计划，可以增强自觉性，减少盲目性，从而顺利地达到预定目标。

　　不管计划设计得如何好，如果没有行动，一切都是空想。行动是对计划的具体落实，也是实现梦想的唯一方法。我们要明确行动的重要性，积极进取，直至成功。

有准备才可能成功

亲爱的青少年朋友，你们知道吗？愚者错失机会，智者善于抓住机会，成功者创造机会，机会只留给准备好的人。世界上最可悲的一句话是："曾经有一个非常好的机会，可惜我没有把握住。"

遗憾的是，这种事情在我们许多青少年身上都发生过。其实，机会对我们所有人都是平等的，它有可能降临在我们每一个人的身上，但前提是：在它到来之前，我们一定要做好充分的准备！

我国有句古话："台上一分钟，台下十年功。"有些人常羡慕别人的机遇好，羡慕命运对别人的青睐，羡慕别人的成功，却从来没看到荣誉和鲜花背后，别人所付出的千辛万苦。

有的青少年在和成绩好的同学聊天时，经常感叹："我觉得你运气真的很好。"

其实那不是运气，没有准备，怎么可能取得好成绩？其实，我们可以想想自己所取得的每一次成功，是不是都是有很多相应的准备做铺垫的呢？

有个词语叫作"厚积薄发"，只有在"万事俱备"的情况下，"东风"方能显得珍贵和富有价值。

准备，就是抱负，就是坚定的理想和执着的追求。

准备，就是知识的积淀，力量的聚合和条件的创造。

准备，就是机遇的捕捉，命运的把握和成功的约定。

准备好比是"十月怀胎"，成功只是"一朝分娩"。

做好准备是实现成功的必要不充分的条件。

没有充分的准备，奥巴马不可能成为美国第一位黑人总统，希拉里不可能成为美国国务卿；没有充分的准备，小沈阳不可能一夜走红，刘谦不可能在整个中国掀起一股魔术浪潮；没有充分的准备，在2012年的奥运会上，中国奥运健儿不可能夺得38枚金牌、27枚银牌、23枚铜牌的可喜成绩……

成功不是天上掉的馅饼，成功不是免费的午餐，成功永远不会不期而至。成功是付出的回报，成功是努力的成果，成功是心血和汗水的结晶，成功是长期精心准备的结果。

纽约的一家公司被一家法国的公司兼并了。公司新总裁一上任，就宣布了一个决定：公司所有员工都要进行法语测试，只有测试合格者才能留用。

决定一经宣布，几乎所有的人都慌了神，纷纷拥向图书馆。他们这时才意识到，不学习法语不行了。可是，有一位员工却若无其事，仍然像平常一样，下班以后就直接回家了。

同事们还以为，这名员工已经准备放弃这份工作了。但令所有人意想不到的是，考试结果一公布，这个在大家眼中肯定是没有希望的人，却得了最高分。

尽管这名员工来公司的时间不长，但他还是被公司破格在第一批留用了。原来，这名员工在大学刚毕业来到这家公司后，看到公司的法国客户很多，但自己又不会法语，每次与客户有往来邮件或合同文本，都要公司的翻译帮忙，有时翻译不在或顾不上时，自己的工作只能被迫停止。

因此，这名员工想，法语在这家公司很有用，是工作的一个基本条件，迟早要把法语作为考核和使用员工的一个重要条件。

于是，这名员工早早就开始了自学法语。这次最高成绩的取得、考试的成功，就是他提前学习的回报，是他早有准备的结果。

机会总是留给有准备的人，这是一个必然规律，这一必然规律体现了"必然"与"偶然"的内在联系，机会是"偶然"，有准备是"必然"，有准备才有机会，没有准备就没有机会，既有准备又遇到了机会，成功也就成了"必然"。

很多青少年都幻想用机会改变命运，于是做着与机会偶然相遇的白日梦，幻想它像魔法棒一样改变自己的世界。其实，这是很不靠谱的一件事。

因为如果机会真的有一天与我们相遇，并帮自己实现了愿望，那前提条件肯定是我们要有充分的准备。因为机会只会光顾有准备的人啊！

有人总抱着一种扭曲的想法，当因为自身原因，使事情变得一团糟后，大言不惭地对自己说："等着吧，等到我时来运转，机会来到时，我一定会咸鱼翻身，让所有人对我刮目相看。"

亲爱的朋友，不要迷信机会，不要把它神化，它不是万能的，它也不是许愿池，更不是阿拉丁的神灯。与其寄希望于机会，不如抱希望于自己。

朋友们，我们要知道，真正能改变世界、扭转乾坤的人是自己，而不是机会。

如果自身不努力，一百个机会列队在家门口都帮不了我们。所以，不要迷信机会，机会只是一个契机、一个平台，真正的主角是我们自己。

现实生活中有些青少年朋友总是坐着等机会，躺着喊机会，睡着梦机会，成为守株待兔的人。殊不知如果这样，机会就会像满天星斗，可望而不可即，即使机会真的来到身边，他们也发现不了，更不用说去捕捉和利用了。

青少年朋友，不论你准备将来从事什么行业、什么职业，都应尽量把工作做到最好，并不时地给自己充电。这样，就算你不去找机会，它都会主动找上门来的。

在"恰同学少年"青年论坛上，主持人田红年问闾丘露薇女士："美伊战争伊始，凤凰卫视那么多记者，为什么却偏偏让你去呢？"

闾丘紫薇的回答很简单："因为我早有准备。早在美军还未对伊拉克动武前，我就提前办好了到伊拉克的签证。而当时卫视里所有的同事中，只有我有。办理签证又需要一两周的时间，所以我就得到了这次机会。"

其实，与其相信机会可以改变一切，不如相信自己无所不能。任何一个迷信机会的人都是弱者，只想着如何借靠别人的力量。

其实，真正有力量的人就是我们自己啊！

我们都是有潜力的。我们要给自己设立一个目标，并告诉自己："我能行！"那我们就真的行。自己才是自己真正的救星，我们的神就是我们自己。

作家梁晓声曾经道出了有关机会的秘密，他说：有的人搭上机遇的快车，顺风而行；有的人错过它，终身遗憾；有的一生都未能抓住它，默默地埋藏自己的才华。天赐良机不可失，坐失良机更可悲，一个人要学会创造机遇，用自己的聪明才智勤奋努力，不断进取，踏踏实实地耕耘，才能获得成功。

当机会敲门的时候，要是犹豫该不该起身开门，它就去敲别人的门了。在人的一生中，机会不可能一次也不降临，我们的生活中到处存在着机会，只要你留心，就会发现机会，抓住机会。放眼古今中外，许多成功人士的成功正是因为把握住了时机。

星移斗转，唐朝已沉淀在历史的长河里；物是人非，王勃仍徜徉在泛黄的纸页间。多少时间流走了，依然冲不淡他绚烂的背影，滕王阁之宴，宾客中不乏文人雅士，为何王勃能独占鳌头？是机遇，还是幸运？都是，却又都不是。

并不是王勃有先见之明，只是他对文章的造诣已领悟得很深，无论何时何地都可以出口成章了，这能不说他已准备好了吗？机遇总是青睐有准备的人。

有时，机遇和幸运会让一个人大有作为，可真正使他大有作为的并不是机遇和幸运本身，而是他本人已做好了充分的准备。

王勃的《滕王阁序》令古今多少文人称赞，这岂是单凭机缘巧合道得尽的？古往今来，哪位成功人士不是靠自己的努力为生命抹上幸运的色彩的呢？

意大利航海家哥伦布，从小就对航海有浓厚的兴趣，20多岁时已成为一个很有经验的水手了。一个偶然的机会，他读到了一本名叫《东方见闻录》的书，从此，他一直想到东方寻找财富，后来，他带着87名水手，乘着3艘帆船，开始远航了。

人们都觉得非常新奇，有些人怀疑："他们能到东方吗？哥伦布真是异想天开！"他们顶着狂风巨浪，历尽艰难险阻，在茫茫的大西洋海面上度过了70多个白天黑夜，终于在一块陆地上登陆了，从此开辟了一个新的时代。

因此，一个人如果缺乏敢于冒风险的勇气，就不会有成功的良机。在哥伦布之前，任何人都有发现新大陆的可能，然而他们之所以终究没有发现新大陆，就在于没有去实践。哥伦布这样做了，他成功了。

事实证明，机会不是那么容易被抓住的，并不是所有人见到苹果从树上掉下来就都能想到万有引力。那么，如何才能准确地把握时机，抓住机会呢？

一个优秀的足球运动员在球场上的激烈争夺中，能巧妙地将球射入球门，不仅仅靠他的勇猛和技术水平，还要靠选定的最佳角度，准确把握战机。

踢球如此，搞事业也是这样。哪次机遇最能发挥自己的优势，成功的把握最大，就选择哪次，这样方能事半功倍，避免无效劳动。

世界酒店大王希尔顿，早年追随石油热潮来到得克萨斯，他没有别人幸运，没有掘出一口油井，可他却得到了上天的另一种眷顾。

当他失望地准备回家时，他发现了一个比石油还要珍贵的商机，并迅速地把握住了它。当别人都忙于挖掘石油之时，他却忙于建旅店。后来这使他成为有钱人，也为他日后在酒店业的成功奠定了基础。

李嘉诚的成功也在于对时机的把握。改革开放初期，社会还相对落后，土地也没有现在这样"寸土寸金"。但就是在这样的环境下，李嘉诚把握住了商机，借巨款购买了大量的地皮。这样的举动需要多大的勇气和智慧啊！也正是这次常人想都不敢想的投资使他发家起业，成为亚洲地产大亨。

其实，机会只留给准备好的人。青少年朋友，不要有怀才不遇、生不逢时的想法。只要你是锥子，哪怕是放在口袋里，天长日久，也会冒出尖来。有这样一个故事：

> 有一个原本默默无闻的商人，在人们热衷于淘金之时，他抓住商机，进了许多牛仔裤，专门卖给那些淘金的人，由于结实耐磨又能防蚊叮虫咬，这批货销量很好。且不论淘金者是否淘到了金，但这位聪明的商人却的的确确是发了好大一笔财。

商人的成功看似完全在于机会，但事实上还是在于商人自己，倘若他没有聪明的经济头脑，哪怕有一千个这样的机会摆在他面前，他也不会成功。说到底，他的成功还是因为他有准备。

哲人说："每个人都是自身的设计师。"这的确很有道理。我们没有必要狂妄地称"人定胜天"，但却一定要有勇气相信自己的命运由自己主宰，自己的生活要靠自己打拼！

机会真是神奇，它给"疑无路"的人带来"柳暗花明"，让商人散尽千金"还复来"；机会却又一点儿都不神奇，因为它经常出现在我们的身边。

智者能发现它、利用它走向成功，愚人往往错过它却抱怨命运的不公平。其原因就在于机会只偏爱有准备的头脑，有准备的头脑才能辨识和把握机会，有准备的头脑才有能力迎接机会。

青少年朋友，请做个有准备的人吧！机会只垂青有准备的人。请做个有准备的人吧！只有这样，我们才能抓住机会；只有这样，我们才会有机会实现我们的人生梦。让我们时刻准备着！

计划是成功的保证

好的人生离不开好的计划，成功的人生离不开成功的计划及在正确计划指导下的持续努力。我们的人生犹如大海航行，人生计划就是人生的基本航线。有了航线，就不会偏离目标，更不会迷失方向，才能更加顺利和快速地驶向成功的彼岸。

青少年朋友，我们每个人的人生都需要计划。不懂计划的人，就不能明白"磨刀不误砍柴工"的道理，只有有了计划，我们才能更具有竞争力，才能更加有幸福感！

让我们来看一个小故事吧：

15岁的菡菡想让父母给她买一条价值100元的品牌牛仔裤，但妈妈不同意，她认为小孩子穿50元一条的裤子已经相当不错了。但菡菡不罢休，仍然缠着妈妈给她买。

这时，妈妈想了想对她说："我只给你50元，如果你真的想要这条牛仔裤的话，妈妈有个好方法，让你在一个月之内可以买到它。"

"什么方法？"菡菡兴奋地说。

"你可以用自己的劳动挣钱呀，比如你帮妈妈做家务，妈妈会付给你一定的报酬。当然，如果你能有一个详细的计划书的话，你的目标会实现得更快一些。"妈妈很耐心地向女儿解释。

于是，在妈妈的引导下，菡菡真的写出了计划书：

目标：6月15日之前买我想要的那条牛仔裤

现有的：妈妈给的50元钱

所需的：另外的50元钱

步骤：

第一，每天晚上帮妈妈洗碗可得报酬3元，6月

15日前可得到36元。

第二，每天晚上放学后帮妈妈扔垃圾可得报酬0.5元，6月15日前可得到6元。

第三，帮爸妈铺床，6月15日前可得到6元。

第四，每天从零花钱中省出0.5元，6月15日前可省出6元。

另外，在此期间还要注意有关这款牛仔裤减价的广告，购买时还要货比三家。

通过这次计划，菡菡懂得了要用劳动换取自己想要的东西，也学会了怎样购买东西……最重要的一点是，计划使她感到目标一点点达成的喜悦，这种喜悦让她的生活在目标和计划中越来越充实。

看，一个计划书能使一个小女孩改变多大！由此可见，计划对于我们来说，有多么重要啊！

有一对兄弟，家住在80层楼上。有一天他们外出旅行回家，发现大楼停电了。虽然他们背着大包的行李，但看来没有什么别的选择，哥哥对弟弟说："我们爬楼梯上去！"

于是，他们背着两大包行李开始爬楼梯。爬到20楼的时候他们累了，哥哥说："包太重了，不如这样吧，我们把包放在这里，等来电后坐电梯来拿。"于是，他们把行李放在了20楼，轻松多了，继续向上爬。

他们有说有笑地往上爬，但是好景不长，到了40楼，两人实在太累了。想到还只爬了一半，两人开始互相埋怨，指责对方不注意大楼的停电公告，才会落得如此下场。他们边吵边爬，就这样一路爬到了60楼。

到了60楼，他们累得连吵架的力气也没有了。弟弟对哥哥说："我们不要吵了，爬完它吧！"于是他们默默地继续爬楼，终于80楼到了！兴奋地来到家门口，兄弟俩才发现他们的钥匙留在20楼的包里了。

从这兄弟俩的行动上看，他们对所要做的事情缺乏起码的计划。计划，是对未来整体性、长期性、基本性问题的思考、考量和设计未来整套行动方案。人生需要计划，计划对成功来说相当重要，它能将理想变为现实，将不可能变成可能。

李开复是一位成功的职业经理人。在微软的时候，李开复建立了中国研究院，后来改为亚洲研究院。

调回微软总部工作后，李开复成了比尔·盖茨的七人智囊团成员。后来，李开复担任谷歌大中华区总裁。凭借丰富的经历，他开通了"我学网"与大学生进行交流，为他们在职业、人生计划中提供了宝贵的意见和建议，成为"思想教父"。

可见，学会计划，才能使自己成功；不善于计划，则容易使人失败。做事有计划对于一个人来说，不仅是一种做事的习惯，更重要的是反映了他的做事态度，而良好端正地做事态度是取得成就的重要因素。

专业摄影师拍照首先会用掉几卷胶片去进行拍摄。之后，他会对这些胶片进行仔细研究，尽管有很多画面都不理想，可由于他拍了很多张，所以他最终总能找出一些能够让自己满意的照片。

接着他就会走进暗房，考虑如何改进那些画面效果不错的照片。他会用很多方法进行试验，比如说剪辑、曝光等，并最终挑选出几十张令自己特别满意的照片。接着他会对这些照片进行进一步检查，并从中挑选出一张最有可能让自己获奖的摄影作品送去参赛。

而那些业余摄影爱好者，那些偶尔用照相机记录一次生日聚会、一处风景，或者是一次全家郊游的人会怎么做。他们只是随便拍几张来记录最珍贵的时刻，然后焦急地等着结果出来。

然而在很多情况下，他们都会对结果感到失望。在他们拍摄的几十张照片当中，有的会模糊不清，有的照了某个人的半个脑袋，还有的拍到了别人皱眉的画面。看到这些之后，他们也许会沮丧地说自己并不是一名好摄影师。

那些偶尔进行时间计划的人和认真计划时间的人之间的区别也是如此。只是偶尔进行时间计划的人往往并没有一个清晰的目标，他们甚至根本不知道自己要做什么。

他们通常对结果不满意，认为它们根本不值得自己付出那样的努力。于是，他们开始相信自己并不善于进行计划，并最终放弃做出进一步努力的打算。

而另一方面，那些认真计划时间的人会反复斟酌自己的计划。刚开始的时候，他们的目标可能也并不清晰，慢慢地，经过不断地挑选，他们会逐渐把那些不可取的目标清除出去，并开始形成一个比较明确的目标。然后他们会对计划中的重要部分不断修改，最终使计划的内涵更加丰富。

作为学生，我们更要学会制订计划。早晨到校，先不要忙于学习，想一想，今天需要做什么，昨天还有哪些事情没完成，做好今天的学习计划，按计划有条不紊地做好每一件事情，分清轻重缓急，哪些先做，哪些可以缓一缓，这样就不致忙乱，可能还会有时间活动和放松一下。每天放学后，回顾这一天的事情，哪些做好了、哪些需要明天补救，以便更好地完成明天的计划。

心态决定行动效率

心态的正确与否与我们个人的成就大小有着必然的联系，这就需要我们有一个积极、正面的健康心态。我们青少年需要的健康心态主要表现在以下两个方面：

在做人方面，我们要能够把别人的批评、责骂、建议等，看成是善意的，看成关爱、帮助和造就，以感恩和学习的心态，虚心听取，思考、分析并不断反省，从中吸收有利于自己进步的营养，促进自己成长。

在做事方面，面对学习、生活中的问题、困难、挫折、挑战和责任，从正面去想，从积极的一面去想，从可能成功的一面去想，积极采取行动，努力去做。

健康的心态是一种主动的生活态度，对任何事都有足够的控制能力，它反映了我们的胸襟和魄力。积极的心态会感染人，给人以力量。

我们每个人在生活中必然会遇到挫折、失败等，而越是在这种时候越是要学会自勉，控制自己。

我们青少年要慢慢学会控制自己，不要走向极端，或是陷入乐极生悲、怒而妄行、哀而不争等种种心理失衡的状态。我们要学会调控自己的心态，对现实中自己所遇到的问题做出比较恰当的反应，这对于我们每一个青少年都是很有必要的。

关于心态的重要性，这里有一个小故事：

在赫赫有名的德国哥廷根大学里，有一位名叫高斯的学生，他才19岁，却有着难得的数学天赋。

每天，他都要完成老师布置的三道数学作业题。这一天，他又专心地投入到了数学题的解答中。前面的两道题很顺利地就完成了，可是，第三道题，却让他思考了好久。

这道题的要求是：只用圆规和一把没有刻度的直尺，画出一个正17边形。他用尽所学知识都没有得到一丝进展。直到最后，他用超出常规的方法才解答出这道数学题。

第二天一进教室，他就把作业交给了导师。导师看过第三题后，表现得十分惊奇，并难以置信地问道："这真的是你做出来的吗？"

高斯回答："是我做出来的，我用了一整夜的时间才找出答案的。"

导师激动地欢呼着，并大声喊道："你解开的不仅仅是一道数学题，而是一个有2000多年历史的数学悬案！"

原来，这位导师用了很多年的时间去解这道

题，最终都没有结果，而他那天只是阴差阳错地把这道题交给了高斯。

从此，高斯便被人们称为"数学王子"。多年以后，高斯回忆说："如果拿到这道题时就知道2000年来无人能解，我也许永远也没有信心解开它。"

从这个故事不难看出，高斯的天才固然很重要，但是，心态的影响也不容忽视。正像他自己所说的那样，如果当初知道这是一道2000年无人能解的难题，恐怕他真的不可能解开了！

任何成功者都不是天生的，他们成功的根本原因是开发了人的无穷无尽的潜能。只要你抱着积极的心态去开发你的潜能，你就会有用不完的能量，你的能力就会越用越强。

心态决定了我们的视野、事业和成就。如果我们抱着消极的心态，不去开发自己的潜能，那我们只有叹息命运不公，并且越消极越无能。

亲爱的朋友，也许你的梦很遥远，但也不是没有实现的可能。给自己一点儿信心吧，是山，就应该有山的坚韧；是海，就应该有海的浩瀚。

我们不能延长生命的长度，但可以扩展它的宽度。

我们不能控制风向，但可以改变方向。

我们不能改变天气，但可以左右自己的心情。

我们不可以控制环境，但可以调整自己的心态。

文学家高尔基曾说过："我的一生所主张的，就是对生活、对人们必须持积极的态度。"人的一生是一个非常短暂的过程，其间又充满了太多的风霜雨雪，作为青少年，要用积极乐观的心态来面对生活。

积极的心态是我们生活中的法宝，它可以帮助我们走向成功。如果一个人的心态是积极的、乐观的，那他就成功了一半。著名学者拿破仑·希尔曾说过："人与人之间只有很小的差异，但是这种很小的差异却最终造成了巨大的差异！而这很小的差异就是各人所具备的心态。心态是乐观的还是悲观的，就最终导致了成功和失败两种结果。"

积极乐观的态度能激发我们的潜能，让我们愉快地接受意想不到的任务，接纳意想不到的变化，宽容意想不到的冒犯，做到意想不到的事情，创造意想不到的奇迹。

亲爱的青少年朋友，我们丰富多彩的人生是需要由积极乐观的心态打造的。

积极的心态收获积极的人生，如果我们认为自己是幸运儿，那么我们就会成为幸运儿；如果我们定义自己是个倒霉蛋，那么也会找出各种理由证明自己是个倒霉蛋。

生命是一个过程，生活是一种体验，而积极乐观的心态就是拥有精彩人生的法宝。

只要我们以积极的心态，把人生看作舞台，把自己当成导演兼演员，凭借自己的积极信念，尽情表演，体验过程，那么，我们就会拥有精彩的人生。

　　那么，如何才能培养积极的心态呢？可以尝试从以下几个方面做起：

　　第一，言行举止像你希望成为的人。许多人总是等到自己有了成功的希望才去付诸行动，这些人在本末倒置。

　　积极的行动会带来积极的思维，而积极的思维会带来积极的人生心态。从开始就积极行动起来，去努力成为你想成为的人，心态自然也跟着积极起来。

　　第二，要心怀必胜的、积极的想法。当你开始运用积极的心态并把自己看成成功者时，你就已经开始走向成功了。

　　谁想收获成功的人生，谁就要当个好农民。我们绝不能仅仅播下几粒积极乐观的种子，然后指望不劳而获，我们必须不断给这些种子浇水，给幼苗培土施肥。要是疏忽这些，消极心态的野草就会丛生，夺去土壤的养分，直至庄稼枯死。

　　第三，用美好的感觉、信心与目标去影响别人。随着你的行动与心态日渐积极，你就会慢慢获得一种美满人生的感觉，信心日增，人生中的目标也越来越清晰。

　　紧接着，别人会被你吸引，因为人们总是喜欢跟积极乐观者在一起。你可以运用别人的这种积极响应来发展积极的关系，同时帮助别人获得这种积极态度。

　　第四，使你遇到的每一个人都感到自己重要、被需要。

每个人都有一种欲望，即感觉到自己的重要性，以及别人对自己的需要与感激。这是人们自我意识的核心。

如果你能满足别人心中的这一欲望，他们就会对自己也对你抱积极的态度。一种良好的局面就将形成。正如19世纪美国哲学家兼诗人爱默生说的："人生最美丽的补偿之一，就是人们真诚地帮助别人之后，同时也帮助了自己。"

做到以上几点并不很难，关键在于我们是否想做并坚持下去。我们知道，成功者与失败者之间的最大差别就是：成功者始终用积极的思考、乐观的精神和辉煌的经验支配和控制自己的人生；失败者则刚好相反，他们的人生是受过去的种种失败与疑虑所引导支配的。说到底，如何看待人生、把握人生，由我们自己的态度决定。

心动了就要去行动

有个伟人曾这样说过：不要做思想的巨人、行动的矮子。意思就是说：人，要有伟大的思想，然后还要有脚踏实地的行动。不然的话，那思想也就成了幻想，幻想最终会成为美丽的泡沫，风一吹就散了。

我们青少年有理想、有梦想、有远大的目标，固然是好事，但是，行动对于青少年来说，更是重中之重。所有理想与梦想，所有目标的实现，和行动是分不开的。没有行动一切都是空谈。

行动是一切的基础，重在行动，成在行动。纵观成功者的一生，他们每个人都是行动上的巨人。朋友们，让我们来看一个小故事吧：

举行结业仪式这天，琳琳回到家，和妈妈正吃午饭。突然，妈妈问她："书法什么时候再练？"

琳琳若无其事地回答："张老师会通知的啊！"

"都放寒假了，还没通知你们，你应该主动打电话问问张老师。"说着，妈妈拿出手机叫琳琳打。

琳琳很不情愿，轻声嘟哝着："张老师自己会打过来的，为什么偏要打电话给张老师呢？"

"等，等，等，就知道坐着等别人，你不可以主动去问问吗？"妈妈发火了。

琳琳坐着无语……

妈妈明白了琳琳的心思，放下手机，语重心长地对她说："既然你不知道什么时候练书法，放不下心，打一个电话不就行了吗？什么问题都解决了。你说张老师自己会打来的，与其等电话，不如自己主动行动。"

妈妈的一番话让琳琳如梦初醒，不就打个电话嘛，为什么琳琳就不情愿呢？

这时，她耳边又响起妈妈的话："想到远山看风景，山不能靠近我们，只有我们向前。等着站着永远不会实现梦想。只有主动，再主动，才会前进，才能登到峰顶，欣赏美丽的风景。"

想到这儿，琳琳默默地拿起手机，给张老师打了电话。

挂了电话之后，她心中顿时一片释然："对呀！我们所有人都应该主动积极行动，就像我们上课发言，都要积极。看那些强者，他们最大的优点就是没有对命运听之任之，而是主动行动，成为命运的驾驭者。让我们主动吧！"

许多商场的广告中都会有这么一句话"心动不如行动"，的确，许多事情光空想是不会实现的，最重要的是付诸行动。

故事中的小女孩琳琳一开始完全处于消极等待的状态，在领悟了母亲的话后，最终发起了积极主动的行动，这是值得我们学习的表现。还有这样一个故事：

两个孩子被父母带去算命，算命的先生说他们一个将来会成状元，一个将来会成乞丐。将来会成状元的孩子于是待在家中，养尊处优；将来会成乞丐的孩子从此发奋读书。

　　最后的结果则是要当状元的孩子成了乞丐，要当乞丐的孩子成了状元。

　　由此可见，如果只是空想，状元也会变成乞丐；若是朝着目标不断奋斗，乞丐也能成状元。当然，一切都取决于行动与否。

　　假如拥有百宝箱的钥匙而不去开启，则永远得不到宝藏；假如拥有登高的梯子而不去爬，则永远到不了高处；假如拥有过河的小艇而不去划，则永远到不了对岸。

　　这又不能不使我们联想到北宋时的神童方仲永了，他本是一个极具天赋的孩子，可却没有去行动，没有去读书，最终只落得个"泯然众人矣"的下场。

　　当下，我们的身边又有多少个方仲永呢？他们只满足于现在，而不开始行动，因此只能停步不前，实在可悲。

　　这样看来，行动就成了衡量一个人优秀与否的标准。有行动，就说明这是一个明智的人，懂得什么才是人生；不行动，就说明这是一个愚昧的人，最终只能碌碌无为。

　　由此可见，行动不仅仅决定了一个人的命运，也决定了一个人在社会中的地位，有行动才有将来，行动是最重要的。

　　作为21世纪的青少年，你是否选择了磨炼人意志的暴风雨？是选择做明亮的不锈钢，还是做角落里生锈的破铜烂铁？是选择做勇敢无畏的白杨，还是做顺风而倒的墙头草？是选择做刚强明亮的金刚石，还是做那乌黑软弱的石墨？没有行动，就不会有美好的未来；没有行动，就不会有多彩的人生。

行动是一切结果之源。人生的道路不会一帆风顺，人生的道路布满坎坷与荆棘。但是，只要你有目标，只要你有为目标奋斗的切实行动，那么，你一定会收获一个令人满意的结果。

行动是成功的阶梯，没有行动自然不会有成功，而行动越多自然会登上更多的阶梯，登得更高。大家都知道"千里之行，始于足下"这句话，可是很多人迈出第一步时，却常常忘了提醒自己继续下去。

要知道一张地图，不论多么详尽，比例多么精确，它永远不可能带着它的主人在地面上移动半步。任何宝典，永远不可能从它的字里行间就能读出财富。只有行动才能使地图、宝典，即我们的梦想、计划、目标具有现实意义。

亲爱的朋友，请你一定记住：你过去是什么样的，并不表示未来也是什么样，如果你想改变目前的状态，就要拿出点儿行动来。

张明是一个初二的学生，有一段时间，他的物理成绩始终提高不上去。后来，他就思考为什么，找出原因之后，他给自己定出了一个目标计划，每天做多少习题、每天预习多少功课、每天将不同类型的题目练习多少遍……

就这样，张明每天都给自己定计划，每天都按照计划行动，到了月底测试时，他的物理成绩和其他科目的成绩一样都考了90多分。

青少年朋友要明白：不要去羡慕别人的果，要去寻他身后的因。这样，才会对我们的成长有帮助。"今日事，今日毕。"永远不要把今天应该解决的事情留到明天，每天让自己行动，每天给自己一个交代，你何愁学习成绩不会提高，何愁好学校不能考上？

立刻行动吧！亲爱的朋友，从现在开始，要学会一遍又一遍，每时每刻重复这句话，直到成为习惯，好比呼吸一般，好比眨眼一样，成为一种条件反射。

有了这句话，你就能调整自己的情绪，去迎接和挑战成功与失败。行动也许不会结出成功的果实，但是没有行动，所有的果实都无法收获。

一寸光阴一寸金

法国思想家伏尔泰曾出过这样一个意味深长的谜："世界上哪样东西最长又是最短的，最快又是最慢的，最能分割又是最广大的，最不受重视又是最值得惋惜的；没有它，什么事情都做不成；它使一切渺小的东西归于消灭，使一切伟大的东西生命不绝？"

这么神秘的东西，它是什么呢？正是时间！我们青少年，要明白青春是宝贵的，不要浪费自己的时间。俗话说："一寸光阴一寸金，寸金难买寸光阴。"可见时间是多么宝贵啊！

世界上时间是最公平的。时间对任何人都一视同仁，既不慷慨地多施舍给哪一个人一秒钟，也不吝啬地少给予哪一个人一分钟。我们每人每天拥有的都是24个小时。

然而在同样的时间里，有的人能学到丰富的知识，有所收获；有的人学到的东西却少得可怜，甚至到老还一事无成。这其中的重要原因就是人们对待时间的态度不同，有的珍惜，有的浪费。青少年朋友们，让我们来看一个小故事吧：

那一年，杰克只有14岁，年幼疏忽，对于卡尔·华尔德先生那天告诉他的一个真理，未加注意，但后来回想起来真是至理名言。在意识到这一点之后，他就从中得到了不可限量的益处。

卡尔·华尔德是他的钢琴教师。有一天，华尔德给他上课的时候，忽然问杰克，每天要花多少时间练琴。杰克说大约三四个小时。

"你每次练习时间都很长吗？"

"我想这样才好。"杰克说。

"不，不要这样，"他说，"你将来长大以

后，每天不会有长时间空闲的。你可以养成习惯，一有空闲就几分钟几分钟地练习。比如在你上学以前，或在午饭以后，或在休息余暇，5分钟、10分钟地去练习。把小段的练习时间分散在一天里面，如此，弹钢琴就成了你日常生活的一部分了。"

后来，当杰克在哥伦比亚大学教书的时候，他想兼职从事文学创作。可是上课、看卷子、开会等事情把他白天晚上的时间完全占了。

差不多有两个年头他一字未动，他的借口是没有时间，这时，他才想起了卡尔·华尔德先生告诉他的话。

到了下一个星期，他就把那些话实践起来了。只要有5分钟的空闲时间，他就坐下来写作100字或短短几行。

出乎他的意料，在那个星期快结束的时候，他竟积有相当厚的稿子了。

后来他用同样的方法积少成多，创作长篇小说。他的授课工作虽然十分繁重，但是每天仍有许多可以利用的短短余闲时间。他同时还练习钢琴。他发现每天小小的间歇时间，足够他从事创作与弹琴两项工作。

向时间要效益，合理利用时间就是与时间争夺宝贵的生命。"忙里偷闲"，会这样做的人，才是真正会生活的人，正如故事中的杰克。

时间是宝贵的资源。人的生命都是由一分一秒的时间组合起来的。生命对于每个人来说都很重要，珍惜时间就是珍惜生命，每个人都应好好地珍惜时间，从而创造自己的生命价值。

青少年朋友，我们的人生太短暂了，需要多想办法，用极少的时间做更多的事情。有人说，时间就像是海绵里的水，只要你愿意挤，总是有的。

事实就是如此，每个人的时间和精力都是有限的，但每天却有很多的事情等着青少年们去处理，那青少年们应该怎样正确管理自己的时间呢？以下的方法不妨借鉴一下：

第一，利用好早晨的黄金时间。早晨是一天中最宝贵的时间，也难怪有"一年之计在于春，一日之计在于晨"之说，但有些青少年却没有很好地利用一天中最美好的早晨时间，不是留恋热被窝睡懒觉，就是时间使用不当或抓得不紧，造成早晨黄金时间的浪费。

在早晨起床之前，人的大脑处于休息阶段，由于没有先前的干扰，早晨起来背记效果最好，因此，青少年在早晨应抓紧时间读书，特别是背记英语。我们要充分利用好早晨的黄金时间，养成早睡早起的好习惯。

第二，利用好课堂的时间。青少年获取知识的主要渠道在课堂，课堂40分钟十分重要，这是一个人人皆知的常识。课堂学习效率的高低是获取知识多少的关键所在，也是最终决定学习效果的首要因素。

但是，有些青少年在课堂上激情不高，反应不积极，与老师配合不密切。那么，如何才能提高课堂的学习效率，在有限的课堂教学时间内获得最大量的知识呢？

课堂上一分一秒都是极其宝贵的，要充分利用好课堂时间，必须在课前充分做好上课的准备工作，包括准备好课本、笔记本、草稿纸、笔等，甚至要把书翻到确定的地方，上课铃声一响，就要安静地坐在座位上，等待老师的到来，同时要思考和回忆上一节课所学内容，切不可嬉戏打闹，老师到了还拿不出课本来。

第三，合理运用中午的时间。中午是休息的时间，不少青少年没有认识到中午休息的必要性与重要性，把极其宝贵的午休时间浪费了。

中午不休息，一方面会使人下午精神萎靡不振，提不起学习的兴趣，久而久之会产生厌学的心理；另一方面还会使晚自习学习效率受到影响，不是打瞌睡，就是看不进去书，甚至还会影响到第二天上午的学习。

中午必须按时进行午休，哪怕睡半个小时或20分钟，都会使下午及晚间的学习效率有较大的提高。因此，青少年必须养成午休的良好习惯。

第四，利用好晚自习的时间。有一些青少年朋友往往不知道如何上好晚自习，特别是初中的同学表现得特别明显。其实，晚自习对青少年来说是极其宝贵的，也是十分重要的，是一天学习中关键的一环，安排和利用好晚自习时间，是青少年必须掌握的学习方法。

晚自习课一般安排在晚上7时至10时，这段时间是人的大脑最活跃的时间之一，适合从事分析判断等活跃的思维活动。而且，此时白天所学的大量知识信息，又为大脑活跃的思维活动提供了丰富的资源。所以，晚自习的学习，适合对当天的功课进行整理复习，即完成当天作业，搞清楚所学知识是什么、思考为什么。

要确保晚自习的学习质量，青少年要解决三个方面的问题：准备、计划、执行计划。

这里的准备是指两个方面：精力和时间。首先，要保证上晚自习时仍然精力充沛，为此，建议青少年养成中午休息和下午进行半个小时的体育锻炼的好习惯。

大多数青少年以前没有午休的习惯，可中午不休息，就不能确保晚自习有较充沛的学习精力。其次，要抓紧时间完成老师布置的作业。即要专心致志，杜绝三闲——闲思、闲事、闲话，不利于学习的事不想，不利于学习的事不做，不利于学习的话不说。

还要制订好计划。好的开始是成功的一半，制订好晚自习的计划就是上好晚自习的开始，计划为我们的学习提供了一个可靠的程序。晚自习的学习一要明确晚自习有哪些要做的事，二要根据要做的事安排顺序，三要落实时间分配。

第五，要及时就寝。许多住校的青少年下晚自习进入宿舍，熄灯之后就寝秩序差，就寝准备工作做不好，不会抓紧时间休息，甚至到12点还在走廊上大声喧哗影响其他同学休息，从而导致同学们的睡眠时间不足。

青少年要学会过集体生活，同宿舍的舍友要互相尊重、互相谦让；要养成开着灯也能入睡的习惯，这样才能保证有充足的睡眠时间，才能充分合理利用好每一天的时间。

第六，要学会理清事情的主次。青少年若想在有限的时间和精力内达到最好的学习效率，首先应根据事情的重要和紧迫程度，做出一个合理的安排。可以每天把重要的事情列举出来，然后有序地去完成后，再去做那些琐碎的、不紧迫的事情。

第七，要了解自己的生物钟。我们每个人都有自己的生物钟，所以每个人在相同的时间内做事的效率都是不同的。例如，有的人的最佳状态在早上，那他就可以把自己重要的学习任务安排在早上。而有的人的最佳状态在中午，就可以把重要的事情安排到中午去完成。时间安排要因人而异，不能随波逐流。

第八，要尽全力去完成最重要的学习任务。在做事时要全身心地投入，不可东张西望，边做边玩，这样会严重影响学习效率，且浪费许多宝贵时间。在任何时候，只要你专心去学习，很多问题都会迎刃而解，否则你只会一事无成。

第九，要学会拒绝。当你把精力投入某一件事情上时，如果没有特殊的情况发生，青少年应该学会拒绝眼前的其他事件。如你正在做作业，而同学叫你一起去打球，那你就应该专注地把作业做完后，在没有其他需要完成的事情时，再去和同学一起去活动。

第十，要学会制定时间表。当各科老师纷纷布置一堆作业和习题时，要学会制定出一个相应的时间表，把用于每科作业的时间做一个详细、合理的分类。

这样一来，你就不会像其他同学那样，面对作业和练习，感觉负担沉重而无从着手了；也不会在有限的时间内，顾了这科，在无意中又误了另一科。有了一个时间表，就能在众多题海中，做到得心应手、游刃有余。

人才的成长，大多都是阶梯式的。小学至中学，中学至高中，高中至大学。每上一个阶梯，就伴随着竞争和淘汰的一个过程，你能否登上更高一层的台阶，就要取决于你现在的基础打得好坏与否。

对于青少年朋友来说，同样的时间，同样的事情，应该先挑有用的学，同样是有用的知识，应先挑基础的和急用的学。把时间用到关键点上，才能在有限的时间内收获最高的学习效率。

朋友们，我们的青春是很宝贵的，作为青少年，要懂得珍惜时间，学会管理时间，把更多的时间用在更有用的地方。要明白，善用时间，就是善待自己的生命。

今天的事今天完成

"我想去桂林，可是我有时间的时候没有钱，有钱的时候没时间……"这是《我想去桂林》歌中的咏叹。在我们的日常生活和学习中，这种心理也普遍存在。

我们许多人为自己找了种种借口，抱怨自己无法按照预定的设想完成任务、达到目标。为了化解这一难题，我们需要养成"今天的事情今天做"的习惯。

亲爱的朋友，今天的事情今天做，不要老是等到明天去做。我们来看这样一个小故事：

小林这一次又生了大病，刚好验证了上次流感来时他的话："别人生病的时候，我就是不生病；别人一不生病了，我就生病了。"他一开始只是头晕，回家一量体温：发烧了。

于是他就躺在床上休息，边躺边思索："明天应该可以去上课吧？唉，别想那么多了，赶紧休息吧！"但是，第二天他还是没有好，只好不情愿地去医院挂盐水了。

这下好了，昨天下午的作业还没做呢，今天又有作业要补了！小林又想起那句话：当天的事情当天做完。想到"恶性循环"的后果，他连忙摊开本子，把昨天今天的作业全都补上了。

就这样，病了一个多礼拜，他才勉勉强强可以去上学了。刚到学校，抽屉里就放着一堆作业，小林叹了一口气——看来又要补喽！

妈妈的话"当天的事情当天要做完"回响在他的耳边。

他赶忙摊开作业本：哎呀，糟糕，语文有两篇课堂作业，而且这两篇课文他都没有学过，另外还有习作，一篇订正的，一篇要写的；数学还好，课外的他都在家里做过了，课堂上的也都补过了；英语学了新的内容，看来得自己复习了，另外还需要听写三至四单元的内容；美术要完成两幅画；体育要考广播操，今天还有200米的考试没有参加……

一项项作业席卷而来。体育、英语、美术先搁在一边了，赶紧把语文补完吧！"

当天的事情当天要做完"的念头一直在小林脑中回荡，他疯狂地移动着笔尖。

"好！这篇作文写完了！"

"哎呀呀！笔怎么又掉了呢？可恶，掉到哪里去了？"

"呀！数学又有错误，赶紧！"

小林手忙脚乱地赶着作业。

最终，小林总算是在学校把数学作业搞定了。但是回到家他还是没放松。一回到家，他就拿出习作本，嘴里念叨着"当天的事情当天要做完……"说着，就动起了笔。

夜里11点钟，他总算赶在第二天前把语文作业也搞定了！英语、美术作业也都补完了，现在他总算又恢复到了正常的学习状态，没有因为生病而落下更多的功课。

"当天的事情当天要做完"还真有用！这一天过完了，他浑身轻松，躺在床上特别舒服，不一会儿就睡着了。

看来老话还是有一定的道理的，按照老话去做，是不会错的！

古人说得好："今日事，今日毕。"可见，古人是多么注重今日的事情今日完成啊！

故事中的小林很好地按照这条原则做了，所以功课完成得非常棒，即使耽误了好几天课，也能够及时补上，这非常值得我们青少年朋友学习啊！

在我们的生活中，许多青少年在做事的时候总是喜欢拖拖拉拉，今天的作业总是拖到明天去做，甚至拖到后天。殊不知作业只会越拖越多，越多就越影响完成的质量和效率。所以，我们一定要做到"当天的事情当天做完"。

可是具体应该怎样做呢？以下这些方法不妨借鉴一下：

第一，变"必须"为"愿意"。抱着"必须"要做完某事的想法是导致拖延的一个主要原因。

当你告诉自己必须做某件事的时候，你其实就是在暗示自己你是被强迫去做的，所以你自然而然地感觉到厌恶和抵触。正是因为这种不愉快的感觉，你选择了拖延。

如果你的任务有一个最后期限，那么这个期限越近，这种不愉快感就越强烈，如果你还不立即去做，那么这种不愉快感将不断增强。

要跨越这个心理障碍，就要认识并且接受这种想法：你不是"必须"去做，而是"愿意"去做。

第二，变"完成"为"开始"。总是想着要完成一些大的复杂的事情显然会导致你的拖延。如果你总是想着一定要完成一些连具体步骤都还不清楚的复杂任务时，你会感到被狠狠地打击了！

这样不愉快的感觉会让你尽量地拖延。当你对自己说"我必须完成这项工作"时，你其实就在让自己倾向于拖延。

如果想解决这个问题，方法就是试着想想只是开始做一小部分工作而不是总想着要把大任务做完。

想想"我现在能开始哪一小步"，而不是想"我什么时候才能做完啊"。

其实，坚持每次都做一点，你就肯定可以做完。假设需要清理一下屋子，一想到要清理那么大一个空间，你可能有困难的感觉，这样就会倾向于拖延。

其实你可以问问自己，如果只是做一小部分，比如写下你可以想到的10分钟内做完的简单任务，像扫一小块地，或者丢掉一两堆垃圾。

不要操心什么时候做完整件事，而专注于现在能做的事。其实，如果这样做上几次时，你也许在哪一次就发现根本没有剩下多少未解决了，这时一鼓劲就把它们做完了！

第三，不要做完美主义者，做个正常人。第三种容易导致拖延的错误想法就是完美主义。要完美地完成一项任务的想法非常有可能让你根本不会开始去做，因为这种想法本身就给这项任务加上很大的压力，在这种情况下，你当然不愿意去做了。

于是，你把事情拖延到临近最后期限时才开始做，这样你就可以"解脱"了。因为现在已经没有足够的时间让你完美地完成任务了，你完全有理由对自己说："我不把它做完美是正常的，要是我有足够的时间，我完全可以把它做得完美。"

但是如果这项任务没有最后期限呢？你会不会无限期地拖延下去？完美主义让你根本无法开始一项你想做好的事情，你能说它不是有害的？

解决这一问题的办法就是把自己当作正常人，而不是圣人。举个例子，如果你准备写一篇5000字的文章，你应该放松地开始只打一篇哪怕只有100字的草稿，这非常有助于你开始——重要的是开始。

第四，变"剥夺"为"夺不走的快乐"。第四个导致拖延的心理上的障碍就是把做事情联系到"剥夺"上。这就是说，你相信投入一项事情之中会大大地剥夺你生活中的乐趣。

为了完成某项任务，你是不是把本应娱乐的时间也投入了进来？这是不会带给你热情的。

然而，这却仍然是很多人逼迫自己投入做事时的想法。在脑海中想象一种长期的孤独奋战而无法享受乐趣的情景，这必然会导致拖延。

克服这种想法的办法是完全相反地去想。首先保证你生活中的乐趣，然后再来安排你的任务。听起来有些不可思议吧？但是这种想法确实会带来效率。

第五，合理奖励。对于倾向于拖延的任务，你不妨给自己一些奖励。

比如说，首先，选一个你在30分钟内就能完成的任务；然后，选定一项奖励，很快就能兑现的奖励；只要你投入了时间去做就可以保证得到奖励，不用管有没有取得有意义的成果。

奖励可以是选择看一段你喜欢的电视节目或是一场电影，或者好好地吃顿饭，或者和朋友出去玩等，总之是任何让你感到快乐的事。

因为你所需要投入的工作时间很短，而且很快就能有一项大的奖励，这样不管这项任务多么艰巨，你都没有理由不忍受这30分钟。

你也许还会发现，你会不自觉地工作超过30分钟，哪怕是很困难的工作，也愿意做下去。往往是工作上一个小时甚至几个小时，你才意识到。

奖励就在那儿，所以你知道，什么时候只要愿意停下来，就能享受奖励。因此一旦开始行动，你便不再忧虑任务的难度而全神贯注于手头的工作。

停止工作，然后享受你的奖励，之后你可以再计划另一个30分钟的工作时间以及另一份奖励。这会让你在这项工作上享受到越来越多的快乐，也让你明白只要付出努力，就立即能获得奖励。

事实上，追求一个遥远而不定的长期性的奖励，根本不如一个立即能得到的短期性奖励更能激发人的热情。而这种不要求任何具体成果，只要投入时间就能得到的奖励，会让我们非常渴望投入工作和学习，这样最终必能完成任务。

青少年朋友，在我们的一生中，能有多少个"今天"呢？今天是人生赐予我们的一份礼物，我们必须好好把握，不要被过去失败的阴云笼罩，因为东升的太阳预示着我们将会拥有一个新的开始，那是我们的机会，我们可以利用它弥补过去的遗憾。

青少年朋友，在忙碌的日子里，我们应该懂得如何去珍惜，珍惜每一个金子般的今天，做到今日事、今日毕，这样才会获得许许多多意想不到的收获。

不满足是向上的车轮

青少年朋友，我们从小学至中学，从中学至大学，可以说许多人都取得过多次好成绩，也获得过许多的奖项。当我们走上领奖台时，脸上如朝霞般的灿烂，心里就像吃了蜂蜜一样甜。

此时，我们可以欢笑，可以庆祝。但不要忘了这只是一个小小的成绩，我们离成功还很远。我们应该像蓝天上的雄鹰那样，展翅翱翔，飞得更高、飞得更远。

朋友，你看，一望无垠的天空中，一只雄鹰在盘旋上升。灿烂的阳光照亮了它强健的翅膀。它奋力振动着双翅，迎着风雨，乘着云雾，飞向心中的太阳。

雄鹰之所以能振翅高飞，是因为它志存高远。它没有满足于眼前的天地，而是向往着更加辽阔的蓝天。我们同样不能因现在的成绩而沾沾自喜，我们要懂得傲不可长，志不可满，满必招损。

亲爱的朋友，让我们来看一个小故事吧：

在小澄的书桌前有这样一句话："不满足是向上的车轮。"这句话是著名作家鲁迅说的，意思是说，你对自己不满足，就说明你想上进。说起这句话，还有一段来历呢。

三年级期末大考，小澄考了年级第一，那时他非常高兴，对此相当满足。回来告诉爸爸后，爸爸却说："你已经对自己很满足了吗？"

他爽快地说："考了年级第一，当然满足了。"爸爸严肃地说："你还不能满足，因为不满足是向上的车轮，你连'终点'都没到，'车轮'就坏了，那你不是停在这里让别人超过吗？"

爸爸的训导并没有引起小澄的注意，因为他当时被胜利冲昏了头脑，根本听不进去。他还是老样子，天天玩啊、看电视啊、打电脑游戏啊，不去修那个"车轮"。

结果，四年级大考验证了爸爸的话，小澄只考了班级第五。他很沮丧。爸爸看了他的成绩单，没说什么，默默地把"不满足是向上的车轮"这句话写在了纸上，贴在了他的书桌前，让他以后照着这句话去做。

直到现在，小澄一直照着这句话努力着，他相信，能一直保持"不满足"，他的人生就会在不懈努力中，过得精彩又充实。

"不满足是向上的车轮"这句话很富有哲理，正如有一个人问一个著名的导演说："你最满意的一部片子是哪一部？"那个导演便毫不犹豫地说："下一部。"

我们每一个人都有欲望，欲望不满足，我们就会拼命地去实现它。这就是一种动力，使我们慢慢地前进着。也许我们自己看不到，但别人的眼睛会把我们的行为记下来，会说："这人跟以前不一样了。"

听了这话，我们就会无比快乐，想做得更好，这又化为了一种动力，又让我们继续前进。

我们应该用积极乐观的态度去面对种种磨难。有人在失败的时候总会停下脚步，我们应该不停地、大胆地往前走，我们才会前进，才会进步。

青少年朋友，如果一个人不前进、不进步，那跟行尸走肉有什么不同呢？"不满足是向上的车轮"，我们一定要有自己的目标，不断进步。只有人类进步了，社会才会进步；社会进步了，国家就会进步。

要知道，天底下，只要我们活着，总会有我们的一个"位子"，我们一定要守着自己的"位子"，并让它越升越高！努力吧，也许我们曾经失败，但我们一定要站起来，化伤痛为力量，努力地向前！

有一个徒弟从师学艺多年，自认为把师傅的本领都学到了，就去见师傅，说："我已经把您的手艺全学到了，可以出师了吧？"

师傅望着得意扬扬的徒弟问："什么是全部学到了呢？"

"就是满了，装不下了。"

"那么装一大碗石子来吧！"

徒弟照师傅的话做了。

"满了吗？"师傅问。

"满了。"

师傅抓来一把沙，放入碗里，没有溢出来。

"满了吗？"师傅再问。

"满了。"

师傅又倒了一盅水下去，仍然没有溢出来。

"满了吗？"师傅又问。

徒弟脸涨得通红，这才知道学问是永远也学不完的，无论什么时候，都不能满足于现状。

在学习中，有的青少年做对了老师布置的一道思考题而沾沾自喜，还有的青少年在考试中偶尔得了一次满分而扬扬得意……如故事中的徒弟一样，他们都有一种"满"的感觉，岂不知还有更多、更难的题等着他们去做，还有更多的知识等着他们去学，在知识的海洋里还有更多的宝藏等着他们去探索……学海无涯，永无止境。

第三章

保持激情，勇创佳绩

　　激情是一种强烈的情感表现形式，往往发生在强烈刺激或突如其来的变化之后，具有迅猛、激烈、难以抑制等特点。人在激情的支配下，常常能调动身心的巨大潜力。

　　创新的本质是突破。创新意味着改变，创新意味着付出，创新意味着风险。每一个青少年要想让自己不断地进步、不断地前进，就一定要创新不止。

没有什么是你做不到的

青少年朋友，我们每个人心中都有激情，有激情才能实现梦想。我们正处在青春阶段，精力充沛、富于理想、思想活跃，这个阶段是我们身体和心理迅速发育成熟的阶段。在这一阶段，我们不可缺乏激情。

激情塑造了一个人的灵魂。每个人所能达到的人生高度，无不始于一种内心的状态。只有当我们渴望有所成就，才会冲破限制和种种束缚。

亲爱的朋友，现在请你问问自己的心，你是否一直处在激情的状态之中呢？如果是，这世间还有什么"不可能"吗？让我们来看一个小故事吧：

回想起昨天晚上的一幕幕情景，她不禁在纸上郑重地写下"没有什么不可能"这几个字。

昨天晚上，她和弟弟、妹妹、妈妈等人结伴同行来到了奥林匹克广场。一路上他们说说笑笑，一会儿观赏莲池，对满池的花骨朵心生怜悯，一会儿欣赏濠河，看着清澈的河水大发感慨。夜色在不知不觉中越来越浓，而大家的兴致却丝毫不减，反而逐渐高涨。

"啊，终于到了！"妹妹大呼一声，连忙拉着弟弟向水晶舞台奔去。

她的目光也不禁落到了不远处的健身器材——高约3.5米，三层，矗立着的庞然大物。看着最上层一个个胆怯的孩子和下面不停鼓劲的大人们，她不禁苦笑，随即也想起了自己的"光荣史"——连续45分钟站在上面，瞻前顾后，始终没有胆量顺着上面的滑竿滑下去。她心里度量着：不知道今天是否能有突破。

刚想完，她就朝那个方向奔去，先把其余器械"过滤"一遍，当作挑战之前的热身运动。十分钟后，她就迫不及待地奔向那个庞然大物。

站在庞然大物下，她想也没想，便急切地往上爬去，不一会儿就到了真正的"拦路虎"前。

看着面前弱不禁风的栏杆和下面光秃秃的防护措施，她犹豫了。身边一个个比她小很多的小孩都"哧溜溜"地争相滑下去，有的甚至勇敢地张开双臂，她又不禁急切地想试试。可当她一走到滑竿前，又泄气了。

从上面往下看，地面似乎已变成了一个深谷，可望而不可即。她矛盾地问自己：难道今天还会重复去年的场景？怎么过了一年还是那么胆怯？

　　不知什么时候，妹妹已经来到了她身后，涨红了脸，似乎炫耀地问她："姐姐，你敢吗？"面对妹妹的激将，她心里发怵却仍不愿示弱，只好连忙点头。

　　说到就要做到，她先伸出两只手抱住滑竿，又伸出一条腿、另一条腿，于是，她的整个人都腾空了。不知为什么，一到滑竿上，她顿时像学会了似的，急速顺着滑竿滑了下去。

　　不一会儿她已经落地了。再次抬头看看上方，她简直不敢相信：几秒钟前，自己做出了一件多么伟大的事情啊。

　　正是几秒钟前她向滑竿踏出的第一步使她战胜了自己，挑战了自己的极限，同时，也使她明白：没有什么不可能，只要你敢做，你就赢得了整个世界！"没有什么不可能"，这将成为她一生的警句。

　　人生中，"不可能"这个词语，只是我们为自己找的一个放弃的理由。要相信不同的做法就会有不同的结果，没有我们做不到的事情。

　　其实，在生活中，常常听到"不可能"之类的话语，主要原因是：遇到困难与挫折时不敢去闯，认为自己不行，不可能做好这件事，所以就选择了不相信自己能做到，其实这就等于放弃。

如果你改变这种想法，始终对自己说："我肯定会做到，而且还会做得很好，因为我相信没有做不到的事。"保持炽热的激情，那么你从此就对"不可能"说再见了，你的人生中就不会再出现"不可能"这三个字了。

做一潭绝望的死水，微风吹不起半点儿涟漪，没有生命的存在，更没有未来。做一潭池塘的静水，一片沉寂，无波无纹，最后只落得干涸的命运。一旦我们习惯了平淡的日子，找不到一点儿激情的影子，在潜移默化中，就会渐渐地磨掉个性的棱角，不再向往汹涌澎湃的大海，不再追求惊涛骇浪的刺激。

朋友，不要让"无聊""空虚"泛滥，遮住阳光明媚的蓝天。所谓"看破红尘""人生如梦"等遁词只不过是消极者的借口。生命需要激情的支撑，生活需要梦想的点缀。拿起饱蘸激情的画笔，描绘一幅波澜壮阔的人生画卷吧！

激情是追求梦想的冲动，是渴望展现自我的内心力量，疯狂付诸行动的热血沸腾。激情并不是受困于艰难环境的产物，人并非只有陷入困厄的低谷时内心才会唤起抗争的激情。平淡的日子更应让激情涨满我们的心扉，穿越我们生命的每一个季节。只有依靠激情的挑战，才能一扫平淡的日子以及由安逸的生活滋生出来的慵懒和沉闷。

荆棘鸟扑向尖刺的那一瞬，整个大地都为之动容；《乞力马扎罗的雪》中猎狗向前奔跑被冻僵的那一刻，便化为一座永恒的丰碑。转瞬即逝的流星留下了最闪光的回忆，凤凰在烈火中完成了最美丽的涅槃。激情成就了伟大的一生，让不可能的一切成为可能，正如一首名为《没有不可能》的歌曲中所唱的：

我说什么困难来都不怕，

我说命运就握在手上……

哦哦，嘿，

没有不可能，没有不可能……

很多事情都证明了，"不可能"只是暂时的，只是人们还没有找到解决问题的办法而已。所以，亲爱的青少年朋友，当你遇到难题时，永远不要让"不可能"束缚了自己的手脚。

有时候，只要再勇敢地向前迈一步，再坚持一下，再多给自己一些信心，也许"不可能"就会变成"可能"。成功者之所以会成功，就是因为他们对"不可能"多了一份不肯低头的韧劲和执着。

很多人说"我不可能做成"，只是对自己没有信心，少了一份进取心，去坚持，去奋斗。如果一个人总是以"不可能"来禁锢自己，那么他注定不会有辉煌，最终将被淘汰。

如果不敢尝试，如果不肯迈出第一步，怎么会有第二步、第三步呢？没有自信，你将会一事无成；拥有了自信，你将拥有巨大的财富。

把"不可能"从我们的人生词典中删去吧，即使我们真的碰到了"不可能"，我们也应该这样想：不是不可能，只是暂时还没有找到解决问题的方法。

青少年朋友，当我们遇到困难和处于逆境时，不要害怕，不要退缩，更不能放弃。还记得电视剧《大长今》里面，长今说过的一句话吗？她说："不管是谁，任何人都不能叫我放弃，我绝不放弃！"她就是用这种态度来面对自己的人生，最终取得了人生中真正的成功。

青少年朋友，积极进取吧！你的努力会证明你的人生没有什么不可能。

不怕挫折才能创新

当今世界，科技进步日新月异。在这种情况下，鼓励创新、推进创新，成为实现发展进步的迫切需要。然而，干任何事情都有可能成功，也有可能失败，创新作为探索性实践更是如此。

青少年朋友，创新实不易，胜败乃平常事。因此，我们要正确对待创新之路上的挫折。对于创新者而言，成功是一种考验，失败更是一种考验。沉醉于成功的辉煌，往往可能停止前进的步伐；走不出失败的阴影，就会错过成功的机遇。

亲爱的朋友，现在让我们来看一个不怕失败、勇于创新的故事吧：

爱迪生在1877年开始了改革弧光灯的试验，他提出要搞分电流，变弧光灯为白光灯。

这项试验要达到令人满意的程度，必须找到一种物质做灯丝，这种灯丝要经住温度在2000℃、时间在1000小时以上的燃烧。这在当时是极大胆的设想，需要下极大的工夫去探索、去试验。

爱迪生先是用炭化物质做试验，失败后又以金属铂与铱高熔点合金做试验，还用过矿石和矿苗等共1600种不同的材质做试验，结果都失败了。但这时他和他的助手们已取得了很大进展，已知道白炽灯丝必须密封在一个高度真空玻璃球内才不易熔掉。

就这样，他昼夜不息地试验到了1880年的上半年，仍无结果。他的试验笔记有200多本，共计40000余页，前后跨越3年的时间。他每天工作十八九个小时。每天凌晨三四点的时候，他才头枕两三本书，躺在试验用的桌子下面睡觉。有时他一天在凳子上睡三四次，每次只半小时。

有一天，他把试验室里的一把芭蕉扇边上缚着的一根竹丝撕成细丝，经炭化后做成一根灯丝，结果这一次比以前做的种种试验结果都优异，这便是爱迪生最早发明的白炽电灯——竹丝电灯的雏形。这种竹丝电灯沿用了好多年，直到1908年人们用钨做灯丝后才代替它。

爱迪生在这以后开始研制碱性蓄电池，困难很大，但他的钻研精神更是十分惊人。这种蓄电池是用来供给原动力的。他和一个精选的助手苦心孤诣地研究了近10年的时间，经历了许许多多的艰辛与失败。但爱迪生从来没有动摇过，每次都能重新开始。大约经过50000次的试验，写成试验笔记150多本，他方才达到目的。

发明家爱迪生的故事启示我们：勇敢无畏，不怕挫折，是实现创新的重要条件。创新是艰难的，不可能一蹴而就，也不会一帆风顺，所以我们要有创新不言败的精神。

创新不言败就是不怕失败、勇于追求胜利。失败与成功，失去与得到，总是相对的、辩证的。有大付出，才有大收获；有大境界，才有大成就。

创新是发展的动力。在发展的实践中，失败和挫折在所难免，唉声叹气、因噎废食，只能使我们错失机遇，离成功越来越远。因此，创新就要有一种永不言败的精神和勇气。

亲爱的朋友，创新之路不可能是平坦的，面对挫折的时候，我们应该怎么办呢？这就需要我们培养面对挫折的勇气和抵御挫折的能力。那么，青少年应该怎样培养自己面对挫折的勇气和抵御挫折的能力呢？不妨从以下几点做起：

第一，要正确认识挫折，树立正确的挫折观。不要害怕生活、学习中的挫折，要正视它的客观存在。青少年要认识到，理想是美好的，但实现理想的过程是非常艰难的；经受挫折是人们现实生活中的正常现象，是不可避免的，社会的进程如此，个人的成长经历也是如此。

有的人总认为生活中的挫折、困境、失败都是消极的、可怕的，遭受挫折后往往悲观抑郁，甚至丧失了生活的勇气。事实上，一个人经受一些挫折并不完全是坏事，它可以成为自强不息、奋起拼搏、争取成功的动力和精神催化剂。生活中许多优秀人物就是在挫折磨炼中成熟，在困境中崛起的。

相反，一个人如果不经历困难和挫折，总是一帆风顺，就会如同温室里的花朵，经不住风霜雨雪的考验，很容易被一时的挫折所压垮。因此可以说，挫折也是一种机会，只要能保持积极乐观的人生态度坦然面对挫折，树立战胜挫折的勇气和信心，就一定能适应任何变化。

我们要多参加一些活动，比如组织故事会、报告会，学习名人、伟人正确对待挫折的态度，并多参加长跑、义务劳动等，逐渐培养自己战胜困难的勇气；平时也多做一些难题，以磨炼自己的意志，培养自己敢于竞争与善于竞争的精神，使自己在面对挫折时不气馁，然后刻苦攻关，勇攀高峰。

第二，要改变不合理的信念。"不合理信念"的观点源于美国心理学家艾利斯的理论。他认为，挫折引起人的挫折感，不在于事情本身，而在于对挫折的不合理认识。

根据艾利斯的观点，人既是理性的，又是非理性的。人的大部分情绪困扰和心理问题都是来自不合逻辑或不合理性的思考，既不合理的信念。

个体一旦具有这种信念，就会产生焦虑、悲观、抑郁等不良情绪体验。如"我这次顶撞了领导，以后不管我做得怎样，他都不会给我好果子吃""我吃了官司，这辈子算完了"等。

几乎每个人都存在不合理的信念，这并不可怕。因为人生来就具有以理性信念对抗非理性信念的潜能。如果我们能够认识到自己的信念是不合理的，并主动调整自己的看法和态度，就可以降低挫折感，调整好情绪。

第三，要冷静思考，提出问题，解决问题。面对挫折，勇敢迎接，冷静下来后，你可以给自己提出以下四个问题："我的挫折和烦恼是什么""我能怎么办""我要做的是什么""什么时候去做"。

或者可以这样想："究竟发生了什么问题""问题的起因何在""有哪些解决的办法""我用什么办法解决问题"。

当一个人能够冷静地提出问题，并寻求解决问题的方法的时候，他就开始向新的高度成长了。

第四，要建立社会支持网络，主动寻求帮助。这既涉及家庭内外的供养与维系，也涉及各种正式与非正式的支援与帮助，包括物质帮助、行为支持、情感互动、信息反馈等。

在大多数情况下，一个人的社会支持网络的规模越大、密度越高，则社会支持力量越强，社会支持的心理保健功效越明显。因此，青少年应当从小学习建立一定的社会支持网络，在挫折来临时，主动求助、相互支持，这是克服困难、战胜挫折的有效方法。

第五，要合理运用心理防御机制。心理防御机制是人在面对挫折时自发产生的反应，能帮助人们暂时缓解消极情绪。

学会多角度看问题

我们把常规思维的惯性，称为"思维定式"。这是一种人人皆有的思维状态。当它在支配常态生活时，还似乎有某种"习惯成自然"的便利，所以不能否认它的积极作用。但是，当面对创新时，如若仍受其约束，难免会对创造力产生较大影响。

若一个人只在阳光下待着，他就很难看到黑暗；同样，若只待在黑暗中，也很难看到光明。思维也一样，如果一个人只会用一个思维模式来看待问题、处理问题，那他就很容易走进死胡同。

在观看马戏表演时我们会发现，大象往往能安静地被拴在一个小木桩上。事实上，大象的鼻子能轻松地将一吨重的东西抬起来。如果它想逃走，只需要用点儿力就能把木桩拔起！

那么，为什么它不懂得这样做呢？原来，马戏团的大象从幼年时开始，就被沉重的铁链拴在木桩上，当时不管它用多大的力气去拉，这木桩对幼象而言，都太过沉重，自然拉动不了。慢慢地，幼象长大了，力气也变大了，但只要被拴在木桩旁边，它还是不敢妄动。这就是思维定式。

长大后的大象，其实可以轻易地将铁链拉断，但由于幼时的经验一直留存下来，所以它习惯性地认为木桩绝对拉不动，也就不再去拉扯了。

反观人类，也有类似的情况。我们虽然被赋予"头脑"这一最强大的武器，但总是会受到习惯和常规思维的束缚，而经常不敢突破思维定式，因此难以找到解决难题的出路。用僵化和固定的观点认识外界的事物，有时也会带来危害。

青少年朋友，我们来看一个关于思维定式的小故事吧：

为了让学生在平时养成敢于突破固有思维定式的良好习惯，有位老师在课堂上问一位学生："如果两个人掉进了一个大烟囱，其中一个身上满是烟灰，而另一个却很干净，那么他们谁会去洗澡？"

那位学生很不以为然地回答："当然是那个身上脏的人！"

老师嫣然一笑说："错！那个被弄脏的人看到身上干净的人，认为自己一定很干净，而干净的人看到脏人，认为自己可能和他一样脏，所以，身上干净的人要去洗澡。"

接着老师又问："后来两人又一次掉进了那个烟囱，哪一个会去洗澡？"

学生回答："这还用回答吗，是那个干净的人！"

老师又是一笑说："又错了，干净的人上一次洗澡时发现自己并不脏，而那个脏人则明白了干净的人为什么要去洗澡，所以这次脏人去了。"

接着老师又问道："他们如果再一次掉进烟囱，哪个会去洗澡？"

那位学生支支吾吾地迟迟说不出答案，这时，班上的学生议论开了，有人说，那个干净的人会去洗澡，有人说，是那个脏人。

后来，老师又是一笑："你们都错了，你们谁见过两个人一起掉进同一个烟囱多次，结果还是一个干净、一个脏的事情？"

上面的故事说明，我们许多人都让固有思维定式引导我们墨守成规地解答问题，这就是思维定式对我们造成的负面影响。

其实，对于日常生活中的某些问题，尤其是一些特殊的问题，要敢于打破固有的思维定式。当你在脑海中建立新的思维体系后，问题就会迎刃而解。

我们都有自己的特点，如雷厉风行、优柔寡断、慎思严谨、粗心大意等。条条大路通罗马，不过通往罗马的路各不相同，有的是高速公路，一路顺风；有的是崎岖山路，坎坷而行。

我们不能简单地说，走哪条路是明智的，走哪条路是愚蠢的，因为每个人都有一套自己的思维模式，走哪条路是由我们的固有思维模式决定的。

中国有句名言："横看成岭侧成峰。"意思是在每个角度所看到的山峰是完全不一样的。做事情、想问题也是这样，在不同的思维模式下看问题，所得到的结果也大为不同。

当我们陷入一个模式中，并苦苦挣扎时，不妨让自己换一种思维，转一个角度，也许"山穷水尽"马上就会"柳暗花明"。面临问题时，我们不要一味地和自己较劲，如果你能换个思维方式想问题，懂得另辟蹊径，相信再难的问题也会迎刃而解。

对那些懂得变换思维方式的人来说，面对难题，他们总能轻松应对。有人不解其中奥妙，问他们其中的诀窍，他们会说："换一种思维想问题，再难的问题也不过如此。"

在解决问题时，我们要尽可能突破原有思维的局限，学会另辟蹊径，有时出人意料的新方法往往能收到意想不到的效果。不信？那就看看下面这个笑话吧：

一个聪明的父亲有一个夙愿，就是让自己的儿子成为世界银行的副总裁。

父亲对儿子说："我想给你找个媳妇。"

儿子说："我的事我自己办，让你帮我找，不如我自己找！"

父亲说："我为你找的这个女孩子是比尔·盖茨的女儿！"

儿子大惊，说："要是这样，可以。"

然后，这位父亲找到了比尔·盖茨。

父亲说："我给你女儿找了一个老公。"

比尔·盖茨说："不行，我女儿还小！"

父亲说："可是，这个小伙子是世界银行的副总裁！"

比尔·盖茨感到很惊喜，说："啊，这样，行！"

最后，这位父亲找到了世界银行的总裁。

父亲说："我给你推荐一个副总裁！"

总裁说："可是我有太多副总裁了，不用你推荐！"

父亲说："可是，这个小伙子是比尔·盖茨的女婿！"

总裁大喜，说："这样呀，行！"

于是，父亲如愿以偿了。

　　这位父亲用一个一般人想不到的方法，得到了一个令人瞠目结舌的结果。故事也许很荒唐，但是他的思维方式却值得我们思考。面对难题，也许我们换一个思维方式想问题，找一个独辟蹊径的方法，难题就会迎刃而解了。

　　在学校长时间学习的青少年，难免会对一些事情或一些题型形成一定的固定思路，很容易形成思维定式。思维定式容易使我们产生思想上的限制，久而久之就会使我们养成一种呆板、机械、千篇一律的解题与做事的习惯。

　　学习中，很多人一旦发现过去用过的方法和经验不能解决现在遇到的问题时，便会理直气壮地说："这个问题根本无法解决！"

　　当被问及为什么不想想还有没有新方法时，他们也常会满脸疑惑地回答："还有什么新方法吗？"

　　"还有什么新方法吗"，从回答可以看出，他们根本就没有寻找新方法的打算，也很难相信会有什么更好的方法。

　　大量的教学实践都说明，青少年之所以在平时会出现许多解题失误，都是由思维定式造成的。日常生活是多彩的、千变万化的，当一个问题的条件发生质变时，思维定式却会使我们墨守成规，难以涌现出新思维，做出新决策。

　　特别是当新旧问题交替出现，差异性起主导作用时，由旧问题的解决方法所形成的思维定式则往往有碍于新问题的解决。

有一道趣味题是这样的：有四个相同的瓶子，在不放在一起的情况下，怎样摆放才能使其中任意两个瓶口之间的距离都相等呢？

一般情况下，许多青少年朋友都会按固有的思维模式去任意摆弄四个正立的瓶子，但却毫无头绪。要想解决这个问题就要敢于打破固有的思维定式。

原来，将其中三个瓶子的瓶口放在正三角形的三个顶点上，将第四个瓶子倒过来放在三角形的中心位置，使四个瓶子的瓶口构成一个正面体的四个顶点，答案就出来了。将第四个瓶子"倒过来"，是解这道题的关键所在。

在一定情况下，养成敢于突破思维定式的习惯是青少年学习中非常宝贵的，这是我们认识新事物、接受新知识的一种挑战。所以，青少年朋友应当在平时自觉养成勇于突破固有思维定式的良好思维习惯，从而创造出更多的奇迹。

许多问题并非太难了，无法解决，而是我们将自己的思维固化了，当我们在一个思维模式中竭尽全力后，再找不出问题的根源和解决的办法，就会接受问题的存在，且熟视无睹。那么，我们如何让自己超越原有的思维模式呢？以下几个方面需要注意：

第一，忘记原有的思维习惯。不能忘记旧习惯，新的想法就不能浮出水面。

第二，当自己突发奇想时，不要马上否定，而是要积极思考下去。让所谓不合理的想法得到实践的验证，如实验、尝试等。

第三，找出问题的关键，然后尝试用不同的办法去解决的可行性。

第四，从不同角度思考问题，避免以偏概全。

被问题所困时要大胆突破，学会另辟蹊径。敢于另辟蹊径，才会有意想不到的收获。很多时候，经验和思维定式是我们解决问题的最大障碍。

散发个人独特的光辉

人们常说，是金子总会发光，可是如果我们只是一块普通的石头呢，也能发光吗？答案是肯定的。只要给它一个独特的环境并进行激发，就算是一块普通的石头也会爆发出惊人的能量，闪耀出它璀璨的光芒，这光芒就是我们潜在的能量！

潜能是以往遗留、沉淀、储备的能量。科学家认为，自然界不仅仅只有人和动物具有各种不为人知的潜在的能量，就是普通的石头也具有可开发的能量，关键是如何把它给激发出来。

为了研究某些能量是否可以通过特殊的环境激发出来，科学家们通过对宝石，如玉石、钻石等自然界矿物质进行了研究，研究结果表明，许多矿物质的形成都是通过高温、高压等各种环境激发的。

　　科学家们为此做了一个非常有趣的实验：把普通的硅石加入一些稀有元素，模仿火山爆发时的能量和环境，用高温高压去激发，竟然发现了一种可以储存光能的物质，也就是说它能把太阳光、普通灯光的能量储存起来，在没有光线的地方释放出光芒。

　　科学家根据这种能吸引能量和释放能量的物质特性，把这种合成石头称为潜能能量石，俗称发光能量石，这种合成石头受外部能量的激发，导致内部结构的变化而实现发光的功能。

　　更重要的是，由于它无毒、无害、无放射性，通过能工巧匠们的精雕细琢和打磨，成为一些人自我暗示潜能激发的信物。

　　它的出现，不仅仅是高科技的结晶，更是给了我们一个非常重要的启示：普通的石头都可以在特定的环境下被激发出潜在的能量，而变得有吸引力，何况是人？

　　我们每一个人，在一些特定情况下，比如生命危急时刻、亲人遇险的时候，潜能都会得到激活，做出平时根本做不到的事情！现在，我们来看一个小故事吧：

9岁的林浩是汶川县映秀镇中心小学二年级的学生。汶川"5·12"大地震发生时，班上正在上数学课，林浩同其他同学一起迅速向教学楼外转移，未及跑出，他们便被压在了废墟之下。

　　此时，废墟下的林浩表现出了与其年龄所不相称的成熟，身为班长的他在废墟下组织同学们唱歌来鼓舞士气，并安慰因惊吓过度而哭泣的女同学。

　　后来，经过两个小时的艰难挣扎，身材矮小而灵活的林浩终于爬出了废墟。但此时，林浩班上还有数十名同学被埋在废墟之下。逃出来的林浩，立即去救压在里面的同学。

　　林浩再次钻到废墟里展开了救援，经过艰难的救援，他将两名同学背出了废墟，在救援过程中，林浩的头部和上身有多处受伤。

　　"爬出来后，我看到一个男同学压在下面，我就爬过去，使劲扯，把他扯了出来，然后交给校长，校长又把他交给他妈妈背走了。后来，我又爬回去，把一个昏倒在走廊上的女同学背出来，交给了校长，她也被父母背走了。"

　　连续救了两个同学的林浩，再次跑进教学楼救人时，遭遇楼板垮塌，又被埋在了下面。后来，他使劲挣扎，终于被老师拉出来。

　　林浩所在的班级，共有32名学生，在地震中有10多人逃生。这其中，就包括林浩背出来的两个同学。

人的潜能有着超乎寻常的力量，曾有报道说，有一个人为了逃命跳过了宽达4米的悬崖。所以说在某种环境下，在某种压力下，人的潜能就会充分发挥出来，创造出不可预知的奇迹。

林浩能够在地震中顺利逃出来，与他的潜能得到激发不无关系。古今中外，那些被世人铭记于心的成功人士，他们的灵感、直觉、念力、预知力都是潜在能力的具体表现。

人体内所隐藏的潜在力量，是一种超越时间、跨越空间的能力，有时，人们只能用奇迹或超能力来解释这种神奇的力量。如果一个人懂得如何充分地挖掘自己潜在能力，那么他就几乎就没有达不成的愿望。

人在绝境或遇险的时候，往往会发挥出不寻常的能力。人没有退路，就会产生一股"爆发力"，这种爆发力即是潜能。人的潜能是多方面的：体能、智能、经验、情绪反应等。然而，由于情境上的限制，人通常只发挥了其十分之一的潜能。

那么潜能是什么呢？

潜能，就像一座蓄势待发的火山，虽然我们不能时时看到它的喷发，但岩浆无时无刻不在地底涌动。

潜能就像一个宽广而深邃的水库，只要你一拉闸门，它将波涛汹涌，一泻千里。

潜能就是你灵魂深处的一种力量，只要你能发现它，并勇敢地展示出来，它将使你都不敢相信自己竟有如此巨大的能量。

朋友，你知道吗？每个人都是一座未开掘的金矿，是金子总会发光，努力去挖掘自己的金矿，你才能让自己此生无憾。

蜜蜂羡慕雄鹰能够搏击蓝天、自由翱翔，却没有意识到自己能传播花粉，使大自然五彩缤纷、果实累累；沙砾羡慕碧玉青翠欲滴、价值可观，却没有意识到自己能成就平坦大道和万丈高楼；丑小鸭羡慕白天鹅洁白无瑕、万般美丽，却不知道自己正焕发出独特的风采。

相反，山楂不因苹果的硕大而畏缩，于是为金秋捧出簇簇红果；小溪不因江河的浩瀚而干涸，于是唱出了曲曲欢歌；野花不因牡丹的艳丽而自卑，于是点缀了漫山遍野处处芳香。

当老年的卢梭把孤独的身影留在香榭丽舍大街，留在巴黎郊外的草丛中时，几乎所有的人都认为他已没有了风采，已完成他的登峰造极的人生而走向天国的花园。

没有人去问候这位老人，也无人去探求他那曾倾倒一代人的心底是否还闪着火花，更没有人去留意这位孤独者会留给时代什么东西。

然而杰出的才华并不因为抛弃、埋没而消失，卢梭用他充斥着生命热血的心灵爆发出了所有潜能，用哲人的思考和想象留下了盖世无双的佳作。卢梭是一个真正认识自己、把握自己的智者，因为他知道平静的火山往往会爆发出惊人的能量。

不用仰慕山的高度，只要挖掘自己的潜力，你尽可以塑造生命的高度；不用惊叹海的深度，只要挖掘自己的潜力，你尽可以开拓灵魂的深度。相信自己：是金子，总会发光的！

潜能，是我们生命里的一种脉动，发现它、挖掘它，它将使我们的青春、我们的生命绽放灿烂的光芒。多给自己一点儿刺激，多一点儿信心、勇气、干劲，多一分胆略和毅力，我们就有可能使自己身上处于休眠状态的潜能发挥出来，创造出连自己也吃惊的成绩来。

每天都告诉自己，石头也会发光，更何况，我们是这个世界上独一无二的人，相信自己，别人行，我们也一定行！相信就是力量，一切皆有可能！

冒险能够创造奇迹

人的生命历程从本质上说就是一次冒险，朋友，如果你不敢冒风险，就会错过很多人生的重大机遇，更不会有出人头地的机会。不要让恐惧阻挡你前进，那些希望一生都不会有风险出现的人，只能让自己的人生平淡无奇，毫无建树。

青少年是祖国的未来和希望，要使中国在风云变幻中屹立不倒，更加繁荣富强，就要求青少年做有志向的人，在生活和学习中要敢于冒险。

海尔集团总裁张瑞敏曾经说过："如果有50%的把握就上马，有暴利可图；如果有80%的把握才上马，最多只有平均利润，如果有100%的把握才上马，一上马就亏损。"

在现代社会，不敢冒险就是最大的冒险，胆量是使人从优秀走向卓越的最关键因素。朋友，让我们来看一个小故事吧：

　　刚刚毕业的张明哲就已胸怀大志，本来学校有定点分配单位，但他没有去，而是做了第一次冒险，去了深圳。但几个月过去了，他在深圳并没有混出个样儿，便跟着父母回了老家。

　　但他不甘心，还是想自己做一番事业，于是，他决定再到距离农村老家不远的义马市去闯一闯。

　　抱着这个想法，张明哲在一家私人电器销售公司找到了一份营业员的工作，所谓的营业员其实就是搬运工、送货工兼营业员，月薪400元。由于他肯吃苦，第一个月过后，老板发给他800元。

　　第二个月，初来乍到的张明哲的销售业绩是全公司最高的，月底拿到1500元工资的张明哲认识到自己有销售才能，更坚定了自己做生意的想法。

2001年，义马市鸿庆商贸城开业，老板带着张明哲一起到商贸城买了个商铺卖电器。但因经营不善，半年后，商铺严重亏损，老板决定卖掉商铺。机会来了，张明哲决定单干，他不顾父亲的反对，向母亲借了四万元钱买下了老板的商铺。

张明哲开始分析老板失败的原因："老板当年什么货便宜就进什么货，但是我后来发现并不是越便宜的产品利润越高，顾客买回家的东西用了不到一个月就到处出毛病，来来去去、左修右修，利润没了，信誉没了，回头客也没了。"

张明哲决定不再进那些劣质的低档产品，转做中高档产品。而且前来大市场的买商多是批发，所以信誉非常重要，要吸引回头客。

2004年，有了一定积蓄的张明哲在市区租赁了一间面积300余平方米的门面房，做起了超市经营，开始了他的第三次冒险。

在超市开张之初，由于缺乏店铺管理经验和现代营销知识，超市前几个月的经营一直处于亏损状态，最后甚至连进货的资金都没有了。

为了保障超市的发展，张明哲干脆把电器门市给转让了出去，以支撑超市的运营。

"电器门市的生意这么好，为什么要转出去？

超市竞争太激烈，还不如把超市转让出去呢！"亲戚朋友的劝说根本无济于事，因为张明哲本身就是一个爱冒险的人。

为了扭转超市亏损的局面，张明哲又开始进行冒险。他看到一些菜农到城里卖菜时，新鲜的蔬菜深受市民的欢迎，于是决定销售蔬菜。但考虑到进货渠道难找、购货成本高，于是他就决定"自给自足"，即自己到乡下种菜，然后通过超市销售出去。说干就干，他到农村租赁了一块耕地，投资建成了十几个蔬菜大棚，并雇专人进行管理。

几个月后，第一批蔬菜上市了。由于是本地的无公害蔬菜，自然吸引了大批的消费者购买。进货渠道解决了，经营成本降低了，超市开始扭亏为盈，呈现出了良好的销售态势。

后来，他又承包了几十个大棚，所生产的蔬菜不仅很好地满足了自己超市的供应，而且他还与当地及周边县市的几家大型超市、商场签订了供货合同。

自此，张明哲的生意越做越好、越做越大，有了许多令人美慕的成绩。提起自己的成功，张明哲说："我的成功来自冒险，我的财富也来自冒险。"

卓越的人，便是在思想上或在行为上最能追求突破、最能冒险的人。有些人一生碌碌无为，就是因为他们没有勇气接受人生的挑战。要知道，如果你连尝试的机会都不给自己，成功的机会当然更不会属于你。

前怕狼后怕虎，只能让你踌躇不前，左右徘徊，不能到达成功的彼岸。因此，希望青少年朋友能够多一点儿勇气，能够多一些冒险精神，因为，有勇气才能为自己创造成功的机会，有冒险才能使自己离成功更近一步。

比尔·盖茨在微软发展史上是个成功人物，胆识和策略姑且不说，他在任用人才方面就不拘一格。别人对犯过错误、失败过的人往往投鼠忌器，然而比尔·盖茨却用人不计前嫌。他说："失败表明他们肯冒险。"他把这些人视为开拓事业的人才。

这似乎告诉我们，成功寓于风险之中，如果想获得成功，想干一番事业，那么具备冒险精神和承受压力的能力是十分重要的。

我们的生活中处处都存在着种种危险：过马路要冒着被车撞倒的危险；想摘下树上的桃子，必须冒着从树上摔下来的危险。

但如果因为怕车撞而不敢过马路，怕摔伤而不敢摘桃子，这样的人能有什么出息？不愿担风险的人永远摆脱不了平庸。相反，如果青少年可以摆脱对失败的恐惧感的束缚，就能发挥出自己都难以预料的潜能。

很多人碌碌无为的原因，并不是因为没有机会，只是缺少一种冒险的精神，他们认为不可能的事，就不敢去尝试，他们害怕困难、害怕挫折、害怕有风险，于是总是在犹豫徘徊之间拿不定主意，错失一次次的良机。

青少年朋友，我们要想成为一个成功的人，一定要先摒除一味规避风险的习惯，重新拾回退化的冒险本能，进而培养自己的冒险精神。

冒险精神是人类不断前进的精神支柱，它是许多科学家研究和探索各种未知领域所必备的重要的科学精神。美洲新大陆的发现，是哥伦布海上探险的结果；镭的发现，原子弹爆炸成功，是科学家冒着生命危险无数次试验的结果。而美国毒蛇专家海斯德为了发明一种抗体，在自己的身上注射了28种蛇毒，每注射一次，他都要忍受极大的痛苦的折磨，经受一次生与死的考验。

正如福特汽车总裁菲利浦所言："假若缺乏冒险精神，今天就没有电源、激光、飞机、人造卫星，也没有青霉素和汽车。成千上万的成果将不可能存在。如果生活在一个没有冒险的世界里，我们必将面临重重危机。"

冒险者必须勇于承受挫折和磨炼。冒险精神不仅是一种顽强的意志，更是一种善于把握机会的能力。冒险精神不是赌徒的孤注一掷，不是意气用事的蛮干。

冒险精神将使人勇于跨越艰难险阻，取得事业上的成功。先置之死地而后生，这是超乎常人的胆色啊！当然，冒险所带来的压力可以成就一些人，却也可能摧毁一些人。

因为有些人空有冒险精神而欠缺深邃的智慧，也就是说，不能调动成功的思维，仅凭脑瓜子一时热度就匆匆置身于一种风险四伏、充满挑战的环境之中，只幻想成功，缺少科学操作，不能把握机遇。稍有不测，他们便泄了冲破险阻的勇气，必胜的信念土崩瓦解，战胜困难的气概荡然无存。这样的冒险无疑是蛮干，蛮干能有好结果吗？

冒险既然这样危险，不冒险不行吗？当然，表面看来，不冒险似乎也过得去，但在当今这个充满竞争和讲究效率的时代，人就是生活在一个冒风险的环境之中。如果面对困难就轻易放弃，那风险中蕴含着的新的机遇，也就与我们失之交臂，我们轻则失去成功的机会，重则被时代淘汰，这种结局，谁又甘愿接受呢？

谨慎一些好吗？谨慎固然可贵，但这也是人们经历了无数次风险才总结出来的经验，不冒风险，也学不会谨慎。珍惜生命中的每一次冒险吧，因为胜利的丰碑是一次次冒险砌成的。

甘于蛰伏，永远到不了成功的驿站；敢于闯荡丛林荆棘，才能创出自己的一片天地。其实我们应该记住的是，在向风险挑战时，每个人都极有可能遭遇失败，这些都无关紧要，重要的不在于冒险本身，而在于我们对冒险的态度。

青少年朋友们，让我们扬起探险的风帆吧，让生命航程更加精彩！

战胜自我才能够成功

对于青少年来说，只要在前进的道路上，勇于战胜自我，即使失败了也是一种锻炼。要做到胜不骄，败不馁，不要永远活在失败的阴影下，勇敢地去找寻失败的原因，提升自己，战胜自己，相信自己一定能把人生这局棋走得很精彩！

人生就像是一盘棋，怎样去下，每一步要怎样去走，全由自己来掌握。也许会走错棋，也许会走进死胡同，没关系，只要这盘棋还没有结束，一切转机都有可能出现。

只有勇于战胜自我，才能少一些不必要的烦恼与忧愁。战胜自己，何需等待！拿出你的勇气来，勇往直前，永远进取吧！

朋友，让我们来看一个战胜自我的小故事吧：

巴雷尼小时候因病成了残疾人，母亲的心就像刀绞一样，但她还是强忍住自己的悲痛。她想，孩子现在最需要的是鼓励和帮助，而不是母亲的眼泪。

母亲来到巴雷尼的病床前，拉着他的手说："孩子，妈妈相信你是个有志气的人，希望你能用自己的双腿，在人生的道路上勇敢地走下去！好巴雷尼，你能够答应妈妈吗？"

母亲的话，像铁锤一样撞击着巴雷尼的心扉，他"哇"的一声，扑到母亲怀里大哭起来。从那以后，母亲只要一有空，就帮巴雷尼练习走路，做体操，常常累得满头大汗。

有一次母亲得了重感冒，她想，做母亲的不仅要言传，还要身教。尽管发着高烧，她还是下床按计划帮助巴雷尼练习走路。黄豆般的汗水从母亲脸上淌下来，她用干毛巾擦擦，咬紧牙，硬是帮巴雷尼完成了当天的锻炼计划。

体育锻炼弥补了由于残疾给巴雷尼带来的不便。母亲的榜样作用，更是深深教育了巴雷尼，他终于经受住了命运给他的严酷打击。他刻苦学习，学习成绩一直在班上名列前茅，最后，以优异的成绩考进了维也纳大学医学院。

大学毕业后，巴雷尼以全部精力，致力于耳科神经学的研究，最后，终于登上了诺贝尔生理学或医学奖的领奖台。

你自己不愿成功，谁拿你也没办法；你自己不行动，上帝也帮不了你。只有自己想成功，才有成功的可能。巴雷尼正是战胜了自我，最终取得了成功。

人生如戏，每个人都是主角，不必模仿谁，我是我，你是你。好好地活着，为自己活着，有梦想就大胆追求，失败也不要放弃。对青少年来说，真正的成功，不在于战胜别人，而在于战胜自己。有句话说得好："不会战胜自己的人，是胆小的懦夫。"突破自我，需要勇气，需要顽强的生命活力。

青少年朋友，无论你拥有的是健全的身躯还是残缺的臂膀，是优越的条件还是困窘的环境，大胆地拿出你的勇气、你的胆识，去克服困难，克服恐惧，克服失败带给你的消极情绪。

不管你是正在前行中，还是失意时，不要再彷徨，不要再犹豫，对现在的你来说，从失败中找出通向成功的途径，这才是最重要的。

朋友们，只要勇于战胜自己就等于打开了智慧的大门，开辟了成功的道路，铺垫了自己人生的旅途，铸成了一种面对任何烦恼和忧愁都不退却的良好心态。

战胜自己说起来容易，但是真正地做起来要比战胜别人难得多，因而战胜自己，就要有坚韧不拔的意志，要有根深蒂固的信念，要有在逆境中成长的信心，要有在风雨中磨炼的决心。

人的一生，总是在与自然环境、社会环境、家庭环境做着适应及战胜的努力，因此有人形容人生如战场，勇者胜而懦者败；人们从生到死的生命过程中，所遭遇的许多人、事、物，都是战斗的对象。人生的战场上，千军万马，在作战时能够万夫莫敌、屡战屡胜的将军也不见得能够战胜自己。

例如，拿破仑在全盛时期几乎统治半个地球，战败后被囚禁在一座小岛上，相当烦闷痛苦，他说："我可以战胜无数的敌人，却无法战胜自己的心。"可见能战胜自己，才是最懂得战争的上等战将。

要战胜自己很不简单，一般人得意时忘形，失意时自暴自弃；被人家看得起时觉得自己很成功，落魄时觉得没有人比他更倒霉。唯有不被成败得失所左右、不受生死存亡等有形无形的情况所影响，纵然身不自在，却能心得自在，才算战胜自己。

亲爱的朋友，请你一定要记住，在生命中勇于突破自我，战胜自己，不要放弃自己的梦想和追求，要努力向前！

第四章

发现优势，提升自己

    每个人都有他的缺点和优点。因此，走在青春的路上，青少年不妨多想想自己的优点，开心对待生活中的每一天，只有这样，才能找寻到失去已久的信心，勇敢地向前迈进。

    成长需要我们不断提升自己，我们需要学习的不仅仅是书本知识，还有很多其他的东西要学习。因为我们拥有的越多，就越自信。一颗不断提高的心是不会看低自己的。

学会正视自己的缺点

　　缺点是我们每一个人都有的，即使是再优秀的人也难免会有些缺点。有缺点并不可怕，可怕的是不敢正视自己的缺点。连正视自己缺点的勇气都没有，还怎么谈改正自己的缺点呢？

　　说出自己的缺点，其实一点儿也不会损害我们的面子。我们应虚心听取他人的意见，一旦发现自己的不足就应及时改正，让自己变得更优秀。朋友，让我们来看一个小故事吧：

　　靠近街道的屋里坐了几个人，正无聊地批评他人的道德品行。坐在红色沙发上的这个人眉飞色舞地说："其实，刘明的道德品行还算可以，只是我实在受不了他的两项缺点，一个是容易发怒，另一个则是做事老是冒冒失失的。"

　　其他几个人听见他的这番批评，也都发出赞同的声音，附和说："没错，他是这个样子！"

　　但是，就在这时，刘明正好经过门外，听见众人居然聚在一起批评他，忍不住冲了进去，大声怒吼着："你说什么？"

接着，刘明抓住沙发上的这个人，用力挥了一拳。

旁边的人见状，纷纷上前阻止："你为什么乱打人？"

刘明气呼呼地说："你说，我什么时候喜欢发怒了？又什么时候做事冒失了？居然在背后胡乱批评我，当然该打！"

此时，刘明的后面，忽然传来了一个嘲笑声："哦？你不爱发怒吗？你做事不冒失吗？你看，你现在的举动，不是刚好证实了这一切吗？"

一位哲人曾告诫我们说："也许你会忽略自己的缺点，但如果人们指出你的缺点，你还是视若无睹的话，那就表明你的判断力有待加强。"

你是看不见自己的疏失，还是不愿承认自己有缺点？想要提升自己的人生境界，就必须先战胜自己的缺点。每个人都会有缺点，而且有些缺点往往是人们不自知的。只有知道自己的缺点在哪里，你才能尽快改正这些缺点，既战胜自己，也让对手没有机会超越。除了知道缺点，面对缺点外，最重要的还是如何克服缺点，战胜自己。贝多芬、张海迪、霍金等人的故事众所周知，他们努力地克服自己的不足之处，向命运发起挑战，最终获得了成功。

事实上，每个人都有自己的优点和缺点，都有自己的长处与短处。不要总拿别人的长处来比自己的短处，别人也有短处。只要注意克服自己的心理障碍，积极发挥自己的长处，就能干出成绩，增强自身的自信心，抛掉自卑的心理包袱。

我们虽然不能像屈原、司马迁、阿炳、张海迪、史铁生、霍金那样杰出，但我们同样可以用自己的勤奋劳作，做一个对社会有益的人。

青少年朋友，抛却消极和自卑吧，没有阳光的日子，就享受阴凉和雨雪；没有明月的夜空，就欣赏恒星和流星；没有茶，白开水喝着也爽口。坦然面对自身的缺点，要拿出任何厄运都不能奈何你的勇气和信心，这样生活中就会充满阳光。其实很多时候，只要你用心去感受，你就会发现老天在给你一些遗憾的同时，会在别的方面给你很多。

你有很爱你的父母、很关心你的老师、很体贴你的朋友、聪明的大脑、良好的成长环境等。所以用心去发现身边的美丽事物，你会觉得自己其实还是很幸福的，又有什么理由要自卑呢？

那些缺陷和不足，其实跨过它们并不难，但那是在你对它们微笑、心胸坦然的前提下，如若反之，那么它们就会越积越多，使得你都不敢面对它们了。

亲爱的朋友，让我们从现在开始认识自己的缺点，勇敢正视自己的缺点吧！

没有人能不犯错误

有的人因为虚荣心，有了错误也不愿承认，这样做的结果只能是自毁名誉。当错误发生时，解决它的最好方法是及时认错，只有这样做才能挽回名誉，赢得他人的尊重。

承认错误虽然是一件好事，但愿意承认错误的人终究很少，心理学家高伯特说过，人们在不关痛痒的事情上才"无伤大雅"地认错。这话虽然说来不胜幽默，但到底是令人遗憾的事实。

许多人不愿承认自己的过错，这是避免麻烦心理的一种自然反应。而有些人明知自己有错而不愿承认错误，因为他们认为那是一件很丢脸的事情。

事实上，能承认自己错误的人，往往会得到别人的谅解，并给人以谦恭有礼、勇于负责任的良好印象。有时候，当你勇于承认错误时，别人为了减轻你的不安，反而会不自觉地为你辩护。

主动承认错误，本身就表现出了你的勇气与责任感，往往会收到意想不到的效果，更能赢得对方的好感与信任。所以，当我们错了时，就要迅速而坦诚地承认，因为用争议的方法，绝不会得到满意的结果，但用让步的方法，收获会比预期的多得多。

　　人非圣贤，孰能无过？青少年朋友，犯了错误就坦率地承认，不让错误继续蔓延下去，这才是明智的做法。

　　一位哲人说："认错是一种美德。"很多人都愿意指出别人的错误而拒不承认自己的错误，我们为何不反其道而行之，勇于承认自己的错误，成为智者呢？

　　朋友，我们来看一个勇于认错的小故事吧：

　　　　早晨，爸爸妈妈都出去工作了，小明和小丽待在家里做功课。他们做完了功课，感到很无聊，想要玩球，但是爸爸说过不能出去，只能待在家里。

　　　　妹妹说："不然我们玩捉迷藏好吗？"

　　　　哥哥说："好主意，我们就这么办吧！"

　　　　他们决定好了，哥哥来捉妹妹。哥哥蒙着眼睛数到20后就马上去找妹妹。但是，哥哥一不小心撞破了鱼缸。

　　　　他们急得像热锅上的蚂蚁，不知该怎么办。玻璃碎片掉满地，鱼缸里的水也流了出来，里面的鱼都是爸爸花很多钱买回来的，万一死了，爸爸一定会狠狠地骂他们一顿的。

　　　　他们又怕被玻璃碎片弄伤，于是赶快穿上鞋子，拿了一个水桶，里面装满了水，把鱼儿放进桶里。

　　　　爸爸下班回来，一开门就看到他的鱼缸破了，十分生气。小丽和小明马上向爸爸认错。

爸爸说："好吧，你们知错能改，我原谅你们。"

这则小故事告诉我们一个简单的道理："要敢于承认错误！"犯错其实不可怕，可怕和可悲的是犯错后不敢正视、不敢承认。

诚然，认错是痛苦的，并不是每个人都能事后认错。青少年在犯了错误之后，要勇于承认错误、承担责任。我们不怕承认自己的错误，不怕一次又一次地改正这些错误，这样，我们才会进步。

承不承认错误是态度问题，不是一个人的能力问题。能够承认自己的错误是青少年自信的一种表现方式。有时候，承认自己的错误和进行道歉也许不能从根本上解决问题，但承认错误和道歉是青少年正视问题、反省错误、解决问题的第一步，也是敢于承担的开始。

青少年在生活中要敢于承担责任，承认错误不仅是青少年改正错误的开始，它同时也代表了一种高尚的精神。这里有一则能生动地诠释承认错误是一种高尚的精神的事例：

有一天，华盛顿想试试父亲前几天买来的那把新斧头是否锋利，就来到家里的大果园里，抡起斧头把一棵小樱桃树砍倒了。

那天吃过晚饭后，华盛顿的父亲很严肃地把全家人召集到一起，他看着每个人，质问道："是谁砍了我的樱桃树？你们知道这棵樱桃树是我花了多少钱才买来的！"

大家你看看我，我看看你，有的说："不是我。"有的人在私下小声议论。这时只有华盛顿坐在一边，低着头没有说话。他被吓坏了，万万没想到自己闯了大祸。

"该怎么办？我要不要说实话呢？"华盛顿感到父亲严厉的目光在看着自己，家人也像在议论自己。他很犹豫，真想藏起来，躲过这个难堪的时刻。

经过一番思想斗争之后，他看看父亲，站起身说："爸爸，我要鼓起勇气承认错误。樱桃树是我用斧头砍倒的。"大家都吃惊地望着华盛顿。

父亲听后愣了一会儿，随后很快露出了笑容。他高兴地说："好孩子，你承认错误的这种精神比樱桃树更有价值！"

勇于认错，看起来简单，但在现实生活中，却是一件不容易做到的事情。

认错，就意味着要对所犯的错误负责，要承担错误所引发的一切后果；承认错误，就会给自己的精神、物质等方面造成一定的损失。

在当今一些过度看重物质利益的人中，认错成了他们习以为常加以回避的事，他们把眼睛始终盯在自己一时的小利上，面对错误，总没有承认的勇气，更没有改正的决心。

其实，犯了错，你认与不认，明眼人都看得见、辨得明，该担的责任和后果，你终究逃避不掉。

关键是，错误当前，要看你是勇敢承担、主动改正，还是拒不认账、最终受到被动追究。两种不同的方式，反映了两种不同的处世态度，也会带来两种不同的后果。对于我们青少年来说，当然是推崇前者。

认错是一种胸怀。有的人会说，认错会让人觉得没有面子。其实恰恰相反，勇于认错正是一种敢于担当的博大胸怀和铮铮铁骨的具体体现。

中国历史上的思想家们，都把能主动认错看成做人所必须具备的胸怀和骨气，都极力倡导和赞赏自觉认错的崇高境界。人活在世上，应该心胸宽广，无私无怨。假如心里有一点小小的阴影，那也必须自觉认识并主动地清除。

人只有平心静气地反省自己，承认自己的过错，才不至于重犯过去的错误；只有刚烈正直，才能成为一个顶天立地的伟人。能否主动认错，能体现出一个人的胸怀是否宽广，为人是否正直，做人是否有骨气。

认错是一种美德。勇于承认错误，就是勇于承担责任。一个不愿意认错的人，必定是一个没有责任感的人。中华民族是一个有责任感的民族，勇于承担、敢于负责是我们民族的传统美德。

认错也是一种修养。现实生活中，我们稍加注意就可看到，一个敢于认错的人一定是个有修养的人；一个有修养的人，必定是个勇于承认自己错误、有担当的人。反之，一个没有修养的人一定是个不愿认错、更不敢担责的人。

认错更是一种智慧。有人说过："一个不会认错的人一定是一个愚蠢的人。"暂且不说这句话是否完全正确，但可以肯定的是，不会认错绝对不是聪明之举，至少可以说是目光短浅。

从表面上看，承认错误，可能要担起因认错而带来的一切责任，会给自己带来一时的不利。但长远地看，认错既可以避免重犯错误，使自己的人生之路变得更为顺畅，也能使别人看到你的坦诚、你的光明磊落、你的敢做敢当，从而更多地得到别人的信任，使你得到更多的支持和发展空间。

大凡智者，绝对不会有错不认、知错不改。古时就有"吃一堑，长一智"的说法，说的就是有了错误，只要充分认识到错误，勇敢地承认和担当，并认真地加以改正，这样，错误就会成为上进的阶梯，给自己增添处世的智慧，就会变坏事为好事。这是古人对生活经验的哲理性概括，对我们有着重要启示。

伟大的文学家莎士比亚说过这样一句话："一个人有了过错，只要能诚实地认识并改过自新，这就是福气。"莎翁这个"认错是福"的观点，也从一个侧面说明了认错是一种智慧。

有错不怕，只要我们充分认识、勇于面对、及时改正，我们的路就会越走越顺，前进的步伐就会越走越快。

古语"人非圣贤，孰能无过"，说的是人并不都是圣明贤达之士，总会有过错的。实际上，即使圣贤，他们也不认为自己没有过错。又说，"智者千虑，必有一失"，这是说人再聪明，也有犯错误的时候。

说到底，只要是人，不管你是什么样的人，你都会有过错。既然过错是难免的，那我们就应该学会勇于认错，主动改错，从而少犯错。

勇于认错作为每个人都必须具备的基本素质，应该成为我们的自觉行动，更应该变成我们开拓进取、不断前进，推动人生走向辉煌的一种动力。

如果只是认错而不改正，那是徒劳的。从另一个角度来看，敢于承认错误并加以改正，也是某种程度上的自信，只有敢于承认不如人，才能胜于人。

改正错误需青少年培养开阔的胸襟、豁达的心境。青少年能够具备改错的能力，才能够算是自己主宰自己。要真正做到，而不是让自己停留在后悔、烦恼上，更不能文过饰非。改正错误，是青少年在任何时候都可以而且必须遵守和施行的原则。

敢于承认错误的人是一个值得欣赏的人，是一个诚实的人，是一个值得信任的人。陶行知老先生曾有这样一副对联："千教万教，教人求真；千学万学，学做真人。"青少年在错误面前，要勇敢认错，知错就改。

不要随便否定自己

随着青少年身体的快速生长发育，心智往往与身体不能平衡发展。许多青少年朋友因为不能适应这种新的变化，往往容易轻易否定自己的一些正确的思想主张，其实这是一种自卑心理。

青少年朋友，为什么否定自己呢？有几千条理由来说明为什么有人否定自己：因为他们太高或太矮，太胖或太瘦；因为他们头发太多或太少；因为他们不够聪明；因为没有得到他们认为重要的人的承认和重视；因为他们肤色黑或黄；因为他们有残疾；因为他们体弱多病；因为……

只要我们愿意，我们还能列举很多，我们有无数个要否定自己的理由。可是，朋友，你知道吗？要不想让困难挡住你，最有效的办法，就是不要轻易否定自己。现在，让我们来看一个小故事吧：

高考落榜后，小天选择了参军。他从小身体不太好，来到部队后，尽管训练很刻苦很自觉，但成绩一直上不去。

小天急得很，却没有什么好的办法。后来，他请教了身边的一些战友，他们有的说他身体弱，有的说他身体协调性差，有的干脆说他不是当军人的料，有人甚至说他矫情。

小天心里有疙瘩，整个人都蔫了。一天晚上他站夜岗，碰巧是八班班长蒋华带岗。蒋班长对新兵从不训斥和责备，就是批评人也和风细雨的，新兵都喜欢找他倾诉烦恼。

当时，小天就把心中的困惑一股脑儿地告诉了他。蒋班长一边巡逻一边给他讲了一个大黄蜂的故事：

"曾有几位动物学家一起探讨并得出一致结论：凡是会飞的动物，其形体必须是身躯轻巧而双翼修长的。正说着，一群大黄蜂飞临现场。

"看着大黄蜂肥胖、粗笨的体态再配上一对短小翅膀，动物学家顿时面面相觑。

"于是，他们去请教一位物理学家，物理学家也觉得不可思议，因为根据流体力学的原则，大黄蜂应该是飞不起来的。

"无奈之下，他们又请来一位社会行为学家。社会行为学家幽默地说，答案很简单：大黄蜂必须飞起来，否则它只能被淘汰出局，死路一条。"

最后，蒋班长说："困难是有的，但你需要做的，就是向大黄蜂学习，不轻易否定自己，向自己突围。"

从那时起，小天像是吃了"定心丸"一样，打消了消极的念头，安下心来学习、体会动作要领，苦练军事技能。

半年后，小天成了一名素质过硬的训练尖子，第二年，他也当上了班长。

青少年朋友，我们每个人都是一座有待开发的金矿，千万不要轻易否定自己。我们唯有鼓起信心，全力以赴地迎接挑战，才能开发潜能，超越自我。蜗牛和雄鹰，一样能到达金字塔的顶部，大黄蜂和小蜜蜂，一样能拥有高远的天空。

青少年朋友，随便地自我否定是个坏习惯，是不自信的表现。所有否定自己的人都有一个共同点，他们臆想出一个标准，并以此来衡量自己。

他们深信，对自己的判断是完全正确的，而别人也是这样看待他们的。

结果是，他们一遇到那些可能让别人看出他们的自卑的场合，便退避三舍。当他们与其他人在一起时，便感到局促不安，产生心理障碍。

这样的人犯了一个错误。他们将自己的行为、外貌或特点同其他人的行为、外貌或特点混为一谈。如果他们患了丘疹、长了个大鼻子或者牙齿上有一个洞，他们就会觉得自己一无是处。

他们自怨自艾，当举止欠妥时，就认为自己是一个粗野的、令人讨厌的人。他们没有将自己作为人的价值同其行为分离开，而是将两者等同起来。

例如，你考试不顺利，只能说明你的成绩不好。如果你因此就认为自己是一个没有用的人或者感到自卑，那就完全错了。

假如人们只是判断自己的行为，就是说将其行为分为好或坏，那他们几乎不会有什么心理问题。只有人们将对自己行为的判断延伸到对他们个人的判断，而且还认为，一个犯错误的人在其他领域也是一个完全没有用的人时，他们才会产生严重的心理障碍。

千万不要这样想！你始终要将自己行为的价值同你作为人的价值区别开来。你可以对自己的行为下断语，但是不要对作为人的你下断语。

如果有可能改掉你的错误和弱点，你就要努力为之。如果你还没有能力战胜自己的弱点，你可以承认自己是一个有错误的人，但是不要对自身妄下断语。

在生活和学习中要多肯定自己，相信自己。每一个成功的人都有很强的自信心，他们既会在自己内心里相信自己，也会在公众面前表现出这样的自信心。

成功学的研究成果表明，自我否定是导致人失败的重要因素，它致使青少年不自信，对其成长发展极为不利。如果连自己都不相信，还能相信什么呢？

被别人否定，不被认同，这并不可怜，可怜的是自己也认同别人的否定，成为否定自己的帮凶。做事不被看好，长相不是那么令人满意，生活节奏比别人要慢一拍……年轻的我们，有这样的苦恼，其实并不可怕。

就像成功地塑造了"哈利·波特"形象的英国女作家乔安娜·凯瑟琳·罗琳，她曾失业、离婚，并靠救济金生活过，从小到大，她在别人的眼里一直是个普普通通、戴着眼镜、相貌平平的女孩，直至《哈利·波特》被大家追捧后，人们才认识了这么一个不起眼的她。

很少有人能一开始就被所有的人看好和认可。

曾经有位画家，在成名之前，也有过不被认同的亲身经历。

他临摹了一幅名人的画挂在街上，请人用笔勾出画中的败笔，一小时后取回去一看，整幅画被画满了勾，他伤心极了，还发誓说以后再也不作画了。

他的妻子见此情景，跟他说："你再画一幅同样的画吧，就当送给我作为今年的生日礼物。"他答应了妻子的要求，很快地画好了另一幅一模一样的画。

他的妻子把那幅画又拿到了街上，请路人用笔勾出画中生动巧妙之处。没想到，原先被视为败笔的地方却又被另一些人认为是画得出色之处。

后来，这个人成了有名的画家。每次想起这件事，他便提醒周边的人说："不要让别人的负面评价影响自己，我们不能做到让每个人都满意，只要做到让自己满意就好了。而即使一开始就被看好和认可了，只要我们稍有不慎，没有达到人们所期望的样子，他们还是会指责。"

对待指责和负面评价，我们正确看待了，就能激发自己的斗志，如果因此而失去自信，否定了自己，其结果，只能是使自己迷失了方向。

生活在这个竞争激烈的社会，每个人都铆足了劲往前冲，唯恐自己落于人后。没有人可以保证自己一辈子永远领先，被所有人崇拜和赞赏，所以，大可不必丧失信心，也千万不能自己先否定了自己。

同时，要相信失败来得越早越好，成功的人生就是由一个个失败夯筑而成。当很多人打击我们，试图击倒我们的时候，我们一定要记得自己肯定自己。

"别人长得比我漂亮，但我比她温柔；别人比我聪明，但我比他勤奋；别人现在比我过得好，但我有一天也会比他过得好……"学会自我欣赏、自我鼓励，我们一定会让那些不看好我们的人对我们刮目相看。

每个青少年都有迷茫的时候，当一切变得晦暗时，人就开始畏缩起来，迟疑着不敢往前一步。然而，当自信的那盏心灯点亮，一切又恢复正常了，乐观和自信的性情再度发挥鞭策的作用，仿佛有一首伴行曲，鼓舞着青少年奋斗不息的心。

自我否定这个坏习惯只会把青少年引向失败，这是显而易见的。自我否定是一种消极的自我评价或自我意识。

自我否定的青少年往往过低评价自己的形象、能力和品质，总是拿自己的弱点和别人的强项比，觉得自己事事不如人，在人前自惭形秽，从而丧失自信，悲观失望，不思进取，有的青少年甚至就此沉沦。因此，青少年能否克服自我否定心理是一个重要的问题。那么，青少年要怎么样才能远离自我否定呢？

首先，要客观地了解自己，正确评价自己。爱自我否定的青少年不妨将自己的兴趣、嗜好、能力和特长全部列出来，哪怕是很细微的东西也不要忽略。你会发现很多都是需要在生活中坚持的，根本没有必要否定。

其次，在想自我否定时转移注意力。不要老是关注自己的成败得失，而应将注意力和精力转移到对自己成长有益的事情上去，从中获得的乐趣与成就感将强化你的自信，驱散你自我否定的阴影，从而慢慢改变你爱自我否定的习惯。

最后，还要用行动向自己证明自己能行。看一件事有没有价值，根本用不着进行什么深奥的思考，只要做好了它就有价值。因此，你可以先选择一件自己最认同的事情去做，做成之后，再去找下一个目标。这样，每一次成功都将强化你的自信心，弱化你自我否定的习惯，也会使你渐渐远离自我否定的坏习惯。

朋友，自信就是走自己的路让别人去说的那份潇洒；自信就是不屑埋没于庸俗尘世的声音，这种穿透了世俗的音律如一抹雨后的彩虹，它在空中画过一条美丽的弧线托起我们奔向未来。坚持相信自己，远离自我否定吧！

试过才知道怎么样

青少年时期是人生的关键时期，这个时期我们精力充沛，做什么事情好像都有使不完的劲。但是，由于经验不够，我们难免会做错一些事情，因此许多朋友变得犹豫起来，不敢再尝试。

朋友，你可知道，优柔寡断的人总是徘徊于取舍之间，无法定夺。这样就会使本该得到的东西轻而易举地失去了，本该放弃的东西却耗费了我们许多精力。

而时机是不等人的，"流光容易把人抛，红了樱桃，绿了芭蕉"。其实人生许多时候，只有及时抓住机遇，竭尽所能地去努力，才能取得成功。

正所谓"花开堪折直须折，莫待无花空折枝"。如果犹豫不决，则会失去良机。朋友，我们现在一起来看一个小故事吧：

屈沛琦很胆小，做事总是怕这个、怕那个的，但烟花却改变了她。

一天晚上，好朋友李欣容兴冲冲地带了一大袋东西来到她家："屈沛琦，快下去玩！看！我买了好多好玩的东西！"

屈沛琦一看，原来是各种各样的烟花，她不好意思地说："可是，我不敢放！"

"不怕，我敢，走，快点儿，我们一起放烟花！"

屈沛琦被李欣容连拖带拽来到楼下，李欣容先拿出一种长条形的烟花，掏出打火机，把烟花点燃，那烟花就"噼里啪啦"响了起来，四处乱溅的火花把屈沛琦吓得直躲。

可是李欣容一点儿都不怕，把烟花拿在手里挥舞着开心极了，还故意举到屈沛琦面前吓她！"屈沛琦，你也来放啊，没事的，伤不到你！"

屈沛琦连连退后说："不，我不敢，我不点！"

李欣容想了想说："我帮你点一支，你拿着，可以吧？"

屈沛琦一手拿着李欣容帮她点着的烟花，离身体远远的，一手捂着耳朵，半睁着眼睛看，随时准备把手里的"炸药"扔掉。

慢慢地，她不怕了。她小心翼翼地点燃了第二支，学着李欣容，双臂舒展，在空地上转着圈儿，"噢！我终于敢放烟花了！太好了！"她高声叫着，心中有说不出的高兴。

随后，她们又放了"小叮当""飞蝶"等好多烟花，有的像上下飞舞的蝴蝶，有的像满天闪烁的星星……她们玩得开心极了。

是啊，不大胆地尝试，怎么能品尝到成功的喜悦呢？成长需要敢于尝试，只要你尝试了，无论经历了什么，哪怕失败了，你还是胜利者，因为你得到了一次宝贵的经历和收获。正因为那些经历和收获，你才能在成长的漫长道路上不迷失，一直朝着正确的方向前进。

惧怕尝试，一味地安于现状，迷信既有，只能让我们止步不前。如果不去尝试，人生会出现太多的空白，我们也永远不会知道我们所困惑的问题的答案。

尝试其实是一种挑战，挑战一切不可能和不知道。人非生而知之，孰能无惑？生活中不可避免有很多的困惑，有的人望而生畏，退避三舍，永远找不到隐匿着的答案，生活在自我欺骗中；有的人敢于挑战，在经历了尝试后，终于接近甚至揭开了真相，受益无穷。

我们是年轻的一代，应发扬这种精神，努力尝试。去尝试风雨的洗礼，才能守候绚丽多彩的彩虹；去尝试陡峭的山路，才能感受峰巅的无限风光；去经历黯淡的黑夜，才能感受黎明的破晓之美。

那些敢于尝试的人一定是聪明人，他们不会输。因为他们即使不成功，也能从中得到教训。所以，只有那些不去尝试的人，才是失败者。

敢于尝试是一种开始，是一次转机；敢于尝试，常常是对旧我的抛弃，是对未来的宣言；敢于尝试往往是战胜自卑、展现自信、走向成功的阶梯。一路走来，一路尝试着；一路挑战自我，一路收获着。

勇于尝试，不轻易放弃任何机会，不让机会白白溜走，即使失败了，也不会留下什么遗憾。以坦荡的心胸去面对一切，成也好，败也罢，不试怎么知道会不会成功，敢于尝试才有机会成功。

勇敢尝试，而后失败，远胜于畏首畏尾，原地踏步。生活是一个不断跨越的过程，只有敢于挑战自己的人，才能真正超越自己。

试想我们曾因为心中的"不可能"，错过多少尝试的机会，警醒之余，更应该明白敢于尝试，才能超越自我。敢于尝试的人才会获得成功。

敢于尝试是一个人敢于挑战自我的表现。只有敢于尝试失败，才有可能取得成功；只有敢于尝试寒冬的刺骨，才会迎来暖春的温馨。

成功需要尝试，实现理想需要尝试，个人的成长和进步更离不开尝试。从古至今，一切的成功都来源于勇敢尝试，有胆量去尝试是成功的基石。

在人生的路途中，有很多事情我们都闻所未闻，见所未见。有些人碰也不敢碰，但有些人能跨出第一步，勇敢尝试。不敢尝试的人永远都不知道这些事里所蕴含的哲理有多丰富、多有趣。日复一日，年复一年地度过，什么都没有试过，那么这个人的一生淡而无味。

若你回望过去，发现自己的一生就这样平平淡淡地过完，就好像桌子上的美味佳肴都看见过，看上去卖相也不错，就是没有尝试过，这是人生的一件极遗憾的事情，这样的人生不就等于白活了吗？

现在天天都有不同的事情发生，有很多事都是你意料之外的，那么敢于尝试的人天天都能接触新事物，天天都能发现新事物，他的人生阅历就会随着他的见识而丰富起来，年老时回首当年尝试过的事情仍然历历在目，真是不枉此生了。

人生就是这样的，尝试是第一步，如果你能跨出这一步，你就能发现其中的乐趣。我们青少年在生活中要勇于去尝试，只有试过才知道行不行。

在尝试中遇到的困难就是我们的良师益友，它能够让我们发现很多我们平时看不到的问题。

对于渴望成功的青少年来说，"敢走别人没走过的路"

的精神是非常可贵的，成功的人都是第一个吃螃蟹的人，他们总是先例的破坏者。而正是敢尝试别人没有尝试过的东西，他们才成就了自己辉煌的人生。

每个人的生活道路虽不尽相同，但人人都想成功，虽然有的人成为科学家，有的人成为百万富翁，但多数人则是平平淡淡走过了坎坷一生，甚至一事无成。

为何有如此大的差别？或许你会说，那些科学家、百万富翁是天才又遇到好机遇，但你可曾发现所有的成功者无不是敢于尝试的人，他们懂得用自己的思维，走别人没走过的路，做别人没做过的事。他们知道，如果不能领先于他人，只是一味地去跟随别人的脚步，那么就永远只能做走在别人后面的人。

我们青少年在生活中要不怕失败、勇于尝试，只有尝试过后才知道结果。

现代的社会是需要青少年去探索和尝试的，若在尝试中成功了，结果自然是好的；若失败了，青少年也可从中吸取教训，找出失败的原因，这对青少年提高自己的能力是很有帮助的。

青少年正处在学习知识、储备能量的重要阶段，一定要勇于尝试，才能紧跟时代的步伐，开启梦想之门。

用你的行动代替抱怨

人们在遇到挫折的时候，似乎已经习惯性地抱怨上天对自己的不公。很少有人会想到，与其在一边抱怨，不如想想如何摆脱这样的困境。

过去的一切都已成为故事，识时务者为俊杰，挥别过去才能攀越巅峰；过去已成为历史，把历史甩到身后，才能去开创更灿烂辉煌的明天。

放弃过去，开始行动，才能感悟更精彩的明天。一旦开始行动，每天都是精彩的，每天的阳光都是新的，都是灿烂的。

亲爱的朋友，我们要学会接受失去的事实，用积极的心态来面对一切，行动起来。

不管人生有怎样的得与失，也一定要让自己的生活充满光彩，而不是为过去的事抱怨、难过。一味地抱怨、难过只会让我们在原地踏步，解决不了任何问题。青少年朋友，我们来看一个年轻人是如何用行动代替抱怨的吧：

有一位在校的大学生，发现大学里的教育制度存在着很多弊端。其实这并不新鲜，许多同学都和他一样有着相同的看法，但是大多都是私下抱怨两句也就罢了！

起初，这位大学生也同其他同学一样，经常抱怨。但当他发现这根本起不到任何作用的时候，他决定行动起来。

于是，这个年轻人向校长提出建议。但是，他的建议没有被校长采纳。于是，他决定自己办一所大学，自己当校长，来完善大学的教育制度。

然后，年轻人开始想，办大学需要很多钱，至少得100万美元，这些钱去哪里找呢？如果等到毕业再去挣的话，等自己挣到那么多钱时，已经晚了。

于是，年轻人就每天冥思苦想如何能拥有100万美元。同学们都笑他，说他有神经病。但这位年轻人根本就不在意别人的嘲笑，他相信自己一定可以筹到这笔钱。

终于有一天，他想到了一个办法。他打电话到报社，说他准备明天举行一个演讲会，题目叫《如果我有100万美元》。

第二天，年轻人的演讲吸引了许多商界人士参加，面对台下诸多成功人士，他在台上全心全意、发自内心地说出了自己的构想。

最后演讲完毕，一个叫菲利普·亚默的商人站起来，说："小伙子，你讲得非常好。我决定给你100万美元，就照你说的办。"

就这样，年轻人用这笔钱创办了亚默理工学院，也就是现在著名的伊利诺伊理工学院的前身。而这个年轻人呢，就是后来备受人们爱戴的哲学家、教育家冈索勒斯。

我们周围不乏这样的人：事情办不成，却喋喋不休地抱怨，把一切不利因素扩大化，似乎自己有天大的本事，却容不得自己去施展，一副"天将降大任，却时不助我"的凄惨样。殊不知，正是因为这种态度，他们才成了一事无成的人。

其实，抱怨只是浪费时间，与其去责怪别人，不如先做好自己的事情。抱怨不仅于事无补，还让自己心情更糟。不如在现实的基础上行动，在有限的条件下，努力做到最好。

可是，现实中却有太多的人一直生活在无休止的抱怨之中。一个国际研究组织曾在25个经济发达国家进行一项名为"你是否每天都感到快乐"的调查，结果显示，60%以上的人的回答是否定的。其中20%的人认为自己"每天都不快乐"，60%的人常常生活在抱怨中。

事实上，上天是公平的，给谁的也不多，给谁的也不会少。所以，当一个人开始产生抱怨心理的时候，他完全是在跟自己过不去。

这世上没有谁比谁差多少，没有翻不过的山，没有过不去的坎儿，只要你不抱怨，认真地想解决问题的办法，拥有一颗平和的心，勇敢地面对自己，面对自己的内心，面对自己的人生，那么，你一定会活得很精彩。

霍金就是一个典型例子。21岁的他，患上了少见的绝症，这无疑是他人生道路上的最大打击。但他没有停留在抱怨中，而是继续走他的路，用行动证明一切。

就这样，霍金坚强的意志征服了科学界，同时也让他取得了辉煌的成就。霍金身上折射出的不屈的精神和不怨天尤人的生活态度，永远值得我们学习，永远鞭策着我们前进！

萧萧秋风中，我们抱怨玫瑰凋谢得太早；思乡旅途中，为迟来一步而远去的客车，我们也抱怨过。

由于有了这些抱怨，我们丧失了斗志，丧失了激情，不思进取，不求上进，我们的生活中没有了希望，没有了阳光，我们把自己锁在迷雾重楼之中，走不出自己给自己编织的牢笼，仿佛周围的风景只是给别人欣赏的。

走过去，前面风景更好；抬起头，世界更加美丽。不要让抱怨挡住自己幸福的双眸，不要让抱怨使自己错失成功的机会。抱怨不会给我们机会，更不会给我们成功。

一个人的态度决定他的选择，而选择决定他的人生。因此，永远不要带着抱怨的情绪去面对生活，即使生活给你的是艰难与困苦。

改变对人生的态度，你就可以将艰难与困苦踩在脚下，提升自我。抱怨并不能改变一个人的命运，只能使人更加颓废；

抱怨只能繁衍过去的不幸，加重人的负面情绪和不满情绪。

抱怨不仅是人性的迷茫，更是人性的溃疡。不要抱怨太多，不要盲目地去羡慕别人，"与其临渊羡鱼，不如退而结网"，放下抱怨开始行动，耕耘好自己的一方田地。

朋友，不要抱怨你的专业不好，不要抱怨你的学校不好，不要抱怨你住在破宿舍里，不要抱怨自己太穷或者长得太丑，不要抱怨你空怀一身绝技没人赏识你，现实有太多的不如意，放下抱怨，开始行动。

为什么抱怨的人会说活得很累？因为他只看到了自己的付出，而没有看到自己的所得。一个人的处境是苦是乐全凭自己判断，这和客观环境并没有直接关系。

你的爱好就是你的方向，你的兴趣就是你的资本，你的性情就是你的命运。各人有各人理想的乐园，有自己所乐于安享的世界。

乡下人进城感到好奇，城里人下乡觉得新鲜，这都是短暂的。如果你不能适应生活，不能调整心态，你永远都会有烦恼，不论是在乡下，还是在城里。

如果你想排解愤世嫉俗的习气，想让自己心平气和，就不要抱怨，不要逃避现实。生活是主观的，多数人爱挑剔爱抱怨，拒绝接受现实的遭遇，却不明白在自己满腹牢骚、激动不安的时候，更会做出错误的决定。

你可能在为赶不上车子而抱怨，为什么不为能搭上下一班车而庆幸呢？如果你埋怨自己每天总要为了上学赶路，为什么不为自己拥有一双健康的腿而庆幸呢?

有的人一辈子也干不成一件事情,因为其只知道抱怨;有的人即使处于逆境也不怕,其采取行动来解决问题,结果成功了。

亲爱的朋友,你就是你自己,好好地接纳自己,接纳生活,别人是别人,别人得到了是因为幸运也好,努力也罢,都不必羡慕,更不必妒忌。只有依照生活的本质,采取积极的行动,才能真正理解生活。

在面对任何艰难困苦、挫折打击时,都应该拥有一种平和的心态,遇事不怒、不惊,态度温和,不怨天、不尤人,始终保持一颗平和的心,那么,这也是一种成功的人生。

亲爱的朋友,就在你抱怨的时候,也许,机会已从你身边悄然溜走了。真的,一切都不值得你去抱怨,你要这样想:一切都可以是你成功的阶梯。

大海如果失去了巨浪的波动,就失去了雄浑;沙漠如果失去了飞沙的狂舞,就失去了壮观;人生如果只为求得两点一线式的一帆风顺,那么,生命也就失去了应有的魅力。

因此,作为青少年,要杜绝生活中的一切抱怨,从现在开始,从脚下开始,积极行动起来,只有这样,我们才有可能走向真正的成功。

真正发挥自己长处

一个人生下来，不可能是完美的人，也永远成不了完美的人。所以当别人在一个方面成功了，而自己却怎么努力都成功不了时，不要自责，怪自己没用，更不要自卑怨自己太笨，这些仅仅说明你的长处不在这里，所以要理智地放弃避开，也就是避己之短；去寻找自己所在行的，充分发挥，也就是用己之长。

成功其实就这么简单！伟大发明家爱迪生就是一个例子。他在班上成绩一直都是倒数，后来就是因为他开始自己的发明生涯，才创造了一个又一个纪录，才获得了"伟大发明家"的称号。其实，在我们身边也不乏这样的事例。朋友，我们来看一个故事吧：

豆丁是一个善良的轮滑男孩，在轮滑比赛中，豆丁滑得最快。本来他觉得自己是个战无不胜的孩子，没想到世界上还有更厉害的——虎头虎脑的大王骑着自行车闯入他们玩耍的阵地，到处撞人，豆丁为伙伴们愤愤不平。

面对这样的场面，豆丁挺身而出保护大家。可是霸道的大王仗着自己身强力壮，只许大家骑自行车。豆丁满腔怒火，但却无可奈何。

面对大王的霸道、无理，豆丁试图反抗，最终还是被大王打倒在地，可豆丁还是不服。

直到有一天，豆丁通过许多名人的故事，明白了"尺有所短，寸有所长"的道理。于是，他再次找大王比赛跑步，大王个子高、力气大，轻而易举地把豆丁甩在后面。

可是，要到终点必须经过一条小河，大王是个"旱鸭子"，不敢下水，在河边急得像热锅上的蚂蚁。豆丁会游泳，他勇敢地跳进水里，游到终点，取得了胜利。

通过这次比赛，豆丁得到了大王的尊敬，不但找回了自信，还找回了朋友们的轮滑地盘。豆丁通过发挥自己的优势，终于取得了成功。

当今社会，无论我们做任何事，在辛勤付出的同时，更需要对客观事实进行了解，扬长避短，发挥自己的优势，这样才能更好地发展自我，实现人生的价值。

我们要扬长避短。不能因为自己有一点儿不足、受到小小的挫折而失去自信；更不能因为自己优点多、实力强，就去欺负别人。我们应该努力发挥出自己的长处，避开短处，使自己更优秀。

"天生我材必有用"，每个人都有自己的闪光点。我们要发现自我的优势，并努力将其发挥得更好。要想发挥自己的优势，我们就必须全面了解自己，明白自己的长处和短处；提高自己的能力；放弃自己的劣势。

举例来讲，兔子是短跑冠军不会游泳，这是由它的先天条件决定的，即使再努力地学习也不会成功。兔子发展短跑的特长，不去学习游泳、打洞之类的薄弱项目，才能在优势项目中立于不败之地。

否则，游泳没学会却把短跑给忘了，那又该怎么办？所以说，发扬长处，避开短处，才是成功的硬道理。

聪明的人懂得扬长避短。

从电视剧《三国演义》到《雍正王朝》再到《长征》，唐国强在观众心目中的分量越来越重。凭借在《长征》中的出色表演，唐国强得到了"美菱杯"观众最喜爱的中央电视台黄金时间电视剧演员金奖，他的演艺事业达到了又一个顶峰。

有观众问唐国强有没有信心演好《贫嘴张大民的幸福生活》中的张大民，他毫不犹豫地回答自己演不了，并说还有一些角色也演不好，比如说鲁智深等。

他表示因为每个演员由于外形、气质等天生的

原因，都有一定的局限性，虽然大家都在尝试突破
自己，但不是任何角色都能够胜任的。

由此可见，扬长避短是成功的一项重要因素。一位名人
曾经说过："人必须悦纳自己，扬长避短，不断前进。"

一个成功的人，他一定懂得发扬自己的长处，来弥补自
身的不足；他一定能够发掘自身才能的最佳生长点，扬长避
短，脚踏实地朝着人生的最高目标迈进。

"优"是一个人取得自信的源泉，也是每一个有进取心
的人追求的目标，那么如何才能达到这一"优"的结果呢？扬
长补短，方显更"优"。

扬长补短，古意为吸取别人的长处，来弥补自己的不
足，如今也当作发挥自身的长处，弥补自身的短处。发扬长处
是让自己变得更优秀，补短也是为了让人看到自己优秀的一
面，其目的是让自己变得更加优秀。

凡事都有相通之处，对于青少年来说，也是如此。在不
断学习的过程中，很多青少年都有偏科的现象，也即所谓的
"长"与"短"。如果任其发展，扬长不避短，必然是优者
更优，劣者更劣。

试想一下，一个中学生数学是满分，而语文和英语只有
三四十分，他能进入理想的学府进一步深造吗？一个成绩突出
而思想道德败坏的学生能得到众人的认可吗？所以，对于每一
个青少年来说，无论是学习，还是生活的其他方面，都应该学

会扬长补短。

作为新世纪的青少年、祖国的花朵和未来，要让自信之花开满人生，就要学会扬长补短，使自己变得更加优秀。

愿每个人都可以全面认识自己，了解自己，发挥自己的长处，书写属于自己的灿烂未来！

学习让我们更自信

知识可以改变命运，学习可以让人散发出自信的光芒，从而照亮一个人的人生！人生有很多要学习的东西，拥有的越多，自然就越自信。因为，一颗不断提高的心是不会看低自己的。

青少年时期是学习的关键时期，好好学习可以为我们的整个人生奠定良好基础。这个时期，我们精力充沛，记忆力旺盛，所以我们一定要抓紧时间学习。

俗话说："活到老学到老。"如果每一个人都能把学习放在一生中重要的位置上，那么，我们还愁社会不进步、国家不强大吗？为了祖国的强盛，我们要学习；为了人类的进步，我们更应该学习。

当今社会是一个科学技术日新月异，处处充满竞争的社会。现在，学习知识成了社会生活的头等大事。显然，一个人若没有知识，在社会上是寸步难行，很难立足于社会的，更不要说服务于社会，对社会有所贡献了。

知识是非常重要的，它是无价之宝。一个国家的发展，要靠人类用学来的知识去改变它；一个正确理论的产生，也要靠人类用学来的知识去总结；要推翻迷信思想，更需要人类用知识来改造。

亲爱的朋友，让我们一起认真读书学习吧！

读书是一种享受生活的艺术。当你枯燥烦闷时，读书能使你心情愉悦；当你迷茫惆怅时，读书能平静你的心，让你看清前路；当你心情愉快时，读书能让你发现身边更多美好的事物，让你更加享受生活。读书是一种最美丽的享受。

读书是一种提升自我的艺术。"玉不琢不成器，人不学不知道。"

读书也是一个学习的过程。一本书有一个故事，一个故事叙述一段人生，一段人生折射一个世界。"读万卷书，行万里路"说的正是这个道理。

读诗使人高雅，读史使人明智。读每一本书都会有不同的收获。自古以来，勤奋读书、提升自我是每一个智者的毕生追求。读书是一种优雅的素质，能塑造人的精神，升华人的思想。

读书是一种充实人生的艺术。没有书的人生就像空心的竹子一样，空洞无物。书本是人生最大的财富。犹太人让孩子们亲吻涂有蜂蜜的书本，是为了让他们记住：书本是甜的，要让甜蜜充满人生就要读书。读书是一本人生最难得的存折，一点一滴地积累，你会发现自己是世界上最富有的人。

读书是一种感悟人生的艺术。读杜甫的诗使人感悟人生的辛酸，读李白的诗使人领悟官场的腐败，读鲁迅的文章使人认清社会的黑暗，读巴金的文章使人感到对未来的希望。

每一本书都是一个朋友，教会我们如何去看待人生。读书是人生一门不可缺少的功课，阅读书籍，感悟人生，助我们走好人生的每一步。

书是灯，读书照亮了前面的路；书是桥，读书接通了彼此的岸；书是帆，读书推动了人生的船。读书是一门人生的艺术，因为读书，人生才更精彩！

人的一生其实就是一个不断学习的过程，我们每个人每天都处于不断变化之中；而我们每个人只有通过不断的成长和学习，才能够累积经验和智慧，解决问题、克服困难和挑战未来。

一个能不断成长和学习的人，才有信心，自我认同才会完整，心理方能健康平衡；当然，在更高层的精神生活和悟性上，唯有通过学习和成长，才可以获得清醒的觉察和领悟。所以，学习是一个人提升自我的最佳方法。

看到别人的优秀时，不要自怨自艾；一定要远离自卑，要学着阔步向前，吸取他人的长处，让自己在不断的学习中脱胎换骨，褪去灰败的外壳，变得光芒四射。渐渐地，你就会看到同学们眼中的惊异，看到父母欣慰的笑容，看到通过不断学习而蜕变成长的自己。

我们要抓住早读课的每一分钟、每一秒钟来读书,大声地朗读。在读书的过程中,不可将手中的笔放下——"不动笔墨不读书",边读边将难写的字写下,也可以将自己读书时的想法写下,这样便于记忆。

读书一定要大声地读,将我们读的每一个字深深刻入我们的脑海中。读书时,边读边理解内容,这样不仅利于记忆,也利于思维的活动。"盛年不重来,一日不再晨",抓住早晨啊!

课堂上是最重要的时刻,一秒也不可懈怠。上课时,千万不可走神,要目不转睛地盯着老师。只有眼睛时刻跟着老师转,才不会去想其他东西。

上课一定要专心致志,聚精会神地去记老师讲的每一句话,当然,也不可能全部记住,但最起码思维要过滤每一句话,这是关键。

重要的东西记不住,要暂时用笔记下,课后去复习,千万不可放过,否则将来必会后悔。老师在黑板上写的,也一定要记下,因为老师写的大部分都是关键的知识。课堂就是阵地,每一名学生都是战士,一秒也不可懈怠!

做作业时要全神贯注,因为这是训练思维能力的时候。说到思维,无非就是思考,认真思考每一个题目,做好它们,就是提升思维能力,所以,这一点也非常重要。

认真做好所有的题目,那么,就不会害怕考试了,我们会把作业与考试一视同仁。平常练得好，考试一定考得好，千万不可对作业马马虎虎！

晚上放学回家后，睡觉之前一定要对老师一天所讲的内容进行复习，千万不可小瞧这一环节！它使我们记忆得更加深刻，有利于下一次的学习。

这是复习的过程，也是一天学习的最后一个环节，坚持下去我们就成功了！

经过这一天的奋斗，肯定会有一点儿累，但千万不可放弃，千万不可半途而废。像这样去做就是不断地奋斗，不断地奋斗就会走上成功之路，我们必将取得一番成就！

我们是高空中展翅飞翔的雄鹰，需要通过不断学习，使自己更有力地翱翔在蔚蓝的天空；我们是在大海中游动的小鱼，需要通过不断的学习，为自己增添破浪的勇气，让自己更自在地畅游在碧蓝的海里。

我们每个人，都在学习中不断地成长，在不停地汲取和效仿之中，将生命打磨得晶莹剔透。只要我们肯努力去学习，善于运用自己的优势，成绩就会像纺织地毯一样，越编越大，能力也会变得越来越强。

也许你会有疑问：在学习过程中，如果产生了强烈的厌倦情绪，那应该怎么办呢？

首先，应努力改变自己原有的想法，正确地认识到只有适度的压力才会使学习变得更有动力；其次，要调整好自己的心态，对自己有一个客观的评价，期望值不能定得太低，但也不能定得太高，要定在经过自己努力之后可以达到为宜；最后，要注意转移情绪、消除怨气。

当遭遇压力或悲伤造成心情烦躁时，不妨与家长或亲人、同学一起讨论一下，不要自己闷在心里，还可以听听音乐、唱唱歌、上街购物或者做些自己喜欢的事情来缓解烦躁的情绪。

此外，还可以经常参加体育锻炼，在运动中缓解学习带来的压力，找到一个情绪的宣泄口，使自己能够在再次进入学习状态时没有过多的思想负担。

朋友，要经常对自己微笑，用乐观的心态去学习，拥有了快乐，你就会发现在学习中心情一直是愉悦的。

青少年朋友，千万不要让宝贵的光阴白白地浪费，更不要做个虚度年华的人。要把学习当作一种终身的责任，要相信，只有付出，才会得到收获；只有学习，才会得到学习的成果。

别在吃苦的年纪选择安逸

方士华◎编著

民主与建设出版社
·北京·

图书在版编目（ＣＩＰ）数据

努力奋斗 / 方士华编著 . -- 北京：民主与建设出

版社，2020.4（2024.1重印）

（努力奋斗）

ISBN 978-7-5139-2944-8

Ⅰ . ①努… Ⅱ . ①方… Ⅲ . ①成功心理－通俗读物

Ⅳ . ① B848.4-49

中国版本图书馆 CIP 数据核字 (2020) 第 033533 号

努力奋斗
NU LI FEN DOU

编　　著　方士华
责任编辑　刘树民
封面设计　三石工作室
出版发行　民主与建设出版社有限责任公司
电　　话　（010）59417747　59419778
社　　址　北京市海淀区西三环中路 10 号望海楼 E 座 7 层
邮　　编　100142
印　　刷　三河市天润建兴印务有限公司
版　　次　2020 年 6 月第 1 版
印　　次　2024 年 1 月第 6 次印刷
开　　本　850 毫米 ×1168 毫米　　1/32
印　　张　25
字　　数　605 千字
书　　号　ISBN 978-7-5139-2944-8
定　　价　168.00 元（全五册）

注：如有印、装质量问题，请与出版社联系。

前　言

　　我们每个人都非常向往美好幸福的生活，但是应该明白，幸福生活不是天上掉下来的馅饼，而是用自己勤劳双手创造出来的。残酷的现实生活告诉我们一个道理，凡事必须靠我们自己。在这个世界上，唯一能够改变我们命运的人不是别人，而是我们自己。你如果不努力，谁也给不了你想要的生活。因此，为了将来生活得更加美好，唯有现在不停地努力，努力拼搏，努力奋斗，努力追求！

　　我们每个人都渴望成功，然而成功却不是那么容易的，这需要我们用自身努力去换取。而努力也不仅仅只是说说而已，需要我们身体力行去实践。最终决定命运的还是我们努力的程度，只有付出得越多，才会收获得越多。请你坚定信心，从这一刻起，开始拼搏与奋斗吧！相信，在许多年后的一天，当你抬头仰望那灿烂星空、当你拥有一个美好未来时，一定会感谢现在拼搏的自己呢！

　　但是，生活中往往不乏这样的人，一遇到困难，不是临阵退缩，就是寄希望于他人，结果一事无成。这种人缺乏自信，认为自己做什么都不行，万事依赖别人，结果养成了胆小畏惧的个性。勇敢建立自信的最好办法，就是认真对待每一件小事。坚强自信心是

自己在不断努力、不断进步中逐步建立的。什么都寄希望于他人，只能成为可怜虫。因此，你如果不勇敢地树立自信心，那么谁人能够替代你坚强呢？请记住，世上没有救世主，只有自己救自己！

我们要明白，人的一生很短暂，要想活得既有价值又开心，就必须找到自己梦想和目标，做自己喜欢做的事，并为此而努力奋斗。有人或许会说，我努力过，也奋斗过，却一事无成。其实，真正想干事业的人，必须持之以恒，坚忍不拔，一往无前。余生很贵，请勿浪费。我们所浪费的一分一秒都非常有价值，时间不能复制，人生不能重演，所以，我们的路该怎么走，想过什么样生活，全凭自己及时选择和努力，千万别在白白等待中浪费光阴啊！

其实，我们每个人都希望过上快乐而安逸的生活，在物质生活极其丰富的今天，这个要求并不过分。但是应该明白，在青年时代，正是风华正茂、精力旺盛的建功立业阶段，如果耽于享乐，贪图安逸，请想想，年老后没有雄厚物质和经济基础，拿什么去安享晚年呢？请不要在吃苦年纪选择安逸，此时要用自己知识和智慧，努力奋斗，顽强拼搏，用青春的汗水换取将来的幸福生活吧！

为了对广大读者加强启迪，指导进行努力奋斗，我们特地编撰了本套作品，分别从奋斗、拼搏、坚强、惜时、追求等方面，用通俗的语言，经典的故事，详细具体地阐述了相关内涵，具有很强的可读性和启迪性。相信通过阅读本书，一定会让你更加懂得努力奋斗，并能够很好走上一条铺满鲜花的成功人生之路。

目录

第一章
在吃苦的年纪，努力学习

　　也许有人认为机会是事业的钥匙，获得了钥匙，事业便就会获得成功。然而事实上却并不是如此。

　　不论做什么事，即使有了机会，还需要我们在这个吃苦的年纪，用自身的努力，去不断地充实自己，然后，还需要我们用刻苦的精神去苦干。这样，我们才能够最终发挥出深埋在心底的巨大潜能，而这些潜能就是让我们人生从此腾飞的翅膀。

用知识给未来铺路

没有知识的人，在现代社会肯定会寸步难行，而且绝对不可能快乐地生活。人生最可悲的是，自己贫困又加上没有知识，那真是一生了无希望。自己虽然贫困，但是因为自己不断地努力上进，逐渐拥有了各种知识，于是通过奋斗可以改变自己的命运。

一个人求知的欲望是与生俱来的，倘若自己越早掌握知识，就越能尽快地走上幸福之路。智慧人士忠告：先填满自己的脑袋，然后再填满自己的口袋，不可本末倒置。知识从来不怕多，就怕"书到用时方恨少"。

培根说："知识就是力量。"他比喻知识像烛光，既能照亮自己，又能照亮别人。而海伦·凯勒则把追求知识比作获得幸福的法宝。卢梭更认为，愚昧无知从来不会给人带来幸福，唯有知识才能给人无限的幸福。

好多科学家把学习知识当作取之不尽的源泉，用之不竭的财富，于是终生都沉浸在求知中。他们把学习当作人生的动力，没有一天不读书学习的，没有一刻不学习思考的。

在当今时代，你如果不坚持学习，不断充电，那么很快就会被发展的社会所淘汰。因此，无论在何时何地，每一个现代人都不要忘记给自己充电。只有那些随时充实自己，为自己奠定雄厚基础的人，才能在竞争激烈的环境中生存下去。

大多数人从学校毕业进入社会后就放松了学习，这种人以后都不会再有什么进步的。反之，那些走出校门而从不间断学习的人，才最终会有所成就。

所谓"大器晚成"的人一定是那种保持自觉学习态度的人，他们勤奋地学习，踏实地进步，自身实力与日俱增，每天都面临着新情况、新挑战。每天都要面对新事物，学习与生活同在。

一份工作，许多人干一段时间就觉得没意思了，想换一份。而换工作是有条件的，有实力才能换工作，而实力来自你自己。现代社会的机会很多，你只要天天学习，就会天天有进步。天天有机会，你的生活也就会生机勃勃。

那么你应该用何种态度来对待你的人生呢？如果因为目前的工作进行得很顺利就感到很放心，每天优哉游哉地游戏人生，那么，目前的情形也许离失败已经不远了。学习"如逆水行舟，不进则退"就是这个道理。

与此相反，如果能将这份工作当作一生的事业埋头苦干，不断进取和探索，那么你的前途将不可限量，你就能日日以清新愉快的心情去做自己的工作，不会觉得疲倦。当你有理想，而不至于失去它时，你的生活会是多姿多彩的，你的心情也会是轻松愉快的。

你要有一股拿生命作为赌注的热忱，并把自己的使命刻在心里，为了完成使命，你必须学会全力以赴地去做、去学、去充电，生命力才会更加强大，你的"能量"才会不断地得到补充，才能让生命更有意义。

只有严格要求自己、不断进取的人，才有资格与人比高下。

一个颇有魄力的老总在公司的经理会上说了这样一段话：

"美国的大公司，在开办新的分公司或增设分厂时，20世纪50年代出生的人，往往就任主管职位。如果现在公司任命你担任技术部长、厂长或分公司经理的话，你们会怎样回答？你会以'尽力回报公司对我的重用。作为一个厂长，我会生产优良产品，并好好训练员工'回答还是以'我能胜任厂长的职务，请安心地指派我吧'来回答呢？

"一直在公司工作，任职10年以上，有了10年以上工作经验的你们，平时不断地锻炼自己，不断地进修了吗？一旦被派往主管职位的时候，有跟外国任何公司一较高下，把工作做好的胆量吗？如果谁有把握，那么请举手。"

这位老总环顾了一下四周，发现没有人举手，他继续说："各位可能是由于谦虚，所以没有举手。到目前，很多深受公司、同行和社会称赞的主管，都是因为在委以重任时，表现优异。正是由于他们的领导，公司才有现在的发展，他们都是从年轻的时候起，就在自己的工作岗位上不断进修，不断磨炼自己，认真学习工作要领。当他们被委以重任时，能够充分发挥自己的力量，带来良好的成果。"

这位老总确实说出了一个放之四海而皆准的道理，那就是：只有时常激励自己，不断努力，保持不断进取的精神，才能够在工作中更上一层楼。

不断学习，不断进步，这一点无论何时何地都不能改变。艺术界的知名演员，都是很有天赋的人，但他们仍会分秒必争地为提高自己演技而认真学习。如果报纸上的影评、剧评指责他们的缺点，他们会一夜不眠地思索自己的缺点。就因为这样，我们才能欣赏到完美的表演。

对一个公司员工来说，平时认真地学习和进步也很重要。缺少不断地学习和进步的进取精神，绝对培养不出自己的信心和实力来担任成大事者的工作。

我有一位朋友最初在一个律师事务所供职三年，尽管没有获得晋升，但他在这三年中，把律师事务所中的一切工作都学会了，同时拿到了一个业余法律进修学院的毕业证书。

但是还有不少在律师事务所里工作的人，如果以时间论他们的资格已经很老了，可是他们却收获甚微，仍然担任着很低的职位，赚着低微的薪金。

两者比较，同样是年轻人，前者就是因为立志坚定、注意观察、仔细谨慎，并能利用业余的时间加以深造，终于获得成功；但后者却相反，所以难有出头之日。

还有一位年轻人，他有很多优点，比如为人忠厚，充满热忱，也能恪守工作时间，从不偷懒，但他反应太迟钝，也从来不注意学习掌握新的知识、新的技术、新的思想。他像一头埋头拉磨的驴一样，只知工作不知学习，所以只能做简单的工作，未能获得升迁。

另外，有些年轻人时时注意身旁的事务，随时随地专心学习，处处在意积累经验，他们能把自己的工作、自己的机构当作一所不断学习的学校。他们总是努力钻研、刻苦磨炼，因此进步神速，成绩斐然。

一个前途光明的年轻人随时随地都会注意磨炼自己的工作能力，任何事情他都想做得高人一等；对于一切接触到的事物，他都能细心观察、留意研究，对重要的东西务必弄得一清二楚方肯罢休。他也随时随地能把握机会来学习、磨炼、研究，他更是看重与自己前途有关的学习机会，在他看来，积累知识要远胜于积累金钱。

他会随时随地都注意学习做事的方法和待人接物的技巧。有些极小的事情，他也认为有学好的必要；对于任何做事的方法，他都要详细考察，探求其中获得成功的诀窍。如果他把所有这些事情都学会了，他所获得的内在财富要比那有限的薪水高出无数倍。而他的工作兴趣也完全在于学习知识、积累经验与磨炼能力。

有些才识过人的青年习惯利用晚上的空余时间，来研究白天的所见所闻、所思考的工作方法和种种技巧。经过一番思考、分析、综合，他从中得到的益处，要比白天工作所获的薪水高出数倍。这些人都很明白，由工作所积累的学识正是他将来成功的基础，是他一生最有价值的财富。

用学习来完善自我

现代社会，竞争日趋激烈，知识的更新速度更是不断地加快。就在今天这个科技发展日新月异的时代，自我完善显得尤其重要。要想改变自我只能通过学习，我们的人生才会得到不断的完善，很好地在这个世界上占有一席之地，才能做一个生活中的强者！

人生要想完善自我，必须有知识作为后盾。对于一个缺乏知识的人，是无论如何也成不了强者的。学习是我们成功的资本，这是因为无学将无以致用，所以要做一个以知为本的人。

在人的一生中，绝不会顺利地走向巅峰，遭遇挫折和失败在所难免，学习和改变的速度快慢，是在这个无情竞争、友情服务的社会中成败之关键。

在知识经济时代，没有知识的人越来越寸步难行，其实没有知识并不可怕，最可怕的是你没有学习意识，最可悲无望的人就是那些贫困没有知识且没有学习意识的人，所有的经济力量莫不依赖于知识，产生于知识，市场竞争由产品竞争发展到知识竞争。我们只有不断学习，拥有深厚的知识，才能成为未来社会主义建设的接班人。

人生因学习而变得生动有趣，我们每个人的一生其实就是学习的一生，我们生命中所遇到的人和事，所得到的经验和教训都是一笔财富。只是有的主动学习总结，有的被动学习不善于总结，这也正是先进与落后最直观的体现与最根本的原因。

不凡之士与庸常之辈的最大区别，并不在于他的天赋和付出，而在于他是否拥有明确的人生目标，只有勇于挑战人生，才能拥有成功的希望。

在人生的竞技场上落败的原因，不是缺少信心、能力、智力、只是没有明确的目标或选准目标，且又缺乏坚强的斗志，只有把注意力凝聚在目标上，才能取得可人的成绩，才能为日后的成功奠定坚实的基础。

心中有远大的人生目标，却不愿意为此而努力学习，注定是一种悲哀。目标好像靶子，必须在你的有效射程之内才有意义，如果目标偏离实际，反而于事无益。你必须要为目标付出努力，如果你只空怀大志，而不愿为理想的实现付出劳动，那"理想"永远是空中楼阁。

只有把目标和行动有机地结合起来，才有可能拥抱成功，目标和行动是改变人生的砝码。一个人不管做什么事，具有什么条件，身处什么样的环境，只要专心致志，勤奋刻苦，好学多问，坚持不懈，脚踏实地一步一步地走下去，自然会越来越接近成功的那一天。

如果我们不懂得前进，只知一味地故步自封，那么将永远跟不上时代的变化，最终就会被社会所淘汰，这就是在"赛马中识别好马"的道理。当今社会的人才竞争，说到底是知识的竞争，学习力的竞争。只有在学习中提升自己的实力，将来才能很好地立足于社会。

知识是种热量无穷的强大能量，知识与行动结合起来就是力量。学知识好比零存整取的银行存款，同时要有与众不同的创意，这样才会有与众不同的收获。

通过学习，可以使我们养成良好的心态和信心。要知道，人生的失败并不是败给了谁，而是败给了悲观的自己，做任何事情都要有个良好的心态和信心，一个缺乏自信的人，终是一事无成的。唯有自信使不可能成为可能，使可能成为现实，缺乏自信的人往往会使可能也变得不可能，对于不相信自己的人，永远都不可能成为将军。

当今时代，选择了学习，就等于选择了改变，选择了正确的人生道路！通过学习，还可以完善我们的人生梦想。

我们身上都背着一个生命的行囊，辛苦地跋涉在漫漫的人生旅途中。梦想是精神的支柱，坎坷则是梦想的梯子。因此，我们必须去正视坎坷，认真学习，用知识来完善我们的梦想，完善我们的人生。

不同的人可能会拥有相同的梦想，然而收获的却是截然不同的人生。在追梦的途中，有人一路鲜花掌声，有人一路荆棘丛生。虽然他们都达到了相同的梦想，但前者缺少了克服磨难的耐力，后者却会拥有饱经风霜和痛苦之后那种成功的喜悦。坎坷，会使我们的生命因之而更加亮丽多彩。

我们是新时代的希望，生活在未来和现实之中，难免会经历彷徨，但只有奋斗了，就一定会完善成功的梦想。正因为有了梦想我们才不会在生命的途中迷失方向，从而矢志不渝的坚守着人生的信条。无梦使一生贫困潦倒，无志则使一生贫贱低劣。

带着梦想行走的人一生充实饱满，无梦的人只是生命途中的一具行尸走肉。追梦中我们吸取经验，拓宽视野，锻炼能力；梦圆时，我们便可尽情地放声高歌。梦想，会使我们感受到实实在在的存活在这个世界上。

梦想与现实之间遥远的距离，有时可能会让我们想到退却，有时甚至会让我们感到绝望。正因为有了这些坎坷与无奈，我们才会更好的珍惜梦途中的成果。而坚持学习则是实现梦想最现实、最有效的方法。

布伦克特用行动给我们证实了一个真理："如果谁能把3岁时想当总统的愿望保持50年，那么50年以后，他就是总统了。"

人生最大的失败便是因绝望而陷入万丈深渊，最大的胜利则是管理好了自己的梦，使梦想成真。结局中，或许我们并没有达到预期的成就，但是我们为之追求过，努力过，奋斗过；为它哭过，笑过，痛过。即使失败了，我们也可以扬起头问心无愧地说"我不后悔，因为我努力了！"

滔滔历史长河，湮没了无数的英雄伟绩，只有那坚定的信念在心间熠熠生辉。努力了，便不再后悔，奋斗了便再也没有遗憾。只要我们为了人生之梦而努力学习了，实践了，我们就做到了人生无悔，那么就已经收获了胜利。

世间万物都需要甘霖进行滋润，梦想需要我们用理智去呵护，用知识去灌注，用行动去支撑。我们不能不顾现实的制约去追求虚无缥缈的梦境，也不能盲目把眼前的一点小利益当成自己伟大的梦想去追求。让我们从现实的角度出发，从自身的优势出发，脚踏实地，用睿智的眼光正视未来的梦，既不轻言放弃，让梦想随风而逝，也不沉溺其中，让梦想奴役了自己的灵魂。我们既要去做梦想的追求者，在梦想的指引下不断地奋斗，也要努力去做梦想的主人，使它成为我们独立决策的指路明灯。

珍惜时间，勤奋努力

"你热爱生命吗？那么别浪费时间，因为时间是组成生命的材料。"

"记住，时间就是金钱。假如说，一个每天能挣10先令的人，玩半天或躺在沙发上消磨了半天，他以为他在娱乐上仅仅花了6个便士而已。不对！他还失掉了他本可以挣5个先令的机会。记住，金钱就其本性来说，绝不是不能升值的。

钱能生钱，而且它的子孙还会有更多的子孙。谁杀死一头生仔的猪，那就是消灭了它的一切后裔，以至它的子孙万代，如果谁毁掉了5先令的钱，那就是毁掉了它所能产生的一切，也就是说，毁掉了一座英镑之山。"

这是美国著名的思想家本杰明·富兰克林的一段名言，它通俗而又直接地阐释了这样一个道理：如果想成功，必须重视时间的价值。名人柯维指出，利用好时间是非常重要的，一天的时间如果不好好规划一下，就会白白浪费掉，就会消失得无影无踪，我们就会一无所成。

经验表明，成功与失败的界线在于怎样分配时间，怎样安排时间。人们往往认为，这儿消耗几分钟，那儿浪费几小时没什么事，但它们的作用很大。时间上的这种差别非常微妙，要过几十年才看得出来。但有时这种差别又很明显。

贝尔在研制电话机时，另一个叫格雷的也在进行这项试验。两个人几乎同时获得了突破，但是贝尔到达专利局比格雷早了两个小时，当然，这两人是不知道对方的，但贝尔就因这120分钟而取得了成功。

你最宝贵的财产是你手中的时间，好好地安排时间，不要浪费时间，请记住浪费时间就等于浪费生命。

时间的特点是，既不能逆转，也不能贮存，是一种不能再生的、特殊的资源，因此柯维认为："一切节约归根到底都是时间的节约"。时间对任何人、任何事都是毫不留情的，是专制的。时间可以毫无顾忌地被浪费，也可以被有效地利用。有效地利用时间，便是一个效率问题。也可以说，效率就是单位时间的利用价值。

人的生命是有限时间的积累。以人的一生来计划，假如以80高龄来算，大约是70万个小时，其中能有比较充沛的精力进行工作的时间只有40年，大约15000个工作日，35万个小时，除去睡眠休息，大概还剩20万个小时。生命的有效价值就靠在这些有限的时间里发挥作用。提高这段时间的工作效率就等于延长寿命。显然，"效率就是生命"也是无可非议的。

美国麻省理工学院对3000名经理作了调查研究，发现凡是优秀的经理都能做到精于安排时间，使时间的浪费减少到最低限度。

《有效的管理者》一书的作者杜拉克说："认识你的时间，是每个人只要肯做就能做到的，这是一个人走向成功的有效的自由之路。"根据有关专家的研究和许多领导者的实践经验，驾驭时间、提高效率的方法可以概括为下列五个方面：

一是要善于集中时间。切忌平均分配时间。要把有限的时间集中在处理最重要的事情上，切忌不可每样工作都抓，要有勇气并机智地拒绝不必要的事、次要的事。

一件事情来了，首先要问："这件事情值不值得做？"决不可遇到事情就做，更不能因为反正做了事，没有偷懒，就心安理得。

二是要善于把握时间。时机是事物转折的关键时刻。抓住时机可以牵一发而动全局，以较小的代价取得较大的效果，促进事物的转化，推动事物向前发展。

错过了时机，往往会使到手的成果付诸东流，造成"一着不慎，全局皆输"的严重后果。所以，成功人士必须善于审时度势，捕捉时机，把握"关节"，恰到"火候"，赢得时机。

三是要善于处理两类时间。对于一名成功人士来说，存在着两类时间：一类是属于自己控制的时间，称作"自由时间"；另一类是属于对他人他事的反应的时间，不由自己支配，称作"应对时间"。

两类时间都客观存在，都是必要的。没有"自由时间"，完全处于被动，应付状态，不能自己支配时间，一定不是一名有效的领导者。

但是，要完全控制自己的时间在客观上也是不可能的。没有"应对时间"，都想变为"自由时间"，实际上也就侵犯了别人的时间。因为个人的完全自由必然会造成他人的不自由。

四是要善于利用零散时间。时间不可能集中，往往出现很多零散时间。

要珍惜并充分利用大大小小的零散时间，把零散时间用来从事零碎的工作，从而最大限度地提高工作效率。

五是要善于运用会议时间。召开会议是为了沟通信息、讨论问题、安排工作、协调意见、作出决定。会议时间运用得好，可以提高工作效率，节约大家的时间；运用得不好，反而会降低工作效率，浪费大家的时间。

随着人类社会生产的发展，特别是科学技术的提高，时间的价值犹如核裂变反应，正以几何级数成倍增长。现代一台纺纱机一小时纺的纱，抵得上古老的纺车"嗡嗡"响一年；拖拉机一人一机一天，能干完牛拉犁几个月的工作量；乘超音速飞机数小时可以从西半球飞到东半球，而当年周游一国竟要耗去大半生的时间。现在，一小时所创造的价值，比古代不知要高出多少倍。

托夫勒在谈到电子计算机所起的深刻作用时曾指出："20年来，用术语来说，计算机科学家已经经历了从毫秒至毫微秒，几乎是超越人类想象能力地对时间的压缩。这也就是说，一个人的全部工作寿命，每年2000小时，40年，就算80000个工作小时，可以压缩为4.8分钟。"

社会学家曾估计："今天社会在三年内的变化相当于21世纪初30年内的变化、牛顿以前300年内的变化、石器时代3000年内的变化。"

时间的增值效应，正在引起一连串的链式反应，涉及社会的各个方面。在工业上，丧失一分一秒，就可能倒闭破产。正如美国汽车大王福特二世所说的那样："企业成功与高速度之间的关系，比起与任何其他几个因素之间的关系来都要密切。"

至于商业，更是争时如争金。为了捕捉瞬息万变的商业信息，日本贸易振兴会不惜巨资，在全世界182个地方设立了调查点，按不同的商品和地区进行分类，出版专门性的商业情报杂志，并开展"委托调查"的业务，根据企业的委托要求，利用海外情报网络有针对性地组织商场调查，收集信息。

所谓信息，就一般定义而言，是指社会共享的人类的一切知识，以及从客观现象中提炼出来的各种消息和情报。信息贯穿在政治、经济、军事、科学、教育、文化、艺术和社会生活一切领域。尤其现代社会生活节奏快，正在进入信息时代。

由于当代科学技术的发展，信息的传播速度越来越快。目前，全世界发表的含有新知识的论文平均每天有近1400万篇，平均每天有800件至900件专利问世。全世界每年出版55万种图书，平均每一分钟就出版一种新书。

近20年来，每年形成的文献资料页数，美国约1750亿页，俄罗斯约600亿页。据联合国教科文组织的统计，科学知识的增长率，从六十年代以来的9.5%，发展至七十年代的10.6%，八十年代则达到126.5%。

过去每隔10至15年人类知识就要翻一番，如今3至5年就要翻一番。化学杂志参考文献的实用期，约有50%不到8年就得更新，而物理杂志参考文献半数以上都是近5年内发表的。有人统计，人类全部科技知识总量的80%都是21世纪产生的。

信息在人类社会发展中的重要作用，以及现代社会进入

"信息社会"的新形势，要求我们每个人在时间运用上要运筹帷幄，精心安排、组织工作，珍惜时间，善用时间。只有这样，在激烈的竞争中，才能立于不败之地。

不断进取，攀登高峰

美国诗人兼随笔作家爱默生曾说："凡人皆为其自身命运之制造者。"

正因如此，无论我们在生活与生命中，遭逢再艰难、再困苦的境遇，乃至于自己所遇上的，是进退维谷的窘境，倘若置身其中的我们，仍怀抱着自己早先立定的美丽梦想、远大志向，那么，意欲积极向前、再创新局与实现每一个美梦理想的我们，怎能不试着为自己，在人生路上开启另一扇前进之门？不主动打破停滞不前的境况，便只能被动地等待，以及屈从于别人的安排。

家境穷困的"电学祖师"法拉第，由于自小每天就得黎明即起外出送报赚钱，因此无法进学校读书。不过，在法拉第小小的脑袋瓜里，不但总喜欢胡思乱想，而且，对万事万物都极为好奇的他，只要脑海里一出现任何自己不了解或百思不得其解之处，他就会立刻开口发问。

14岁那年，法拉第进入一家专职装订书籍的订书房做学徒。由于订书房无时无刻都有数也数不尽的书；于是，白天辛勤工作的法拉第，每晚都会偷偷拿起订书房里的书，一本又一本，竭尽全力地读着……而在这其中，法拉第最感兴趣的领域，莫过于"电学"。在有关电学的种种阅读之外，法拉第还常常自掏腰包，购买许多器材，来进行一个又一个的实验呢！

时间迈入1812年。那一年，有位对电学极有研究的知名德国科学家，正好受邀前来演讲。由于这场演讲的入场券每张售价高达100英镑，因此当天前往听讲的人们，若不是科学家，便是社会名流，个个光鲜耀眼。然而，就在这场演讲即将展开之际，省吃俭用地攒下钱买了张入场券的法拉第，也穿着他的工作服，赶到演讲厅外。

立在门口的守卫，见到衣着与在场众人格格不入的法拉第，不免甚感奇怪。便叫住了法拉第，问道："您……请问您就读于哪一所大学呢？"

"我呀！"法拉第大大方方地回答："我是订书房的学徒呀！"

包括这个守卫在内，所有站在法拉第身旁的人听到以后，不禁都惊叫了一声！

只有法拉第仍若无其事地自顾自走进演讲会场……听讲的时候，法拉第不仅一字一句听得非常仔细，同时，他也作了相当详尽的笔记。

只不过，在这场演讲结束后，回到家的法拉第，心里却波涛汹涌了起来。"若我终其一生，都在这订书房工作，如此，怎能实现我在电学方面的梦想呢？"法拉第心中暗自呐喊："要走上电学研究之路，我一定得去跟随那位科学家才行！"想到这儿，法拉第立刻提起笔来，写信给那位科学家！

在这封信里，法拉第除了向这位科学家表达自己对于电学的浓厚兴趣与理想，并希望他能收自己为门徒。此外，他也将自己听演讲时所作的笔记，全都整理好，一并寄上。

然而，这封信寄出后却犹如石沉大海。日子一天天过去了，法拉第始终没有等到任何回音。

对此失望至极的他，忍不住垂头丧气地对自己说："看来，我的美梦是破碎了，或许，我只有在订书房待一辈子的命吧！"

可就在法拉第叹息、沮丧，甚至想把自己所有的电学书籍与仪器全都给扔掉时，一天，一辆马车在订书房门口停了下来。来者正是那位科学家的助理，他将科学家写给法拉第的亲笔信函，带来给他。

虽然科学家在信中，只是先允许法拉第在自己的实验室里充当打杂的仆役，但是，早已等待多时的法拉第，仍一口应允。

每当我面临人生转角，迟迟犹豫不决的时候，这句印度格言总能适时给我们一记当头棒喝。

"只要你愿意，天堂之门永远为你开启。驱除苦恼与问题，引导灵魂走向精神领域。谨慎行事，履行责任，不必为后果担忧。要主导事件的发展，不要被事件摆布。"

本·菲尔德曼也许是有史以来最伟大的人寿保险推销员，在他的职业生涯中，他一人卖出的保险比一些公司卖出的还要多。然而，他起步的时候很艰难，连一份5000美元的保险单都卖不出去。

几年后，他开始考虑在5000美元的保单后加上一个零。卖50000美元的保单不见得要比5000美元的花更多的时间，而他还可以得到更高的业绩，这样对大家都有好处。他提高眼界，把这想法付诸实施。结果，在很短的时间内他就卖出了许多50000美元的保单。

有一天，菲尔德曼经过仔细思考。他问自己，是不是敢再加上一个零，去卖50万美元的保单。原先的成功增加了他的自信，于是他把保单再加上一个零，卖50万美元的保险成了家常便饭。

可能你已经猜到下一步，你是对的。菲尔德曼又加了一个零，这回他卖的是500万美元的保单。难以置信的是，有一天他又往上面再加了一个零，开始卖起了5000万美元的保险单。

爱迪生，这一位超级发明家，小时候不但未表现出他过人的一面，反而以健忘闻名，在校成绩差得一塌糊涂，连老师们都嫌他又笨又蠢，还有医生在检查他的脑子后，竟说他会死于脑病。如此不被看好的爱迪生，为什么能在日后成为发明家呢？当然要归功于他研究时的认真态度！

话说有一次爱迪生到纳税机关缴税，他一边排队，一边思考着科学上的问题，没想到轮到他缴税时，他竟然说不出自己的名字，爱迪生站在柜台前拼命思考，偏偏就是想不起自己是谁，到最后还得靠邻居告诉他答案，他才想起自己的名字是爱迪生。

努力的爱迪生也常常夜以继日地窝在实验室里做研究，有一天早上，仆人将早点送进实验室，见爱迪生因为前一晚不眠不休地做实验而累得睡着了，所以不忍心将他吵醒，便先将早点放在桌上。

爱迪生的助手们见状，于是起了开玩笑之心，他们偷偷地将早点收起来，只留下一个空盘子，当爱迪生醒来时，看到身旁的空咖啡杯和少许面包屑的盘子，竟以为自己已经吃过早餐，于是又继续工作，直至他的助手们笑弯了腰，他才知道自己被助手开了个玩笑。

认真的爱迪生就是这样一个值得尊敬的人，他致力于发明的苦心不但没有白费，还造福了全世界，谁又能料到，他竟然是个曾经被老师怀疑智力有问题的学生呢？

在电影《心灵捕手》中的少年，能够比哈佛大学的学生更有学问，并不是花了许多学费，仅仅是利用免费的图书馆图书，自己勤奋阅读的结果。这样想来，上帝给人的机会，恐怕还不是什么要等着他敲门的那种，而是就在我们的眼前，只是看我们自己要如何运用罢了。可以肯定地说，只要读过这本书并为他人工作的任何一个人，如果有机会，都会愿意接受一次加薪。但是，大多数愿意接受加薪的人希望责任没有增加，这是一个不切实际的态度。

在大多数时候，能够提升是因为过去的努力和对未来的期望。经理们想通过它说："我们衡量了你的价值，想让你以后忙个不停，因为过去你表现得很优秀。"

你如何能得到那样的加薪或提升呢？首先，你每天要早到几分钟。每天早到15分钟对你的工作效率将有惊人的影响，它使你在一个正确的起点开始工作，而且老板会注意到这一点的。

早到比晚到要好得多，这是因为有时候会产生一些问题，需要你延长工作时间才能完成，当然，这种情况并不总是发生，但这种可能性却是有的。

其次，你需要认真完成任务，就好像提升就靠它一样。显然，每样任务并不会导致提升，但是，累积的效果却是可观的。在你尽力做好每一项工作时，你就会树立起一个积极的名声，这能很好地保护自己，也是提升的保证。

然后，你需要做的是对你所做的显示出兴奋和热情，让它们在你脸上通过微笑反映出来。文雅的举止和乐观的态度，加上你日益增加的知识和日益提高的技能水平，这些都是十分吸引人的。这些基本的小窍门将会使你得到老板的认同，让你的事业更加顺利。

做自己思想的主宰

一个人成功与否掌握在自己手中。思想既可以作为武器摧毁自己，也能作为利器，开创一片无限快乐、坚定与平和的新天地。人只要选择正确的思想并坚持不懈，就能达到完美的境地；如果满脑子邪思歪念，则只能沦为禽兽之辈。在这两极中间，存在着各种各样个性的人，每个人都是自己人格的创造者与生命的主宰。

在种种关于心灵观念中，最令人愉悦和折服的是：人是思想的主宰、人格的塑造者和命运的开创者。作为思想的主人，人们拥有力量、才智与爱，掌握一把能应对任何处境的钥匙。其自身有一种能蜕变和再生的装置，并借此实现自己的愿望。

即使处于一种十分悲惨的境遇，人们仍然能主宰自己。但在这种情况下，他是一个不能正确支配自己的愚蠢主宰。如果他能开始反思自己所处的境况，并努力地寻找种种人生处世的道理的话，就能脱胎换骨，成为能够巧妙引导能力与思想直至获得成功的智者。

　　凯斯特是一名普通修理工，生活虽然勉强过得去，但离自己的理想还差得很远。

　　有一次，他听说底特律一家维修公司招工，决定前去试一试，希望能换一份待遇较高的工作。他星期日下午到达底特律，面试时间定在星期一。

　　吃过晚饭，他独自坐在旅馆房间，不知为什么，他想了很多，把自己经历过的事情都在脑海中回忆了一遍。突然间他感到一种莫名的烦恼：自己并非一个智力低下的人，为什么至今依然一事无成，毫无出息呢？

　　他取出纸笔，写下4位自己认识多年、薪水比自己高、工作比自己好的朋友的名字。其中两位曾是他的邻居，已经搬到高级住宅区去了，另外两位是他以前的老板。他扪心自问：和这4个人相比，除了工作比他们差以外，自己还有什么地方不如他们？聪明才智？凭良心说，他们实在不比自己高明多少。

经过很长时间的思考和反思，他悟出了问题的症结，即自我性格情绪的缺陷。在这一方面，他不得不承认自己比他们差了一大截。

虽然已是深夜3点，但他的头脑却出奇的清醒。觉得自己第一次看清了自己，发现了过去很多时候不能控制自己的情绪，爱冲动、自卑、不能平等地与人交往等。

整个晚上，他都坐在那儿自我检讨。他发现自从懂事以来，自己就是一个极不自信、妄自菲薄、不思进取、得过且过的人；他总是认为自己无法成功，也从不认为能改变自己的性格缺陷。于是，他痛下决心，自此以后，决不再有自己不如别人的想法，决不再自贬身份，一定要完善自己的情绪性格，弥补自己的不足。

第二天早晨，他满怀自信地前去面试，顺利地被录用了。在他看来，之所以能得到那份工作，与前一晚的沉思和醒悟让自己多了份自信不无关系。

在走马上任的两年内，凯斯特逐渐建立起了好名声，人人都认为他是一个乐观、机智、主动、热情的人。随之而来的经济不景气，使得个人的情绪因素受到了考验。而这时，凯斯特已是同行业中少数可以做到生意的人之一了。公司进行调整时，分给了凯斯特可观的股份，并且加了他的薪水。

从凯斯特身上，我们可以看到，并非所有的成功都来自你的思想，更重要的是能发现自己的不足，完善自己的性格。只有这样，才能在事业中不断前进，实现自己的梦想。

人只有察觉到其内在的思想规则，才能成为明智的主宰，而这需要专注、自我分析与经验的功夫。

人类一切的行为都受控于主宰系统，这就好像物理或化学也都受控于某些定律或法则，这个主宰系统系由五部分组成，我们每个人对周围一切所作的诠释或反应，都由这五部分来掌控，它们犹如化学里的周期表，我们每一种行为都可分解成最基本的成分。

我们都知道，地球上一切物质都是由最基本的元素所组成，同理，我们一切的行为也都可做这样的划分，从而就能了解一个人行为的动机。我们的各种行为，事实上就是上述那些成分的组合，不同的组合就会产生不同的行为。

要想主宰自己，首先就得摒弃一些人们习以为常的、甚至误以为真的荒谬观点。例如，人们总是认为，衡量一个人智力水平的高低，要看他能否解决复杂问题，能否在阅读、写作或计算等方面达到一定水平，能否迅速地解答出抽象的数学方程式等。如果从这一观点出发，那只有正式的教育和书本知识才能衡量一个人成就的大小。这样就会形成一种知识势利倾向，并使得另外一些人悲观失望。

人们往往以为，一个人如果受过很高的教育，获得了很高的文凭，或者在某一方面成绩突出，如数学、科技、词汇量、记忆力或速读，他就比人家"聪明"。

然而，只要我们在芸芸众生的平凡人中去考察，就可以发现这是一种谬误：因为这些人虽然没有高学历文凭，也没有发明创造，但他们都能轻松地完成本职工作，并能随时处理各种突发状况。事实上，衡量一个人智力水平的更切实际的标准在于你能否每天以至每时每刻都能真正感受幸福而快乐地生活。

如果你很幸福又充分利用生命的每一分钟，那你就是一个聪明的人。一个善于解决问题的人确实不时地会有一种成功的满足感，这样有助于实现和获取人生的幸福。

但反过来想想，尽管你或许不能解决某一具体困难，但你仍能使自己保持精神愉快，或至少不让自己不愉快，那么，你也是一种聪明的人，你的聪明之处就在于，你掌握了一种对付神经崩溃的良方和法则。

你或许会问："人的神经怎么会崩溃呢？"是的，神经本身是不会崩溃的，即使通过解剖去寻找崩溃的神经，你也难以找到。对于一个"聪明"的人来讲，他们是不会出现神经崩溃问题的，因为他们能支配自己。他们懂得如何摆脱消极情绪并得到幸福，他们知道如何应对生活中的各种问题。

聪明人评价智力的标准，不是看其解决问题的能力如何，而是看其保持精神愉快、实现自我价值的能力如何。至于问题是否得到解决，那倒是次要的。因此，我们可以采用一个十分简单的办法来确定自己是否是一个真正聪明的人，即自己在困难条件下所选择的感情。要想主宰自己，还需要培养一种崭新的思维方式。这可能是一件很困难的事，因为社会中的许多其他因素阻碍个人去支配自己。但有一点你一定要确信，你每时每刻都能作出情感上的选择。

你也许从小到大都一直认为，人的情感是无法控制的；愤怒、恐惧、愤恨、爱慕、喜悦、欢乐等情感是自然生成的，个人根本无能为力，无法控制，只能接受，听之任之；你还可能认为，每当一些悲伤的事情发生之时，你就会自然地赶到悲伤，并希望出现一些愉快的事情使你的情绪好起来。

罗娜第一次听到卓恩·查普曼的故事，他以追捕到多名逍遥法外多年的重刑犯而闻名，因此赢得"猎狗"的诨号。对于他那高超的本领罗娜非常神往，一直希望能与他一晤。

经面谈后才知道，他锲而不舍追匪的动机不是单单把他们逮捕归案便算了事，而是更积极地去帮助他们重新做人。他为什么要这么做呢？这就要从他所受过的苦说起。

在他还年轻时，因为一念之差，加入了一个名叫"魔鬼信徒"的飞车党。有一天，在他们这帮人正进行毒品交易时，突然其中有一个人因争执而拔枪射杀了另一个人，由于事发突然，吓得大家一哄而散。事后卓恩被捕，虽然并不是他杀人，不过按照得克萨斯州法律，犯罪嫌疑人跟杀人犯得同样量刑，最后他被判重刑，必须拴着脚镣服劳役数年。

服刑那几年里他吃尽了苦，反省之余深为自己错误的观念、价值观而痛悔，每当午夜梦醒时常常扪心自问，决心从此改过向善，好好利用在狱中所学到的各种经验教训。

出狱后的几年间，卓恩试过不少工作，最后决定成立一家私家侦探社。有一次他结识了一名法官，这名法官告诉他一个赚钱的方法，就是如何善用他在监狱中所学到的技能，去追捕一位在丹佛市犯下数案的罪犯。

由于这名强奸犯十分狡猾，警方始终逮捕不着，因而悬赏巨额奖金抓捕他。法官建议卓恩，找出这名罪犯的下一步行动及躲藏地，卓恩欣然答应，结果三天之内就逮着了那名罪犯，而警方为此曾耗费了一整年却毫无所获。

这件案子使得卓恩声名大噪，随后的案子应接不暇，到现在经他缉捕归案的犯人已高达3000人，平

均一年就逮了360个以上，差不多是一天一位，这个
纪录在全国就算不是最高，也是最高纪录之一了。

到底他成功的秘诀何在？不用说，最主要的原因是他
有高超的观念，这些观念的资料来源出自他服劳役的那些伙
伴，让他得以对罪犯的观念、价值观、习惯性心理和人生心态
广泛搜集，进而使他能洞悉罪犯的想法，从而准确地预知他
们的行动。总归一句话，就是他充分掌握了罪犯们的主宰系
统，结果让他们纷纷落网。

那些勇于主宰自己思想的人，总是要实现自己心中的目
标，这个道理放之四海而皆准。即使人生唯一的目标就是获取
财富，也必须付出很多，那么试想，成功的人生又要准备作出
多大的牺牲呢？

打破常规思想的束缚

在自己的工作岗位上，我们每一个人都应该努力成为真
正的专业人员。所谓的工作，不单是自己获得各种知识或请教
人就够的。是要亲身去体验，自己领悟，揣摩要点才行。执行
过程中，有创意，富有想象力，灵活地将原则性贯彻的人才最
受欢迎。

要掌握自己的生活，就需要有灵活性，需要自己不断地确定在具体情况下各种规定是否适用。不应为别人的选择生气，只要保持住自己的观念就行了。有许多人就是不敢打破常规，认为常规就是天规，所以没有取得大的突破和进展，而只有小小的蠕动。

敢于违反常规是成功者非常突出的个性。为什么这样讲呢？

社会进步与个人发展都需要不通常理的人，而不是事事顺应潮流、听天由命的人。推动社会进步的往往是那些具有革新精神、敢于打破常规、改造环境的人。如果你要变消极适应环境为积极改变环境，就必须学会抵制促使你顺应社会习俗的各种压力，可以说这是真正生活的必要条件。

这样，别人或许会认为你这是离经叛道；然而，要自己思考问题，就要准备付出这种代价。人们可能会说你别出心裁，标新立异；普通人可能不赞许你，甚至会孤立你。其实，既然你否定了其他人所信奉的行为标准，他们自然会不以为然。

你会听到人们经常提出这样的一种论点："如果每个人都仅仅遵守自己愿意遵守的规定，那我们的社会将会成为什么样子呢？"对这种说法的一个简单答复便是：大家不会都这样做的！我们社会中大多数人都习惯于依赖世界、循规蹈矩，因此他们不可能都这样做。

是的，任何事物都不是绝对的。任何规则或法律都不能保证在各种场合均能适用，或取得最佳效果。相比之下，具体情况具体分析的原则应成为我们生活和行事的准则。

然而，你可能会发现，违反一条不适用的规定或打破一种荒谬的传统却很困难，甚至不可能。顺应社会潮流有时的确不失为一种生存的手段，然而如果走向极端，这也会成为一种神经过敏症。在某些情况下，按条条框框办事甚至会使你情绪低落、忧心忡忡。

公共秩序是文明社会的重要组成部分，法律则是维持文明社会必不可少的。但是，盲目遵循常规则完全不同。对于个人来说，盲目服从可能比违背规定更为有害。

有些规定是荒谬的，传统习惯也常常是毫无意义的。在这种情况下，你如果盲目地循规蹈矩，就无法真正地生活。现在，你应该重新审视各种规定，重新审视自己的行为。

林肯曾经说过："我从来不为自己确定永远适用的政策。我只是在每一具体时刻争取做最合乎情理的事情。"他没有使自己成为某项具体政策的奴隶，即使对于普遍性政策，他也并不强求在各种情况下都加以实施。

需要说明的是，我们在这里绝不是鼓吹无政府主义。我们并不希望破坏社会秩序，只是希望在维护社会秩序的情况下，挣脱那些毫无意义的"必须""应该"的条条框框，使个人得到更多的自由。

即使是合理的法律与规则也并非能适用于各种场合、各种环境。我们要努力争取的，不必总是严格按规矩办事。不必时时刻刻考虑社会环境的需要。否则，你就是一个毫无主见、随波逐流的人。的确，亦步亦趋、照章行事比较容易，然而只要你认识到法律是为你服务的、而不是你的主人，你就会逐步消除自己的"必须性"。

要抵制不合理的社会习俗，首先要心胸开阔。别人可能会违心地按规定办事，你最好不妨碍允许他们作出自己的选择。不应为别人的选择生气，只要保持住自己的观念就行了。

要想不为社会环境所左右，就需要作出自己的决定，争取不声不响地付诸行动。大吵大闹、表示敌对情绪都不会起到积极作用。不合理的规定、传统和政策是不会轻易消失的，然而你却不必受其约束。其他人如果愿意听任摆布，这与你没有关系。

他们要这样做完全可以，但于你是不适宜的。为这种事而大吵大闹往往会引起别人的反感和愤怒，并且你会发现悄悄回避一种规定要比公开对抗来得容易一些。你或可按照自己的意愿生活，或可根据别人的要求生活，这得由你来选择。

各种导致社会变革的新思想最初往往是为人们所拒绝的，甚至曾经是不符合法律的。进步常常与传统发生冲突。爱迪生、福特、爱因斯坦以及莱特兄弟在取得成功之前，都曾遭到人们的嘲讽。同样，你如果抵制不合理的规定和措施，也会遭到一些人的反对。

成功者常常敢于打破常规，以积极的思考找到一条适合于自己发展的天规，从而每天都有新的突破。谈到这个问题，看起来很简单，实际却是一种胆识，一种魄力。没有胆识和魄力的人，岂能成为成功者？

　　旅行者由于经常出外旅行，所以大都在餐馆吃饭。结果有时会遇到上错菜的时候。但因此而得到一份意外的惊喜，哈尔曾遭遇过一次。那天哈尔告诉经理菜上错了，于是餐馆经理立即纠正并向他道歉，还拿来了一份菜单，请哈尔选一份免费糕点。这样，哈尔反过来又向餐馆经理道谢。

　　"'我谢谢他的差错！'哈尔说，'这使我渐渐明白餐厅做了什么。我找来经理问他是怎样想出提供免费糕点的主意的。'"

　　"'很简单。'他说，'我们开会讨论由于出错菜给顾客带来不满的问题，并试图寻找方法减少这种不满。我们一致同意向顾客道歉。'"

　　"'突然有人提议，'为什么我们不使顾客感谢我们？'我问怎么办，他说，'如果我们的错误使得顾客很不高兴，那我们可以免费送他们点东西弥补错误。'"

　　"'这真是不可思议，'经理说，'但现在当我们出错时，我们的顾客都谢谢我们。我们的生意也是越来越好，因为我们考虑更多的是为顾客服务。'"

这个饭店想出一种极妙的方法真是好点子。它向根植于我们脑中的固有认识挑战。固有认识就是面对饭店的错误、顾客的气愤，饭店无能为力。现状就是顾客产生了不满，光道歉是不能令顾客转为满意的，顾客会投诉的。

正如斯迪公司想为他们的合作开发中心设计一个适于创新的环境。当委托建筑师设计时，他们挑战固有认识：即中心就要划出部分分区。结果设计了一个销售、产品设计以及广告混在一起的环境。

这种"杂伴儿"团队由4人组成，每个部门抽一个人。本中心的金字塔建筑结构使每个人拥有一个窗口，并在顶端设计一个宽敞的安静的房间，在那里人们可以不被干扰，可以沉思，搞研究，进行个人脑力激荡。

据斯迪讲，中心现在就是一个创新实验室。他们给那儿起了个新名字叫"有效的不便"。

通用电气曾将培训办公室员工的成功课程运用到工厂工人身上。在刚提出这项培训安排时，培训组织者许多潜在的固有认识很快浮现出来：

一是工厂员工绝对不可能坐下来听两天的课，所以将它减为一天。

二是工厂员工绝不可能写出一份关于管理的总结报告，因为他们没有写总结的技巧。

三是如果他们的主管或上司在屋里的话，工厂员工不会发言，所以只让那些收入不高的员工在一起听课。

"自然，我们向所有这些常规认识挑战。"培训组织者说，我们让不同职能、不同级别的员工混杂在一起，上了足足两天的课。我们邀请主管和团队领导帮助大家写总结。在训练课上你不会分辨出谁是领导谁是工人，因为每个人都被要求穿一样的普通T恤，甚至是主管生产的副总裁。我们指导工人使用各种视觉工具帮助他们写总结。

结果证明，他们许多人的总结写得比那些办公室人员还要好，更突出要点，更充满激情。一位操作指导的评论，形象地说明了挑战这些根植于我们脑中的固有认识的强大效果："你们所做的总结让所有管理者相形见绌。我们就知道你们会有办法帮助我们的，我们真的都不知该怎么留神读好了。我真为你们自豪。"当他走回到座位时，眼中有泪水。在场中的每个人都有泪水。那堵墙已经开始倒了。

挑战常规想法，正像你看到的，非常简单。要想出好主意，你必须重新审定你的问题或境况，挑战那些处理该问题时惯有的认识。这时，你或许发现自己在很多事情上难以作出决定，甚至在小事上也是如此。

这是习惯于以是非标准衡量事物的直接后果。如果当你要作出某些决定时，你能抛开一些僵化的是非观念，而不顾忌什么是是非非，你将轻而易举地作出自己的决定。如果你在报考大学时竭力要作出正确的选择，则很可能不知所措，即使作出决定后，也还会担心自己的选择可能是错误的。

因此，你可以这样改变自己的思维方法："所谓最好、最合适的大学是不存在的。每一所大学都可能有其利与弊"这种选择谈不上对与错，仅仅是各有不同而已。

要消除常规束缚，你不要将各种可能的结果都用对与错、好与坏，甚至最好与最坏来衡量。所有选择的结果只是他们各自不同而已。

例如，你到商店购买了一件衣服，当你穿给父母、朋友或孩子们看了之后，他们会表露出不同的观点，而你无法判断他们哪一个人的观点是对的，哪一个是错的。关键一点是你自己喜欢最为重要。

如果采用自我挫败性的是非标准，你就会认识到，每当你作出一项决定时，你只要权衡选择其中的一种结果。倘若你事后对自己的决定感到后悔，并且认识不到后悔是浪费时间，下一次你就会作出不同的决定，以达到你的期望。但是无论如何，你绝不会以"正确"或"错误"来形容自己作出的决定。

你可能会认为，错误的思想是不好的，甚至根本不该提出来，应当鼓励正确的思想。你也许会对孩子、朋友或妻子说："不对的话就不要说，不对的事就不要做。"

问题恰恰出在这里。因为这种对与错、是非曲直的标准应该由谁来确定呢？这是我们每个人都无法肯定回答的问题。法律只能决定一件事是否合法，却不能决定它的对错。一个多世纪以前，穆勒在《论自由》一书中指出：

"我们永远无法确定我们所压制的是不是错误的意见。即使我们压制的是错误的意见，压制意见的做法比错误意见本身更为邪恶。"

衡量真正生活与否的标准并不在于能否作出正确的选择。你在作出选择之后，控制情感的能力则更为明确地反映出自我抑制能力，因为一种所谓正确的标准包含着我们前面谈到的"条条框框"，而你应当努力打破这些条条框框。这里提出的新的思维方法将在两个方面对你有所帮助：一方面，你将完全摆脱那些毫无意义的"应该"标准；另一方面，在消除了是非观念误区之后，你便能更加果断地作出各种决定。

发挥想象，创新思维

人类原本就具有非凡的创造力。小孩子即是天生的"创意大师"，透过想象，扫帚可以变成神奇的交通工具；浴巾可以当成晚礼服；垃圾桶可以当作钢盔。透过游戏，小孩子的创意和联想，把眼前的东西变成想要的东西。

但不幸的是，在我们成长的环境中，为人父母者总是希望子女能趋吉避凶。鼓励谨慎，牺牲好奇心；鼓励安全，牺牲冒险。不是限制孩子什么不能做，就是训诫小孩不听话的恶果是什么。如果孩子有什么"创新"的想法，少不了又会被狠狠地浇一盆冷水，"不要做白日梦了"。就这样孩子慢慢地失去了好奇心和创造力。

可是，不知你发现没有，古往今来，许多白手起家而最终获得了赫赫声名或巨大财富的人，其中大多数人都是运用了创造力而取得成功的。他们常常思考那些别人还没有思考过的事，干别人还没有干过的事，走人家还没有走过的路，制造人家还没有制造过的东西。

发明大王爱迪生原来是一个默默无闻的穷小子，当他靠卖报纸维持生计时，没有谁知道他，也没有谁去关心他。但是，当他发明了电灯后，名望与财富闪电一般落到他的身上来了。

如今，全世界没有一个角落里不挂着他发明的电灯，更没有一个人不敬仰这位给人类带来光明、驱走黑暗的伟人。他之所以能一鸣惊人，其原因就是他制造了一种人家从来也没有制造过的日用品。蒸汽机发明家瓦特之所以能够名垂千古，受到世人的称颂，就是因为他偶然注意到了许多人都看到过但却没有在意过的茶壶上的水蒸气。

发现地心引力的牛顿的成名更是简单得很，他不过为因看见树上落下了一个苹果，而对此略微思索了一下罢了。

马克思之所以能够让自己的大名轰动全球，使整个人类史上增添异彩，就因为他创立了一种别人从未创立过的社会主义学说。林肯之所以能够成为美国第一伟人，是因为他发动了一场人道主义的伟业，即解放黑奴运动。这是以前历届总统都未曾做过的。

如果你觉得上面的例子不具有说服力的话，请再看看下面的例子吧！

有一位荷兰的镜片制造商汉斯·李伯斯，因为童心未泯，有天他突发奇想，左右手各拿一只镜片，然后从双眼透视过去。结果呢？他发明了望远镜。

瑞士工程师乔治·德梅斯特拉有一天到树林散步，回到家时发现裤子上沾了许多小刺果，他觉得很好奇，就用显微镜观察，看到刺果的芒刺上有小"钩"，会钩住布料纤维上的环。

于是他利用这种原理研制人造的"钩环扣"，而发明了尼龙绒扣。现在，这种发明已普遍地使用在球鞋、袋子、衣服和日常用品上。

另有一位名叫汤姆斯·亚当的美国摄影师，因工作上的需要而积极寻求橡胶的取代品。他跟厂商要了一块树胶来做实验，那树胶是从中南美洲的某种树上摘下来的。

有一天，当汤姆斯·亚当工作感到很"乏味"时，就把这块树胶放到嘴里去嚼，发觉味道很不错。经过数次改良后，他成功地发明了口香糖，成为巨富。

请相信这个事实：创造力能带给你无尽的财富。

有一个道理是非常显而易见的，那就是随着人类的进步和科技的日新月异，一定有许多新兴的事业，在不久的将来会有一个飞速的发展。

一般在工商界有经验的人，差不多都知道，一项新兴的事业由于没有很多人的涉入，竞争不会很激烈，成功的机会要比老事业来得迅速而容易。同时，我们也不必担忧，以为成功来得快的事业，失败起来也一定比别人快。这种推理是错误的。

只要我们能真正抓住市场的需要，并且能有意识地和谨慎地使这种需要得到满足，那么新事业的根基，就会稳稳地掌握在我们的手中，我们尽管大着胆子去创业就行了。

从理论上说，人们的欲望是无穷的，当然有些欲望已经得到满足，但是世界上仍然潜伏着人们的各种需要，从这个角度来说，还未被人们发现的事业，实在是多得不计其数。

当然，这些需要即使被我们发现，要想把它们发扬光大，还要经过长久的艰苦的努力。对此我们也不必急躁，许多在开始时进行得很缓慢的人，往往以后都能取得成功。在这里，我们不妨来看看收割机的发明者赛勒斯·麦考密克的例子。

麦考密克把他的收割机销到英国时，也是很巧妙地运用了这种秘诀。

在规模宏大的伦敦农业展览会上，别的竞争的机器都被打扮得缤纷夺目，但麦考密克收割机却显得非常陈旧寒碜，而且它还被样子很难看的小马拖曳着。原来运载这台机器的船曾经在半路上沉没了，于是麦考密克索性让机器保留着刚从水中捞起来的样子。

当这台形状丑陋的机器在参赛的机器中取得胜利的时候，人们是多么惊异啊！接连几天成千上万的人还在沸沸扬扬地传说着奇迹，结果麦考密克的机器已获得了完全的胜利。

这已是他发明收割机之后的第十个年头了，在此之前，他总共才卖出过一台收割机。

市场的情形以及人们对新事业的态度，虽然常常会发生变化，但是只要事业的本身能迎合人们某些永久性的需要，那么为了顺应环境，不妨随时做一些局部的改动，而结果仍能够永久图存。

罗宾在宾夕法尼亚州经营着一家小规模皮鞋工厂，只有十几个雇工。他深知自己的工厂规模小，要挣到大笔的钱并非易事。由于自己薄弱的资本、微小的规模，根本不足以和强大的同行相抗衡。而如何在市场竞争中获得主动权，争取有利地位呢？罗宾选择了两条道路：

一是在皮鞋的用料上着眼。就是尽量提高鞋料成本，使自己工厂的皮鞋在质量上胜人一筹。然而，这条道路在白热化的市场竞争中行做起来是很困难的，因为产品本来就比别人少得多，成本也比别人高，如果再提高成本，那么获利的可能性更小。显然，这条道路是行不通的。

二是着手皮鞋款式改革，以新领先。罗宾认为这个方法不失妥当，只要自己能够翻出新花样、新款式，不断变换、不断创新，招招占人之先，就可以打开一条出路，如果自己创造设计的新款式为顾客所钟爱，那么利润就会接踵而至。

经过一番深思熟虑，罗宾决定走第二条道路。他立即召开了一个皮鞋款式改革会议，要求工人各尽其能地设计新款式鞋样。

为了激发工人的创新积极性，罗宾规定了一个奖励办法：凡是所设计的新款鞋样被工厂采用的设计者，可立即获得1000美元的奖金；所设计的鞋样通过改良可以被采用，设计者可获500美元奖金；即使设计的鞋样不能被采用，只要其设计别出心裁，均可获100美元奖金。同时，还即席设立了一个设计委员会，由5名熟练的造鞋工人任委员，每个委员每月额外支取100美元。

这样一来，这家袖珍皮鞋厂，马上掀起了一阵皮鞋款式设计热潮，不到一个月，设计委员会就收到40多种设计草样，采用了其中3种款式较别致的鞋样，并立即召集全体员工大会，给这三名设计者颁发了奖金。

罗宾的皮鞋厂马上根据这三个新款式来试生产了。第一次出品是每种新款式皮鞋各做1000双，立即送往各大城市推销。顾客见到这些款式新颖的皮鞋，立即掀起了一种购买热潮。

两星期后，罗宾的皮鞋工厂收到2700多份的订单，这使得罗宾终日忙于出入各大百货公司经理室，跟经理们签订合约。因为订货的公司多了，罗宾的皮鞋厂逐渐扩大起来，三年之后，他已经拥有18间规模庞大的皮鞋工厂了。

不久危机又出现了，当皮鞋工厂一多起来，做皮鞋的技工便显得供不应求了。最令罗宾头疼的情形是别的皮鞋工厂尽可能地把工资提高，挽留自己的工人，即便罗宾出重资，也难以把其他工厂的工人拉过来。缺乏工人对罗宾来说是一道致命的难关。因为他接到了那么多订单，如无法给买主及时供货，将意味着他得赔偿巨额的违约损失。

罗宾忧心忡忡。他又召集18家皮鞋工厂的工人开了一次会议。他始终相信，集思广益可以解决一切棘手的问题。罗宾把没有工人可雇用的难题诉诸大家，要求大家各尽其力地寻找解决途径，并且重新宣布了以前那个动脑筋有奖的办法。

会场一片沉默，与会者都陷入思考之中，搜肠刮肚地想办法。过了一会儿，有一个小工举起右手请求发言，罗宾嘉许之后，他站起来怯生生地说："罗宾先生，我以为雇请不到工人无关紧要，我们可用机器来制造皮鞋。"

罗宾还来不及表示意见，就有人嘲笑那个小工："孩子，用什么机器来造鞋呀？你是不是可以造一种这样的机器呢？"

那小工窘得满面通红，惴惴不安地坐了下去。

罗宾却走到他身边，请他站起来，然后挽着他的手走到主席台上，朗声说道：

"诸位，这孩子没有说错，虽然他还没有造出一种造皮鞋的机器，但他这个办法却很重要，大有用处，只要我们围绕这个概念想办法，问题定会迎刃而解。"

"我们永远不能安于现状，思维不要局限于一定的桎梏中，这才是我们永远能够不断创新的动力。现在，我宣告这个孩子可获得500美元的奖金。"

经过4个多月的研究和实验，罗宾的皮鞋厂的大量工作就已被机器取而代之了。

罗宾·维勒的名字，在美国商业界就如一盏耀眼的明灯，他自己成大事的经历，与他时时保持锐意创新的精神是密不可分的。

创新是通往富有的捷径

企业家的高低优劣之分也往往因此而产生。毫无疑问，除了经商之外的人要想成为成大事的人，必须在思维上要达到这样一种程度：用新思维突破常规观念，超越自己的过去，更要超越对手的思维能力。

可是一提到创新，有些人总是觉得神秘，似乎它只有极少数人才能办到。其实，创新有大有小，内容和形式可以各不相同。创新活动已经不仅是科学家、发明家的事，它已经深入到普通人的生活中，很多人都可以进行创新性的活动，生活、工作的各个方面都可以迸发出创造的火花。

成大事者在事业上新的追求、新的理想、新的目标会不断产生，在为新的事业创造奋斗中，实现了这些新的追求、理想、目标，就会产生新的幸福。

对于一个成大事的人来说，创新和幸福是什么关系？英国著名哲学家罗素把创新看作是"快乐的生活"，是"一种根本的快乐"。苏联教育家苏霍姆林斯基认为：创新是生活的最大乐趣，幸福寓于创新之中。

他在《给儿子的信》中写道："什么是生活的最大乐趣？我认为，这种乐趣寓于与艺术相似的创新性劳动之中，寓于高超的技艺之中。如果一个人热爱自己所从事的劳动，他一定会竭尽全力使其劳动过程和劳动成果充满美好的东西，生活的伟大、幸福就寓于这种劳动之中。"这些论述深刻地揭示了创新与幸福的内在联系，说明创新是获得新的幸福的源泉。

为什么说创新是成大事者获得新的幸福的源泉和动力？我们知道，幸福是人们在追求目标过程中得到的精神满足。而人们需要的内容是不断发展的，需要的层次是不断提高的，旧的需要满足了，又会产生新的需要；低层次的需要满足了，又会产生高层次的需要。要满足人们不断提高的需要，实现人们对幸福的追求，就要靠创新。取决于创新，即他的幸福和成大事与否也在于创新。

创造性思维决定了一个人的成大事到底能有多少突破。凡是保守、陈旧的思考习惯只能重复过去，而不能改造过去。成大事者的习惯是：发挥创造性思维的能量！

《妇女家庭杂志》的前任总编辑爱德华·博克先生，在他的自传中，非常清楚明白地叙述了他在创业时，是怎样利用一个潜伏着的"需要"来奠定自己事业的基础的。

所谓"潜伏着的需要"，就是说市场有某一种饥渴尚未得到满足，有待那些有心人大量地创造出相应的产品去迎合人们殷切的需要。

博克不是一个土生土长的美国人，当他只身来到美国时，他才刚过20岁。当时正值美国竞选总统，但是他对两个政党的情况却一点也不熟悉，他非常想了解这一情况，但是他想了很多办法，都无法实现自己的这一心愿。

于是，他灵机一动，想自己动手做一些介绍这两个政党的基本情况的备忘录，来作为投票时的参考。如果这种想法发生在一个美国人身上，可能有点奇怪。但爱德华·博克是一个在美国居住的外国人，所以他对于两党的情况，一无所知，也无法以他父亲或祖父所隶属的政党为归依。

博克在自传中还讲到了他在找两党的宣传资料上遇到的困难，最后当他找齐了材料时，他不禁灵机一动：如果把两党的宣传材料印成一种轻便的小册子，专供那些对美国两党政治不太了解的人投票参考，是不是会受到很多人的欢迎呢？

于是他就开始行动起来，把小册子印了出来，以每份一角钱的价格，在纽约的报摊和车站上发售，结果在两党竞选期间，他一共赚了1000多块钱，这对于他后来选择从事编辑这一职业，也是一个很重要的推动因素。

对于试图成大事的人来说，必须明白：人们为了取得对尚未认识的事物的认识，总要探索前人没有运用过的思维方法，寻求没有先例的办法和措施去分析认识事物，从而获得新的认识和方法，并锻炼和提高人的认识能力。

在实践过程中，运用创新性思维，提出的一个又一个新的观念，形成的一种又一种新的理论，作出的一次又一次新的发明和创造，都将不断地增加一个人成为成大事者的能力。

也许读者会不相信，一种专门为木偶人制造衣服的不起眼的职业，竟会使一个妇女从一无所有发展到积累了100万元的资产。

这个妇女的创业动机很奇妙，她看见美国小女孩子玩耍的玩具娃娃都是光溜溜的，即使有的穿着衣服，其质料也非常粗糙，式样又很陈旧。其实女孩子是很喜欢漂亮的，她们大都希望她们的玩具娃娃，能穿着同她们自己一样漂亮的衣服，于是，这个妇女便开始制作木偶穿的衣服。

其剪裁式样等完全模仿木偶的小主人的衣服，并随时跟着小姑娘们的时装而改换式样。当她创业的时候，不过想试试这种生意是否可以做，所以规模很小，结果这种可爱的玩具娃娃服得到了儿童的普遍欢迎。

她最初的几批产品，完全是模仿那时最新式的童装的，这些产品都是她在一间屋子里亲手做成的，但她的存货，立刻被人家购买一空，而且获了一笔很好的利润。

全国各地的订单潮水似的涌进她的屋子里来，以致她感到一家工厂已经不够用了，于是她又租赁了几间空屋，添置了几架缝纫机，并聘请了好几位缝纫助手。她自己则终日忙于打样和设计。

　　没出数年，她的事业已发展成为一家资本雄厚的企业。现在她对于制造玩具娃娃衣服的经验是更加丰富了，也更加精密了。她设计的玩具娃娃的衣服，无论从打样、剪裁、还是从色彩来说，无不巧夺天工，极尽考究。其认真的态度毫不亚于时装公司的设计新装，其间的差别不过是她所制造的产品是袖珍型的衣服而已。

　　这个事例说明，只要我们能充分利用自己身上所蕴含的敏锐的观察力，创业的良机可以说比比皆是，差不多在每一个社会阶层中，都会有一些未经发掘的机会潜藏着，专等待有心之人去抓获它，将它发展为一种成功的事业。

第二章

在吃苦的年纪，坚定信念

　　信念是一切成就的基础。在我们自信能完成一件事情的信念中，有一种巨大的力量。对自己有极大信心的人，不会怀疑自己是否处在合适的位置上，不会怀疑自己的能力，更不会担心将来。

　　信念是一块伟大的奠基石。只要我们在吃苦的年纪，坚定自己的信念，那么，在我们做出努力的时，它都能够造出伟大的奇迹。它将一路陪伴着我们的人生，直到我们走向辉煌，走向成功。

梦想并不是空中楼阁

我们的梦想并不全是建造空中楼阁。然而，每一座现实的城堡，每一个温馨的家，每一幢建筑物，在一开始都是空中楼阁。合理的梦想是具有创造性的，它使得我们的愿望成为现实，使得我们的渴望、我们的希望成为现实。

一幢建筑物如果没有具体的建筑计划，是根本不可能建成的，它必须先在精神中被创造出来。从建成之前的设计来看，它是完美无缺，无懈可击的。

生活中出现的任何事物，我们总是先在精神中把它创造出来。正像设计某一建筑，在砖瓦运来之前，建筑师必须在头脑中描绘详尽的蓝图一样；我们要想完成某一伟业，在它成为现实之前，我们必须在头脑中把它所需要的条件全部创造出来。

想象就是对可能性生活的设计。但是，如果我们不通过执着的追求、不懈的努力使它变成现实，它只能停留在这种设计上。

这就像一个建筑师的设计，如果不通过建筑工人的努力使它成为现实，它就仅仅是一张设计图纸面已。

每一个成就了伟大事业的人，都是一个梦想家。而他们所完成的工作，又是与他们的想象力、能力、毅力，与他们对理想的执着程度和他们所付出的努力密切相关的。

不要因为梦想还没有化为现实，不要因为希望渺茫而放弃了理想。要为了理想不屈不挠，要让理想保持永恒的活力，不要让日常生活淹没了理想或使理想失去了亮色。

要保持一种良好的精神状况；要读一些激发你奋进的书籍；要和那些成就了一番事业的人保持密切联系，尽量吸取他们成功的经验。

在人的头脑中，尽可能在使理想具体化、形象化，遵循思想与现实相符合的原则来塑造事物，这样，你的理想就能变成现实。

在晚上休息之前，留一点时间给你自己思考。静静地坐下来，任凭思想的野马驰骋。不要为你的想象力担心，不要为你的幻想而担心，因为"没有想象力，人类就会灭绝"。造物主赋予你想象力并不是为了捉弄你。

想象力是以现实为基础的。造物主赐给你这份神圣的礼物，是为了让你感觉到那些为你而准备的伟大事业；是为了把你从平凡中提升出来，而进入到不平凡的生活；是为了把你从各种牵累、各种严酷的环境中提升出来，进入到一种理想的境界；是为了向你说明这些理想能够在你的生活中成为现实。这些来自天堂的曙光，是为了使我们不至因为失败和挫折而丧失勇气。

但是，我们所说的梦想并不是荒诞无稽的幻想，而是现实的、合理的愿望以及来自心灵的神圣渴望，它会使我们的生活变得高尚。不管我们周围的环境是怎样的令人不快或不友善，我们可以在想象中把自己提升到一种理想状态。

在合理的愿望背后，常常有一种神圣的东西。我们所指的具有神圣性的愿望，不是那些我们所缺乏而又必需的东西；我们所指的具有神圣性的愿望也不是那些吃了以后就会使我们死亡或化为灰烬的果子，而是来自心灵的合理愿望，是有望变成现实的理想，是对自我实现的渴望，是对最大限度改良现实的梦想。

"如果一个人的梦想只是捡破烂，那他永远只配捡破烂。"

我们的精神状态、心灵的渴望，就是我们作出的祷告，大自然会给予我们相应的回报。我们心灵所求的，她都会帮助我们得到。

人们很少意识到，他们的愿望就是他们所作出的祷告，不是嘴上的祷告，而是心灵的祷告，我们所求的都会被给予。

我们会意识到，在每个人的一生中，都伴随着一个神圣的信使，她是被派来保护和指引我们的，她回答我们的所有疑问。没有谁会渴望那些他没有能力实现的东西，而由此受到命运的捉弄。

一个人如果抱有正确的人生态度，努力拼搏，执着追求，他就会达到目的，或者说最终接近目标。集中精力，目标专一，就会产生一种神奇的创造力，就会创造出我们所渴望的事物。我们所渴望的，是一个伟大壮丽的时刻。

我们心灵的渴望，激发了我们的创造力。它使我们的才智得到增强，能力得到提高，从而使我们的梦想变成了现实。大自然是个讲求信誉的商人，如果我们为希望得到的东西付出了代价，她就会把我们所需要的东西交给我们。

我们的思想就像水的源头，从各个方面流向广阔的海洋。这些思想之源产生了强大的动力，使我们的愿望和志向汇合了起来。

如果现实中没有南方，鸟儿就不会在冬天飞往南方；同样的，如果没有现实生活作基础，造物主就不会赋予我们心灵的渴望，去渴望更广阔的、更完美的生活，去渴望最大限度地自我实现，去渴望不朽的生活。

在植物世界，花、果实的生长都符合它们的自然本性，它们在特定的时间开花、结果和成熟。

在有机会开放之前冬天就已来到，这并不让花蕾感到奇怪；在大雪降落之前，果实就已从树上掉下；植物的生长并没有因此而发育不全。

相反的，如果我们发现，冬天到来的时候，所有的果实还是青色的，含苞待放的花蕾不再生长，而是被冻死，我们会意识到这是不正常的。

同样，如果我们发现，在生命结束之前，千百万人中没有一个变得完美，或者说，千百万人中没有半数的人实现了自己的目标，那么，我们会觉得生活欺骗了我们。

如果我们看到一棵有生命力的树被风吹折了树枝，我们会觉得这是不正常的。同样，如果一个人继承了神灵的品格和无限的能力，在还没有完成目标之前，就从生命之树上夭折了，这也是极不正常的事。

如果一棵苹果树在还没有来得及成熟、实现它的生命价值之前，它的生命被扼杀或者被砍掉，面对这些残枝，我们会表示抗议。

同样，一棵高大的橡树，当它开始发芽、沉浸在结出橡子的梦想之中时，如果被无情地拔掉，我们也会发出抗议。

然而，即使是那些才能非凡、受过良好教育、有过很好机遇的人，即使是一个民族的优秀人物，在有过最完美的人生之后，当他们站在死亡的边缘时，他们也会觉得，自己只不过是刚开始发芽的、沉浸在渴望结果的梦想之中的还有着无限潜力的橡树。

其实，事实并非如此。逻辑上的类推告诉我们，人的一生最终是有机会枝繁叶茂、繁花似锦、硕果累累，去获得一种自由的自我实现。

如果我们充分利用自己的想象力，抓住时间和机遇让我们的思想开花，努力实施自己的抱负，我们的理想就会实现，正像花蕾会找到机会，在适当的时间、适当的地点开放，散发出芳香，展示花容，而不至于被扼杀或发育不良。

我们本能地渴望，能有时间和机遇走向完美，自由地发挥自己的潜力；如果在还没来得及走向成熟之前就夭折了，我们就会鸣不平，会觉得不恰当——所有这一切比任何书本知识更能表明，我们心灵的渴望、我们的梦想是与现实紧密结合在一起的。

由此我们可以看到，在每一个平凡的人身上，都存在着使他成为理想的、完美的人的因素。只要你在头脑中保持着一个完美的形象，保持着一个完美的目标，它就会成为一种能起支配作用的生活态度，很快就会融入你的生活，使你成为一个完美的人。

信心是一切成就的基础

处于信心庇护下的人，能够从束缚、妨碍无信心者的许多担忧和焦虑中解放出来。他有行动的自由，他的能力也可以自由发挥，而这两种自由对取得巨大的成就是必不可少的。

对于成就大业来说，自由是必不可少的。一个人的思想受到担忧、焦虑、恐惧或无把握感的束缚和妨碍时，他的大脑就不能有效地指挥自己去完成工作。

同样，当他的身体受到束缚时，他的身体机能也不可能最有效率地开展工作。对绝佳的脑力工作而言，思想的自由是绝对不可少的。不确定感和怀疑心态是集中心志的两大敌人，而集中心志是一切成就的秘密之所在。

信心是一块伟大的奠基石。在人们做出努力的所有方面，信心都能造就奇迹。谁能估计人们取得伟大成就过程中信心的巨大作用力，谁又能估计那种有助于消除障碍、有助于克服各种检举艰巨困难的信心的巨大作用力。

《圣经》不断地告诉我们，正是由于信心，亚伯拉罕、摩西以及所有其他伟大人物才能创造奇迹，才能干出惊天动地的业绩。

在《圣经》中，没有任何其他东西能像信心这样被再三强调。贯穿整个《圣经》的便是强调信心的极端重要性。在《圣经》中，"你的成功取决于你的信心"这一观念一再得到重申。

我们知道，正是信心使人们的力量倍增，更使人们的才能增加数倍；而如果没有信心，我们将一事无成。即使是一个强有力的人，一旦他对自己或对自己的才能失去信心，那他就会被迅速地剥夺一切力量，变得不堪一击。

信心是主观和客观之间，或者说是我们的灵魂与肉体之间的一个巨大的联系环节。信心能开启守卫生命真正源泉的大门，正是借助于信心，我们才能发掘伟大的内在力量。

我们的人生是辉煌还是平庸，是伟大还是渺小，与我们信心的远见和力量成正比。

许多人不"相信"他们的信心，因为他们不知道信心为何物。他们把信心混同于幻想或想象。

信心其实是我们伟大的内在力量与全知全能的上帝相沟通时发出的声音。它是一种精神或心理能力，这种东西不能被猜测、想象或怀疑，但能被感知；信心能洞悉全部人生之路，而其他的心理能力则只看到眼前，不能深谋远虑。

信心能提升一个人，对人们的理想也有十分重大的影响。信心能使我们站得高，看得远，能使我们站在高山之巅，眺望远方看到充满希望的大地。信心是"真理和智慧之光"。

告诉一个孩童说，他将一事无成，他是一个无足轻重的人，他不能取得其他人取得的那种成就，通过这样做去毁掉一个孩童的自信心几乎就是一种犯罪。

父母们和老师们很少意识到，那些幼小的心灵是多么的敏感，极易受到任何暗示或意指他们无能的话语的影响。

与其他任何事情相比，暗示人的无能所导致的个人痛苦和个人悲剧，以及引起的个人失败要多得多。

即使是最好的赛马，如果其信心受到破坏，那它也不可能赢得奖项。信心也是训练员十分注意让赛马保持的东西，因为赛马对自己能赢得胜利的信心，是它最后能胜出的一个十分重要的因素。

正是信心解放了我们的力量，使得我们能充分施展自己的才华。信心是一切时代最伟大的奇迹制造者。凡是能增强你自信心的东西都能增强你的力量。

世界上成就斐然者的显著特征是，他们无不对自己充满极大的信心，他们无不相信自己的力量，他们无不对人类的未来充满信心。

而那些没有做出多少成绩的人其显著特征则是缺乏信心，

正是这种信心的丧失使得他们卑微怯懦、唯唯诺诺。

坚定地相信自己，绝不容许任何东西动摇自己有朝一日必定会在事业上取得成功的信念，这是所有取得伟大成就的人士的基本品质。

绝大多数极大地推进了人类文明进程的男男女女开始时都落魄潦倒，并经历了多年的黑暗岁月，在这些落魄潦倒的黑暗岁月里，他们看不到事业有成的任何希望。

但是，他们毫不气馁，继续兢兢业业地刻苦努力，他们相信终有一天会柳暗花明，事业有成。想一想这种充满希望和信心的心志对世界上那些伟大的创造者的作用吧！

在光明时刻到来之前，他们当中有多少人在枯燥无味的苦苦求索中煎熬了多少年呀！要不是他们的信心、希望和锲而不舍的努力，这种光明的时刻、这种事业有成的时刻也许永远不会到来。

我们今天正享受着那些有着坚贞不渝信念的人馈赠给我们的众多恩惠、舒适和便利。而这些有着坚贞不渝信念的人却在贫乏和悲伤的生活中苦斗了多年，甚至于那些最亲近的人也不同情或相信他们。

信心是天才的最佳替代物。事实上，信心与天才是近亲，信心与天才常携手。信心是每一项成就的伟大领航者。信心给我们指明了通向成功、走向辉煌的道路。

信心是知晓一切的能力或本能，因为它看到了人们身上的发展前途。在敦促我们成就大业方面，信心绝不会有丝毫犹豫，因为信心看到了我们身上那种能成就大业的潜能。

到目前为止，还没有哪个人能对信心这一真知作出过令人满意的解释。这种使人忠于职守，这种使人在极其艰难困苦、令人心碎的形势下仍然鼓起勇气和怀有希望的信心到底是什么呢？

这种使人能坚毅地甚至心甘情愿地忍受各种痛苦和贫穷的折磨的信心又是什么呢？这种使人在即使不名一文之后、即使在他的家人和他最心爱的人误解他或不信任他的时候，也能坚持住并恢复他人对他的信任的信心又是什么呢？

这种使人坚持和振作因而能忍受一切磨难的信心又是什么呢？要是没有这种信心，这些磨难可能足以让他死一百次。世人总是对那些明显已丧失一切，却仍然对他们全身心投入的事业抱有信心的英雄们惊讶不已。

信心总是先行一步。信心是一种心灵感应，是一种思想上的先见之明，这种先见之明能看到肉眼所看不到的景象。信心是一个导游，它帮我们开启紧闭的大门，它能看到障碍背后的光明前景，它帮我们指点迷津，而那些精神能力稍差些的人是看不到这条光明大道的。

导致那些伟大发现的往往是高贵的信心而非任何怀疑畏难情绪。是信心，是高贵的信心一直在造就伟大的发明家和工程师，以及各行各业辛勤努力而又成就斐然的人们。

那些对将来丝毫不存恐惧之心的年轻人往往都是深信自己能力的人。自信不仅仅只是困难的克星，自信还是贫苦人的朋友，也是贫苦人最好的资本。无资财但有巨大自信心的人往往能鬼斧神工般地创造奇迹，而光有资财却无信心的人则常常招致失败。

如果你相信自己，那么，与你贬损自己、缺乏信心相比，你更可能取得巨大的成就。

如果我们能衡量一个人的信心大小，那么，我们便能据此很好地估计他的前途。信心不足的人不可能成就大事。如果一个人的信心极弱，那他的努力程度也就微乎其微。

培养自强自立的精神

人们经常持有的一个最大谬见，就是以为他们永远会从别人不断地帮助中获益。力量是每一个志存高远者的目标，而模仿和依靠他人只会导致懦弱。力量是自发的，不依赖他人。

坐在健身房里让别人替我们练习，我们是无法增强自己肌肉的力量的。没有什么比依靠他人的习惯更能破坏独立自主能力的了。

如果你依靠他人，你将永远坚强不起来，也不会有独创力。要么独立自主，要么埋葬雄心壮志，一辈子老老实实做个普通人。

越俎代庖地给孩子们创造一个优越的环境，好让他们不必艰苦奋斗，这种做法实际上只会带给他们灾难。那个优越的开端很可能是一个倒退。年轻人需要的是他们能够获得所有的原动力。

他们天生就是学习者、模仿者、效法者，他们很容易变成仿制品。当你不提供拐杖时，他们就会无法独立行走了。只要你同意，他们会一直依靠你。

锻炼意志和力量，需要的是自助自立精神，而非靠来自他人的影响力，也不能依赖他人。

爱默生说："坐在舒适软垫上的人容易睡去。"依靠他人，觉得总是会有人为我们做任何事所以不必努力，这种想法对发挥自助自立和艰苦奋斗精神是致命的障碍！

"一个身强体壮、背阔腰圆，重达近一百五十磅的年轻人竟然两手插在口袋里等着帮助，这无疑是世上最令人恶心的一幕。"

你有没有想过，你认识的人中有多少人只是在等待？其中很多人不知道等的是什么，但他们在等某些东西。

他们隐约觉得，会有什么东西降临，会有些好运气，或是会有什么机会发生，或是会有某个人帮他们，这样他们就可以在没受过教育，没有充分的准备和资金的情况下为自己获得一个开端，或是继续前进。

有些人在等着从父亲、富有的叔叔或是某个远亲那里弄到钱。有些人是在等那个被称为"运气""发迹"的神秘东西来帮他们一把。

我们从没听说某个习惯等候帮助、等着别人拉扯一把、等着别人的钱财，或是等着运气降临的人能够真正成就大事。

　　只有抛弃每一根拐杖，破釜沉舟，依靠自己，才能赢得最后的胜利。自立是打开成功之门的钥匙，自立也是力量的源泉。

　　一家大公司的老板最近说，他准备让自己的儿子先到另一家企业里工作，让他在那里锻炼锻炼，吃吃苦头。他不想让儿子一开始就和自己在一起，因为他担心儿子会总是依赖他，指望他的帮助。

　　在父亲的溺爱和庇护下，想什么时候来就什么时候来，想什么时候走就什么时候走的孩子很少会有出息。只有自立精神能给人以力量与自信，只有依靠自己才能培养成就感和做事能力。

　　把孩子放在可以依靠父亲或是可以指望帮助的地方是非常危险的做法。在一个可以触到底的浅水处是无法学会游泳的。而在一个很深的水域里，孩子会学得更快更好。

　　当他无后路可退时，他就会安全地抵达河岸。依赖性强、好逸恶劳是人的天性。而只有"迫不得已"的形势才能激发出我们身上最大的潜力。

　　待在家里、总是得到父亲帮助的孩子一般都没有太大的出息，就是这个道理。而一旦当他们不得不依靠自己，不得不动手去做，或是在蒙受了失败之辱时，他们通常就能在很短的时间内发挥出惊人的能力来。

一旦你不再需要别人的援助，自强自立起来，你就踏上了成功之路。一旦你抛弃所有外来的帮助，你就会发挥出过去从未意识到的力量。

世上没有比自尊更有价值的东西了。如果你试图不断从别人那里获得帮助，你就难以保有自尊。如果你决定依靠自己，独立自主，你就会变得日益坚强。

你有时候会觉得外部的帮助是一种幸运。但是，从不利的方面看，外部的帮助常常又是祸根，给你钱的人并不是你最好的朋友。你的朋友是鞭策你，迫使你自立、自助的那些人。

有很多年纪比你大的人，他们只有一条腿一只手，却能自食其力，而你作为一个身体健全、能够工作的人还要指望别人的帮助，这简直是荒谬透顶！

没有哪个寄人篱下的健全人会觉得他是个真正的男子汉。当一个人有了自己的工作、自己的职业，他就会力量倍增，充满活力，内心充实，这种感觉是别的什么都不能替代的。

责任感往往带来能力。许多年轻人在第一次亲自经商后才发现了真正的自我。而在此之前他或许已经为别人工作多年了，都没有找到真正的自我。

通常，为别人工作是无法发挥出一个人的所有潜力的。因为没有动力，没有雄心壮志，没有热情。不管他责任心多强，都难以激发出上帝所赋予的所有潜在能力。

人身上最可贵的品质是独立、自强和独创力，而为人作嫁时这些品质是难以充分展现的。

风平浪静时驾驶一艘船并不需要多少技巧和航海经验。只有当海上飓风骤起，波涛汹涌时；只有当轮船在波峰浪谷间艰难前进，随时有灭顶之灾时；只有当甲板上一片恐慌混乱，船员们都要造反时，船长的航海经验才得到了考验。

只有当大脑受到最严峻的考验，只有当年轻人具有的每一点智慧才华都要全部调动起来时，他才会发挥出最大的能量。要没有风险地把一小笔钱变成一项大事业，这需要经年累月的努力。

这需要不断地想办法保持好形象，争取并稳住顾客。当资金短缺、生意清淡、开支高涨时，真正的男子汉就会大显身手，锋芒毕露。没有奋斗，就没有成长，也就没有个性。

知道自己有钱可以买"教育"，雇请家教临时抱佛脚应付考试的年轻人能有什么机会发挥学习的潜力呢？不努力学习勤奋工作、不只争朝夕地完善自我的年轻人能有什么出息呢？

什么事都让别人替他完成的孩子怎么能培养出自力的品质呢？只有经过训练，人才能变得坚强。只有去争取、去奋斗，才能变得有意志力。

不要只想着攫取金钱

在我们这个社会中，几乎所有的富人都会告诉你：他最得意和最快乐的日子，就是在他刚摆脱贫穷获得相当财富的时候；是在他的财富积少成多的过程中，第一次受到激励的时候。他知道，贫乏再不会如影随形地伴随他。

只有到这时，他才开始想到将来可以过清闲的生活，可以注重自我完善、自我修养，或者可以去学习和旅游。这时，他觉得自己有能力使那些他所热爱的人摆脱贫穷。从此以后，舒适的生活将代替粗糙日用品和难以忍受的苦役。

他认识到他有能力使自己在生活中得到升华。从此以后，他将名声大振。他的家里将会拥有名画、音乐、书籍和其他休闲品。

他的孩子不会再像他那样为受教育而苦苦挣扎。于是，他第一次感觉到，自己有能力为别人提供现实的帮助；同时感觉到，他那原本狭隘的生活圈子在不断扩大，视野在不断拓展。

大量的事实表明，我们来到尘世，是为了完成伟大的事业、神圣的使命，是为了享受富饶的生活而不是为了遭受贫穷。

匮乏和贫困是不符合人类天性的。而我们的弱点在于，我们对那些为我们准备的美好东西缺乏足够的信心。

我们不敢完完全全表达自己心灵的愿望，不敢为自己的生存权提出全部的要求。我们不得不节衣缩食，我们不敢使用与生俱来的权利去要求富有。

我们要求得少，期望也少，我们抑制自己的欲望，限制自己的供给。不敢要求更多的欲望，我们不打开自己的心灵让美好事物的巨流进入。

我们的思想也受到限制，自我表达也受到压抑，甚至我们在思考问题时都抑制自己。我们不敢拿自己的灵魂乞求富足，我们不知道信仰总能取胜。

但给每个人和万物的权利使我们成为人并支撑着我们，它使我们自由，给我们富足，而不是吝啬、无节制和无限度，每个人都从上帝的充足供给中获得好处。

我们面对的造物主并不因为满足我们的请求后他自己就变得贫穷。造物主的本性就是给予，根据我们的希望给予我们需要的东西。上帝不会因为我们要求得多而有所损失。

玫瑰不会只向太阳要求一丁点儿阳光和热量，因为，普照大地万物是太阳的本性，只要你能吸收。蜡烛不会因为另一支蜡烛的点燃而有所损失。为友谊而善待，为爱而付出，这只会增加我们的能力。

生命中伟大的秘诀之一就是将神圣的巨能转化为我们自己的能量，并且学会有效地运用这种能量。一旦人学会这种神圣的转换法则，他就会成百万倍地增加自己的效能，因为那时他将以一种从未梦想过的方式，成为神的合作者、共同的创造者。

当我们认识到：一切的一切都来自伟大的造物主的无限供应，财富正在自由地向我们流动的时候；当我们跟造物主完美结合的时候；当兽性被教化，虚伪、自私等被清除的时候，我们就能见到上帝，我们将真正懂得善的真义，因为只有纯洁的心灵才能够见到上帝。

当一些不公正的欲望，甚至利用我们的兄弟姐妹的欲望，从我们的生活中被清除的时候，我们就接近了上帝，这样，所有宇宙中的美好事物就会自动地流向我们。

现在的问题是，我们以错误的行动、错误的思想限制了这种流动。每一种恶行都是一层不透明的面纱，它挡住我们的视线，使我们难以看见上帝与真善。每走错一步都会使我们与上帝越来越遥远。

当我们学会探寻富足而不是吝啬的艺术时，当我们学会自由思考，不再在局限的思维中爬行时，我们会发现：我们追求的事物也在追寻我们，我们会在途中相遇。

不要总是为你缺这缺那而遗憾。你每次遗憾时，你不会得到任何适合于你的东西，你也绝不会得到其他人拥有的东西，你也决不能去成其他人去过的地方，做成其他人做过的事情。你只是自寻烦恼，越陷越深。

只要你反复讲述不幸的命运，详细描绘不合意的经历，你的智力就不会致力于你所追求的目标，你的智力就不会为你带来弥补创伤的条件。

以坚忍不拔的毅力奋斗

只有当一个人感到所有外部的帮助都已被切断之后，他才会尽最大的努力，以最坚忍不拔的毅力去奋斗，因为主宰命运沉浮的只能是他自己的努力，他必须自力更生，否则就要蒙受失败之辱。

被迫完全依靠自己、绝没有任何外部援助的处境是最有意义的，它能激发出一个人身上最重要的东西，让人全力以赴，就像十万火急的关头，一场火灾或别的什么灾难会激发出当事人做梦都没想到过的一股力量。

危急关头，不知从哪儿来的力量为他解了围。他觉得自己成了个巨人，他完成了危机出现之前根本无力做成的事情。当他的生命危在旦夕，当他被困在出了事故、随时都会着火的车子里，当他乘坐的船即将沉没时，他必须当机立断，采取措施，渡过难关，脱离险境。

当人类不必为满足自身需要去努力工作时，人往往就退化为动物了。

贫困一直是人类前进的驱动器，而需要则是鞭策人类从野蛮状态进入高级文明的真正动力。

发明家面对着孩子们那一张张消瘦饥饿的脸，感受到了他们心灵深处的东西，于是掌握了能够制造奇迹的力量。哦，在贫困与需要的压力之下，还有什么做不到的事情！

直到被考验时，我们才知道自己的真实潜力。重大危机总是能开掘出深藏在我们身上的能量，而平时它则是潜伏着的。它只在危急关头才会显现出来，因为平时我们不知道怎样深入到自己的内心中去寻获它。

有一个孩子告诉他爸爸，他看见过一只土拨鼠上树。他爸爸说那不可能，因为土拨鼠是不会爬树的。

男孩坚持说，有一只狗站在土拨鼠和它的洞穴之间，于是它就爬到树上去了，因为它别无选择。

为什么我们在生活中做成了很多"不可能"的事情？那仅仅是因为我们不得不这样做。自立完全能够取代朋友、影响力、金钱和门第带来的帮助。

它比别的人性品质能战胜更多的障碍，克服更多的困难，成就更多的事业，完成更多的发明。

敢于自立、不惧困难、在障碍面前毫不犹豫，对自己的办事能力有足够信心的人就是一个会获得成功的人。

很多人一生无所建树的原因就是因为他们害怕做事、缺乏信心。他们不敢有自己的想法，不敢争取主动。他们总是谨小慎微，不与别人发生冲突。他们在发表意见之前总是要先弄清楚别人的立场，看别人是否赞同他们，所以这样一来，他们的观点就仅仅是别人观点的修订版而已。爱真实的东西是人的天性。

同样，人的天性也爱那些有主见并敢于发表主见、有信仰并敢于实践信仰、有信心并敢于依靠信心的人。

我们鄙视畏首畏尾、不敢表达自己观点的那些人。他们总是担心会与别人的观点相左，总是担心冒犯了别人。我们尊敬并愿意效仿的人应该志存高远、目光远大、勇于挺身而出、不畏人言、有强烈的责任心。

他不会因为不被人理解而心灰意冷，因为他知道，只有目光远大的人才能看见他的目标，而他周围的大多数人都目光短浅，对他的目标视而不见。

要相信你到这个世界上来是有目的的，是为了造就自己，是为了帮助别人，是扮演一个别人替代不了的角色，因为每个人在这场盛大的人生戏剧中，都扮演着自己的角色。如果你不扮演这个角色，这出戏就有缺陷了。

只有当一个人意识到他注定要在世上完成一件事、扮演一个角色时，他才能有所作为。于是，生活也就具有了崭新的意义。

永远不要放弃希望

穷人之所以穷，是因为他们永远生活在悲观失望之中；而富人只要心中有一颗希望的种子，那么就一定会创造出奇迹。

从前，有一老一小两个相依为命的盲人，每日里靠弹琴卖艺维持生活。一天，老盲人终于支撑不住病倒了。

他自知不久将离开人世，便把小盲人叫到床头，紧紧拉着小盲人的手，吃力地说："孩子，我这里有个秘方，这个秘方可以使你重见光明。我把它藏在琴里面了，但你千万记住，你必须在弹断第1000根琴弦的时候才能把它取出来，否则，你是不会看到光明的。"

小盲人流着眼泪答应了他的师父。老盲人含笑离去。

一天又一天，一年又一年，小盲人将师父的遗嘱铭记在心，不停地弹啊弹，将一根根弹断的琴弦收藏着。

当他弹断第一千根琴弦的时候，少年小盲人已到垂暮之年，变成一位饱经沧桑的老者。他按捺不住内心的喜悦，双手颤抖着，慢慢地打开琴盒，取出秘方。

然而，别人告诉他，那是一张白纸，上面什么都没有。泪水滴落在纸上，他笑了。

很显然，老盲人骗了小盲人。但这位过去的小盲人如今的老盲人，拿着一张什么都没有的白纸，为什么反倒笑了？

因为就在他拿出"秘方"的那一瞬间，突然明白了师父的用心。

虽然是一张白纸，但是他从小到老弹断了1000根琴弦后，却悟到了这无字秘方的真谛——在希望中活着，才会看到光明。

只要我们心中存在希望，只要我们心中有一颗希望的种子，那么就一定会创造出奇迹。不要因为你是穷人，你就悲观失望，更不要因为你暂时的贫穷，就丧失了生活的信心，只要你活在希望之中，你就可能摆脱贫穷，使自己生活富裕起来。

人世间，困境的来源形形色色。贫穷、疾病、残疾、人际关系恶化，破产等等，举不胜举。一个人在痛苦中挣扎时，往往缺乏冷静，所以，很容易忽视周围的一切，认为全世界就自己是个倒霉鬼，就自己一个人处于困境之中。但是，和你处于同样困境并且挣扎在贫穷线上的人，社会上大有人在。

有一位残疾儿童的母亲说："在出席残疾儿童大会之前，我一直认为世间就我一个人背负着这样的不幸。但是，参加会议时，询问其他人后才知道别人背负着比我更大的痛苦，比我更烦恼。我曾经想过和孩子一起死掉算了。现在想起来，真是太惭愧了！"

你认为你很贫穷，身上只剩下一毛钱了，没有饭吃，处于困境之中，但你要想一想，这个世界上，还有比你更痛苦、更苦恼的人，他们连一分钱都没有，甚至衣不遮体，同他们相比，你还算是较为幸运的，你比他们富有多了。

从困境中看到希望，就是要珍惜仍存在的东西，不要去怀念已失去的东西。如果手指受伤了，你会不会想：没伤着胳膊，真幸运！

如果胳膊断了，你会不会想：腿还安然无恙，真走运！如果腿断了，你会不会想：头没受伤，真幸运！如果头上的骨头断了，你会不会想：命没丢掉，真走运！如果你能这样想，那么你永远都能看到希望，能够摆脱困境。

人生不能没有希望，所有的人都是生活在希望当中的。假如真的有人是生活在无望的人生当中，那么他只能是人生的失败者，注定贫穷潦倒一生。

人难免会遇到些失败或障碍，有些人会变得悲观失望；或在严酷的现实面前，失掉活下去的勇气；或埋怨他人；或唉声叹气、牢骚满腹。

其实，身处逆境而满怀希望的人，往往会找到一条活路。这也正是穷人变成富人的唯一途径。

美国房地产大王德那路得·图兰浦，曾经因为生意惨败，一度负债高达1亿美元。有一天，他走在大街上，刚巧看到了一些流浪者。他指着那些流浪者对随从们说："看看他们，他们也许不敢相信，他们的资产超过了1亿美元呢！"

的确，流浪者的资产是"0"，但是他们没有1亿元的负债。在负债1亿美元的图兰浦看来，流浪者们同样拥有着1亿美元的资产。在意我们拥有的东西，在困境面前，我们要将精力集中在存在的、剩余的东西上，并灵活处理。危机正是机遇的起点，而大危机是夫机遇的起点。

一个人平常所使用的能力是全部能力的3％，剩余的97％在大脑里。而这种巨大的潜能发挥作用恰恰是危机来临时，只要灵活、恰当地运用存在的、剩余的东西就一定能够力挽狂澜，能够使局面变得比以前更好。

因此，当困境来临时，不要自寻烦恼，怨天尤人，要知道这个世界上每个人都会面临困境，都有着各自的烦恼，你的贫穷只是暂时的。把握剩下的东西并很好地运用它，你就能走出困境，摆脱贫穷，重新看到希望与光明。

第三章
在吃苦的年纪，抓住机遇

机遇是每一个人可遇而不可求的。一旦机遇来临时，我们应该要去抓住它，不然成功就会与我们失之交臂。

在我们的现实生活中，有许多小事都会触发我们的灵感，进而为我们创造出成功的机会。只有在吃苦的年纪，抓住了这些生活中的机遇，才能够让我们的未来更加耀眼，才能够成就属于我们的精彩人生。

机会是命运的咽喉

机会在命运中显现，命运因为机会而改变，它们的关系比爱情关系更难测，但把握住的人却会成为命运的宠儿。

从古至今，有无数的人相信命运是一种神化的存在，它高高在上，独立于人的控制之外，主宰着人间的一切。因此，对命运最好是采取卑怯态度，听天由命。连皇帝也来个"奉天承命"。

尽管是让百姓软弱化的一种有效手段，可是许多皇帝自个儿也是命运论者。人界至尊的皇帝尚且如此，百姓们当然更是要乖乖受命了。

所以如果在人生中遭受某种不幸或挫折，就会认为是"命运不佳"或"命中注定"。有了这么一种消极的被动人生观，可以想象这种人根本不会看得见机会的存在。

对他们来说，再坏的命运都是天注定的，个人的努力挣扎是抵不过命运的。他们被命运压得抬不起头来，也就看不到眼前的机会了。

当然也有不相信"命中注定"这种观点的人，他们认为道路是人走出来的，什么事物发展变化不会归于同一种结果。如果你是这种观点的拥护派，祝贺你，你属于可以睁眼看机会的人之一了。

诚然，命运是存在的。可它并不是由天注定的，而是由你本人及周围环境等因素综合产生的。过去的命运是凝固的，未来的命运是未知的，一切都要看你自己的掌握了。

古希腊的唯物主义哲学家伊壁鸠鲁有一段精彩的话，精辟地阐明了所谓命运的本质问题。他认为我们拥有决定事物的主要力量，他把一些事物归因于必然，一些事物归因于机遇，一些事物归因于我们自己。

所谓必然，如社会环境、家庭情况、经济条件、生活阅历、学习环境、工作性质等等，这种必然对每个人的事业成败的影响极为重要。

同样，偶然的机会对每个人事业的成败也有相当大的影响。但起决定力量的还是自己。你是自己命运的拥有者，只要你认清必然，又抓住偶然，命运会屈服于你的脚下。

被人誉为"乐圣"的德国作曲家贝多芬一生遭到的苦难折磨数也数不清。他贫困，几乎要行乞；他失恋，简直快自杀；他耳聋，对他寄托于音乐事业是最大的打击。

在一般人眼中，贝多芬的人生何谈机会之有。可贝多芬就是个超越于自己命运的强者，他宣言"我要向命运挑战"，于是就是在他耳聋之后也能谱出《第九交响曲》这种不朽名作。

也正如他给一位公爵的信中所说："公爵，你之所以成为公爵，只是由于偶然的出身，而我成为现在的贝多芬，全靠自己。"

挫折是人人都会有的。受到挫折后，一味地埋怨时运是毫无意义的。你必须冷静的分析寻找原因所在并克服它。挫折只是命运的附带品，它绝不能决定命运。可是同样的挫折在不同的人身上会有不同的结果。

对于命运论者，挫折只需一击便可打倒这种人；而对于相信命运由自己创造的人来说，挫折只会激起他更大的斗志。他会检讨失败，重新上路，这就是人们所说的"艰难玉成"。可见，挫折可以让人一坠到底也能让人飞得更高，全在于你对命运的心态。

著名的数学家张广厚，在初中时曾经数学不及格。这一重重的打击反让他立志学好数学。在经过艰苦的奋斗后，张广厚考进了北大数学系。

可在入学后，面对众多的优秀学子，张广厚苦修得来的数学知识显得不够，在开学测试中排在很后面。

但张广厚还是不气馁，他相信自己的努力终有回报，终于以出色的成绩修完了数学系全部课程，并进入科学院数学研究所工作，后来有了许多数学方面的贡献与成绩。

张广厚为什么能从一个"命运不佳"者成为一个著名数学家呢？因为他有正确的命运观，他始终相信命运在自己手中，挫折只是暂时的，只要你朝着目标不懈奋斗，达到目标不过是迟早的事。

成功的途径并非一条，不能有一次碰见困难便说命运残酷。"条条道路通罗马"，你不能克服这条路上的困难，完全可以走其他路。

就像考不上大学的学生，你能说他们已经没有前途了吗？连大名鼎鼎的爱因斯坦都是两次都没有考上大学的落榜者，但他却是20世纪最伟大的科学家。他开创的"相对论"理论连大学教授都没几个能看得懂。

当然，有一些不幸的"命运"也是客观存在的。例如人们不能选择自己的出身、时代、家庭等等。身处落后地区，贫困家庭，起点是很低的，要想追上别人也很困难。但是机会是无处不在的，它并不是一个嫌贫爱富的人，只要你懂得去观察，再差的情况下也总是有机会存在的。

所有有成就的人都是命运的强者，但他们并不是都站在良好的起点上出发的。要想举出从逆境中挣扎出头的成功人士的例子实在是太多。

他们为什么能抓住成功的机会呢？就因为他们明白命运并不是不可战胜的。命运与机会就像是双生儿。

一个人的命运不是一条直线到底的大道，而是有着无数的支路，通往有喜有悲的结果。机会就像是路标，指明了前进的方向。

能够懂得自己掌握命运的人，就能够看见这些路标，选择自己想起的方向。而不敢挑战命运的人，就看不见任何路标，他们只会顺着自然变化走下去，过着完全被动的人生。

所以，想看见机会的人。要做到的第一步便是端正自己的人生态度，弄明白命运与机会的关系。只有明白了命运的多样性，才会懂得自己原来有选择命运走向的权力。而这种命运的多样性，正是由偶然的机会造成的。

有了机会的存在，才会开辟出不同的人生道路。相信命运有着必然走向的人，是不懂得去发现偶然的机会的。不改变这种想法，机会永远也不会垂青于你。

命运中充满了机会，而机会中又包含了不同的命运。一个机会便能改变看似必然的命运走向。

每个人的身边都有机遇

与人类发展的历史相比，你的生命历程短之又短，然而，在你短暂的一生中，美妙炫目的黄金时刻却又是那么的转瞬即逝，稍不留意，它们就会和你失之交臂，让你后悔不迭。

机遇是一个美丽而性情古怪的天使，她从不肯多停留一秒钟，所以你稍有疏忽就会失去她，不管你怎样扼腕叹息，她都从此杳无音讯，不再复返了。

在美国流传得十分广泛的一句谚语或许能给你一些启示，这句谚语是这样的："通往成功的路上，到处是错失的机会。坐待幸运从前门进来的人，往往忽略了从后门进入的机会。"

抓住机遇，首先必须发现机遇。其实，生活中处处都充满了机遇。

社会上的每一项活动，报刊上的每一篇文章，人际中的每一次交往，生活中的每一次转折，工作上的每一次得失等，都可能给你带来新的感受、新的信息、新的朋友，全都可能是一次选择，一次机遇，是一次引导你冲破人生难关的契机，问题在于你自身的素质，在于你是否能发现每一次机遇。不要以为机遇难寻，其实机遇就在我们的身边，甚至就在我们的手上。

没有人会主动给你送来机遇，机遇也不会主动来到你的身边，只有你自己去主动争取。成大事者的习惯之一是：有机会，抓机会；没有机会，创造机会。

常有人发感慨："如果给我一个机会，我也能……"他们把自己的命运系在一个等来的机会上，当然他们总也不会成功，他们可能至今仍在抱怨自己的命运。

生活并不缺少机遇，而是缺少发现机遇、抓住机遇的素质。如果有了很高的素质，即使生活没有机遇，也能创造机遇。请听听下面这位保险推销员斯通是如何抓住机遇的。

　　"在艾奥瓦州西奥克斯城有我们公司的一些销售员。有一天晚上，我听到一位推销员抱怨，说他在西奥克斯中心已经工作了两天，却没有卖出一样东西。他说：'在西奥克斯中心出售商品是不可能的，因为那全是荷兰人，他们讲究宗派，从来不买陌生人的东西。并且，这片土地歉收已达5年之久了。'

　　"尽管他这样说，我还是决定第二天就到那儿去做生意。第二天，我们驱车出发了。在车上，我闭着眼睛，放松身体，持续地思考我将能同这些人做成生意，而不去思考坏的方面。

　　"我是这样想的：他说他们是荷兰人，讲宗派，所以他们不愿买我们的东西。那又能怎样？众所周知的事实是：倘若你能将东西卖给一族人中的一个人，特别是一个领袖人物，你就能把东西卖给全族的人。

　　"现在我必须做的一件事就是要把第一笔生意做给一位合适的人。就算要花费再多的时间，我也要做到！

　　"还有，他说这片土地歉收已达5年之久。这一点对我来说是一个很好的机会。荷兰人是非常杰出的人，他们十分注重节俭，做事认真负责，他们需要保护他们的家庭和财产。

"然而他们很可能从没有购买过意外事故保险，因为别的推销员也许同抱怨过的那位推销员一样具有消极心理，从没有向他们试销过事故保险。要知道，我们的保险只收很低的费用，却能够提供长久可靠的保护。

"当我们到达西奥克斯中心时，我们首先选择了一家银行。当时，那儿有一位副经理，一位出纳员和一位收款员。

"20分钟后，副经理和出纳员各买了一份我们公司的最大的保单——全单元保单。接着，我们挨家挨户地访问每个机构中的每一个人，有条不紊地向他们介绍我们的保险。

"就这样，一个奇迹发生了：那天我们所访问的每一个人都购买了全单元保单。"

"为什么在同一个地方，其他人的销售没有成功，而我的销售却成功了呢？除去一些别的因素，实际上别人的失败与我们的成功的原因是一样的。

"那位推销员说他没有办法向他们推销保险单，因为他们是荷兰人，并且有宗派观念。这是消极的心态。现在，我知道他会买保险单，因为他们是荷兰人，并且有宗派观念，这是积极的心态。

"还有，他说他不可能售给他们保险单，因为他们已歉收达5年之久。那是消极的心态。而我知道他们会买，因为他们已歉收达5年之久。这是积极的心态。"

斯通认为，他们之间最大的不同就是各自的心态不同而已。有了积极的心态，就能想方设法创造机会，抓住机会，完成自己的工作，而心态消极，缺少动力，就是机会在你面前，你也会认为成功的机会渺茫。

生活中类似的事情还有很多。人们往往从表面上探寻成功的原因，归之于条件，归之于机遇，而实际上起决定作用的是人的素质。

斯通正是具有其他销售人员所没有的敏锐的洞察机遇的素质，决定了他能够发现、得到别人得不到的机遇。

著名设计师尤金·威森成功的例子说明，要想抓住机遇还必须洞察客户的内心，当然这也是个人素质的一个方面。

为了更好地为一家专门替服装设计师和纺织品制造商设计花样的画室推销图样，威森每周都去拜访纽约的一位买主。

虽然这位买主对他非常热情，但是却从来不往买他的东西，只是在仔细看完图样后说："威森，我看咱们今天谈不来。"

威森几经考虑，终于明白了其中的缘由，原因在于自己没有放下自己名设计师的身份，给买主以显示他优越的机会。

他下定决心每周抽一个晚上学习做人处世的哲学，以及培养自己的创新意识。

这天，他准备好了去拜访那位买主。他随手抓起六幅未完成的图样，抱着试试看的态度，来到买主办公室，诚恳地说："这都是未完成的图样，请你帮我指点一下，如何才能使你对这些画感到满意呢？"

买主默默盯了这些图样一会儿，然后说："这些都留在这儿吧！过几天来取。"

当威森再次去拜访买主的时候，买主给了他自己的建议。他按着买主的意思，把那些图样进行了修饰加工。事情发展得太令威森不可思议了，六张图样都被买主接受了。

从那以后，买主自然而然地成了威森的主顾了，图样当然是按买主的意思画成的，但是威森却赚了1600元的佣金。

威森说："原来尊重别人的想法是如此重要啊，现在我是按他的想法制做图案的，让他觉得这些图案都是他创造的。现在我生意兴隆，他会主动来买的。"

我们如果想成功，就应该仔细分析自身的各项条件，看能不能找出造就自己成功的机遇，如果能找到这种机会，就要紧紧把握，立即行动；如果没有，也不要灰心，气馁和抱怨，不要坐等机会，而要播种，辛勤地播种，去创造自己成功的机遇。

拿破仑·希尔指出，你要想随时能抓住这万分之一的机会，你应该具备两个基本的条件：一是你应该具有长远的目光。鼠目寸光是行不通的，你不能只看到树叶，还要看到整片森林；二是你必须锲而不舍。没有持之以恒的毅力和百折不挠的信心是无济于事的。

一旦这些条件你都具备了，只要你付诸行动，那么成功一定属于你。要在商业活动中有所作为，仅靠一味地盲目蛮干是收效甚微的。看准时机紧抓不放，将它变成现实的财富，是成功企业家唯一的选择。

要学会去抓住你的机遇

无论是在你的生活，还是事业中，只要你做到在时机来临之前有的预感，在时机来临之后不让它溜走，那你定会得到幸运之神的眷顾。

对于商业的是否成功而言，机会的稍纵即逝尤其如此。如果有些人在时机失去之后才顿足扼腕，那么他便注定只是一个十足的倒霉蛋。而有些人却明白时机稍纵即逝的道理，并能及时把握。所以，对于他们来说，他们的一生都好像是一帆风顺，心想事成。

　　1865年，美国南北战争宣告结束。北方工业资产阶级战胜了南方种植园主，但林肯总统却被刺身亡。这对美国可谓是悲喜交加，为失去一位伟大的总统而悲，又为统一美国的胜利而喜。

　　然而，面对此种情境，后来成为美国钢铁巨头的卡内基却看到了另一面。他预测到，战争结束之后，经济必然复苏，经济建设对于钢铁的需求量便会越来越多。

　　于是，他毅然辞去了自己在铁路部门的高薪的工作，合并了两大钢铁公司——都市钢铁公司和独眼巨人钢铁公司，创立了联合钢铁公司。

　　同时，卡内基又让自己的弟弟汤姆·卡内基创立了匹兹堡火车头制造公司，并让他控制经营苏必略铁矿。可以说，上天赋予了卡内基一次绝好的机会。

　　不久，美国战胜了墨西哥，占领了加利福尼亚州，并作出决定，要在那里修建一条铁路。同时，美国政府又开始规划修建横贯全美东西的铁路。

在当时，几乎没有任何事比投资铁路更赚钱的了。美国联邦政府和国会首先核准了联合太平洋铁路。然后，又决定以联合太平洋铁路为中心线，修建另外三条横贯大陆的铁路线，即：从苏必利湖，横穿明尼苏达，经过位于加拿大国界附近的蒙大拿西南部，再横过洛基山脉，到达俄勒冈的北太平洋铁路。

以密西西比河的北奥尔巴港为起点，横越得克萨斯州，经墨西哥边界城市埃尔帕索到达洛杉矶，再从这里进入旧金山的南太平洋铁路；由堪萨斯州溯阿肯色河，再越过科罗拉多河到达圣地亚哥的圣大菲。

然而，面对复杂的建设工作，美国政府感到压力不小，远非上述那么简单。人们向当局提出了纵横交错的各种相连的铁路建设的申请，形表色色，竟达数十条之多。

但无论如何，美洲大陆铁路革命的时代已经来临。

卡内基正是预见到了这一铁路革命到来的大好时机，他非常清楚，美洲大陆现在是铁路时代、钢铁时代，需要建造铁路、火车头和钢轨，而钢铁则是一本万利的。

基于钢铁业的大好形势，卡内基信心十足他决定向钢铁业进军。

很快，在联合钢铁厂里就矗立起了一座225米高的熔矿炉，这是当时世界上最大的熔矿炉。对于它的建造，投资者都感到提心吊胆。然而卡内基的努力却让投资者的担心成了多余。

他聘请了一些化学专家驻厂，以检验买进的矿石、石灰石和焦炭的品质，使产品、零件及原材料的检测系统化。

当时，大部分的经营者采用的是老一辈的经营管理方式，从原料的购入到产品的卖出，都没有条理，直到结账时才能知道盈亏状况，缺乏科学的管理观念。

卡内基大力整顿经营方式，贯彻了各层次职责分明的高效率的概念，从而让联合钢铁公司的生产力水平大为提高。

与此同时，卡内基又购买一系列先进的钢铁制造方面的专利技术，其中包括当时最先进的英国道兹工程师"兄弟钢铁制造"技术和"焦炭洗涤还原法"。他的这一做法具有先见之明，不然，卡内基的钢铁事业就会在不久的经济危机中成为牺牲品。

1873年，经济危机不期而至。一时间银行倒闭、证券交易所关门，各地的铁路工程支付款突然被中断，现场施工停止，铁矿山及煤矿相继歇业，匹兹堡的炉火也不再点燃了。

预见力让卡耐基再一次看到了巨大的商机，他断言："只有在经济危机的年代，才能以低的价格买到钢铁厂的建材，并且工资也相应便宜。其他钢铁公司相继倒闭，向钢铁挑战的东部企业家也已鸣金收兵。这正是千载难逢的好机会，绝不可以失之交臂。"

在人人自危的情况下，卡内基却反常人之道，打算建筑一座钢铁制造厂。他走进股东摩根的办公室，讲出了自己的新打算：

"我计划进行一个百万元规模的投资，建贝亚默式转炉两座，旋转炉一座，再加上亚门斯式熔炉两座……"

"那么，工厂的生产能力会如何呢？"摩根问道。

"如果1875年4月开始生产，钢轨年产量可达到30000吨，那么成本大约是每吨69美元……""现在钢轨的平均成本大约是每吨110美元，新设备总投资额是100万美元，这样第一年的收益就等于成本……"最后，卡内基指出："实际上，投资钢铁制造比股票投资赢利更多。"

终于，股东们同意发行公司债券。

1875年8月6日，卡内基收到了第一份订单，2000根钢轨。

熔炉点燃了。每吨钢轨的生产劳务费是8.26美元，原料40.86美元，石灰石和燃料费是6.31美元，专利费1.17美元，总成本不过才56.6美元。虽然开炉时间比预定时间稍微晚一些，但低廉的成本却着实让卡内基兴奋不已。

1881年，卡内基与焦炭大王费里克达成协议，双方投资组建了佛里克焦炭公司，双方各持一半股份。

同年，卡内基又以他自己的三家制铁企业为主体，联合许多小焦炭公司，创立了卡内基公司。此时，卡内基兄弟的企业正在向着垄断趋势迈进，他们的钢铁产量已占了全美钢铁总产量的1/7。

至1890年，卡内基兄弟吞并了狄克仙钢铁公司之后，一举将资金增至2500万美元，公司名称也变为卡内基钢铁公司。不久，又更名为US钢铁企业集团。

从卡内基在钢铁制造业上的成功经历，你一定能明白，他的成功与他善于抓住有利时机是分不开的。不用怀疑，你一定能从他的身上大受启发。

有些人也许会把他的成功归为运气使然，认为如果有了好运气，自己会做得更好。但是，不论你把这种抓住机会叫作运气也好，或是将这一切都视为命运使然也罢，有一点却是肯定的，那就是：当运气来了时，你的聪明与智慧就应该很好地利用好你的运气。

因为从这个意义上讲，运气实际上也就是抓住机会的同义语。漠视机会就是亵渎人生机会总是不经意之间降临，愚昧的人总是很难抓住成功的机会，因此总有人抱怨说：我不能成功的原因是因为一直没能找到合适的机会。只要有了好的机会，我是不会与成功失之交臂的。

拿破仑·希尔的成功学阐述，机会是哪儿都有，能否抓得住机会是成功的关键因素。

虽说机会是无处不在，但机会却又并非一桌桌摆好的美妙的宴席等着你享用，你也并非在那里坐地等花开那样高枕无忧。因此，我们一定要"见缝插针"的抓住那转瞬即逝的机会。

"见缝插针"的本质就是抓住时机把握时遇，尽量利用所有可以利用的机会，采取行动，从而达到预期的目的。机遇就是"缝"，"见缝"就是要善于发现机遇，捕捉机遇，然后不失时机地"插针"，充分利用机遇，实施自己的宏伟蓝图。在商业领域里，"见缝插针"便一直是那些精明的生意人信奉的成功之道。

机遇隐藏在不懈追求中

企业家在纵横交错的生产经营活动中，因为种种原因，总会出现许多不同程度的困难。然而，你必须明白，这些困难都只是暂时的困难。但你应该相信，当你克服这些困难后，一切都会是明媚的春天。因此，迎难而上，坚持不懈也就是抓住了你成功的机会。

同时，你也应该明白，别人的不成功或许正是你的机会所在。总有一些人，当他们碰到一点困难的时候，有时甚至离成功就只有那么一步之遥，他们却半途而废，从而使自己的事业功亏一篑。

中国有句古话是"为山九仞，功亏一篑"。也许你不明白，这"一篑"之亏，却是那些智者成功的关键所在。也就是说别人"一篑"之亏的地方，也许正是你的成功机会之所在。所谓抓住机会就是匡正并挽救他人的失误，从而为自己的成功创造机会。

所以，对于一个正在建功立业的人来说，他必须秉持着自己坚定的决心，深入开掘，锲而不舍，从而最终走向成功。这就是抓住了自己成功的机会。

1898年5月21日，阿曼德·哈默博士生于美国纽约的布朗克斯，他的祖上是俄国犹太人，曾以造船为生，后因经济拮据，大约于1875年移居美国。哈默的父亲是个医生，兼做医药买卖。他是家中三个兄弟中最不听话但却最富于创造精神的一个。

　　16岁的哈默被一辆正在拍卖的双座敞篷车所吸引，这辆旧车标价高达185美元，这个数字对哈默来说不能不是惊人的。

　　但是哈默并没有因为价钱的昂贵而退缩，他向农药店售货的哥哥哈里借款，买下了这辆车，并用它为一家商店运送糖果。

　　两周以后，哈默不仅按时还清了哥哥的钱，自己还剩下了一辆车。哈默的第一笔交易，使他发现了自己的竞争能力和独自开创赚钱途径的本领，也找到了无比的自信心。

　　1921年8月，阿曼德·哈默在经过漫长旅途之后，风尘仆仆地抵达莫斯科。哈默在苏联的考察中发现，这个国家地大物博、资源丰富，但人们的生活过得并不富裕，甚至还会挨饿。

　　哈默经过认真思索后发现，可以出口各种矿产品去换取粮食，哈默直接向列宁提出建议，并马上得到了列宁肯定的回答。

　　正是由于哈默善于抓住机遇，并很好地利用这些机会，从而取得了在苏联西伯利亚地区开采石棉矿的许可证，从而成为十月革命以后在苏联第一个取得矿山开采权的外国人。

美国和苏联之间的易货贸易也从这儿开始。后来，哈默博士通过他后来在莫斯科建立的美国联合公司沟通着30多家美国公司同苏联做生意。一个偶然的发现，又让哈默博士萌生了在苏联办铅笔厂的念头。

有一天，他随便走进一家文具店想买支铅笔，但商店里只有每支售价高达26美分的德国货，并且存货有限。

他清楚地知道同样的铅笔在美国只需3美分就能买到。就是这26美分与3美分之间的差价让哈默产生在苏联办铅笔厂的想法。

于是哈默博士拿着铅笔去见当时苏联政府主管工业的人民委员克拉辛说："您的政府既然已经制订了要求每个公民都得到读书和写字的机会的政策，因此肯定需要大量的铅笔，我想获得生产铅笔的执照。"

克拉辛接受了他的请求。于是，哈默博士以高薪从德国聘来技术人员，从荷兰引进机器设备，在莫斯科办起了铅笔厂。

至1926年，哈默博士的工厂所生产的铅笔不但满足了苏联全国的需要，而且还出口到土耳其、英国、中国等十几个国家。哈默从中获得了百万美元以上的利润。一个偶然的机遇让哈默又获得了成功。

20世纪30年代，哈默博士从苏联返回美国时，美国正处在经济萧条时期，所有企业家都只想在这萧条的时期保存好自己的现状，而哈默却在这人人自危的时代找到了新的发财机会。

当时，富兰克林·罗斯福正在竞选总统。在竞选中，罗斯福提出了一整套振兴美国经济的计划。

为此，哈默博士推测，如果罗斯福登上总统宝座，就一定会废除1919年通过的禁酒令，从而既缓解全国对啤酒和威士忌的渴望，又以此来刺激美国经济的发展。

所以，随着产酒高潮的到来，酒桶的需求量将会空前增加，而市场却只有不多的酒桶。

于是，哈默又很好地抓住了这次机遇，迅速地从苏联订购了几船制造酒桶的木材，在新泽西州建了一座现代化的酒桶厂。

当禁酒令废除的时候，哈默博士的酒桶正从生产线上滚滚而出，并迅速被各酒厂高价抢购一空。接着他又开办了酿酒厂，生产的丹特牌威士忌酒以其物美价廉而享誉美国。

第二次世界大战期间，美国人民的生活水平

有了明显提高，想吃牛肉的人日益增多，但在市场上却很难见到优质牛肉，哈默博士又是"见缝插针"，迅速筹资在自己的庄园"幻影岛"开办起了一个养牛场。

他以10万美元的高价买下了当时最好的一头公牛"埃里克王子"。

"埃里克王子"如摇钱树般为哈默赚了几百万美元，而哈默也从此由门外汉成了美国畜牧业公认的领袖人物。

1956年，哈默博士接管了经营不善、当时已处于风雨飘摇中的加利福尼亚的西方石油公司，又开始投身于石油开采事业。人们都清楚，石油业的风险是相当大的。

到哪里才能找到石油和天然气呢？哈默博士的诀窍异于常人，甚至有些怪僻，他专门在别人认为找不到油的地方去找油。

当时，有一家叫德士古的石油公司，曾在旧金山以东的河谷里寻找过天然气，钻头一直钻到170米，仍然见不到天然气的踪影。

德士古石油公司的决策者认为耗资太多，倘若再深钻下去也可能是白费力气，难以自拔，便匆匆鸣金收兵，并宣判了此井的"死刑"。

哈默博士得知这一消息后，不禁欣喜若狂，

马上让有关专家进行实地考察。经过大量的数据分析，哈默博士以30%的风险系数，70%的成功概率，带着妻子和公司的董事们来到这里，在那些被判"死刑"的枯井上又架起了钻机。结果在原有基础上，又钻进914米时，天然气终于喷薄而出。

后来，哈默博士又听说，闻名世界的埃索石油公司和壳牌石油公司，在非洲的利比亚由于探油失败而扔下不少废井。

他便又带领大队人马开往非洲，并以"愿意从利润中抽出5％供利比亚发展农业和在国王的家乡寻找水源"的投资条件，租借了两块别人抛弃的土地。不久，他又打出了9口自喷油井。

西方石油公司在哈默博士的领导下，经过20年的不懈努力，已经成为一个业务遍及世界各大洲的多种经营的跨国公司，而哈默博士本人也成为享誉全球的企业巨子。

从上面哈默博士的成功经验中，你一定会大受启发。你一定能够明白，这一切实际上都是"见缝插针"所带来的成功效应。由此可见，运用"见缝插针"之计的关键就在于"缝"，也就是机遇。

但是机遇却并不是单纯的幸运，它总是潜藏于普通的现象背后，被表面现象所掩盖，具有隐藏性。所以，一般人不容易觉察到机遇的存在。只有那些精明的人才能透过现象，看到本质，抓住被人们忽略了的潜在机遇，在人们忽视的"缝隙"中穿插自如。

机遇的另一个特性是具有显而易见的瞬时性。机遇一旦出现，"缝隙"一旦露出，就万万不能拖延，不能观望，不能犹豫，必须当机立断，不然就会失之交臂。

我们常说的"机不可失，失不再来"说的就是这个道理。因此，"见缝插针"作为商业竞技上建功立业的一条妙计，它的运用是与机遇的探求、获得和采取行动是紧密相连的。

但是，拿破仑·希尔的成功学也告诉你，当你在发现机会并适时地抓住机会的时候，你还必须注意几个方面的问题：

一是善于发现和识别机遇。一切机遇都来自环境的变化，潜藏于现象的背后，并具有偶然、瞬时的色彩。要想发现它、认识它，你必须具有灵活的头脑和敏锐的观察力。

因此你必须要时时注意到自己周围和社会环境的变化，细心观察社会环境及其流变动向，认真思考政治动荡、经济运行或是历史文化所带给你所从事的事业的巨大影响，其目的就是寻找机遇，找到"缝"之所在。

二是善于"插针"。如果发现机遇，就必须抓紧时间，马上采取行动。

你只有把"针"插到"缝"里去，才不至于贻误战机。倘若犹豫、观望，机遇就会悄然流逝，使你后悔莫及。

三是见机行事，随机应变。"见缝插针"之计的成败关键，就在于灵活地思考并运用你的机会。当好机会出现在眼前时，你要敢于扭转航向，见风使舵。面对不利的形势时，要准确地审时度势，敢于抛弃不利因素，分清主次。

你一定要记住，不管办什么事，墨守成规或随波逐流，肯定不会有大的成就。关键就是要把握其他人的失败中是否有"一篑"可取。如果"篑"你不能正确把握，却又是盲目为之，你势必就会重蹈覆辙，从而徒劳无益。

要知道，错误和不成功都是多种复杂因素相互作用的结果。所以，你首先必须要对他人的失败进行科学的分析和筛选，寻找到救助这"一篑"的可能性。拿破仑·希尔的成功学认为，失败中孕育着的"一篑"一般有这样几种情况：

其一，对某事已有一些初步的探索，由于没什么效果或是看不到希望而停止，此事尚处在无结论的状态。

其二，由于客观条件的限制，只好停止深入进行。

其三，经过一段时间的运作，发现自己的能力不够，无法干下去，也就是受到主观条件的制约，因而只好不干。

其四，所从事的事业超过了预定的目标和常规的可能，因此无法深入进行，只好作罢。

其五，因为认识上的偏差，或是信息情报等的失误，导致不正确的判断。

对于企业家来说，成功的过程当然允许失败。我们通常不总是说失败乃成功之母吗？

从这个意义上说，失败和成功就有着同样的价值。

而擅长在别人失败的基础上获得成功，更是显出智者之智，慧者之慧。

至于那些"功亏一篑"的失败者，他们的"一篑"一般都是由于自我力量不足，或是心理承受力超过限度，或是思维角度偏移，因而产生了不正确的判断；另一方面，因为内外部环境的急剧恶化等，也可能导致他们的失败。

所以，显而易见，只要你能够准确地把握他人不成功的原因，有针对性地施以科学的"一篑"，事半功倍的"九仞"之效就一定会幸运地降临到你到头上。

机会只眷顾有准备的人

有人坐等机会，希望好运气从天而降。成功者积极准备，一旦机会降临，便能牢牢地把握。

有一位探险家在森林中看见一位老农正坐在树桩上抽烟斗，于是他上前打招呼说："您好，您在这儿干什么呢？"

这位老农回答："有一次我正要砍树时风雨大作，刮倒了许多参天大树，这省了我不少力气。"

"您真幸运！"

"您说对了，还有一次，暴风雨中的闪电把我准备要焚烧的干草给点着了。"

　　"真是奇迹！现在您准备做什么？"

　　"我正等待发生一场地震把土豆从地里翻出来。"

　　如果你失业，不要希望差事会自动上门，不要期待政府、工会打电话请你去上班，或期待把你解聘的公司会请你吃回头草，天下没有这么好的事情。

　　有一位老教授退休后，去偏远山区的学校，传授教学经验。由于老教授的爱心及和蔼可亲，使得他到处受到老师及学生的欢迎。

　　有一次老教授结束在山区某学校的教学行程而欲赶赴某处时，许多学生依依不舍，老教授也不免为之所动。当下答应学生，下次再来时，只要他们能将自己的课桌椅收拾整洁，老教授将送给该校学生一份神秘礼物。

　　在老教授离去后，每到星期三早上，所有学生一定将自己的桌面收拾干净，因为星期三是每个月教授例行前来拜访的日子，只是不确定教授会在哪一个星期三来到。

　　其中有一个学生想法和其他同学不一样，他一心想得到教授的礼物留作纪念，生怕教授会临时在星期三以外的日子突然带着神秘礼物来到，于是他每天早上都将自己的桌椅收拾整齐。

但往往上午收拾妥善的桌面，到了下午又是一片凌乱，这个学生又担心教授会在下午来到，于是在下午又收拾了一次。想想又觉得不安，如果教授在一个小时后出现在教室，仍会看到他的桌面凌乱不堪，便决定每个小时收拾一次。

到最后，他想到，若是教授随时会到来，仍有可能看到他的桌面不整洁，终于小学生想清楚了，他必须时刻保持自己桌面的整洁，随时欢迎教授的光临。

老教授虽然尚未带着神秘礼物出现，但这个小学生已经得到了另一份奇特的礼物。

被动等待或守株待兔，是浪费时间、错失良机的举动，而这亦无异于把自己的命运交付给未可知的外力来决定。

有许多人终其一生，都在等待一个足以令他成功的机会。而事实上，机会无时不在，重要的在于，当机会出现时，你是否已准备好了。

如故事中小学生给我们的启示，自己准备妥善，以迎接机会的到来，是可以循序渐进而学习的。

在过去的岁月中，或许我们一直在等待成功的机会，而耗去了过多的时光，却等不到机会的出现。但从今天起，我们在等候的同时，还必须随时做好准备，让自己保持在最佳状态，以便机会出现时，可以紧紧抓住，不让它溜过。

机会不会嫌贫爱富

有一位雕塑家带着一个年轻的学生，人们问他，他的学生也会成为像他这样有名的雕塑家吗？

雕塑家说："永远不可能的，因为他每年都有10000元的现金进账。"因为这位雕塑家知道，只有艰难困境才能锻炼出人的真正本领，而在富裕的土壤中，人很难发达成才。

调查一下取得巨大成就的人们的过去，就会发现他们都曾经品尝过令一般人感到绝望的贫穷的痛苦，同时他们又是在这个时候掌握了取得成功必备的能力。

因此，即使痛苦，也要以逆境思维向前看，努力前进。成功或收获的过程越难、越艰苦，达到成功或收获时的激动会越强烈。

如果想要品尝"天生我材必有用""这辈子总算是没白活一场"这样一种最深最强烈的激情，在此之前必然要历经一段艰苦卓绝的岁月。

一生中不论经过多少贫困、多少痛苦、多少失败，只要最终取得成功，这一切又算得了什么呢？贫困是痛苦而辛酸的，但能够变成推动你向前的催化剂，能够转化成前进必需的强大的能量。

　　法国大作家巴尔扎克，曾经靠借钱生活，日子非常窘迫。年轻时，他做什么什么失败，几乎一事无成，一度债台高筑。

　　但这并没有击垮他，反而成为他奋发图强的催化剂。他拼命地进行写作，直至一部部畅销书相继问世，如《欧也妮·葛朗台》《高老头》等。

　　英国著名艺术家詹姆士·夏普勒斯出生时家徒四壁，但贫苦并没有把他吓到，在寂静无人的凌晨3点他就起来抄写没钱购买的书本。

　　为了购买到便宜的艺术品，他常常是不辞辛劳地徒步跋涉29千米到曼彻斯特，经过一天的劳累后，买到价值一先令的艺术品。

　　而且，他还主动请求承担铁匠铺里最繁重的工作，因为在干那个工作时，生铁需要在炼炉里多加热一段时间，而他则可以因此获得更多的时间来学习知识，他把书靠在烟囱上，边工作边看。

　　在时间方面，他绝对是一个惜时如金的守财奴，任何一点时间在他看来都珍贵无比，因为他知道光阴易逝、一去不复返。

　　在整整五年的时间里，他都是一个人在寂寞中苦斗，把所有的闲暇时光都用来"锻造"自己的著作，如今，他那部著名的作品在我们许多人的家里都可以找到。

普拉特·斯宾塞小时候家里穷得连练习书法的纸张都买不起。然而，凭着天性中的刚毅坚韧，他克服了艰难困苦，伊利湖四周光滑如镜的沙滩成了大自然赐予他的最好的书写纸。

后来，他成了美国最著名的书法家之一。正是在伊利湖畔，他奠定了成为著名书法家的基础，形成了斯宾塞书法体系的基本框架和原则，而这种原则是人类有史以来对英文书法艺术最完美的表达和阐释。

亨利·克莱的母亲是一个寡妇，除了他之外，家里还有6个兄弟姊妹。由于家境贫寒，克莱无法到较好的学校去读书，只能在一个普通的乡下小学接受教育，在那里他学到的只是一些最简单枯燥的拼写知识。

但是，他并没有因此而止步不前；相反，他利用了所有课余的时间，在没有老师指导的情况下进行了自学。

这样，多年以后，他最终成了自学成才的佼佼者，自立成功的典范。成千上万的听众一边听着他的演说，一边给予如雷的掌声和喝彩。

开普勒终其一生，都在不停地与贫困挫折作斗争。由于当局的命令，他的著作在公共场所被焚烧，他的图书馆被耶稣会人士查封，他本人则为公众舆论所谴责。

在整整十七年的时间里，他孜孜不倦地终日伏案，进行着紧张地思索和运算。他最终得出了著名的开普勒行星运行定律。这个没有什么机会的男孩最终成了有史以来最伟大的天文学家之一。

著名金融家与慈善家斯蒂芬·吉拉德也有着相似的人生经历。他在10岁那年远离了自己的故乡法国来到了美国，一开始在船上当侍者为生。他远大的抱负就是要为自己开辟一片天地，并不惜一切代价来获得成功。

任何工作，不管它们是多么的繁重劳累，或者是肮脏卑微，他都愿意去干。就像古希腊神话中点石成金的迈达斯一样，他干一行赚一行，很快由一个穷小子一跃成为费城富可敌国的大商人之一。

汉弗雷·戴维由于出身贫寒，他接受教育和获得科学知识的机会都很有限。然而，他是一个有着真正的坚定信心和持久毅力的小伙子。

当他在药店工作时，他甚至把旧的平底锅、烧水壶和各种各样的瓶子都用来做实验，锲而不舍地追求着科学和真理。后来，戴维以电化学创始人的身份出任英国皇家学会的会长。

年轻的约翰·沃纳梅克每天都要徒步6.4千米到费城，在那里的一家书店里打工，每周的报酬是1.25美元。后来，他又转到一家制衣店工作，每周多加了25美分的工资。

从这样的一个起点开始，他不断地向上攀登，最终成了美国最伟大的商人之一。1889年，他被哈里森总统任命为邮政总局局长。

在这个职位上，他又充分展示了卓越的领导才能和杰出的行政能力。

美国总统亨利·威尔逊很早就体会到了贫穷的滋味，他在10岁时就离开了家，当了11年的学徒工，每年接受一个月的学校教育，最后，在11年的艰辛工作之后，他得到了一头牛和6只绵羊作为报酬。他把它们换成了84美元。

从出生一直至21岁那年为止，他从来没有在娱乐上花过一个美元，每个美分都是经过精心算计的。在他21岁生日之后的第一个月，他带着一队人马进入人迹罕至的大森林，去采伐那里的大圆木。每天，他都是在天际的第一抹曙光出现之前起床，然后就一直辛勤地工作到天黑后星星探出头来为止。

在一个月夜以继日的辛劳努力之后，他获得了6美元作为报酬，当时在他看来这可真是一个大数目啊！在这样的穷途困境中，他依然没有灰心，反而更加坚强，他不让任何一个发展自我、提升自我的机会溜走。

很少有人能像他一样深刻地理解闲暇时光的价值。他像抓住黄金一样紧紧地抓住了零星的时间，不让一分一秒无所作为地从指缝间流走。

在他21岁之前，他已经设法读了1000本书，想一想看，对一个农场里的孩子，这是多么艰巨的任务啊！在离开农场之后，他徒步到160千米之外的马萨诸塞州的内蒂克去学习皮匠手艺。

他风尘仆仆地经过了波士顿，在那里他看见了邦克·希尔纪念碑和其他历史名胜。整个旅行只花费了他1.6美元。

在一年之后，他已经在内蒂克的一个辩论俱乐部脱颖而出，成为其中的佼佼者了。后来，他在马萨诸塞州的议会发表了著名的反对奴隶制度的演说，此时距他到这里尚不到8年。

12年之后，他就与著名的查尔斯·萨姆纳平起平坐，进入了国会。

的确，艰难困苦和人世沧桑是最为严厉而又最为崇高的老师。人要获得深邃的思想，或者要取得巨大的成功，似乎都必有一段穷困破落的记忆。

我们必须明白：贫穷困苦并不可怕。我们有健全的大脑和身体，再加上我们坚定不移的目标，我们必能成功。那我们又何必悲观绝望呢？

主动进取就能抓住机遇

每个人都被机会包围着。但是机会只是在它们被看见时才存在，而且机会只有在被寻找时才会被发现。

思维学家德·博诺说得好："对机会，只有主动进取的人才最容易找到。他们不会被动等事情发生，而总是主动探寻。"那些决心为自己找出道路的人，总是能够找到机会的；即便他们找不到机会，他们也会创造出机会来。

费尔兰德斯年轻时，正为找不到工作机会而苦恼。当时正遇到经济危机，失业状况遍布全国。某天，他从报纸上看到来自各地的失业大军，汇集一起向首都华盛顿进军，就抱着看热闹的心理，赶去看一看。

他还没有赶到失业大军的所在地，却从车窗里看到路边在搞大型建设。于是，他没有再去看热闹，而是中途下车，往那群建筑物走去。

到那里才知道是建新的钢铁厂。他便找到主管，询问是否要人。主管问了问他的情况，说钢铁厂过段时间会开工，他学的知识在这里正好有用。于是请他把电话留下，说如果需要他，到时会打电话通知他前来上班。

他满怀期望地等着通知。到了约定的时间，却一直等不到电话。照一般人的想法，肯定是没有机会了。但是费尔兰德斯却不这样想，而是主动地找到那里去。

一到那个地方，就见主管十分热情地走上来欢迎他，并告知："你来得正好，我把你的电话弄丢了！正急得不知道该怎样通知你呢！"

费尔兰德斯就这样进入了钢铁行业。后来，他成为美国钢铁公司的董事长。该公司在他的管理下，业务有了很大发展。这家公司一年的产钢量就相当于当时苏联一个国家的总和。

在总结自己的成功之道时，费尔兰德斯最自豪的就是这一段：当大队的失业大军向首都进军，争取就业机会时，他却中途下车，发现了一个近在咫尺的机会；当接不到应聘电话，一般人会认为无望时，他却主动再找上门去。

费尔兰德斯比别人仅仅多了半步，但他得到了一生最重要的机会！这说明了什么呢？这说明了两个问题：

一个人必须下决心为自己找路。所谓"运随心转"，决心找路了，路终究会出现。对机会必须抱着一种"志在必得"的心态！要对机会当真，即使在似乎一切无望的时候，也要逼迫自己，坚持再敲一次门！

利用机会才有机会

在通向机会大门的路上，没有路标的指引，成功决不会从天而降。机会具有它特有的性质：隐蔽性、潜在性、选择性。它隐藏着，它等待着人们的开发，它只看重那些善于捕捉的人。

你是在被动地等待机会，还是主动地去追求它呢？

等待机会不像是等待班车，到点儿车就来，而要看你等待机会的状况如何、是不是碰上了机会，是不是捉住了机会，是不是错失了机会，是不是再也没有机会，这些都是问题。

而实质问题在于你是否认真地准备着、刻意地追求着。有许多人看起来好像没有机会，没有前途，但是偏偏就有一天发生了转折，他们获得了机会。其实，许多成功者都有这样一种经历和体验。

在机会面前人人平等，人与人各不相同，对机会的做法也不同：强者、智者创造机会、把握机会；弱者、愚者等待机会，错过机会。

作为强者的你，只要小心慎重地播下创造机会的种子，就有可能收获机会。你应该对自己说这样的话。

"我被很多猎头公司觑见。"这就如俗语说的那样："瘦田没人耕，耕开有人争"，如果你被另一家公司垂青，身价自然倍升。你只需对同事简单地说："我接到某某公司某先生的电话，你认识他吗？"对方自然会问你关于某公司的事，你可以照直说出来。

假如同时有其他公司向你垂青又怎样办？那你尽可增加与其他公司的朋友或工作伙伴的约会。就算只是吃午餐，也别忘记作悉心的打扮，这样便像是"猎头"的对象了。

"我认识很多权威人士。"你要是希望在事业上扶摇直上，你应了解公司的高层，以及来自世界各地的权威人士。

你要做的并不是要和那些重要人物约会，但你要尽量地熟悉他们，在适当的时候接触他们。只要做到你的名字与重要人物的名字扯上关系，或为办公室中的话题就足够了。

下一步，是懂得挑选合适的时候和态度，如果你常常提及那些重要人物的观点，很可能被人识破，甚至觉得你很讨厌。所以要注意让别人觉得你是谦虚的，例如指出能和某某先生合作真是幸运，并能从他身上学到很多东西。

"我是多才多艺的"。当别人知道你有多方面的才艺，会觉得你是一个全能的人。例如在美术、运动、社会服务方面的表现，可塑造你的形象，使你成为一个创作力丰富、专注有爱心的人。

想尽办法创造机会吧，你的潜力无限，不要浪费它们，把它们挖掘出来，让它们来帮助你成功吧！

夏宾说："等待机会的人不是聪明的人，而寻找机会，把握机会，征服机会，让机会成为服务于他的奴仆的人才是最聪明的人、最优秀的人。"

在你的一生中，你只有不到百万分之一的可能性获得特殊机会。然而机会却常常出现在你面前，你可以抓住它，把握它，将它变为有利的条件，因此你需要的是付诸行动。

在这个世界上，生存本身就是你奋斗进取的特权，它是上帝赐予你的，你要利用这个机会，充分地将自己的才华展现出来，并矢志不渝地追求成功，那么这个机会所能给予你的东西要远远大于它本身。

弗莱德·道格拉斯是一个连身体都不属于自己的奴隶，他尚且能够通过自己的努力成为一位杰出的作家、演说家、政治家。那么，当今与道格拉斯相比有无数机会的年轻人，是否应该有更好的表现呢？

勤劳的人永远在孜孜不倦地工作着、努力着，而懒惰的人总是抱怨自己没有机会、没有时间。睿智的人能够从琐碎的小事中寻找机会，而粗心大意的人却轻而易举地让机会从眼前溜走了。

"世界上每一个人都有机会与幸运之神牵手，但是如果幸运之神发现这个人对她的到来毫无准备时，她就会从正门进来，然后消失在窗棂间。"这是一句给人深刻教育的古老格言。

美国人尼里斯·范德比尔特是运输业巨头，著名企业家，他看到了汽船行业的发展前景，并认定自己在汽船航海方面能够有所成就。因此他放弃了原本已经蒸蒸日上的事业，到当时最早的一艘汽船上当船长，而年薪仅为1000美元。

他的这一决定让家人和朋友为之震惊。当时，利文斯敦和富尔顿已经取得了汽船在纽约水面上航行的专有权，但是，范德比尔特却认为，这项法令有悖于美国宪法的精神。在他的一再要求下，这项法令最终被取消了，此后不久，他拥有了一艘属于自己的汽船。

在当时，政府每年要拿出一大笔钱补贴往来于欧洲的邮件业务，而范德比尔特却提出他愿意免费投递邮件并承诺更好的服务。他的这一要求很快就被接受了。靠着这种方式，一个庞大的客运与货运体系初步建成了。

当这项事业逐步完善后，他又预见到，铁路运输将在美国这样一个地域辽阔、人口众多的国家大有发展前景。于是，他又积极地投身到铁路事业中去，为后来建立四通八达的范德比尔特铁路网奠定了坚实的基础。

"四十九人大篷车队"的成员、年轻的菲利普·阿穆尔将自己的全部家当搬上了一辆牧场大篷车，由一匹骡子拉着，毅然地跟随车队穿越"美国大沙漠"。辛勤工作的他将矿上定时发放的所有薪水一点点地积攒起来。

这些积蓄是他日后独立开创事业的基础。6年后，这笔钱被他用来在威斯康星的密尔沃基经营粮食与商品批发。前后9年时间，他将50万美元装进了口袋。

格兰特将军是美国南北战争时期的杰出领袖，当他命令军队打到里士满去时，菲利普·阿穆尔突然意识到了一个宝贵的机会。

1864年的一个清晨，他敲开了合伙人普兰克顿的门，并且对他说："我要坐下一班火车去纽约，倾销我们手中所有的猪肉。因为叛军的喉咙已经被格兰特和谢尔曼的军队扼住了，战争很快会以胜利而告终，那时猪肉会跌至每桶12美元。"此时他看准机会到来了，就果断地做出决定。

到达纽约以后，他在市场上以50美元一桶的价格大量抛售猪肉，人们都争相前去购买。华尔街上精明的投机商们都嘲笑这个西部年轻人的疯狂举动。他们劝告阿穆尔说，战争还远远没有接近尾声，猪肉价格还会一直攀升。对于他们的劝告，阿穆尔不屑一顾，照旧抛售猪肉。

格兰特的军队勇往直前，而南方军则无回天之力，只能节节败退，不久，里士满失陷了。不出阿穆尔所料，猪肉的价格猛跌到了每桶12美元，而把握住机会的阿穆尔先生却将200万美元装进了口袋。

在石油行业抓住了机遇的约翰·洛克菲勒注意到，这个国家的人口众多，但用电灯的人却极少。这儿的石油储量非常丰富，其产量低、使用不安全的主要原因就在于石油冶炼加工的方法太原始，而这个技术落后的缺口正好给他提供了极好的机会。他不仅善于发现机会的所在，更善于利用机会创造成功。

首先，洛克菲勒去找曾经与他一个机械厂共同工作过的维修工塞缪尔·安德鲁作为合伙人。直到1870年，他利用合伙人发明的冶炼加工石油的新工艺开始冶炼他们的第一桶石油。由于他们冶炼出来的石油质量好，因此生意越来越兴隆，后来，他又吸收弗莱格勒作为合伙人共同发展他们的事业。

然而，好景不长，安德鲁对现状不满，希望从这个团体中退出。"你想要什么补偿？"洛克菲勒问道。安德鲁随意地将"100万美元"这几个字写在一张纸上。不到一天时间，安德鲁就从洛克菲勒手中拿到了这笔钱。临别时，洛克菲勒对安德鲁说："你没有要1000万美元，而只要了100万美元，这个要价真的不高。"

在此后20年间，这个仅以1000美元起家的小冶炼厂以滚雪球的速度迅速成长为石油行业的托拉斯——"美孚石油公司"。它的股票价格升至每一股170美元，总资产达到了9000万美元，而公司的市场价值则超过了15000万美元。

许多人一生都在寻找机会，他们像勤劳的蜜蜂一样，从每一朵花中汲取琼浆。而聪明人则会在他们遇到的每一个人身上，每一天生活的场景中寻找机会，他们会将一些有用的知识添加入他们的知识宝库里，给他们的个人能力注入新的能量。

第四章

在吃苦的年纪，攀登巅峰

幻想对于我们来说毫无价值，我们的计划也会因此渺如尘埃，我的目标也不可能达到。所有的一切，如果只停留在幻想中，那么都将的毫无意义，除非我们能够在吃苦的年纪，就开始付诸行动。

行动，才能让我们真正朝着梦想前进，才是让我们取得成功的最大依仗，唯有心动与行动的统一，我们才能够攀登上人生的最高巅峰。

行动是建功立业的基础

英国前著名的首相本杰明·迪斯累利曾指出，虽然行动不一定能带来令人满意的结果，但不采取行动是绝无满意的结果可言。

美国罗斯福总统曾承认："我其实没有什么辉煌灿烂的功绩。只有一点令我自豪的是：凡是我觉得应该做的，我就去做，而当我决心做后，我便着手去做了。"

订立目标，规划人生，只不过是理论，纸上空谈，而没有行动便没有结果。理论都是好东西，但是如果不能依附于行动上，那只是一种空谈。人只要活着，便必须考虑行动。

人生最基本的现实规则之一就是，没有智慧基础的行动是无用的。但更令人沮丧的是即使空有知识和智慧，如果没有行动，一切仍属空谈。行动与充分准备其实可视为一体的两面。

人生必须适可而止。作太多的准备却迟迟不敢行动，最后只是徒然浪费时光而已。也就是说，事事必须有节制，我们不能落入不断演练、计划的圈套，而必须认识现实：不论计划多么周详，也不能发生意外。

美国成功学家林格的一个朋友，想投身服务

业，因此做了一个伟大计划。他每天面对电脑，至少计划了两年，完全不顾这两年中他要进入的服务业早已有了多少改变。

有一天，林格拜访了他。他刚修改完预测数字，因此很兴奋地说："你知道吗？电脑太神奇了。我只要改变现金流量表上的一个数字，其他所有数字电脑都会自动修改。太不可思议了。"

听他说完，林格只冷冷地接了一句"是很不可思议。不过你的代价也不低，还没开张就要宣告破产了。"

这位友人犯的毛病就是让旁枝末节阻碍了他的思考，浪费了大量宝贵时间，被他电脑的容量和自己操纵电脑的能力所眩惑，而忘记了他真正的目的。他的出发点不是做现金流量控制专家，而是进入服务业。计划非常重要，是获得有利结果的第一步，但是计划非行动，也无法代替行动。就如同打棒球一样，如果没有踩过第一步包，便无法达到第二步。

有一句俗话说："好主意一毛钱可以买一打。"我们也知道不但一个想法便能改变世界，而且有很多人真的用自己的想法改变了世界。

为什么有的主意被人讥嘲，有的却受到重视？其中的区别便在于后者除了想法外，也附加了行动。最初的想法只是一连串行动的起步，接下来便有第二阶段的准备、计划和行动予以配合。

林格演讲时，时常对观众开玩笑地说，美国最大的快递公司联邦快递其实是他发明的。他不说假话，他的确有过这个主意。但是我们相信世界上至少还有10000个和他一样的创业家，也想到过相同的主意。

　　20世纪60年代林格刚刚起步，在全美国为公司做撮合工作，每天都生活在赶截止日期，并在限时内将文件从美国的一端送到另外一端的时间缝隙中。

　　当时林格曾经想到，如果有人能开办一个能够将重要文件，在24小时之内送到任何目的地的服务，该有多好。这想法在他脑海中驻留了好几年……一直到有一个名叫弗烈德·史密斯的家伙真的把这主意转换为实际行动。

这个故事的教训应该是：成功地将一个好主意付诸实践，比在家空想出一千个好主意要有价值得多。

行动是件了不起的事。只要一个人行得对，他就会越来越喜欢行动。想要做一个进取的人吗？先从行动开始。

美国著名成功人士詹姆·威廉斯也说，一个人的行为影响他的态度："与其兴之所至才击节高歌，不如先引吭高歌带动心情。"

行动不仅带来回馈和成就感，也给人带来喜悦。忙着做一件事，是建设性的行为，在潜心工作时所得到的自我满足和快乐无其他方法可取代。这么说来，如果你寻求快乐，如果你想发挥潜能，就必须保证积极行动，全力以赴。

每天都有数以千计的人把新构想取消或埋葬掉，因为他们不敢执行。过了段时间以后，这些构想又会回来折磨他们。因此，请记住下面两种想法：

一是切实执行你的创意，以便发挥它的价值，不管创意有多好，除非真正身体力行，否则永远没有收获。

二是实行时心理要平静。初步估计会遇到的困难，作好心理准备。你现在已经想到一个好创意了吗？如果有，现在就行动。

行动助你完成人生伟业

你可以界定你的人生目标，认真制订各个时期的目标。但如果你不行动，还是会一事无成。

在美国有这样的一个人：此人一直想到中国旅游，于是定了一个旅行计划。他花了几个月阅读能找到各种材料，即中国的艺术、历史、哲学、文化。他研究中国各省地图，订了飞机票，并制定了详细的日程表。他标出要去观光的每一个地点，连每个小时去哪里都定好了。这个人有个朋友知道他翘首以待这次旅游。

在他预定回国的日子之后几天，这个朋友到他家做客，问他："中国怎么样？"

这人回答："我想，中国是不错的，可我没去。"

这位朋友大惑不解："什么？你花了那么多时间做准备，为什么到现在还没走，出什么事啦？"

"我是喜欢制定旅行计划的，但我不愿去飞机场，受不了。所以待在家里没去。"

苦思冥想，谋划如何有所成就，是不能代替身体力行去实现的。没有行动的人只是在做白日梦。行动是化目标为现实的关键步骤。

美国演讲家查尔斯41岁时发现自己重新开始生活。他当时住在纽约，为长老会效力，负责该教会的传播计划。在那之前的4年里，他在美国和加拿大的海湾一带活动，一到晚上就对成千上万的人们演说。其中的3年里他也主持过哥伦比亚广播公司电视网络里的每周节目《向上看与生活》。但查尔斯却失去了信仰。

查尔斯19岁就进了教会，可是到了现在才意识到自己怀疑基督教的基本教义。有许多东西事与愿违，因为太想相信，他的思想提出了挑战，最后驳斥了自己相信的一切。于是，他决定必须离开教会。

当时，生活好像到了尽头。他母亲由于癌症已奄奄一息，长时间疾病的折磨使得她只剩下皮包骨头。实际上他同所有的朋友断绝了来往，并放弃了那些受自己影响而去传教和加入教会的人们，一时间，他觉得自己像个叛逆者。

但查尔斯没有什么真正的选择，他后来回忆道："我不能待在教会里，隐瞒自己的怀疑，每天生活在谎言里。我租了一辆车，把仅存的几样家什包好扔在车上，踏上了去多伦多的旅程。"

"那时确实令人苦恼，我怎样才得以糊口？我合适干些什么？谁愿雇用一个41岁干过牧师工作的人？"

"我决定试一试写作，我一个人住在乔治湾一幢拥有两个房间的小屋里，写下了三个电视剧本，我把它们都卖给了加拿大广播公司。"

"有位负责人曾在哥伦比亚广播公司的电视节目上见过我，他雇用了我，让我当上他开的加拿大广播公司社会事务电视系列新节目的合伙主持人，从此，我走上了一条新的道路。"

所以说，如果你确信自己应该改行或调换工作，当这一想法成熟时，不要再去考虑，要行动起来，不要让这一想法去逼你，要拥有它，让它成为冒险。请铭记这句话："别理那些老是给予否定回答的人。"富兰克林·罗斯福说得对："值得恐惧的唯一事情就是恐惧本身。"

行动之前需要有目标

如果你想获得加薪、在公司获得较大的机会、较好的职位、梦想的房屋等，那么鼓励你仔细地重读这个故事。每天花几分钟遵守精确的步骤，这样你向往的那一天终会到来。那时候，你将不仅"看见到目标完成"，而且会"达到想要的目标"。

内斯美是美国华盛顿的一位高尔夫球选手，他通常打出90多杆。然后有7年的时间他完全停止了玩高尔夫球。令人惊异的是，当他再回到比赛场时，又打出了漂亮的74杆。

在这7年时间里，他没有摸过高尔夫球，而他的身体状况也在恶化之中。实际上，他这7年是住在一间大约四五米高的战俘收容所里，因为他是一个越南战俘。

内斯美的故事说明：如果我们期望实现目标，就必须首先在心里看到目标完成。在这7年的日子里，内斯美一直与世隔绝，见不到任何人，没有人跟他谈话，更无法做正常的体能活动。前几个月他几乎什么事情也没做，后来，他觉得如果要保持头脑清醒并活下去，就得采取一些特别、积极的步骤才行。

最后，他选择了他心爱的高尔夫课程，开始在他的牢房中"玩"起高尔夫球来了。在他自己心里，他每天都要玩整整18个洞。他以极精细的手法玩高尔夫球。

他"看见"自己穿上高尔夫球衣走上第一个高尔夫球座，心里想象着他所玩的场地的每一种天气状况；他"见到"球座盒子的精确大小、青草、树木，甚至还有鸟；他很清楚地"见到"他紧握高尔夫球的精确方式；他很小心地使自己的左手臂维持平直；他叮嘱自己眼睛要好好看着球；他命令自己小心，在打倒杆时要慢而且轻轻地打，同时记住眼睛盯在球上；他教导自己在击打时要圆滑地向下挥杆，并且顺利地击出，然后他想象着高尔夫球在空中飞过，掉在发球区与果岭之间修整过的草地中央，滚动着，直到它停在他所选定的精确位置。

这样每周7天整整持续了7年，他都在心里玩那完美的高尔夫球。从来没有一次漏打了球，也从来没有一次球不进洞，这真是完美的打法，这位球员每天用整整4小时的时间来打心里的高尔夫球，结果头脑一直很清醒。

他的故事说明了一点：如果你想要实现目标，在达到之前，心中就要"看见目标完成"。

曾有许多人计划要攀登梅特隆山的北麓，有一位记者对他们中的许多人都作了采访，只有一个人说出了"我要。"那个人是一个年轻的美国人，这位记者问他："你是不是要攀登梅特隆山的北麓呢？"

这位美国人朝他看了一下，然后说："我要攀登梅特隆山的北麓。"最后只有一个人登上了北麓。他就是那位说出"我要"的人。因为只有他"看见目标完成"。

不管是寻找一个较好的工作、较多的财产、永久与快乐的婚姻，还是其他什么事，我们都必须在达到想要的目标之前，先看见目标完成。当你的眼睛看着目标时，达到目标的机会就会变得无限的大。真的，不管你见到胜利或失败，这项原则都能适用。

在帆船时代，有一位船员第一次出海。他的船在北大西洋遭到了大风暴。这位船员受命去修整帆布。当开始爬的时候，他犯了一项错误，那就是向下看。波浪的翻腾使船摇荡得十分可怕。

　　眼看这位年轻人就要失去平衡。就在那一瞬间，下面一位年纪较大的船员对他叫道："向上看，孩子，向上看。"这个年轻的船员果然因为向上看而恢复了平衡。

　　事情似乎不顺的时候，要先检查一下你的方向是否错误。形势看起来不利的时候，要尝试"向上看"，应用上面说过的原理，再加上我们下面要讨论的原理，你就会达到目标。

　　把目标适当地写在一张或多张卡片上。你要把它写得清清楚楚，以便于你阅读每一行中的每一个字。将这些卡片保护好，并随时把这些目标带在身边。每天都要复习这些目标。但别忘了：行动才是我们的目标。

　　火车在以每小时100里的时速前进时，能洞穿5米厚的钢筋混凝土墙壁。这就是你的写照。请现在就开始去取得行动的勇气，冲破介于你跟目标之间的种种阻碍与难关吧！

开始行动，才会成功

　　一百次心动不如一次行动。富人知道凡事都可以在行动中出现转机，所以，从现在开始，穷人也要立即行动起来。

在《为学》中有一个关于穷和尚和富和尚的故事：

在四川的偏远地区有两个和尚，其中一个贫穷，一个富裕。

有一天，穷和尚对富和尚说："我想到南海去，您看怎么样？"

富和尚说："你凭借什么去呢？"

穷和尚说："一个小瓶，一个钣钵就足够了。"

富和尚说："我多年来就想租船沿着长江南下，现在还没做到呢，你凭什么走呢？"

第二年，穷和尚从南海归来，把去南海的事告诉了富和尚，富和尚深感惭愧。

冥思苦想，谋划着自己如何有所成就，是不能代替身体力行去实践的，没有行动的人只是在白日做梦。

有一位侨居海外的华裔大富翁，小时候家里很穷，在一次放学回家的路上，他忍不住问妈妈："别的小朋友都有汽车接送，为什么我们总是走回家？"

妈妈无可奈何地说："咱们家穷！"

"为什么咱们家穷呢？"

妈妈告诉他："孩子，你爷爷的父亲，本是个穷书生，十几年的寒窗苦读，终于考取了状元，官达二品，富甲一方。哪知你爷爷游手好闲，贪图享乐，不思进取，坐吃山空，一生中不曾努力干过什么，因此家道败落。

而你父亲生长在时局动荡战乱的年代，总是感叹生不逢时，想从军又怕打仗，想经商时又错失良机，就这样一事无成，抱憾而终。临终前他留下一句话：大鱼吃小鱼，快鱼吃慢鱼。"

"孩子，家族的振兴就靠你了，于事情想到了看准了就得行动起来，抢在别人前面，努力地干了才会有成功。"

他牢记了妈妈的话，以十亩祖田和三间老房子为本钱，成为今天《财富》华人富翁排名榜前五名。他在自传的扉页上写下这样一句话："想到了，就是发现了商机，行动起来，就要不懈努力，成功仅在于领先别人半步。"

生活如同"骑着一辆脚踏车，不是维持前进，就是翻覆在地"，所以行动第一，任何事情都不要拖延，工作时绝对不能把"踩车"的脚松下来，停下来。有了目标后就要马上去做，你可以在工作中训练自己养成严格的执行习惯和限时观念，以防止自己的松懈。

许多成功人士对行动情有独钟，一般他们先搜集适用的资料，和有关知识相结合，制定出一套实施的计划，接下来，就是付诸行动。"现实是此岸，理想是彼岸，中间隔着湍急的河流，行动则是架在川上的桥梁。"认定了目标，就要立即行动、全力以赴，直至成功。

美国联合保险公司的创办人和总裁克莱门特·斯通就从他坎坷的创业史中由衷地感慨："我相信，'行动第一！'这是我最大的资产，这种习惯使我的事业不断成长。你必须用心搜集事实，没有任何拖延的理由。行动是最重要的部分。"

有人说，心想事成。这句话本身没有错，但是很多人只把想法停留在空想的世界中，而不落实到具体的行动中，因此常常是竹篮子大水一场空。

当然，也有一些人是想得多干得少，这种人只比那些纯粹的"心动专家"要强一些，要好一些。因为行动是一个敢于改变自我、拯救自我的标志，是一个人能力有多大的证明。光心想、光会说，都是虚的，不能看到一点实际的东西。

美国著名成功学大师马克·杰弗逊说："一次行动足以显示一个人的弱点和优点是什么，能够及时提醒此人找到人生的突破口。"

毫无疑问，那些成大事者都是勤于行动和巧妙行动的大师。在人生的道路上，我们需要的是：用实际行动来证明自己和兑现曾经心动过的金点子！

立刻行动起来，不要有任何的耽搁。要知道世界上所有的计划都不能帮助你成功，要想实现理想，就得赶快行动起来。成功者的路有千条万条，但是行动却是每一个成功者的必经之路，也是一条捷径。

也许你早已经为自己的未来勾画了一个美好的蓝图，但是它同时也给你带来烦恼，你感到自己迟迟不能将计划付诸实施，你总是在寻找更好的机会，或者常常对自己说：留着明天再做。这些做法将极大地影响你的做事效率。

因此，要获得成功，必须立刻开始行动。任何一个伟大的计划，如果不去行动，就像只有设计图纸而没有盖起来的房子一样，只能是一个空中楼阁。

奥格·曼狄诺是美国一位成功的作家，他常常告诫自己："我要采取行动，我要采取行动……从今以后，我要一遍又一遍、每一小时、每一天都要重复这句话，一直等到这句话成为像我的呼吸习惯一样，而跟在它后面的行动，要像我眨眼睛那种本能一样。

有了这句话，我就能够实现我成功的每一个行动，有了这句话，我就能够制约我的精神，迎接失败者躲避的每一次挑战。"

一个人想奔向自己的目标，追求自己的成功，现在就立即行动。"立即行动"，是自我激励的警句，是自我发动的信号，它能使你勇敢地驱走拖延这个坏习惯，帮你抓住宝贵的时间去做你所不想做而又必须做的事。

行动需要当机立断

苏珊娜·凯吉尔是全美知名的设计专家。她曾经帮美国一些非常成功的人士设计房屋及衣橱，是一位具有很高的国际知名度的色彩顾问。她相信从颜色可以看出个性。多年来，她研究并完善这个观念而成就了她事业。

那么，她是如何对待自己的事业的呢？凯吉尔遵守从祖母那儿学来的原则："只要有必须做的事，马上就做。"她的祖母是一位优秀的裁缝师，以这一原则处理自己的工作，也训练她的孙女。

凯吉尔说有太多的人把时间浪费在"着手准备开始进行"，他们花了太多时间在"准备"做某事，以至于没有多余的时间去做"正事"。她说花很多时间去买一件衣服或一幅画是不对的，听从你的第一个直觉。

美国著名的设计师奥斯卡·迪拉瑞搭也作了相同的建议。当时间管理专家尤金请他提供一些建议给采购衣服的女士们时，他说："你应该马上就有感觉，是要或是不要。

如果你要，想一想到底喜不喜欢，那这件衣服就不代表任何意义了。我下决心下得很快，因为我对要花太多时间去决定的事情一点也不感兴趣。"

如果你一直庆幸自己不慌不忙、深思熟虑、小心谨慎，你可能只是习惯浪费太多时间。

每件事都可以当机立断吗？总有些决定需要详加研究吧？难道我们不应该避免冲动行事吗？但即使是研究也可能浪费太多的时间。第一华丘维银行前董事长汤姆斯·威廉斯说，许多刚进银行的年轻人不懂得何时停止研究，何时开始行动。探求真相是很重要，但是，时候到了就应该停止探求真相而开始解决问题。

尤金在一次演讲中提到，工程师训练要当机立断，而不是不断尝试以寻求完善的解答，他们当机立断找到的反而可能是最好的解答。

事实上，工程师用"冻结设计"这个名词来形容这种情况，意思是指他们必须在一定日期前对自己的设计方案作出决定，也就是"冻结"。

演讲结束后，几位主管说："如果你不管这些工程师，他们绝对设计不出来，好的经理人会强迫工程师冻结设计。"的确，工程师应被训练如何在特定日期前完成工作，而告知工程师这个特定日期则是管理者的任务。

即使你没有负责任何计划，只是被指派工作而不是分派工作的人，"现在就做"仍旧是一个很好的技巧。《世界主义者》的编辑海伦·格利·布朗说："在你尚未发挥工作才能前，最容易被注意和被赏识的方法就是马上办。

老板也许会交代你5件马上办的事情，你必须决定哪一件需要先做、哪一件其次，但是必须马上做。"当然，询问哪一些事情最紧急是很合理的要求。

以下是一些现在就做的方式。如果你需要准备一份旅费报告，一回到办公室就立刻准备，你可能花不到几分钟就可以完成。

但是，如果你过了6个礼拜后再做，而到时候又多了四五笔旅费要整理，你就需要花更多的时间。如果你是个研究生，别想尝试写出有史以来最伟大的论文，只要尽力而为即可，现在立刻开始。

首先，现在就开始。"现在"这个词对成功的妙用无穷，而"明天""下个礼拜""以后""将来某个时候"或"有一天"，往往就是"永远做不到"的同义词。有很多好计划没有实现，只是因为应该说"我现在就去做，马上开始"的时候，却说"我将来有一天会开始去做"。

我们用储蓄的例子来说明好了。人人都认为储蓄是件好事。虽然它很好，却不表示人人都会依据有系统的储蓄计划去做。许多人都想要储蓄，只有少数人才真正做到。

这里是一对年轻夫妇的储蓄经过。毕尔先生每个月的收入是1000美元，但是每个月的开销也是1000美元，收支刚好相抵。夫妇俩都很想储蓄，但是往往会找些理由使他们无法开始。他们已经说了好几年："加薪以后马上开始存钱""分期付款还清以后就要……" "度过这次难关以后就要……
" "下个月就要" "明年就要开始存钱。"

最后还是他太太珍妮不想再拖,她对毕尔说:
"你好好想想看,到底要不要存钱?"

他说:"当然要啊!但是现在省不下来呀!"

珍妮这一次下定决心了。她接着说:"我们想
要存钱已经想了好几年,由于一直认为省不下,才
一直没有储蓄,从现在开始要认为我们可以储蓄。
我今天看到一个广告说,如果每个月存100元,
15年以后有18000元,外加6600元的利息。广告还
说:'先存钱,再花钱'比'先花钱,再存钱'
容易得多。如果你真想储蓄,就把薪水的10%存起
来,不可移作他用。我们说不定要靠饼干和牛奶过
到月底,只要我们真的那么做,一定可以办到。"

他们为了存钱,起先几个月当然吃尽了苦头,
尽量节省,才留出这笔预算。现在他们觉得"存钱
跟花钱一样好玩"。

想不想写信给一个朋友?如果想,现在就去写。有没有
想到一个对于生意大有帮助的计划?马上就去实行。时时刻刻
记着本杰明·富兰克林的话:"今天可以做完的事不要拖到明
天。"这也就是俗话所说的:"今日事,今日毕。"

如果你时时想到"现在",就会完成许多事情;如果常

想"将来有一天"或"将来什么时候"，那就一事无成了。

其次，决不拖延。生活就像一盘棋赛，坐在你对面的就是"时间"。只要你犹豫不决，你将被淘汰出局。如果你继续下去，你还有获胜的可能。你如果把单独一天所浪费的时间确记录下来，可能会令你大吃一惊，如果你想知道那些不认真和"时间"下棋的人的命运，你可以看看下面的文字。它说出了一个最重要的失败原因的真实故事。

其中一位棋手是"时间"，另一位是"普通人先生"。一步步"时间"老人把"普通人先生"逼得无路可走，最后只有任由"时间"对他加以宰割。

犹豫不决会把一个人逼得无路可走。世界上一些领袖人物，他们最大的长处就是精明果断。

当拿破仑决定把他的军队移向某一个目标之后，他决不允许任何事情来改变他的这项决定。如果他的行进路线碰到了一道鸿沟——这是敌军所挖掘的，目的是要阻止他的前进，他仍会下令他的部队向前冲锋，直至沟中堆满了死人和死马，而让他的军队能够从死人堆上走过去为止。

犹豫不决，使得几百万人走向失败。著名传道家比利·山戴有一次说："犹豫不决是魔鬼最喜爱的工作。"光是幻想，是不能导致成功的，唯有下定决心并积极采取行动，才能得到你所要追求的东西。

当哥伦布展开他著名的航程之初，他作出人类历史上影响最深远的一个决定。如果不是他坚守，就没有我们今天所知道的美洲大陆了。

如果你在今天作出决定，然后明天又变更决定，那么，你注定会失败。如果你不能肯定要向哪一方向前进，最好闭上眼睛，在黑暗中前进，因为这样子也比你张开眼睛但却毫无行动好得多了。

如果你犯了一项错误，这个世界将会原谅你，但如果你未做任何决定，这个世界将不会原谅你。

不管你是谁，不管是从事何种行业，你都是在和时间下棋。你都要移动你自己的棋子。迅速地移动棋子，"时间"将对你有利。

如果静止不动，"时间"将会把你从棋盘上除掉。你不能每一步棋都下得很正确。但是，如果你下了很多步棋，你也许可以获得良好的成绩，说不定可以赢这盘棋。

最后，让我们重温下面的几个重点：

一是，做个主动的人。要勇于实践、做个真正在做事的人，不要做个不做事的人。

二是不要等到万事俱备以后才去做。预期将来一定有困难，一旦发生，就立刻解决。

三是创意本身不能带来成功。只有付诸实施时，创意才有价值。

四是用行动来克服恐惧，同时增强你的自信。怕什么就去做什么，你的恐惧自然会立刻消失。你试试看就明白了。

五是自己推动你的精神，不要坐等精神来推动你去做事。主动一点，自然会精神百倍。

六是时时想到现在、明天、下礼拜、将来之类的句子跟"永远不可能做到"意义相同，要变成"我现在就去做"那种人。

七是立刻开始工作。不要把时间浪费在无谓的准备工作上，要立刻开始行动才好。

八是态度要主动积极，做一个改革者。要自告奋勇去改善现状。要自动承担义务工作，向大家证明你有成功的能力与雄心。现在就开始吧。

总之，必须记住，既然做好了去创富的准备，同时又受到了本书思想的激励与暗示，那么最后一件事就是对自己大声地说："现在就去做！"这也将是你在本书中学到的最后一条重要原则，它将使你顺利打开财富之门。

行动要有恒久的毅力

开展自己的事业时，我们不仅要开始实行，还要有耐心地完成它。即行动要有持之以恒的决心。

一个人必须固定他的视野，如果他立志要成功的话。他必须知道他正在为什么目标而工作，然后他才会像猫追老鼠那样地紧追不舍。一个知道自己目标的人，就不会因为挫折和失败而泄气了。

本杰明·富兰克林写道:"让每个人确认他特殊的工作和职业,而且耐心地做着,如果他想要成功的话。"

英国诗人塞缪尔·泰勒·柯尔雷基是个最该听从这个劝告的人。他遗留给后代的诗大部分都是未完成的。他把自己的才华分散得太微细而被浪费掉了。

他生活在一个不真实的梦幻世界里,在他死后,查理·兰姆写信给朋友时说:"柯尔雷基死了,听说他留下了40000多篇有关形而上学和神学的论文,可惜的是没有一篇是完成的!"只有听从这劝告的人,主动发挥潜能,才能成就伟业,才能完成目标。

行动要有恒心,可以这么说,世界上如果有100个人的事业获得巨大成功,那么,至少有100条走向成功的不同轨迹。然而,谁能想象这样一个人,死神在他事业的路上如影相随,却矢志不移地走向了成功。他就是家喻户晓的诺贝尔奖奖金的奠基人弗莱德·诺贝尔。

1864年9月3日这天,寂静的浓烟霎时间冲上蓝天,一股股火花直往上蹿。仅仅几分钟时间,一场惨祸发生了。当惊恐的人们赶到出事现场,只见原来屹立在这里的一座工厂已荡然无存,无情的大火吞没了一切。

火场旁边,站着一位30多岁的年轻人,突如其来的惨祸和过分的刺激，已使他面无人色，浑身不住地颤抖着……这个大难不死的青年，就是后来闻名于世的弗莱德·诺贝尔。

诺贝尔眼睁睁地看着自己所创建的硝化甘油炸药的实验工厂化为灰烬。人们从瓦砾中找出了5具尸体，其中一人是他正在大学读书的活泼可爱的小弟弟，另外4人也是和他朝夕相处的亲密助手。5具烧得焦烂的尸体，令人惨不忍睹。

诺贝尔的母亲得知小儿子惨死的噩耗，悲痛欲绝。年老的父亲因太受刺激引起脑出血，从此半身瘫痪。然而，诺贝尔在失败和巨大的痛苦面前却没有动摇。

惨案发生后，警察立即封锁了出事现场，并严禁诺贝尔恢复自己的工厂。人们像躲避瘟神一样避开他，再也没有愿意出租土地让他进行如此危险的实验。

困境并没有使诺贝尔退缩，几天以后，人们发现，在远离市区的马拉仑湖上，出现了一只巨大的平底驳船，驳船上并没有装什么货物，而是摆满了各种设备，一个青年人正全神贯注地进行一项神秘的实验。他就是在大爆炸中死里逃生，被当地居民赶走了的诺贝尔！

大无畏的勇气往往令死神也望而却步。在令人心惊胆战的实验中，诺贝尔没有同他的驳船一起葬身鱼腹，而是碰上了意外的机遇，他发明了雷管。雷管的发明是爆炸学上的一项重大突破，随着当时许多欧洲国家工业化进程的加快，开矿山、修铁路、凿隧道、挖运河都需要炸药，于是人们又开始亲近诺贝尔了。

他把实验室从船上搬迁到斯德哥尔摩附近的温尔维特，正式建立了第一座硝化甘油工厂。接着，又在德国的汉堡等地建立了炸药公司。

一时间，诺贝尔生产的炸药成了抢手货，源源不断的订货单从世界各地纷至沓来，诺贝尔的财富与日俱增。

但是不幸的消息也接连不断地传来。在旧金山，运载炸药的火车因震荡发生爆炸，火车被炸得七零八落，德国一家著名工厂因搬运硝化甘油时发生碰撞而爆炸，整个工厂和附近的民房变成了一片废墟；在巴拿马，一艘满载着硝化石油的轮船，在大西洋的航行途中，因颠簸引起爆炸，全部船员葬身大海……

一连串骇人听闻的消息，再次使人们对诺贝尔望而生畏，甚至简直是把他当成瘟神和灾星，如果说前次灾难还是小范围内的话，那么这一次他所遭受的已经是世界性的诅咒和驱逐了。

诺贝尔又一次被人们抛弃了，不，应该说是全世界的人都把自己应该分担的那份灾难给了他一个人。

面对接踵而至的灾难和困境，诺贝尔没有一蹶不振，他身上所具有的毅力和恒心，使他对选定的目标义无反顾，永不退缩。在奋斗的路上，他已习惯了与死神朝夕相伴。

炸药的威力曾是那样不可一世，然而，大无畏的勇气和矢志不渝的恒心最终使他征服了炸药，吓退了死神。诺贝尔赢得了巨大的成功，他一生共获专利发明权355项。他用自己的巨额财富创立的诺贝尔科学奖，被国际科学界视为一种崇高的荣誉。

诺贝尔的经历告诉我们，恒心是实现目标过程中不可缺少的条件，恒心与追求结合之后，便形成了百折不挠的巨大力量。

不但如此，诺贝尔的成功还启示我们，干事业要经得起挫折，不能半途而废。美国著名学者安东尼·卡索从他主持过的上百次亲自策划的民意检测中，整理和归纳了美国500家大企业创立人成功的要点和原则，得出的"创业十要"就有这么一条：做一件事坚持到底最重要，相反，半途而废，就会在商场竞争中一事无成。

有位名人说：巨大的成功靠的不是力量而是韧性。商场竞争常常是持久力的竞争，有恒心和毅力的经营者往往成了笑在最后、笑得最好的胜利者。

从龟兔赛跑的故事中可知，竞赛的胜利者之所以是笨拙的乌龟而不是兔子，这与兔子在竞争中缺乏坚持精神是分不开的。因而，恒心和毅力对驰骋商战的经营者来说，是必备的心理素质。

你有了问题，特别是难以解决的问题，可能让你烦恼万分。这时候，有一个基本原则可用，而且永远适用。这个原则非常简单——永远不放弃。

最浪费时间的一件事就是太早放弃。人们经常在做了90%的工作后，放弃了最后可以让他们成功的10%。这不但输掉了开始的投资，更丧失了经由最后的努力而发现宝藏的喜悦。

很多时候，人们会开始一个新工作，学习新的技艺，然后就在成果出现之前失望地放弃。通常，任何新工作都有一段你懂得比周围人少的困难阶段。

刚开始每件事情都要挣扎，但是过了一段时间，最初有压力的工作就会变得轻而易举了。

你可能记得尝试学习另一种语言的情况。如果你学了几个月就放弃，那么你学的多半远不够让你运用自如；但只要再多过几个月或几年，你也许就可以开口谈话、看书、看报纸了。

放弃必然导致彻底的失败。而且不只是手头的问题没解决，还导致人格的最后失败，因为放弃会使人产生一种失败的心理。如果你使用的方法不能奏效，那就改用另一种方法来解决问题。

如果新的方法仍然行不通，那么再换另外一种方法，直至你找到解决眼前问题的办法为止。任何问题总有一把解决的钥匙，只要继续不断地、用心地循着正道去找，你终会找到这把钥匙。

有一个人就成功地运用了这个原则。几年前，他研究出一种供活动房屋的预制墙壁系统，他成立了一家公司，把他所有的钱都投资进去。但是这种墙壁却不够坚固，一经移动就垮了。

公司遭到一连串的困难，他的合伙人要求他"埋掉公司"，但是他说："我压根儿就没想到'放弃'这两个字。"

因此，他用心做合理的、深入的思考，终于想出了办法。他决定设计出一套预铸地板系统，来配合他的预制墙壁系统，最后他终于成功了。

有一家制造活动房子的大公司买下了他的设计。他写信告诉时间管理顾问尤金这件事前后的经过，并且说了一句了不起的话："轻易放弃总嫌太早了。"

怎样才能培养出这种不放弃、打不败的态度？办法之一是永远不要说失败，因为如果你一旦说失败，你很可能会说服自己去接受失败。

你听过海耶士·钟士的事迹吗？他是1960年跨栏比赛的风云人物，他赢得一场又一场比赛，打破了许多纪录，轰动一时，他顺理成章地成为当年在罗马举行的奥运会的选手。他将参加110米栏赛；全世界都认为他能赢得金牌。

但是，出乎意料，他并没有得到金牌，只跑了个第三名。这当然是个极大的挫折。他的第一个想法是："怎么办呢？我或许该放弃比赛。"

要再过4年才会有奥运会，而且他已经赢得过所有其他比赛的跨栏冠军，何必再受4年更艰苦的训练？看来唯一合理的路是退役，开始在事业上寻求新的发展。

这当然非常合乎逻辑，但是海耶士·钟士却不安于这种想法。因此他又开始了训练，一天3小时，一星期7天。在尔后几年里，他又在60米和70米跨栏项目创造了一些新纪录。

1964年2月22日，在纽约麦迪逊广场花园，钟士参加60米跨栏比赛。赛前他曾经宣布这是他最后一次参加室内比赛。大家的情绪都很紧张，每个人的眼睛都看着他。他赢了并平了自己以前所创的最高纪录。

钟士跑完，走回跑道，低头站了一会儿，答谢观众的欢呼。看着17000名观众都向他站立致敬时，钟士感动得流下了眼泪，很多观众也流下眼泪来。一个曾经失败的人仍然继续坚持下去。他不放弃，而爱他的人们就爱他这一点。

他参加1964年东京奥运会，在110米栏赛中跑出13.6秒的成绩，得了第一名，他终于赢得了金牌。

后来他在一家航空公司工作，担任业务代表。他自愿协助推广所在城市的体能训练计划，他的活动取得了了不起的成果。

海耶士·钟士的故事使我们想起了歌德的话："不苟且地坚持下去，严厉地驱策自己继续下去。就是我们之中最普通的人这样去做，也会实现目标。因为坚持的无声力量会随着时间而增长达到没有人能抗拒的程度。

用尽全力向目标前进

当您完全投入自己目标的时候，某些奇迹就会发生。当您确实将自己完全投入的时候，某些力量就会出来帮助您：宇宙和整个大自然。

如果您立即开始行动，您就是在邀请这些力量出来增加您的力量和加强您取得成功的能力。决定行动的本身就是发动了一个能够帮助您成功的连锁反应。人力、物力和机会就好像会神奇般地出来帮助您。

就像歌德所说的那样："开始做所有能做成或想做的事情吧。勇气将会给你带来所需要的一切智慧、力量和宝藏。"

实际上，力量、勇气和宝藏就在那里等待着您，您所要做的仅仅是开始行动。

牛顿毫无疑问是世界一流的科学家。当有人问他到底是通过什么方法得到那些非同一般的发现时，他诚实地回答道："总是思考着它们。"

还有一次，牛顿这样表述他的研究方法："我总是把研究的课题置于心头，反复思考，慢慢地，起初的点点星光终于一点一点地变成了阳光一片。"

正如其他有成就的人一样，牛顿也是靠勤奋、专心致志和全身心地投入行动才成为成就大事者的，他的盛名也是这样换来的。放下手头的这一课题而从事另一课题的研究就是他的娱乐和休息。

牛顿曾说过："如果说我对公众有什么贡献的话，这要归功于勤奋和善于思考。"

另一位伟大的哲学家开普勒也这样说过："正如古人所言'学而不思则罔'，对此我深有同感。只有对所学的东西善于思考才能逐步深入。对于我所研究的课题我总是穷根究底，想出个所以然来。"

全身心地投入行动是成功的步骤中非常重要的一步。所以你必须抛弃一切杂念，将精力投入到所定目标中，千万不要被各种因素所诱惑而导致你相信今天取得的一切全凭天资、才能或者漂亮的外表，其实这完全是努力工作和发挥特色所造成的。那些劝你该悠闲轻松的人，实在不懂为生活而工作与为工作而生活两者之间的区别。

每一天都会带来新的挑战，在你的成功史中增添新的一章。每投出一次快球，奔向目标的热情就更新一次，同时加强观念和增加力量。

不要为一点点汗水感到勉强或局促不安，它是每天必读的经典，每小时的奖章和每天各方面的生动证据，这样就能做得一点比一点好。

你是否留意过失败的人总是这么说："感谢上帝，今天是星期五。"而成功的人却这么说："啊，上帝，已经不是星期五了。"显然，他们这两种人的梦想与目标大相径庭，不是按照同一个步调前进的。

有一个法国人，42岁了仍一事无成，他自己也认为自己倒霉透了：离婚、破产、失业……他不知道自己的生存价值和人生的意义。他对自己非常不满，变得古怪、易怒，同时又十分脆弱。

有一天，一个吉卜赛人在巴黎街头算命他随意一试……

吉卜赛人看过他的手相之后，说："您是一个伟人，您很了不起！"

"什么？"他大吃一惊，"我是个伟人，你不是在开玩笑吧？"吉卜赛人平静地说："您知道您是谁吗？"

"我是谁？"他暗想，"是个倒霉鬼，是个穷光蛋，是个被生活抛弃的人！"但他仍然故作镇静地问："我是谁呢？"

"您是伟人。"吉卜赛人说，"您知道吗，您是拿破仑转世！您身上流的血、您的勇气和智慧，都是拿破仑的啊！先生，难道您真的没有发觉，您的面貌也很像拿破仑吗？"

"不会吧！"他略带迟疑地说，"我离婚了，我破产了，我失业了，我几乎无家可归……"。

"嗨，那是您的过去"，吉卜赛人只好说，"您的未来可不得了！如果先生您不相信，就不用给钱好了。不过，5年后，您将是法国最成功的人啊！因为您就是拿破仑的化身！"

法国人表面装作极不相信地离开了，但心里却有了一种从未有过的伟大感觉。他对拿破仑产生了浓厚的兴趣。

回家后，就想方设法找与拿破仑有关的一切书籍著述来学习。

渐渐地，他发现周围的环境开始改变了，朋友、家人、同事、老板，都换了另一种眼光、另一种表情对他。事业也开始顺利起来。

后来他才领悟到，其实一切都没有变，是他自己变了，从以前的消极悲观到如今的事业有成，而这一切最重要的是他立即开始行动。[1]

三年以后，也就是在他55岁的时候，他成了亿万富翁，他就是法国赫赫有名的成功人士威廉·赫克曼。

全身心地投入行动是一种前提、一种基础或根基，你整个人格和行为，甚至于四周的环境，都根据它而建立。所以我们的经验才会得到证实，形成一种良性的循环。

那些过去处处碰壁的人，也可在认定目标后，全力投入到行动当中，并不断进取，获得最终成功。这就要求他更乐于接受自己，体会到成功的经验而快乐地生活。

你若不勇敢谁替你坚强

方士华◎编著

民主与建设出版社
·北京·

图书在版编目（ＣＩＰ）数据

努力奋斗 / 方士华编著 . -- 北京 : 民主与建设出

版社 , 2020.4（2024.1重印）

（努力奋斗）

ISBN 978-7-5139-2944-8

Ⅰ . ①努… Ⅱ . ①方… Ⅲ . ①成功心理—通俗读物

Ⅳ . ① B848.4-49

中国版本图书馆 CIP 数据核字 (2020) 第 033533 号

努力奋斗
NU LI FEN DOU

编　　著	方士华	
责任编辑	刘树民	
封面设计	三石工作室	
出版发行	民主与建设出版社有限责任公司	
电　　话	（010）59417747　59419778	
社　　址	北京市海淀区西三环中路 10 号望海楼 E 座 7 层	
邮　　编	100142	
印　　刷	三河市天润建兴印务有限公司	
版　　次	2020 年 6 月第 1 版	
印　　次	2024 年 1 月第 6 次印刷	
开　　本	850 毫米 ×1168 毫米　　1/32	
印　　张	25	
字　　数	605 千字	
书　　号	ISBN 978-7-5139-2944-8	
定　　价	168.00 元（全五册）	

注：如有印、装质量问题，请与出版社联系。

前 言

我们每个人都非常向往美好幸福的生活，但是应该明白，幸福生活不是天上掉下来的馅饼，而是用自己勤劳双手创造出来的。残酷的现实生活告诉我们一个道理，凡事必须靠我们自己。在这个世界上，唯一能够改变我们命运的人不是别人，而是我们自己。你如果不努力，谁也给不了你想要的生活。因此，为了将来生活得更加美好，唯有现在不停地努力，努力拼搏，努力奋斗，努力追求！

我们每个人都渴望成功，然而成功却不是那么容易的，这需要我们用自身努力去换取。而努力也不仅仅只是说说而已，需要我们身体力行去实践。最终决定命运的还是我们努力的程度，只有付出得越多，才会收获得越多。请你坚定信心，从这一刻起，开始拼搏与奋斗吧！相信，在许多年后的一天，当你抬头仰望那灿烂星空、当你拥有一个美好未来时，一定会感谢现在拼搏的自己呢！

但是，生活中往往不乏这样的人，一遇到困难，不是临阵退缩，就是寄希望于他人，结果一事无成。这种人缺乏自信，认为自己做什么都不行，万事依赖别人，结果养成了胆小畏惧的个性。勇敢建立自信的最好办法，就是认真对待每一件小事。坚强自信心是

自己在不断努力、不断进步中逐步建立的。什么都寄希望于他人，只能成为可怜虫。因此，你如果不勇敢地树立自信心，那么谁人能够替代你坚强呢？请记住，世上没有救世主，只有自己救自己！

我们要明白，人的一生很短暂，要想活得既有价值又开心，就必须找到自己梦想和目标，做自己喜欢做的事，并为此而努力奋斗。有人或许会说，我努力过，也奋斗过，却一事无成。其实，真正想干事业的人，必须持之以恒，坚忍不拔，一往无前。余生很贵，请勿浪费。我们所浪费的一分一秒都非常有价值，时间不能复制，人生不能重演，所以，我们的路该怎么走，想过什么样生活，全凭自己及时选择和努力，千万别在白白等待中浪费光阴啊！

其实，我们每个人都希望过上快乐而安逸的生活，在物质生活极其丰富的今天，这个要求并不过分。但是应该明白，在青年时代，正是风华正茂、精力旺盛的建功立业阶段，如果耽于享乐，贪图安逸，请想想，年老后没有雄厚物质和经济基础，拿什么去安享晚年呢？请不要在吃苦年纪选择安逸，此时要用自己知识和智慧，努力奋斗，顽强拼搏，用青春的汗水换取将来的幸福生活吧！

为了对广大读者加强启迪，指导进行努力奋斗，我们特地编撰了本套作品，分别从奋斗、拼搏、坚强、惜时、追求等方面，用通俗的语言，经典的故事，详细具体地阐述了相关内涵，具有很强的可读性和启迪性。相信通过阅读本书，一定会让你更加懂得努力奋斗，并能够很好走上一条铺满鲜花的成功人生之路。

目录

第一章

生活越苦越要微笑

　　笑对人生是一种境界。人生在世，谁都不可能一辈子顺风顺水，各种各样的磨难总是会出其不意地出现在我们面前，但是无论世事如何多变，我们唯一不该忘记的就是要笑对人生。因为阳光总在风雨后，只有在经历过风雨的洗礼后，人生才能显得更加多彩和灿烂。

苦难和逆境并不一定是坏事

在人生的长河里，我们每个人都不可能总是一帆风顺、事事如意，各种干扰、困惑会经常伴随着我们。可以说，一个人身处逆境，在现实生活中是正常的现象。很多时候，我们并不能从别人的痛苦中学习到一切，就像俗语所说的那样，我们必须自己受苦，在逆境中成长。

我们应当学会从生命的每个不幸和艰难中不断学习，我们必须学会做一些事情。一些出其不意的机会，往往是在生命中最痛苦的经验里出现的。我们必须面对挑战，让奇迹发生。

意外事故、病痛以及诸如此类的其他挫折并非毫无意义。即使是在最严重的情况下，只要我们愿意去寻找，希望就会存在。即使身体受到伤害，在其后的复原期间，也会伴随着一种独特的内省，或者一个自我发现的机会。

临床心理学家梅尔文·金德写过许多畅销作品，例如《聪明女人 / 愚蠢选择》《男人爱的女人、男人离开的女人》《欲速则不达》。他形容儿时的一次意外事故如何给他留下深刻印象，最终为他打开创作生涯的大门。

11岁的时候，他跟邻家一个女孩进行骑自行车比赛。他们在宁静的街道上骑车，他骑在马路中间，企图闪开路上弯弯曲曲的坑洞。可突然间出现了一辆车子，迎头撞上了他。

据目击者形容，他当时被撞飞到6米高的空中，落地后一根约有12厘米长的断裂的白色大腿骨，刺进了他的大腿。他当然很惊恐，以为再也不能走路了，至少也会失去一条腿。他在医院住了3个月，医生保住了他的腿。

他出院时，身上从胸部到脚趾仍然还裹着石膏。接下来的6个月，他不得不躺在床上。之后的6个月，他又换了石膏，可以勉强用拐杖走路。

起先他很难过，觉得很难看，并心里暗自认为，一定是以前做错了什么事，因为邻居的其他小孩并没有如此凄惨的遭遇。他变成了"跛子"，成了父母的负担。

同学们来探望他，他让妈妈以各种理由推托，不让同学看见他。他觉得，让同学看到自己现在的样子，很丢脸。他把自己封闭在一个狭小的空间里。

渐渐地，他也认识到，再不能这样下去了，不能因为身体的残疾让心灵也变成残疾。

男孩把目光转向另一个世界，一个阅读文学、历史作品的世界。从此，他每隔两天就央求母亲给他买或是借几本文学历史类的书。徜徉在知识的海洋，他知道了希腊马拉松平原的战争，懂得了兰斯特洛的大无畏精神……

后来，他原本强健、迅速发育的身躯逐渐变得软弱无力了，但这并不再困扰他。复原的日子一长，他成了一名不餍足的读者。

最后，他上了大学。对阅读的热爱与求知的欲望，为他此后杰出的学术成就铺了路，而这一切都归功于他在小时候的那次灾祸。

梅尔文·金德用事实向世人证明：在疾病面前，只要不向生活屈服，勇敢地选择坚强的生活，就永远不会被生活打败。只有经得起生活考验的人，才是真正的强者！

我们不必羡慕别人的成功，而应该积极地去争取属于自己的辉煌。一个人没有了金钱，可以靠双手去挣，但如果没有了坚强，那就只能任由困难将他击倒、再击倒，直到一无是处、一无所有。所以，坚强永远比金钱更珍贵，它是人生中一笔不可替代的财富。

为了让自己在人生的道路上能够走得顺、走得远，我们每一个人都应该学会坚强。那么，具体应该怎么做呢？

第一，我们要树立坚定的理想。理想是坚强的航标，是人生成功的蓝图和基石，是人生奋进的路标和动力。有了理想，生活才有方向。当然，有了理想之后，还要为之执着奋斗。

第二，要学会战胜自我。人总是有缺点的，但缺点是可以改正的。我们要勇于战胜自我，这是学会坚强的关键。

第三，要善于发现自己的长处和兴趣爱好。可以说，找到自己的长处和兴趣爱好，就很容易确定自己努力的方向，我们的主动性就能得到充分的发挥。可以说，找到自己长处和兴趣爱好，是养成坚强性格的捷径。

第四，要持之以恒，善始善终。大凡获得成功的人都是许多年如一日，专心致志、坚韧不拔的人。俗语说"只要功夫深，铁杵磨成针"，愚公能移山，靠的就是恒心；王羲之从4岁开始练字最终成为一代书法大家靠的也是恒心。

我们青少年还不够成熟，对短期目标尚能坚持，对较长期的目标则常常难以坚持到底，所以我们就更需要锻炼自己做事的恒心，这也是养成坚强性格的一项重要内容。

第五，正确对待失败、挫折、逆境和困难。在漫长的人生中，我们总会遇到逆境和困难，会遭受很多失败和挫折。可以这样说，再伟大的人，也遇到过失败和挫折。奥斯特洛夫斯基在双目失明、全身瘫痪的情况下，凭着坚强和毅力，克服了重重困难，完成了巨著《钢铁是怎样炼成的》。

坚强的性格总是与克服困难联系在一起的，克服困难的过程，最能表现一个人的意志和毅力。因此，我们在学习和生活中，应该正视失败、正视挫折，这些都有利于坚强性格的培养。

人生的道路曲曲折折，在以后的日子里，我们可能会成功，也可能遭遇困难与逆境。困难就像恶魔，我们越是害怕它，它越是张牙舞爪；但困难更是一块试金石，如果我们是一块真金，经过一次次的锤打和考验，就会变得更加坚强。

我们要挑战困难，用微笑面对困难；我们要经受磨炼，学会自立自强。虽然自强者未必都能成功，但"不自强而大成者，天下未之有也"。

胜人者有力，自胜者强。青少年朋友，永不退缩，我们终究会成为人生道路上的强者。

生活以痛吻我，我报之以歌

在我们成长的道路上，会遇到很多的困难，但是无论面对怎样的逆境、多大的苦难，我们都不能放弃自己的信念和对生活的热情，我们只有经受住种种考验，才能获得坚强的性格。事实上，但凡具有坚强性格的人都经受了苦难的塑造，凤凰涅槃才能得以永生。

要知道，世界上的事情没有什么是可悲的，上帝也没有对谁不公平，即使生活中出现一些打击，我们也应该把这些事情当作是一种磨炼，只有这样，才不会为了某件事情而沉沦。

因此，在生活中，当我们觉得很失落的时候，可以多往好的方面想，在战胜苦难的过程中，我们才会有所收获。我们应该相信，只要选择了坚强，就不会被生活中的苦难所击倒。就像我们下面要讲到的这个男孩子一样。

有一个男孩子，家里世代都是农民，父母也没什么文化，过着面朝黄土背朝天的日子。这个男孩从小就很懂事，6 岁时就已经能自己去村里的菜园买菜，还能帮妈妈编织挣钱。

因为他的母亲有先天性心脏病，不能干重活，他就尽力为父母分担一些家里的负担。在艰苦的生活中，他养成了勤劳简朴和坚强独立的好习惯。

他学习很刻苦，成绩自小就很突出。尤其是小学四年级，他考了全镇第一名，还获得了市里的"希望之星"称号。父母很高兴，这是他第一次看到父母那么快乐。当时他就下定决心要好好学习，让父母的脸上有更多的笑容。

但是，在他上初中的时候，母亲的心脏病又一次发作了，而且病情十分严重，这对这个本来就不宽裕的家境来说，真是雪上加霜。

尽管日子如此艰难，但为了让他安心读书，父母仍尽了最大的努力。在苦难面前，他没有低头，而是更加刻苦地学习，也更加严格地要求自己。后来，他终于考上了理想的高中，和家人一起坚持渡过了难关。

由于学习成绩优秀，在上高中后，他连续两年获得校综合奖学金和"校三好学生"称号。这一切的收获都同他在苦难面前没有低头、选择坚强面对有很重要的关系。

后来有人采访他，他说："我感谢国家、社会、学校、村里的乡亲，还有我的父母，感谢所有关心和爱护我的人。我会更加努力使自己成才，早一天回报社会，帮助那些需要帮助的人。即使遇到更大的苦难和挫折，我也要坚强面对，同苦难做斗争，渡过重重难关。"

是啊，坚强的人在苦难面前是不会退缩的。

一般来说，大多在幼年常遇苦难阻碍的人，日后往往有发展；而从没有遇过苦难挫折的人，反而比较脆弱。因为，艰难困苦的环境能磨炼我们的意志，我们必须为了生存而克服各种困难，奋斗不止，为了取得成功，必须经受住失败的考验，因此，我们唯有选择坚强，忍受他人难以忍受的苦难，才能更好地解决问题，获得成功。

在茫茫无垠的沙漠里，骆驼像个哲学家一样，一边踱着步子，一边沉思着。在沙漠里，没有水，没有草，有时候还会风沙漫天，难辨方向。坚韧不拔的骆驼却总是能向前行走。

有一天，骆驼在沙漠里发现了一株仙人掌，惊异地停步问道："小家伙啊，你是怎么在这么恶劣的沙漠中生存的呢？"

仙人掌笑着反问说："嘻！大块头啊，那么你又是怎么在这沙漠中行走的呢？"

骆驼回答道："我啊，因为我能吃苦耐劳，经过长期的磨炼，形成了适应沙漠生活的特殊习性和身体机能，所以我能在沙漠里行走。你又是怎么做到的呢？"

仙人掌说："我同你一样，都是因为长期的锻炼，养成了抗旱耐渴的习性，拥有了适应沙漠生活的特殊机能，所以能适应沙漠中的生活。"

骆驼又发问道："你为什么身上长了这么多的刺？"

仙人掌笑着回答说："就是因为我满身生刺，才不会被动物吃掉。刺是我的叶子，这样的叶子不会使身体里储藏的水被蒸发掉，我不怕干旱，所以能够在沙漠里生存下来。"

骆驼听后认真地点了点头，带着敬意告别了仙人掌，向前走去，伴着沉思："不错，凡是能够在艰苦环境中生存下来的，都经过了无数次的磨炼，具有了百折不挠、战胜一切的意志和坚韧不拔的品质。"

那么，在日常生活中，当我们遇到苦难时，我们应怎么办呢？这个小故事中的骆驼和仙人掌都是我们的好老师。它们指导我们，在遇到苦难时，我们应选择坚强，勇敢地战胜困难，并且要适应不良的环境，最终才会渡过难关。

大自然里，这样的例子还有很多，如嫩绿的小草为了呼吸到地面的空气，能够用尽全力从石头缝中生长起来；又如河里的鱼儿为了寻找食物，常常逆着水流往上游。

自然科学家达尔文曾说过这样一句话："适者生存。"它的意思是生物必须学会适应糟糕的环境才能生存下来。对于我们来说，只有在苦难面前坚强起来，永不退缩，克服困难，才能使自己不断进步，才能有更好的发展。

我们要怎么做，才能在苦难面前使自己变得坚强呢？青少年可以从以下几个方面入手，进行自我培养。

第一，找出自己的不足。明确了自己的不足之处，就可以针对具体的问题进行自我修炼。

第二，培养丰富的情感。丰富的情感可以成为我们行为的支撑，因为丰富的情感使我们懂得爱生活，爱我们周围的人，为人处世，我们便多了一些热情，多了一些责任感，也就有了人们所说的"良心"。从而我们也会有勇气、有毅力克服困难，把事情做好。

第三，从小事做起。坚强的性格最终要在实践锻炼中才能获得，我们要让自己投身到各种实践中去，从小事着手培养自己坚强的性格。

在我们身边有些人既希望自己具有坚强的性格，又害怕平时遇到困难，事事讲舒服、图安逸，即使是去野外游玩，也吃不得半点苦。这样，坚强的性格将永远停留在遥远的彼岸，属于别人而不属于自己。

因此，我们要学会把眼前的困难当成锻炼自己的机会，用微笑来对待困难，在日常与困难的斗争中使自己坚强起来，要逐步养成自我检查、自我监督、自制的习惯。当自己犹豫时，使自己果断一些；当自己畏惧时，让自己"大胆些""不要怕""不要丧失信心""再坚持一下"。

久而久之，我们就可以逐渐战胜自己的软弱，使自己的意志力达到新的高度。

抱怨是刀，正在将你凌迟处死

常听有人老是在抱怨生活中的种种苦难、折磨。对他们来说，人生似乎是极大的不幸，还是让我们以极普通、实际的方式来探讨一下这种心态。

如果目前的工作对你毫无困难，老板完全可雇用一个能力不如你的人，来做这些不需多用头脑的例行公事。在企业世界中，有能力解决复杂问题的人，才是雇主最重视的人。

我们经常因为面对问题或挑战，而得到成长或使能力变得更强。有心参加奥运赛跑的选手，如果你往下坡跑来训练自己，绝对没有机会得奖。

反之，如果平日训练的时候就往上坡跑，速度及耐力必定会随之增大，得奖的机会也就大得多了。

拳击选手吉尼·东尼一辈子最幸运的一件事，就是曾经在比赛中打断了双手。他的经纪人觉得他再也不可能用力出拳争取重量级冠军。

然而，东尼却决心做个有头脑、有技巧的拳击家，而不是不顾一切出拳的猛将。

拳击史家可以告诉你，他果真成了拳击史上数一数二的好手。如果他像没有断手之前那样只知凶狠出拳，绝对无法打败最强悍的重量级选手杰克·谭普西。总而言之，如果东尼没有遇到断手的问题，绝不会浴火重生，得到重量级冠军的荣誉。

下一次遇到困难、险阻或任何问题，应该笑着说："我成长的机会来了！"

他首次参加职业高球赛时，穿着网球鞋、两美元的裤子，没戴手套，背着20美元的球袋，以及总价70美元的球杆。

他有啤酒肚，留着络腮胡，打球的姿势也不雅观。他的手抬得又高又远，挥杆画出大约四分之三个圆圈，和一般高尔夫球职业选手教人打球的方式大相径庭。

他是谁呢？他就是最近在世界高尔夫球职业赛中创造佳绩的罗勃·蓝德斯。50岁的他，可以说是最不可能名列职业高球名将的人。如果有人把他写成剧本，好莱坞片商绝对不会花钱买下来。

罗勃从22岁开始打高尔夫球，28岁第一次参加职业赛。1983到1991年之间，他因为背痛无法练习深爱的运动。从那时候起，他平均每周只打一次球。他完全是苦出身，没看过任何相关书籍，也没上过高尔夫球课。

这位球坛名将一生起伏很大，他原先的工作每年有1.8万美元的收入。但是公司倒闭，他就失业了。为了谋生，他只好砍柴出售，因此手臂非常强壮。他有一座小农场，就在农场的房舍和牛群上空打高尔夫球。

为了筹措到佛罗里达州的旅费，以便符合参赛资格，他把手中1万美元的股票以4000美元变卖掉。

罗勃·蓝德斯的梦想几乎是个遥不可及的梦，但是他志在必得，利用每一个机会练习，为这项艰难的挑战做准备。他不像有些人那样自怜自怨："我真是命苦呀！"反而以百折不挠的态度，开创了崭新的局面。或许你和我也可以本着相同的态度达成梦想呢！

你要比不幸更残酷，才能坚持到最后

日本宣布投降后的第二天，也就是1945年8月16日，玛丽·布朗太太走进位于加拿大渥太华的自家住宅，无边的寂静与空虚顿时包围了她。

若干年前，她的丈夫丧生于车轮之下。接着，与她住在一起的母亲也因病去世，更大的不幸还在后面：

"当许多钟声和汽笛声都在宣告和平再度降临的时候，我唯一的儿子达诺也猝然离开了人世。我已失去了丈夫和母亲，如今儿子一死，我在这个世界上已没有一个亲人了。"

"孩子的葬礼结束之后，我独自走进空荡荡的屋子里。我永远也不会忘记那种空虚的、无依无靠的感觉。我害怕今后的生活，害怕整个生活方式的完全改变。而最可怕的，莫过于我将与哀伤共度余生，这才是最让我感到恐惧的。"

接下去的一段日子，布朗太太完全生活在一种茫然的哀伤、恐惧和无依无助的感觉里。她迷惑又痛苦，全然不能接受所发生的一切。

她继续描述道："渐渐地，我明白时间会帮助我治疗伤痛。只是时间太空虚了，我必须做些事来填补这些空虚，因此，我再度回去工作。"

"工作使人充实起来，我也逐渐对生活再度感兴趣，如朋友、同事等。一日清晨，我从睡梦中醒过来，忽然认识到所有不幸均已成为过去，以后的日子一定会变得更好。我知道用头撞墙的举止是愚蠢可笑的，是不能面对生活的弱者的做法。对于那些我无法改变的事实，时间已教会我如何承受。"

"这种心路历程进行得十分缓慢，不是几天或几个星期，而是一年、两年，但不管怎么说，它还是发生了。"

"多年过去了，当我回过头去再看那段生活，就会感到自己这只船只虽然历经一场巨大的风浪，如今又重新驶回风平浪静的海面上。"

往往很难让我们相信为什么布朗太太这样的悲剧会发生在我们身上。因此，当悲剧发生时最好先面对它们，接受它们。当布朗太太强迫自己接受失去家人的事实时，心理上便已预备要让时间来治疗这样的痛楚。抗拒命运就像把毒药倾倒在伤口上，是无法让自己开始新的生活的。

我们面对不幸的唯一方法就是接受它。当我们的生活被不幸的遭遇分割得支离破碎的时候，只有时间可以把这些碎片捡拾起来，并重新抚平。

我们要给时间一个机会。在初受打击的时候，整个世界似乎停止运行，而我们的灾难也似乎永无止境。但苦难已经发生，时光难以逆转，活着的人总还得往前走，去履行生命计划中的种种目的。

我们只有完成了这些生命中的种种运作，痛楚便会逐渐减轻。终有一天，我们又能唤起以往快乐的回忆，并且感受到被护佑，而不是被伤害的感觉。

要想克服不幸的阴影，时间是我们最好的盟友，但唯有我们把心灵敞开，完全接受那不可避免的命运，我们才不会沉溺在痛苦的深渊里难以自拔。

不幸遭遇并非都是扼杀人的刽子手，有时候，它还是促使我们采取行动的催化剂，对改善状况大有必要。它能使我们的才智变得灵敏，以帮助我们解决以前难以解决的问题。

印度的克里士纳说："人的幸福结局，不是平淡、安稳的喜乐，而是轰轰烈烈地与不幸奋斗。"

人的生活会因"轰轰烈烈地与不幸奋斗"而变得更深沉、更多彩，也更丰盛。它会让我们挖掘出深藏在人性深处的资质。这些能力和资源只有经过大苦难、大悲大喜才会苏醒过来，为我们所用。

莎士比亚在《哈姆雷特》一剧中曾这么说过："要采取行动以抵制困境。只有对抗，才能结束困境。"

你见过美国西南地区的沙尘风暴地带吗？你见过那些无情的沙尘暴摧毁过多少农庄、破坏过多少人的生计吗？你曾感受过那些沙尘，见过那些沙尘，并且日复一日地吞食那些沙尘吗？

下面这个故事的主角便是一个自小生活在沙尘阴影下的男孩。他今年21岁，家就住在沙尘暴地带内，双亲为了生存，一生都在与风暴与干旱搏斗。

父母去世之后，年轻人便担负起养家的重担。直到有一天，他们实在到了山穷水尽的地步。没有农作物可以收，谷仓里也空空如也，他们就要饿肚子了。

年轻人眼望着破败的农舍，一筹莫展。忽然，他8岁的小妹妹开门走进来，身旁还跟着她的一个好朋友。

"吉米，你可以给我10美分吗？"她热切地问道，"我们想到店里去买些饼干，我们每一个人需要10美分。"

吉米点了点头，因为他想不出一个好理由来拒绝。但他没有10美分，搜遍了全身的口袋也找不到10美分。

他非常羞愧地说："妹妹，非常对不起，我没有10美分。"当天晚上，吉米翻来覆去睡不着觉，因为他永远也忘不了妹妹脸上失望的表情。在他短短的人生历程中，他曾历经不少打击，双亲去世、工人离职、沙尘暴的袭击……

但没有一次像这样，他居然没有10美分可满足自己年幼的小妹妹这么卑微的要求。就在天色将亮的时候，他下定了决心，要改变自己的生活，改善自己的人生状况，并想好了整个计划。

吉米的理想是当一名教师。但是自从双亲过去之后，他想继承双亲的遗志担负起农场的工作。现在，眼见农场一再受到沙尘暴的摧残，农场的工作已难以为继。于是第二天，吉米到镇上给自己找了一分临时工作。

从那时起，他借来许多书，每天都认真地读到深夜，以准备有朝一日能成为一名教员。经过不懈的努力，后来他终于在一所乡村学校找到教职。由于他努力不懈，诲人不倦，赢得了今居的赞美与尊敬。

这是一种不幸的形式，由于一名小女孩向她的兄长要10美分.这个事件驱使吉米改变生活的方向，并且突破了困难，最后终于达到自己所追求的目标。

人生最大的悲痛莫过于生离死别，但是有时候，某些行动却可以减轻与家人分离的痛楚。这是发生在密西西比州杰克森市一位克文顿太太身上的故事。

克文顿太太有3个小孩，身体状况都不好，仅照顾他们就使她颇费心机。不幸的是，有一天他的家庭医师又告诉她，说她的丈夫得了一种严重的心脏病，随时都有病发身亡的危险。克文顿太太事后回忆说：

"我听了医师的话感到非常害怕，并且开始担忧。我晚上开始睡不着觉，没多久体重便减轻了15磅，医师认为我是过于神经质。一天晚上，我又睡不着觉，便自问自己这么担惊受怕是否能改变状况。到了第二天早上，我开始计划自己应该做些有用的事。

"由于我丈夫颇精于木工，能亲手做出许多种家具，所以我要求他替我做一张床头小桌。他答应下来，并且花了好几个下午认真去做。我注意到这种工作带给他极大的乐趣。小桌完成后，他又为朋友做了好几件家具。

"除此之外，我们还开辟了一片园地，开始种花种菜。我们把最好的收成都送给朋友，并尽量想出一些我们可以帮助别人的事来做。闲暇的时候，我们还坐下来讨论有关种植果树等种种计划。

"一日凌晨一点多钟的时候，我的丈夫突然病发逝世。我那时才体会到，其实最近这几年，我们一直把这可怕的压力放在一边，过着有生以来最快乐、最有意义的生活。我就是这样面对悲剧，并尽力用最好的方式来接受它，转化它。"

克文顿太太用超人的勇气和毅力来面对不幸，使她丈夫最后几年的岁月过得快乐又有意义，而她自己也因此留下一段美好的回忆。

要想摆脱不幸的阴影，最好的方法便是提升自己去帮助别人。有一位家住威斯康星州的太太，由于她把自己个人的伤痛化成力量，转而去帮助其他陷于痛苦的人，因此，广受别人的敬重。

这位太太的儿子是名飞行员，在第二次世界大期间驾机迎敌血染长空，牺牲时年仅23岁。

虽然这位母亲十分哀痛，却不需要别人的怜悯，她这样说：

我认识许多不快乐的母亲。她们有的因为孩子得了痉挛性瘫痪的疾病；有的则因孩子精神上或心理上不健全，无法正常为社会服务。

当然，还有些妇女是当母亲却一直无法如愿。我有幸拥有一个好儿子，并且与他共度了２３年快乐的时光。我会把这些快乐的记忆永远保留在我的脑海里。

现在，我要服从上帝的意旨，尽可能支持帮助其他需要救助的母亲。

她真的是这么做的。她不辞辛劳地安慰那些因儿子出征而需要帮助的父母，或是出征者本人。

"把自己的心思和精力用来帮助别人，你便没有时间去注意自己的烦恼。"这位母亲的所作所为正是成熟的标志，也是我们某些沉溺于苦难中的人应该学习的课程。

生命并不是一帆风顺的幸福之旅，"不幸"这个恶魔随时都可能向我们发起攻击。我们不能像鸵鸟一样把头埋在沙堆里面，拒绝面对各种麻烦。麻烦不会因此获得解决。苦难是人类生活的一部，只有实实在在地去面对，才是成熟的表现。

不成熟的人最常犯的过错，便是遇事不敢面对，一味退缩，一味害怕。许多小孩在游戏的时候，常因自己没有胜算便拒绝玩下去，成熟的成年人便不会如此，他们会一试再试，直到成功为止。

请看康涅狄格州诺维斯市长塞门讲的一个故事，内容是有关一名男孩虽然遭遇不幸，却仍然勇往直前的故事。赛门先生在大学时代有个室友名叫杰克，是个活泼有朝气的学生，后来却戏剧性地离大家远去。以下是赛门先生的叙述：

杰克极有艺术天分，而且是个非常热心的学生。他参加学校各种表演活动，包括幕后工作与幕前的表演。他是学校各种年度表演的总召集人，他还在乐队担任鼓手，可说是多才多艺的全能人才。

离开学校之后，他到一家电视台工作，后来成为电视影片制作人。他极热爱自己的工作，每天都把全部精神和力气投到工作上面。

一天，我突然接到朋友打来的电视，告诉我杰克去世了。这使我异常惊讶和悲痛。朋友告诉我杰克得了一种绝症，但他却从来没有让别人知道。从大学时代他便知道自己来日不多。

我一想到杰克那时的热忱、风趣及积极参与各种活动的精神，实在唏嘘不已。从他身上，我学到了珍贵的一课：除非生命结束，否则绝不停止。

杰克的故事使听到的人无不为之感动，也无不受到他的精神的鼓舞。他选择了最勇敢、最成熟的方法去面对难以拒绝的不幸遭遇。

在卡耐基成人训练班里，有位名叫迈克的学员讲了一个类似的故事：

1948年，迈克21岁，但已经可以进入军中服役，他在一次战役中受了严重的眼伤，眼睛因此看不见东西。虽然他承受这么大的伤害和痛楚，性格却十分开朗。

他常常与其他病人开玩笑，并把自己配给到的香烟和糖果分赠给大家享用。

医生们为恢复迈克的视力尽到了最大的努力。一日，主治大夫亲自走进迈克的房间向他说道："迈克，你知道我一向喜欢向病人实话实说，从不欺骗他们。迈克，我现在要告诉你，你的视力是不能恢复了。"

时间似乎停止下来，房间里呈现可怕的静默。

"大夫，谢谢你！谢谢你告诉我实情。"迈克终于打破沉寂，平静地回答道，"其实，我一直都知道会有这个结果。非常感谢你们为我费了这么多心力。"

医生走后，迈克对他的朋友说道："我觉得我没有任何理由可以绝望。不错，我的眼睛瞎了，但我还听得见，还能讲话，而且我的身体强壮，还可以行走，双手也十分灵敏。何况，就我所知，政府可以协助我学得一技之长，以让我维持生计。我现在所需要的，就是调整自己的心态，迎接新的生活。"

这位拥有明亮视野的盲眼士兵，由于忙着计算自己所拥有的幸福，竟不屑花时间去诅咒自己的不幸。这便是100%的成熟，也就是我们要面对问题的方法。我们每个人有生之年都要面对这样的考验，无论是谁！

对那些面对厄运只会怜悯哀叹的人来说，这里只有一个答案："为什么不呢？"

上帝并不偏爱任何人。身为一个人，我们都会历经一些苦难，正好像我们也会历经许多快乐一样。

生活的磨难早晚会使我们懂得：在受苦受难的经历里，我们每个人都是平等的。无论是国王或乞丐、诗人或农夫、男性或女性，当他们面对伤痛、失落、麻烦或苦难的时候，他们所承受的折磨都是一样的。

无论是任何年纪，不成熟的人都会表现得特别痛苦或怨天尤人，因为他们至死都不明白，诸如生活中的种种苦难，像生、老、病、死或其他不幸，其实都是客观世界的自然现象，是每个人都避免不了的。

你自己都不爱自己，凭什么要别人爱你

美国著名医生史迈利·布兰敦说："适当程度的自爱对每一个正常人来说，都是健康的表现。为了从事工作或达到某种目标，适度关心自己是无可非议的。"

布兰敦医师的理论是正确的。要想活得健康、成熟，"喜欢你自己"是必要条件之一。喜欢自己，并不是"充满私欲"的自我满足。它仅仅是意味着"自我接受"，也就是接受自己的本来面目、自重和人性的尊严。

心理学家马斯洛在其著作《动机与个性》中也曾提到"自我接受"。他把它列入了心理学的最新概念："新近心理学上的主要概念是：自发性、解除束缚、自然、自我接受、敏感和满足。"

成熟的人不会浪费时间比较自己和别人不同的地方，不会担忧自己不像比尔·史密斯那样有信心，或是像吉姆·琼斯那么积极进取。

他可能有时会批评自己的表现，或觉察到自己的过错和效率低下，但他知道自己的目标和动机是对的，他仍愿意继续克服自己的弱点，向前奋进，而不是裹足不前。

成熟的人会适度地忍耐自己，正如他适度地忍耐别人一样。他不会因自己有缺点就痛不欲生。

喜欢自己，是否会像喜欢别人一样重要呢？回答是肯定的。憎恨每件事或每个人的人，只是显示出他们的阴暗和自我厌恶。

哥伦比亚大学教育学院的亚瑟·贾西教授，认为教育应该帮助孩童及成人了解自己，并且培养出健康的自我接受态度。他在其著作《面对自我的教师》中指出：教师的生活和工作充满了辛劳、满足、希望和心痛，因此，"自我接受"对每名教师来说，都是非常重要的。

据调查，目前全美国医院里的病床，有半数以上是被情绪或精神出了问题的人所占据。有资料表明，这些病人大都不喜欢自己，都不能与自己和谐地相处下去。

分析导致这种情况的各种因素并不是我要讲的内容，我只是认为，在这个充满竞争的社会，我们往往以物质上的成就来衡量人的价值。再加上名望的追求、枯燥乏味的工作，凡此种种，都容易使我们的精神产生疾病。我还坚信，由于普遍缺乏一种有力、持续的宗教信念，更使人们的精神无所依靠。

哈佛大学的心理学家罗伯·怀特，在其发人深省的著作《进步中的生命：有关个性自然成长的研究》中提到，现今有一种观念极为流行，那就是："人必须调整自己，以适应周遭环境的各种压力。"

怀特博士还说，这个观念是基于一种理想，也就是认为：

　　人能毫无问题的去适应各种狭窄的管道、单调的例行公事、强制性的规定及达成角色任务的种种压力等等。但其采取的行动是否成功，则须看其是否具有拒绝、帮助成长或是改进角色的能力；并且要能创造、表现出积极的力量，说到底，就是在其成长过程当中，要具有创意性的方针和态度。

怀特博士的论点十分令人赞赏。我们很少有勇气独树一帜，或很清楚明了自己究竟拥护什么主张。我们的行为通常受社交或经济族群的影响，如衣、食、住或思考的方式，大概都与邻居差不多。假如周遭环境与我们的个性有差异，有抵触，我们就会变得神经质或不快乐，就会感到失落和迷惑，就会虐待我们自己。

　　卡耐基成人训练班上的一位女学员便曾碰到这种情形。她的先生是位成功的律师，有野心，做事积极，也相当独裁。这对夫妇的社交圈子当然是以先生的朋友为主，也都是相同典型的人，他们都以声望和取得的成就来衡量人的价值。

　　这位太太个性十分安静、谦逊，这样的生活环境常常使她觉得自己十分渺小，不能发挥自己的长处；而她所具有的品质美德，也常常被忽略、被藐视，因此她愈来愈对自己没有信心，也为自己不能达到别人的期望而痛苦不堪。渐渐地，她变得不珍爱自己。

　　这位女学员能够适应环境，但却不能适应她自己。她不能坦然地接受自己的本来面目，而期望能变成另一个与自己完全不同的人。

　　她不明白的是：每个人都具有一定的作用，都可以在生活中表现出来。这种作用必须按照自己的个性表现出来，而不是模仿他人。什么时候明白了这点，她才会把失去的自我找回来。

　　她自我认同的第一步，是不再用别人的标准来评判自己，同时必须建立起自己的一套价值观点，然后以此为依据开始生活。她也必须学习如何与自己相处，不要常常批判自己、贬低自己。

　　不喜欢自己的人，外在表现的症状之一便是过度自我挑剔。适度的自我批评是健康的、有益的，对自我要求进步极有必要。但若超过一定的限度，则会影响我们的健康生活。

　　在卡耐基成人训练班上，有位女学员在下课之后跑来找老师，抱怨自己的演讲没有达到预期的效果。

　　她向老师诉苦说："当我站起来演讲的时候，突然显得很胆怯、很笨拙，而班上的其他学员似乎都显得泰然自若，很有信心。我想到自己的种种缺点，便失去了勇气，无法再讲下去了。"

　　她还继续分析自己的弱点，并说明得十分详细。

　　等她讲完之后，老师便告诉她原因的所在："并不是你演讲不好，而是你老想着自己的缺点，没有把长处发挥出来。"

　　其实，并不是缺点使我们的演讲、艺术作品或个人性格显得失败。莎士比亚的戏剧里有许多历史和地理上的错误；狄更斯的小说也有不少过度矫情的地方。但谁会去注意这些缺点呢？这些作品闪耀着不朽的光辉，是因为它们成就远远大于缺点，以至缺点都变得不重要了。我们爱我们的朋友，是因为他们的种种优点而不是缺点。

把注意力放在我们自身的好品质上。培养优点，克服弱点，如此才能不断进步并自我实践。当然，我们也要随时改正错误，但不必一直念念不忘。

耶稣遇到身体或精神受折磨的人后，他不会先去查问为什么这些人会如此，也不会只给予简单的同情说："可怜的人哪，你的运气真不好，环境处处与你做对。告诉我，你是如何落难的？"

耶稣没有这样做，而是直接切入问题重点。他说："你的罪被赦免了，回家去吧，不要再犯罪了。"

人们常因以前和现在所犯的种种过错，加之自己心灵的罪恶感，而显得自惭形秽。我们不应该尊敬或喜爱这样的自己。为了让自己跳出这样的情境，我们必须忘记过去，轻装上阵。

为了学习喜欢自己，我们必须培养出面对自己缺点的耐心。这并不意味我们必须降低水准，变得懒惰、糊涂或不再努力。这是表示我们必须了解一个事实：没有人，包括我们自己能永远达到100%的成功率。期待别人完美是不公平的，期待自己完美更是愚蠢荒唐的。

有一位女士是地地道道的完美主义者。她对每件事都力求精确，因此凡事不肯相信别人，而必须自己亲自去做。她连做个小小的报告都要费去许多时间研究；至于演讲，就更要准备得精疲力竭为止。

她讨厌不速之客去打扰她，每次请客都要事前计划得尽善尽美，这一位女士费了这么大的苦心，终于把每件事都料理得井井有条，十分完美，一种冷酷的机械性的完美，没有欢乐、自在或温情。这样的完美，只能令人敬而远之。

要求自己时时保持完美其实是一种残酷的自我主义。其深一层的意思是，我们不能仅表现得和别人一样好，而是要超越其他人，要像明星一样闪闪发亮。我们的重点不是自我发挥，不是为了把事情弄好；我们注重的是要胜过别人，使自己达到凌驾于他人之上的独特地位。

作为一个凡人，完美主义者也如同一般人一样会犯错，会失败。但他们不能忍受这样的状况，因此会变得痛恨自己，不喜欢自己。

这样苛待自己是错误的。有时候，我们要练习自我放松，认识到自己的某些错误，要学习喜欢自己。

独处也是学习喜欢自己的好方法。马里兰州巴尔的摩"赛顿心理学院"的医疗主任李奥·巴德莫医师曾写过：

"有人喜欢在晚上休息时反思当日的种种活动。这种独思冥想的习惯，显然是学习如何与自己相处的好方法。"

在生活中，我们只有能与自己好好相处，才能期望与别人也能好好相处。

哈里·佛斯迪克曾经观察那些不能独处的人，形容他们好像"被风吹袭的池水一样，无法反映出美丽的风景来"。

独处是使自己的心灵憩息的港湾，是反省自己的最佳方法，是我们与外界接触的基础。

安妮·马萝·林柏在其著作《来自海洋的礼物》中曾说过："我们只有在与自己内心相沟通的时候，才能与他人沟通。对我来说，我的内心就像幽静的泉水，只有内省时才能呈现其独特的魅力。"

独处能使我们更客观地透视自己的生命。《圣经》里有一句忠言："要安静，便可知道我就是神。"这话乃至理名言。

独处对我们的心灵运动十分有益处，就好像新鲜空气对我们的身体极有益处一样。

有人希望依赖别人得到快乐与满足，这无疑会为他人增添负担，并影响到彼此之间的关系。我们应该喜欢、尊重、欣赏我们自己，只有做到这一点才能培养出健康成熟的个性，也能增进与他人相处的能力。

人最神奇的能力，就是把负能量变为正能量

如何才能快乐地生活下去呢？芝加哥大学校长罗伯特·哈金先生说："我一直按照一个小小的忠告去做，这是已故的西尔斯百货公司董事长朱利亚斯·罗森沃德告诉我的。他说：如果你手中有个柠檬，何妨榨杯柠檬汁！"

伟大的人物都采取那位芝加哥校长的做法，但是一般人的做法则相去甚远。要是他发现生命给他的只是一个柠檬，他就会自暴自弃地说："我完了！这就是命运。我连一点机会也没有。"然后他就开始诅咒这个世界，开始自怨自艾，自暴自弃。

可是，当聪明人拿到一个柠檬的时候，他就会说："从这件失败之中，我可以学到什么呢？怎样才能吃一堑，长一智，怎样才能把这个柠檬做成一杯柠檬汁呢？"

伟大的心理学家阿德勒花了一生的时间来研究人类和人们所隐藏的保留能力。最后宣称发现人类最奇妙的特性是"把负变为正的力量"。

下面要讲述的这位女士的经历正好印证了那句话。这位女士是瑟尔玛·汤普森。

战时，我丈夫驻防加利福尼亚州沙漠的陆军基地。为了能经常与他相聚，我搬到附近去住。那实在是个可憎的地方，我简直没见过比那更糟糕的地方。

我丈夫出外参加演习时，我就只好一个人待在那间小房子里。那里热得要命，仙人掌树荫下的温度高达华氏125度，没有一个可以谈话的人。风沙很大，所有我吃的、呼吸的都充满了沙尘！

我觉得自己倒霉到了极点，觉得自己好可怜，于是我写信给我父母，告诉他们我放弃了，准备回家，我一分钟也不能再忍受了，我情愿去坐牢也不想待在这个鬼地方。

我父亲的回信只有3行，这几句话常常萦绕在我心中，并改变了我的一生。

有两个人从铁窗朝外望去，一个人看到的是满地的泥泞，另一个人却看到满天的繁星。

我把这几句话反复念了好几遍，我觉得自己很丢脸。决定找出自己目前处境的有利之处，我要找寻那一片星空。

我开始与当地居民交朋友，他们的反应令我心动。当我对他们的编织与陶艺表现出极大的兴趣时，他们会把拒绝卖给游客的心爱之物送给我。

我研究各式各样的仙人掌及当地植物。我试

着多认识土拨鼠，我观看沙漠的黄昏，找寻300万年前的贝壳化石，原来这片沙漠在300万年前曾是海底。

是什么带来了这些惊人的改变呢？沙漠并没有发生改变，改变的只是我自己。因为我的态度改变了，正是这种改变使我有了一段精彩的人生经历。

我所发现的新天地令我觉得既刺激又兴奋。我着手写一本小说。我逃出了自筑的牢狱，找到了美丽的星辰。

瑟尔玛·汤普森所发现的正是耶稣诞生前500年希腊人发现的真理："最美好的事往往也是最困难的。"

20世纪的哈里·爱默生·佛斯狄克也这样说："快乐大部分并不是享受，而是胜利。"不错，这种胜利来自一种成就感，一种得意，也来自我们能把柠檬榨成柠檬汁。

不知你是否听说过佛罗里达州那位快乐的农夫？他甚至把一个毒柠檬做成了甜柠檬汁。

这位农夫用多年积攒的钱买下了一片农场，结果令他非常颓丧。那块地既不能种水果，也不能养猪，能生长的只有白杨树及响尾蛇。

后来他想到了一个好主意，他要把那些响尾蛇变成他的资源。他的做法使每一个人都很吃惊，因为他开始生产响尾蛇肉罐头。

还不仅如此，每年来参观他的响尾蛇农场的游客差不多有20000人。他的生意做得非常大。他将响尾蛇所取出来的蛇毒，运送到各大药厂去做蛇毒的血清；将响尾蛇皮以很高的价钱卖出去做女人的鞋子和皮包；将装着响尾蛇肉的罐头销到了世界各地。

更令人惊奇的是，这个村子后来改名为"佛罗里达州响尾蛇村"。可见，当地人是多么尊敬这位把毒柠檬做成了甜柠檬汁的先生！

还有一个断掉两条腿的人，也把负的转为正的。他的名字叫本·佛森。尽管他断了两条腿而坐在轮椅里，但他看上去却非常开心。下面就让我们来看看关于他的故事。

事情发生在1929年，我砍了一大堆胡桃木的枝干，准备做我的菜园里豆子的撑架。我把那些胡桃木枝子装在我的福特车上，开车回家。

中途，一根树枝滑到车下，卡在车轴上，当时正是在车子急转弯的时候。车子冲出路外，撞在一棵树上。我的脊椎受了伤，两条腿再也站不起来了。

"那一年我才24岁，从那时起我就再没有走过一步路。"

那么年轻就被判终身坐着轮椅过活。他怎么能够这样勇敢地接受这个事实，"我当时也确实难以接受。整个心中充满了愤恨和难过，每天都在抱怨命运对自己的不公待遇。可是随着时间一年年过去，我终于发现愤恨使我什么也做不成，只有使自己的脾气见长。我体会到，大家对我那么好，那么有礼貌，所以我至少应该做到一点，对别人也要很有礼貌。"

随着时间的流逝，本·佛森是否还觉得他所碰到的那一次意外是一次很可怕的不幸？"不会了，相反，我现在还很庆幸有过那一次经历。"

当佛森克服了当时的震惊和悔恨之后，就开始生活在一个完全不同的世界里。他开始看书，对好的文学作品产生了喜爱。

在14年里，他至少读了一千四百多本书，这些书为他带来了一个新奇的世界，使他的生活比他以前所想到的更为丰富。他开始聆听很多好音乐，以前让他觉得烦闷的伟大的交响曲，现在都能使他非常的感动。

更为重要的是，他现在有时间去思想。"有生以来第一次，我能让自己仔细地看看这个世界，有了真正的价值观；我开始了解，以往我所追求的事情，大部分实际上一点价值也没有。"

读书思考的结果，使他对政治有了兴趣。他研究公共问题，坐着轮椅去发表演说。由此他认识了很多人，很多人也认识了他。

今天，本·佛森仍然坐着他的轮椅做了佐治亚州州务卿。

尼采对超人的定义是："不仅是在必要情况之下忍受一切，而且还要喜爱挑战这种情况。"

如果你对那些事业有成者做过深入的研究，就会深刻地感觉到，他们之中有非常多的人之所以成功，是因为他们开始的时候都有一些会阻碍到他们的缺陷，促使他们加倍地努力而得到更多的报偿。正如威廉·詹姆森所说："我们的缺陷对我们有意外的帮助。"

是的！很可能弥尔顿就是因为瞎了眼，才能写出更好的诗篇来；贝多芬因为聋了，才能作出更好的曲子；海伦·凯勒之所以能有光辉的成就，也就因为她的瞎和聋；如果柴可夫斯基不是那么的痛苦，他也许永远不能写出他那首不朽的《悲怆交响曲》。

如果陀思妥耶夫斯基和托尔斯泰的生活不是那样的充满悲惨，他们可能也永远写不出那些不朽的小说。

开创生命科学的达尔文也说："如果我不是那么无能，我也许不会做到我所完成的这么多工作。"很显然，他坦诚自已受到过缺陷的刺激。

世界著名的小提琴家欧尔·布尔在巴黎的一次音乐会上，忽然小提琴的琴弦断了一根，他面不改色地以剩余的三条弦演奏完全曲。

佛斯狄克说："这就是人生，断了一条弦，你还能以剩余的三条弦继续演奏。"

这不只是人生，这是超越人生，是生命的凯歌！

威廉·伯利梭的这句话说得非常好，应该刻在铜板上，挂在每一所学校的教室里：

> 生命中最重要的一件事，就是不要把你的收入拿来算作资本。任何一个人都会这样做。真正重要的是要从你的损失中获利。这就需要有才智才行，聪明人和笨蛋的区别就在这里。

第二章

没有人能够替你坚强

　　人并非生来就是坚强的，大凡坚强者都经受了苦难的塑造：苦难教会了我们成长，苦难教会了我们生存，苦难让我们在困境中越挫越勇，苦难让我们在生活中更懂得珍惜拥有的岁月，苦难让我们变得坚强。

如果在挫折面前低头就能赢，那我愿意磕一个

人们不论是学会适应无常的生活，还是迎接时代的挑战，又或是获取个人的成功，都需要拥有坚强刚毅的性格。

荀子在《劝学》中说："锲而舍之，朽木不折；锲而不舍，金石可镂。"这句话充分地说明了刚毅的性格对于人生的极大作用。

这种性格是通向成功的钥匙，没有它，人们就会像没有翅膀的鸟儿，始终无法飞向蔚蓝的天空。面对满地荆棘的人生道路，只有坚强的意志才能助你成功。

一直以来，人们欣赏无所畏惧的英雄，歌颂征战沙场的勇士。面对挫折，有些人是坦然面对、倍加珍惜，把挫折视为人生路上不懈动力。勇敢地接受上苍的微笑，因为这是在成功路上，上苍给予我们的恩赐。挫折是人生旅途中一座七彩桥，无论有多少沟沟坎坎，有了这座桥，你便可以顺利地跨越，步入理想的自由王国，实现人生的价值和辉煌。

挫折也是磨砺刚毅性格的一块巨石，利用它，你可在砥砺精神的刀锋，开掘生命的金矿，从自信、乐观、勇敢、诚实、坚韧之中找到人生的方向。

人生中遇到挫折就像大自然中的刮风下雨，谁都无法避免。有的人，被风雨击倒了，被挫折征服了，被困难吓倒了，他的人生从此就变得灰暗了。而有的人，接受了风雨的洗礼，经历了挫折的磨炼，战败了困难的挑战，他的人生从此便一片光明。

世界上最伟大的音乐家贝多芬一生创作出大量流传千古的交响乐，一直被后人称为"交响乐之王"。但贝多芬的一生充满了痛苦：

父亲的酗酒和母亲的早逝，使他从小失去了童年的幸福。当别人家的孩子还在无忧无虑地享受欢乐和爱抚的时候，他却必须得像大人一样承担起整个家庭的重任，并且成功地维持了这个差点陷入破灭的家庭。

也许是屋漏偏逢连夜雨，也许是祸不单行的缘故。正处于青春年华的贝多芬，他失意孤独；也正当他步入创造力鼎盛的中年时，他又患耳疾，双耳失聪。对于一个音乐家来说，还有比突然耳聋的打击更沉重的吗？

贝多芬一生中几次濒于崩溃的境地，他在32岁时就写下了令人心碎的遗嘱。但他顽强地战胜了命运的打击，他大声呼喊："我要扼住命运的咽喉，它决不能把我完全摧倒。"即便是在困难重重最痛

苦的时候，他还是凭着自己的坚强斗志完成了清明
恬静但是激昂奋进的《第二交响曲》。

贝多芬一生历经无数挫折磨难，但是，每一次痛苦和哀
伤在经过他的搏击和战斗后，都化为欢乐的音符，谱写成壮丽
的乐章。一个饱经沧桑和不幸的人，却终生讴歌欢乐，鼓舞人
们勇敢向上，这是何等超人的勇气，何等坚毅的精神，何等伟
大的人格！

在贝多芬的日记里，永远记着一句话，那就是："谁想
收获欢乐，那就得播种眼泪。"的确，贝多芬的一生，本身就
是一部同世界、同命运、同自己的灵魂进行不懈斗争的雄浑宏
伟的交响曲。

其实贝多芬的故事无不在向我们说着这样一个道理：这
个世界，确实存在太多问题，也许有太多不如意，但是生活还
是要继续。无论面临什么样的挫折，都可以看作是上帝给予的
恩赐，目的是要锻炼自己。

古人说：天将降大任于斯人也，必先苦其心志。心里充
满阳光，世界也会充满阳光。也就是说每个人的一生中都会有
困难和挫折，唯有抱着积极的态度，才能战胜挫折。

在遭遇挫折，面对困难时，没有必要停滞不前，意志消
沉。如同一个突遇风雨的登山者，对于风雨，逃避它，你只有
被卷入洪流；迎向它，你却能获得生存。经历过挫折，生命也
就会平添了一份色彩，多一份磨炼，就多一段乐章。多一份精

神食粮和财富。历经挫折的人，更知道怎样去珍惜生活，更明白生活蕴含的哲理。因为挫折是一道迷人的风景，永远装点奋发的人生。

每个人在生活当中，都会不可避免地遇到一些挫折困难。对此，我们决不能低头，而应以一种积极的心态，理智、客观地分析挫折产生的原因，并采取恰当的方法来克服挫折。感谢挫折，生活因此而丰富，人生的体验依次而深刻，生命也因此而更趋完美。

不经历风雨怎么见彩虹。其实没有人能够随随便便成功，只要我们以积极健康的心态去面对困难和挫折，就可以做到"不在失败中倒下，而在挫折中奋起"。没有登不上的山峰，也没有趟不过去的河流。

逆境与顺境，从来就是人生之旅中的常客，谁也不可能一帆风顺地走到生命的尽头。害怕失败，失败就会无处不在；挑战逆境，成功之门就会随时为你打开。

没有经历苦难的考验，人永远品味不出幸福生活的意义；只有经过挫折的锤炼，人才会珍惜得到的收获。所以勇敢者才能在不断的失败中获得经验，挑战者才能最终走出阴影和黑暗，拥抱光明的未来。

几年前，河南一个农村家庭遭受重大变故：父亲突发间歇性精神病，饱受伤痛的母亲不辞而别，家中还有一个年幼的弟弟和父亲病后捡到的遗弃女婴需要照顾……

这个家庭的重担压在当时只有12岁的长子洪战辉身上。十年如一日，洪战辉一边读书一边克服难以想象的困难，照看时常发病的父亲，抚养捡到的妹妹……

面对这样的变故，他承受了常人难以承受的痛苦，受住了常人难以想象的重担。父亲，妹妹，生活的重担压在他稚嫩的肩膀上，他唯一能做的只是坚持，再坚持！

在日记中，他这样写道："我会坚持，我觉得每个人都有责任，不但对自己、对家庭，还有对社会。只是默默地走，不愿放弃。"

一份责任让他支撑住，一种永不言弃的心态，让他逐渐成熟，几度面临辍学，他没有放弃，而是凭着自己的一双手，艰难的维持着妹妹的生活、父亲的疾病，自己的学业，这看似没有可能的事情被他在汗与血与泪中见证着。

洪占辉曾说过："漫漫人生路总会与挫折碰面，但我明白，鱼儿要游弋于大海，接受惊涛骇浪的洗礼，才会有鱼跃龙门的美丽传说；雄鹰要翱翔于蓝天，接受风刀雪剑的磨砺，才能拥有叱咤风云的豪迈。"

如此艰难的生活让他拥有了刚毅坚强的性格，

以至于在人们向他伸出援助之手时，他选择了拒绝，"不接受捐款，是因为我觉得一个人自立、自强才是最重要的！苦难和痛苦的经历并不是我接受一切捐助的资本。一个人通过自己的奋斗改变自己劣势的现状才是最重要的。"

他是这么说的，也是这么做的，虽然在最最困难的时候想过退缩，但最终还是决定了要自强不息，用自己的力量来证明自己的价值。因为他明白只有经过地狱的炼造，才能造出天堂的美好。只有流血的手指，才能弹出世间的绝唱。

美国伟大的演说家爱默生曾说过："每种挫折或不利的突变，是带着同样或较大的有利的种子。"古希腊的伟大的哲学家毕达哥拉斯也曾说过："短时期的挫折比短时间的成功好。

而生活中这样的人还有很多："当代保尔"张海迪已与病魔抗争了40多个春秋，带给人们宝贵的精神财富和热情洋溢的笑容。在艰辛和病痛面前，他们选择了独立和坚强，选择了责任和担当。在他们看来，只要脊梁不弯，就没有扛不起的重担；只要精神不垮，就没有解不开的难题。

"自古雄才多磨难"，面对挫折，我们应当拿出勇气和耐心，主动出击，迎接挑战，直面挫折，笑对挫折，把挫折当作前进中的踏脚石。然后拥抱胜利。因为挫折是福，注定在我们的岁月中搏击风浪、经历考验奠定更加坚固的基础，谱写出美好的人生之歌。

一个人应该知道自己能够做什么，应该做什么，必须做什么，更应该知道不应该做什么，不要做什么。因而，保持清醒的头脑远比聪明的脑袋更为重要。一个人如果能在坚持与放弃间保持一份清醒，那么成功就在前方的不远处等待着你，微笑着向你招手……

挫折不仅是财富，而且挫折是上帝给我们的恩赐，所以挫折不可怕，可怕的是没有正视它。因为挫折就像一面镜子，你的态度如何，决定了人生的结果如何。挫折会让懦弱者更加懦弱，却让坚强者更加坚强；让自卑者彻底丧失斗志，却让自信者激发挑战的勇气。其实，挫折并不可怕，只要我们勇敢面对，你会发现，生活永远向你微笑！

失败很可怕，更可怕的是你不会以此为鉴

在人生的奋斗中，每个人都在追求成功，追求完美。但不是说成功就能成功，要成功就必须努力。在这个努力的过程中经常会遇到失败和挫折。失败乃成功之母。成功的金字塔，高大巍峨壮观，却由一块块失败巨石筑就而成。成功，是彗星划

过夜空短暂的璀璨辉煌；失败，则是永恒的灰暗苍穹。

有的人害怕失败，那么只能一事无成。只有不怕失败，才能到达成功的彼岸！失败只是偶尔拨不通的电话号码，多尝试总会拨通的。在每个人的成长过程中总会多次遇到挫折和失败，同时也会领悟到人生的真谛和成功的来之不易。

其实，失败与成功之间只是一线之隔，但是人跨过去，却是一个艰难的过程。有人曾把这个过程比作桥梁，只要不怕失败，勇于攀登，奋勇向前，一定会通过它而走向成功。

人们常说，失败是成功之母。失败便孕育着成功。可世人多以成败论英雄，成者王侯败者寇。但在中外历史上，以失败成为悲剧英雄的却大有人在，如被囚禁并老死孤岛上的拿破仑；还有败走麦城、最终身首异处的关羽；四面楚歌、垓下自刎的项羽。事实上，失败对于一个人是十分重要的。一个人在一生中是不可能事事成功的，失败是常事，因此要敢于面对失败，有很强的担当失败的心理素质。

成功不是一个海港，而是一次埋伏着许多危险的旅程，人生的赌注就是在这次旅程中要做个赢家，成功永远属于不怕失败的人。因为不论任何时候，失败都只是成功的兄弟，成功总是会伴随着失败，但同时也正是因为无数次失败之后我们才迎来了成功。所以说两个就是形影不离，时刻相伴的兄弟。不怕失败，失败了再重来，这是才最明智的选择。

纵观悠悠历史，失败的例子不胜枚举。几乎每一个人做每一件事，都可能失败，如果害怕失败，那么只能什么也不干。只有不怕失败，才能取得事业的成功。失败与成功之间往往有一个艰难曲折的过程，有人把它比作桥梁。古今中外有不少人就是通过这座桥梁才走向成功的。

任何一个成功的人在各种紧要关头，都具有临危不惧，不怕失败，顽强拼搏的精神，都能在最艰难的时候，不灰心丧气，并能不断地在失败中认真总结教训，迎难而上，化耻辱为动力，从而增加了成功的机会。而青少年更应该懂得这个道理。

著名科学家居里夫妇，在提取新元素的实验中，虽然一次又一次地失败，可他们却毫不气馁，信心十足，不断总结，坚持试验。他们终于成功了，发现了镭。在中国近、现代的革命史上，这样的例子屡见不鲜。孙中山先生实践了自己的誓言"愈挫愈奋"，最终推翻了清王朝；中国共产党不怕失败，领导人民走向胜利的道路。

中国有一句话叫"失败是成功之母"。失败是成功之母，没有失败哪有成功？人的一生并不是一帆风顺的，不可能只有成功没有失败。重要的是失败后不能气馁，要从失败中走出来，坚持不懈的努力，就会走向成功！他们的可贵之处就在于跌倒之后有所领悟，而不是莫名其妙地爬起来。每个人都会面临各种挑战，各种机会，各种挫折，这时候你的抉择，你承受的挫折的能力，就是你未来的命运。

"失败乃成功之母"，天下没有一个人不经过失败而到达理想的彼岸。连动物、植物在生存中为生活也尝到了很多失败。但成功需要激励。面对失败或成功的结果，"失败与成功本身，都是成长中必须面对的经历，关键是你能否从中获取做人做事的教训，从中感悟解决困难、战胜自我的经验，从中增强继续努力争取成功的信念。

就像弱小的蜘蛛为了建造自己的一个家，尝过多少挫折和失败？不知道多少次，它辛辛苦苦织出的网，被大风大雨损毁，被人类损毁，但是它从来没有放弃，而是毫不气馁，信心十足，不断的坚持，终于建成了自己的家！

其实，失败并不可怕，把每一次失败都看作新的起点，坚持不懈，加倍努力，一定会达到胜利的彼岸。失败只是暂时的，鼓起勇气，战胜新的困难，去迎接胜利的明天。笑到最后才是笑得最好的。从这个意义上说，失败者同样光荣。

被人们称为"炸药大王"的诺贝尔为了研究炸药，曾经被炸伤过好几次，付出了沉重的代价，也没有成功。他没有气馁，一次次重复着各种实验，终于发明了炸药。他为世界作出了巨大的贡献。正是从一次次的失败中走出来，他才获得了成功。

春秋时期的越王勾践，曾经被吴国打得大败，成了吴王的奴仆。面对这样惨重的失败他不是从此消沉，而是卧薪尝胆，从失败中吸取教训，积累力量，终于战胜了吴国。所以请相信，失败是成功之母。只要你能从失败中走出来，就会走向成功！

"错"的一半是"金"，"败"的一半是"贝"。错误或失败并不可怕，可怕的是不懂得"错里淘金""败中拾贝"。

俗话说：失败乃成功之母！不经历风雨怎能见彩虹！失败是步向成功的垫脚石。人的一生中，在一个生命周期的轨迹里，必定要亲身经历多次失败，必定要经常品饮失败的苦酒，必定要时常抚摸失败创伤的心灵瘢痕。一个人的一生，没有经历过失败，是不完整的一生，是不成熟的一生。

"不经一番寒彻骨，哪得梅花扑鼻香"。每一个成功者都经过了无数次的考验和失败，但是他们都挺起了胸膛，无所畏惧。所以他们获得了成功！每个人心中都有一个梦，要把握住生命中的每一分钟来圆自己的梦。没有人可以随便成功，连丑小鸭也是经过了无数的挫折才变成美丽的白天鹅，成功是要付出代价的！

一个烈日炎炎的下午，一位饱受烈日暴晒之苦的人，汗流浃背地拎着两大盒领带，疲惫不堪地走在香港尖沙咀旅游区的洋服店一带兜售。他已经辛苦地奔跑了一个下午，跑了十几家店铺，却毫无所获。

当他又走进一家洋服店时，那个洋服店的老板正在十分殷勤地做一位客人的生意。他不知道别人在做生意时，是不准别人打扰的，便拎着领带走进了店里。洋服店的老板像见到瘟神一样，恶狠狠地大声吼叫着把他赶了出去。他见到自己像要饭的乞丐一样遭人呵斥，被人驱赶，一种百感交集的酸楚涌上心头。

没有人来抚慰他，帮助他，他以最快的速度擦去不断夺眶而出的热泪。但他没有半点退缩的余地，他独自舔着流血的伤口，依然重新展露出笑颜，继续走街串户，兜售领带。

当人们历经千辛万苦，终于攀登上梦想中成功巅峰时，短暂的狂喜激动过后，迎接成功者的将是更加严峻的挑战与失败，所以才上演了一幕幕失败、成功，再失败、再成功……这样永无休止的交替轮回，而更加美丽迷人的成功女神，在远方呼唤吸引着人们！那些成功的人也正在不断地书写着虽败犹荣的历史画卷。

多少个成功者的事例激励着我们走向成功。"不经历风雨，怎么见彩虹"没有人可以随便成功。只要坚持我们的信念就一定会成功，梦想并不遥远，只要肯付出汗水，你不会失败的！相信自己就是成功者！

由于他敢于面对现实，对事业有着锲而不舍的奋斗精神，终于成了一个赢家。他就是海内外知名的领带大王，香港"金利来"集团主席曾宪梓。可见，失败并不可怕，可怕的是自己不敢面对失败、害怕失败，遇到困难就想放弃。

只要把每一次的失败都看作新的起点，看作新的动力，坚持不懈、加倍努力，就一定能成功。在艰难的人生道路上，越是遇到失败越要振作，越要拼搏。其实，失败只是短暂的，只要鼓起勇气，去战胜困难，最后就一定能够成功。

一位哲人说："你的心态就是你真正的主人。"一位伟人说："要么你去驾驭生命，要么是生命驾驭你。你的心态决定谁是坐骑，谁是骑师。"

笑对人生是一种境界。欲说笑对人生，得先说说人间愁事、痛心事，遇上这类事而能自安的，其实便是笑对人生了。更重要的还要有一种平和的心态，做到胜而不骄，败而不馁，那么你就是胜利者，成功者。

西方有句谚语说："年轻的本钱，就是有时间去失败第二次。"等到我们老了，就已经没人肯请我们去工作了，所以年轻时努力奋斗是很重要的。

人生之事世事难料，经常有一些我们难以预料的事会发生，不如意之事十之八九。但是无论世事如何多变，我们唯一不该忘记的就是要笑对人生。

有一首歌是这样唱的："不经历风雨，怎能见彩虹。"是啊，其实阳光总在风雨后，雨后的阳光总是特别的灿烂。只有在经历过风雨的洗礼后一切才显现出了它的真实面貌。

笑对人生，其实便是博爱，是对世界万物的关爱，是胸怀坦荡，是坚韧自强。笑对人生，是物我两忘，是淡泊人生。只要能笑对人生，还有什么痛苦无法承受呢。

世界上没有绝望的处境，只有那些对处境绝望的人。所以失败其实并不可怕，可怕是那些在失败之后没有勇气站起来的人。

最终登上富豪排行榜的刘昌勋的创业史就是一个九死一生的奇迹。由于家庭贫困的原因，他为了减轻家里的负担，他中学还没读完，就辍学经商了，那年他才刚刚16岁。

他看邻居经营药材很赚钱，每月有几百元的利润，这个数字当时在他们那年代是个让人眼红的数目。所以他抱着试试看的态度，买进了20元的板蓝根，背到集上去销售，谁知，不仅当天全部脱手，而且还稳稳地赚了20元，这对他来说是一笔不小的钱。

所以，他坚持做，两个月下来，连本带利达到了500元，这让他尝到了经商的甜头。

由于他还是年龄太小，经验不够，而且做事业也不可能是一帆风顺，当他东凑西凑，最终把叔叔的3000元的抚恤金也拿来做药材生意，却被人骗了，几千元的本全赔了进去，真是让他欲哭无泪。

但刘昌勋并没有就这样被失败给压垮，反而从中总结经验，继续奋斗。尽管失败，但他并不灰心，他心里想，做生意嘛，有赚就会有赔，这是正常的，也正是他这种笑对人生的良好心态，为他下一次的成功奠定了基础。

以平常心对待万事万物，多一些"起舞弄清影"的乐观，"根株浮沧海"的达观，"星垂平野阔"的宏观，"人闲桂花落"的静观，心如止水，笑对人生，只有这样，才能攀上人生的巅峰。

一次失败并没有使刘昌勋萎靡不振，他总结经验，继续奋斗，终于登上了富豪的排行榜。

刘昌勋的事迹说明：奋斗者，破产只是一时；而不去奋斗，则必将一生贫穷。只要你没有失掉勇气，敢于拼搏，就一定会取得成功。

记住以下几点，给自己的意志力来场修行

每一个要克服的障碍，都离不开意志力；面对着所执行的每一个艰难的决定，我们所依靠的是内心的力量。事实上，意志力并不是生来就有或者不可能改变的特性，它是一种能够培养和发展的技能。

"意志力"在词典上意为"控制人的冲动和行动的力量"，其中最关键的是"控制"和"力量"两个词。力量是客观存在的，问题在于如何控制它。

首先要学会积极主动。意志力绝非自我否定，不可将它们相混淆，如果我们将之应用于积极向上的目标，意志力将会变成一种巨大的力量来推动我们前进。

在美国东海岸有位商人，他最近陷入了饮酒过量却不能自拔的苦恼。商人从事的是一种很烦人的工作，而在进餐前喝几杯葡萄酒似乎能让紧张的心情得到放松。可饮酒和累人的活儿又使得他昏昏欲睡，因此常常一喝完酒便呼呼大睡。

有一天，这位经理意识到自己是在借酒消愁，浪费时光。于是他决定不再贪杯，而是把更多的时间用于儿女身上。刚开始时很不容易，常常想起那香气四溢的葡萄酒，但他告诫自己现在所做的事将有所得而不是有所失。

后来的事实证明，他工作的干劲几乎全来自家庭和子女，是他们让他有了前进不止的力量。

主动的意志力能帮助人们克服惰性，使注意力更集中。当你遇到挫折，它助你想象自己在克服它之后的快乐，使你积极投身于实现自己目标的具体实践中，你就能坚持到底直至胜利。

其次要下定决心。某知名心理学教授认为实现某种转变需要四个步骤：抵制——不愿意转变；考虑——权衡转变的得失；行动——培养意志力来实现转变；坚持——用意志力来保持转变。

有这样一些"慢性决策者"，他们当然知道自己应该做什么，但决策时却优柔寡断，结果无法付诸行动。其实人们为了下定决心，可以为自己的目标规定期限，在紧迫感的督促之下，往往会有好的效果。

伊莎贝拉是纽约的一位教师，对如何使自己臃肿的身材瘦下来十分关心。在被选为一个市民组织的主席之后，她就决定减肥6000克。为此她购买了比自己的身材小两号的服装，要在3个月之后的年会上穿起来。由于坚持不懈，伊莎贝拉终于如愿以偿。

再次要有明确的目标。专家曾经研究过一组计划在一定时间内改变自己行为的实验对象，结果发现最成功的是那些目标最具体、最明确的人。其中一名男子决心每天做到对妻子和颜悦色、平等相待。后来，他果真办到了。

而另一个人只是笼统地表示要对家里的人更好一些，结果没几天又是老样子，照样吵架。由此可见，只有笼统的计划没有明确的目标还是远远不够的。

对于我们而言，不要总是说些空洞无用的话，如："我打算多进行一些体育锻炼"，或"我计划多读一点书"。而应该具体、明确地表示："我打算每天早晨步行45分钟"，或"我计划一周中一三五的晚上读一个小时的书"。真正付诸行动、以目标来督促才是关键。

第四要对利弊进行权衡。如果你因为看不到实际好处而对当前进行的事三心二意的话，光有愿望是无法使你心甘情愿为之尽全力的。

有个戒烟专家曾对向他咨询的人说，可以在一张纸上画好4个格子，以便填写短期和长期的损失和收获。

假如你打算戒烟，可以在顶上两格上填上短期损失："我一开始感到很难过"和短期收获："我可以省下一笔钱"；底下两格填上长期收获："我的身体将变得更健康"和长期损失："我将推动一种排忧解闷的方法"。通过仔细比较，就会比较容易具有戒烟的意志。

第五要积极改变自我。只注重收获远远不够，我们行动的最根本动力源于改变自己形象和把握自己生活的愿望。道理有时可以使人信服，但只有在感情因素被激发起来时，自己才能真正以行动来相应。

麦克有日抽三盒烟的坏习惯，尽管长期吸烟使之身体状况越来越糟，常常咳嗽不止，但他依然听不进医生的劝告，而是我行我素，照抽不误。

"有一天，我突然意识到自己真是太笨了。"他回忆说，"这不是在'自杀'吗？为了活命，得把烟戒掉。"由于戒烟能使自己感觉更好，杰克产生了改掉不良习惯的意志力从而最终改掉了这一坏习惯。

第六要坚持磨炼意志。某心理学家对于人们锻炼意志曾提出过一套方法。其中包括从椅子上起身和坐下30次，把一盒火柴全部倒出然后一根一根地装回盒子里。他认为，这些练习可以增强意志力，以便日后去面对更严重更困难的挑战。

巴雷特的具体建议似乎有些过时，但他的思路却给人以启发。例如，你可以事先安排星期天上午要干的事情，并下决心不办好就不吃午饭。

皮特是加州某篮球俱乐部的明星，除了参加正常的训练之外，他是每天一大早来到球场，独自一个人练习罚犯规球的投篮瞄准。"功夫不负有心人"，他终于成为球队里投篮得分最多的人。

坚强的意志不可能一蹴而就，它是在逐渐积累的过程中一步步形成的。这中间还会不可避免地遇到挫折和失败，必须找出使自己斗志涣散的原因，才能有针对性地把问题解决好。

莫妮卡第一次戒烟时下了很大的决心，但结果却是以失败告终。在分析原因时，意识到需要做点什么事来代替拿烟。后来她买来了针和毛线，想吸烟时便编织毛衣。几个月之后，玛丽彻底戒了烟，并且还给丈夫编织了一件毛背心，效果可谓"一举两得"。

第七要坚持到底。有志者事竟成，这话包含了与困难打持久战并最终将其克服的含义。专家在对戒烟后又重新吸烟的人进行研究后发现，许多人原先并没有认真考虑如何去对付香烟的诱惑。所以尽管鼓起力量去戒烟，但是不能坚持到底。

当别人递上一支烟时，便又接过去吸了起来。对于那些决心戒掉坏习惯的人来说，如果你决心戒酒，那么在任何场合都不要去碰酒杯。倘若你要坚持慢跑，即使早晨醒来时天下着暴雨，也要在室内照常锻炼。做事情最忌半途而废。

最后要乘胜前进。成功是对意志力的肯定和促进。实践证明，每一次成功都会使意志力进一步增强。如果你用顽强的意志克服了一种不良习惯，那么就能拥有继续挑战并获胜的信心。

每一次成功都能使自信心增加一分，给你在攀登悬崖的艰苦征途上提供一个坚实的"立足点"。或许面对的新任务更加艰难，但既然以前能成功，这一次以及今后也一定会取得胜利，正所谓：胜利时，须乘胜追击。

西方一些研究成功学的专家，在进行了大量的调查分析后指出："成功起源于人类的意志力。"这一结论被称为是２０世纪人类的重大发现之一。的确，纵观古今中外的历史，凡对当时的社会有贡献的成功者，往往都是那些具有超凡意志力的人。

虽饮冰十年，但请你依旧热血

汉代史学家司马迁在《报任安书》中写道：

> 盖西伯拘而演《周易》；仲尼厄而作《春秋》；屈原放逐，乃赋《离骚》；左丘失明，厥有《国语》；孙子膑脚，《兵法》修列；不韦迁蜀，世传《吕览》；韩非囚秦，《说难》《孤愤》；《诗》三百篇，大抵圣贤发愤之所为作也。

司马迁在这里告诉我们，苦难在一个人的成长过程中有着不可代替的作用，它可以让人们变得更加坚强。人并非生来就是坚强的，大凡坚强者都经受了苦难的塑造，凤凰涅槃才能得以永生，千古年来，多少伟人用自己的一生证明着这一点。

著名的丹麦童话作家安徒生从小就经历着苦难的磨炼。童年的安徒生住在富恩岛上一个叫奥塞登的小城镇上，那里住着不少贵族和地主，而安徒生的父亲只是个穷鞋匠，母亲是个洗衣妇，祖母有时还要去讨饭来补贴家用。

那些贵族地主们生怕降低了自己的身份，都不允许自己家的孩子与安徒生一块儿玩。

面对这样的遭遇，父亲看在眼里，气在心里，但是一点也没有在孩子的面前表露，反而十分轻松地对安徒生说："孩子，别人不跟你玩，爸爸来陪你玩吧！"

安徒生的家很简陋，一间小屋子，破凳烂床便是家里所有的摆设，但这小小的空间还是塞得满满的，没有给孩子留下多大的活动空间。就在这样的环境下，安徒生开始着他的童话世界。

就在这么一间破烂的小屋里，父亲把它布置得像一个小博物馆似的，墙上挂上了许多图画和作为装饰用的瓷器，橱窗柜上摆了一些玩具，书架上放满了书籍和歌谱，就是在门玻璃上，也画了一幅风景画。

父亲常给安徒生讲《一千零一夜》等古代阿拉伯的故事，有时则给他念一段丹麦喜剧作家荷尔堡的剧本，或者英国莎士比亚的戏剧本。

故事的情节令小安徒生浮想联翩，常常情不自禁地取出橱窗里父亲雕刻的木偶，根据故事情节表演起来。

这还不能让他感到满足，他还用破碎的布片给木偶缝制小衣服，把它们打扮成讨饭的穷人、没人理睬的穷小孩、欺压百姓的贵族和地主等，并根据自己的实际生活体验编起木偶戏来。

艰苦的环境没有挡住安徒生在童话世界中的前进，反而让他更加坚强起来，为了童话，他到街头去看油嘴滑舌的生意人、埋头工作的手艺人、弯腰驼背的老乞丐、坐着马车横冲直撞的贵族和伪善的市长、牧师等人的生活，获得各种感性经验，终于成了最伟大的童话作家。

苦难并不可怕，可怕的是在苦难中一蹶不振。只有像安徒生一样，在苦难中变得更加坚强，才能成为生活的强者。作为新时代的青少年，要明白惧怕困难只能做生活的奴隶，在苦难中磨炼，变得更加坚强才是生活的主宰者。

苦难教会了我们成长；苦难让我们变得更加坚强；苦难让我们在困境中越挫越勇；苦难让我们在生活中更懂得珍惜拥有的岁月，困难磨炼着坚强的人生。

苦难，是一种有力度的人生体验，是生活给我们最美的馈赠，也是一种有价值的人生境界。对强者来说苦难是阶梯，对于弱者来说则是灾难。

正是由于遭受不幸，才激起了人内心所积存的巨大潜能，促使着人们把它转变成力量，在我们的人生道路上创造完美的轨迹。苦难是磨炼人生的催化剂，加速人们前进的步伐。

总之，苦难能使我们变得更加坚强。因此，作为新时代的青少年，要敢于接受苦难的历练。面对苦难，不要一味地埋怨、指责，而要心中充满"长风破浪会有时，直挂云帆济沧海"的豪情壮志，让希望之舟驶向柳暗花明的彼岸。

面对人生中的种种悲伤和不幸，面对突如其来的疾病和死亡，我们都应该坦然去面对，要把这些苦难当作一次次磨炼，要在这些磨炼中变得更加坚强。

司马迁身受宫刑，却撰写出一部"史家之绝唱，无韵之离骚"的《史记》；邓小平几起几落，却成为"障百川而东之，回狂澜于既倒"的一代伟人。苦难和挫折没有将他们压倒，却成为他们通往成功路上一张可贵的"通行证"。

我们新时代的青少年面对苦难，也要以他们为榜样，在苦难中变得更加坚强，获取一张成功的通行证。

冷静，蛰伏，忍耐，一击制敌

我们常说，凡成大事者都有超凡的忍耐力。勾践卧薪尝胆，韩信胯下之辱，孙膑装疯卖傻，这样的忍耐力可以说已经达到了登峰造极的境界。

忍耐力是一种看似静态的无形的，实质上却是能掀起轩然大波的力量，它往往让人防不胜防。忍让、宽容是人必须具备的修养和品质。一事当前忍为高。

在隆安县乡里村间流传着一个"百忍成金"的民间故事。传说，有个年轻人，从小养成火暴脾气，结果做什么事都不顺，眼看已是而立之年，仍一事无成。

这天，年轻人跑去向一位老翁请教如何才能够做事成功。老翁说："和气生财，你若能忍耐100次而不发脾气，便能成功了！"年轻人就试着照老翁的话去做了。

有这么一天，他家的鸡与邻居家的鸡斗啄，被啄死了。他就非常生气，正要发作，就想起老翁说过的话，马上就把火气强压了下去。

又有一次，一个小孩子跌倒了，额头也被撞伤了，他就去扶起小孩子，并且还给小孩敷药。可小孩子的母亲以为是他撞倒的，就不分青红皂地把他骂了一顿。这可真是冤枉了他！但他却一直想着老翁说过的话，一直强忍着把火气给压下去了，就这样，他先后忍了99次。

等到他结婚之日，亲朋好友正兴高采烈地喝酒，这时，门外来了个乞丐，家人给饭菜他却不要，偏要新郎亲自招待他不可！许多人都说：别理这个疯子。

可新郎官稍加思考，便欣然去见了那乞丐。乞丐对新郎说："我年轻时因为脾气不好，气死了我父母，娶不了亲，今天我来向你请求，我年老了，不敢希望有什么花烛合衾，只求给我在你的新房里睡一晚，我死也瞑目了。"

谁知道老乞丐刚说完，众人便都忍不住，都骂他是个疯子，甚至要赶老乞丐走！新郎官也很恼火，但他想起自己的遭遇与乞丐有些相似，也同情乞丐的不幸，便忍气答应了。那天晚上，新郎让出新房给乞丐睡，自己则和新娘到偏房过了夜。

翌日，大家起床了，可乞丐睡的新房仍紧闭着门。大伙儿想去赶乞丐，新郎劝大家说："天还早，让老人家多睡会吧！"

大家一等再等，直至日出三竿，新房里仍无动静。当大家忍不住推门进去时，乞丐早已无影无踪，只见床上有一堆金灿灿的金元宝，元宝上刻着"百忍成金"四个字。

中国有句古训：小不忍，则乱大谋。又说：沉默是金。其实这是与"百忍成金"有异曲同工之效。

天下没有比水更柔弱的东西了，然而在攻坚克强的战斗力上却没有什么能胜过它的。因为没有什么东西能替代它、改变它。弱小可以战胜强大，柔软可以胜过刚硬，天下人没有不知道的，但却很少有人懂得去身体力行。

忍辱方能负重，所以我们在与人相处中，要能设身处地为他人着想，不管你们之间有多大的仇恨或过节，只要你有退一步海阔天高的情怀，能站在对方的立场感受其心情，说不定那时你会自言自语地说：假如是我，可能也会这么做的。

那么你此刻的仇恨也会随心情感悟而舒缓减半，屡试屡想，你的仇恨将会由大化小，由小化无，甚至会化干戈为玉帛。倘若双方都能有这样的心态，人人都拥有如此胸怀。那么人与人之间何愁不能和谐相处。

不过忍也要适度。要因人因事而定度，千万不要忍过了头，金变成铁。无限度的忍是软弱的表现，更是丧失尊严的象征。人失尊严有如行尸走肉。所以一定要量力而为把握尺度，才能百忍成金。

做人凡坚忍者，必成大事。坚忍是一种明退暗进，更是一种蓄势待发。今天的坚忍是为了明天更大的成功。忍耐是很不容易的事情。"忍"字就是"心"上面加一把"刀"。

我国有句古话，叫"忍得一时之气，可消百日之忧"，还有句话叫"大丈夫能屈能伸"，讲的都是忍耐和忍辱的道理。忍辱貌似屈辱、怯懦，但与后者最大的区别在于懂得"有所为"和"有所不为"。而忍耐则是我们制胜的法宝。

忍耐是一种磨砺，是一种意志力的体现，是人与环境、事物对抗的心理因素、物质因素的总和。两军对阵勇者胜，两军相持久者胜。忍耐的极点便是柳暗花明。今天短暂的忍耐是为了明天更大的成功。

越王勾践卧薪尝胆，自污事敌，最后终于复国报仇就是一个最好注解。自古以来，"慷慨赴死易"而"从容就义难"。有的时候，坚持活着比选择死亡需要有更大的勇气。"忍人所难忍，才能成人所难成；忍人所不能忍，才能成人所不能成。"

忍而有度，人不可以有傲气，但绝对不可以没有傲骨！忍则乱而大坏，坏之极而发散，散将至人蹉跎，蹉跎之下，锐气尽消之，先容后残，乃正忍，"忍"是一种高深的修养，是思想的最高境界。

　　勾践作为奴隶常常笑。不管是当众跪在吴王阖闾墓前，叩头叩得满面是血；不管是身为奴隶，为吴王拉车，受尽吴国国人唾骂之时；不管是被夫差带到列国诸侯之前，被人戏弄，就连最低等的士兵都比他尊贵；勾践继续在笑，只是一直地笑！

　　因为笑可以遮掩面上一切的表情，更可以遮掩不期然在面上流露出来的想法；没有人知道，笑面之下，真正的他到底在想什么！

　　勾践在人生最可怕的逆境中，体味出成为真正皇者之条件，就是必须要能屈能伸，能人所不能，忍人所不能忍！他把眼光放远，他要的不是意气之争胜，而是得到最后的胜利！

所以，勾践身为一国之君，居然开始笑着去替夫差拉车，恭敬地守着阖闾之墓，在夫差眼中他仿佛是一只驯化了的小狗！勾践毫不在意，对夫差忠心耿耿！勾践的行为大大出乎所有人的意料之外。结果，勾践成功感动了夫差，给放返越国！

返回越国的勾践已变成了另外的一个人。他不要锦衣美食、也不住华厦。他卧薪尝胆，提醒自己一定要努力奋发，复兴越国；再伺机而动，一举灭吴以雪当日之耻！他不断地磨炼自己的心志。他虽尚未跟夫差再作正面交锋，但他的能力和意志已超越了夫差。

终于，勾践凭着他自己的斗志，加上范蠡和文种的协助，终于乘着夫差的出错，从后偷袭，直取吴国。最后，越王勾践终于历经十数年的励精图治、卧薪尝胆，实现了复兴的宏愿。自此，勾践专心国事，富国安邦。他终于成为最后的胜利者。

忍小节，成大事。《墨子·扬朱》篇说："要办成大事的人，不计较小事"。孔子告告诫子路说："齿刚则折，舌柔则存。柔必胜刚，弱必胜强。好斗必伤，好勇必亡。百行之本，忍之为上。"这些都说明，一个人在大事业之前若无法忍受小事，将无法成就伟大的理想。

德国著名诗人歌德到公园散步，迎面走来了一个曾经对他作品提出过尖锐批语的批评家，他站在歌德面前高声喊道："我从来不给笨蛋让路！"

歌德却答道："我正好相反！"歌德一边说，一边满脸笑容地让在一旁。歌德以幽默和宽容的方式避免了一场无谓的争吵，也显示了他的大度和忍让。

只有忍让别人的人才会获得他人的尊敬，只有这样的人才能看得更高，走得更稳。海之所以能纳百川，就是因为它的宽广，做人也同样如此，拥有一个广阔的胸襟，才能让你更加潇洒。人们常说："忍，忍，忍，忍字头上一把刀。"所以忍耐是一件很痛苦的事情，但它表现了一个人的一种意志，更突出了一个人的一种品质，忍耐反映出来的是人的品格。

有这样一则寓言，说的是有个老婆婆，种了一大片玉米。到了秋天，一个颗粒饱满的玉米棒儿就自信地说："因为我是最棒的玉米，所以老婆婆肯定会先掰我！"

可老婆婆来掰玉米的时候，并没有先掰它。玉米就自我安慰说："没事，老婆婆她只是眼神不好，明天一定会把我掰走的！"

第二天，老婆婆又一连掰走了其他几个玉米。一连几天，老婆婆都没有来，玉米沮丧极了："我总以为我自己是最好的，其实我是今年最差的，连老婆婆也不理我，不要我了。"

以后的日子，经历了烈日暴雨的颗粒变得坚硬了，整个身体像要炸裂一般，它准备和玉米秆一起烂在地里。可是就在这时，老婆婆来了，一边摘下它，一边说："这可是今年最好的玉米哟，用它做种子，明年一定有更好的收获。"

所以，对于每个人来说，几乎每个人在人生旅途上，都要受到命运之神的捉弄。当你不甘心做命运的奴隶而又不能扼住命运的咽喉时，必须学会忍耐。

学会让所有痛苦在忍耐中化为轻烟，学会在忍耐中拼搏，学会在忍耐中锲而不舍地追求。而不是在逆境中轻易放弃。

忍耐是意志的磨炼，爆发力的积蓄，用无声的烈火融化坚冰。生活的沧桑使生命埋下难言的隐痛，忍耐却使人相信，隐痛必将消失，暴风雨过后的天空会更晴朗。

玉米棒儿忍耐了风吹日晒，最终迎来了沉甸甸的收获。使它走向美丽和成熟，使它彰显出生命的辉煌。

白居易有两句诗写道："试玉要烧三日满，辨材须待七年期。"要知道事物的真伪优劣，只有让时间去检验；要识别人才的真伪优劣，也只有让时间去检验。

"路遥知马力，日久见人心。"凡事要拿得起，放得下，不要计较一时的得失荣辱，不要太在意别人如何看待。相信自己，踏踏实实地走自己选定的路，认认真真地干自己想干的事，相信你也会成为那个最棒的玉米。

没有逆境的人生是平淡无味的，是难以塑造我们坚强无比、无坚不摧的魄力与刚毅性格的，只有在逆境中，才能考验我们到底有多大的承受力，有多少挑战逆境的智谋，同样只有这样才能打造极具抗击能力的坚强的自我。

一个人无论如何伟大，相对于悠久绵长的历史而言，总是渺小的。就一个人的一生而言，也往往是逆境多而顺境少。这就要求我们凡事以忍耐为先，这样才有可能在下一次的战斗中取得更大的成功。

黑夜到来的时候，我们必须忍耐到黎明。寒冬来临的日子，我们只能忍耐到春天。淫雨霏霏的季节，我们同样期盼着雨过天晴。与过分热情的人在一起是一种负累，与木讷的人共处只会觉得沉闷。生命的过程本来就是一种忍耐。

《圣经》中有一句名言："患难生忍耐，忍耐生老练，老练生盼望。"在成长的过程中，苦难是一个试金石，能熔炼出我们内在的深度。承受力和忍耐力，考验着我们的意志，也能发掘出我们内在的潜能和才华。

因为我们懂得忍耐是为了更大的成功，我们向往忍耐之后的美丽阳光。坚忍卓绝的意志，刚毅不屈的气度，才是使我们能够在这充满战火气息的当今社会中，成为真正的强者与成功者的保证。

张耳和陈余是魏国的名士，秦灭魏后，用重金悬赏捉拿二人。两人只得乔装打扮改名换姓逃到陈国。一天，一个官吏因一小事而鞭抽陈余，陈余想起以前在魏国是多么受重用，何曾受过这般侮辱，怒不可遏，当即想起来反抗，张耳在旁见状不妙，便用脚踩了陈余一下，陈余终于没吭声。

官吏走后，陈余还怒气未消，张耳便数落他一顿："当初我和你怎么说的？今天受到一点小小的侮辱就去为一个官吏而去死吗？"

后来，陈余和张耳的命运就截然不同：张耳成了刘邦的开国功臣，而陈余辅佐赵王，被韩信斩首。一个能忍，一个不能忍，两人的最终命运竟有如此之大的区别！

所以，要想成就大事业者就要学会容忍，辛苦谋生活者要容忍，出门在外祈愿平安者要容忍，急欲摆脱困境者要容忍，商场制胜者更需要容忍……学会容忍，笑看人生。宠辱不惊，闲看庭前花开花落；去留无意，漫随天外云卷云舒。

在面对人生各种问题的时候，千万要学会克制，学会忍耐，而不要像炮捻子，一点就着。这样只会像陈余那样与成功擦肩而过。

也许忍耐是种痛苦，但是在某种程度上学会了忍耐就是学会了收获快乐。因为人活一世，更多的时候需要忍耐，而不伤原则的忍耐往往比无谓的抗争有价值得多！没有忍耐精神，是不能成就大事业的。懦弱、意志不坚定、不能忍耐的人，不能得到他人的信任与钦佩。只有积极的、意志坚强的人，才能得到人们的信任，才能获得事业的成功。

山巅是属于勇敢者的，怯懦者只配仰望

真正的勇敢者要有足以能面对恐惧的勇气，在遇到挫折时能够昂首挺胸而不卑躬屈膝，在取得胜利时能谦逊谨慎而不趾高气扬。不论什么时候，勇敢都是人们的守护神。而是否具备勇敢这一能力，也很大程度上决定了他们以后的人生道路是否顺利。我们应该知道，逃避是十分懦弱的表现，它除了让自己消沉外，其实不能解决任何问题，只有勇敢地迎上，才能超越自己，超载生命的价值和意义。

学会勇敢就很重要。因为在成长的道路上，勇敢就是成长的垫脚石。只有勇敢，你才会向成功迈进一大步，缺少这种精神和品格，你就可能一事无成。因为勇敢，人生之路才会阳光明媚。

猎物为逃避捕杀，常会竭尽心机、奋勇向前，虽逃不出魔掌，但也死得悲壮。这就是勇敢，人也一样，危急时刻，为逃离火海，有人会从六楼纵身跳下；为脱离无情之水，即使只有一根稻草，有人也会抓住不放。

这是因为他的勇敢，所以在他的心里就会有一点希望，而这一点希望足以让他有重生的勇气。而具有勇敢品质的同学，往往不满足于已有的知识、成绩、现状，不墨守成规；他们的思维总是处于兴奋活跃状态，善于抓住新的知识，归纳出自己独特的见解。

在不同的人的字典里，面对勇敢有着不同的诠释。何谓英雄？何谓勇敢？仁者见仁、智者见智，不少的书里大抵将勇敢分为大勇与小勇，大勇者，为国为天下；小勇者，匹夫之勇也。做一个勇敢的人，勇敢而充满激情地活着。做一个勇敢的人有勇气面对困难，会尽最大努力去解决困难，这是积极的生活方式。勇敢的人也有魄力，决断力，这样的人成功的机会才会更大。

有这样一个故事，说是一只会变大变小的克鲁鲁狮子的故事。克鲁鲁狮子胆小时就变小，壮起胆子时就又变大起来了。其实每个人都蕴含着非常无穷的力量，我们应该相信自己的强大力量，勇敢起来，我们都可以变得很强大。

做一个勇敢的人，用自己生命的力量化解生活中的遗憾。让我们翻开字典，勇敢的字面解释是：有胆量，不怕危险和困难，为达到既定目标而果断行动，甚至不惜献身的精神和行为。它同怯懦、畏缩、蛮干相对立。

懦夫、懒汉是不愿吃苦的，也吃不了任何的苦。他们在艰难困苦面前，往往望而却步，甚至吓破了胆，他们做不了勇敢的人。古希腊哲学家德莫克利特曾这样说过："勇敢减轻了命运的打击"。

人生常常遇到许多难题，做一个勇敢的人不是一件易事。勇敢不能遗传，人并非天生就具备勇敢的品质。勇敢的获得需要培养，需要锻炼，是在生活的基础上一点一点积累起来的。勇敢的人有勇气面对困难，会尽最大努力去解决困难，这是积极的生活方式。勇敢的人也有魄力，决断力，这样的人会有成功的机会。

真正的勇者，其实是不分年龄与性别的，孩童，或者说是对于青少年，未必就比较不勇敢。其实人最大的敌人，不是别人，而是自己。只有勇于面对自己心中黑暗的人，才是最坚强的人。人生中真正的险境，存在于我们的心里。

对危险的恐惧，俘虏了我们，让我们看不清人生的真相，只有打破自己心中的屏障，我们才能真正把握人生。

所以，勇敢是很重要的一种品质，正是因为学会了勇敢，所以在人生的道路上，不论有多少困难，有多少挫折，我们都不会害怕，更不会畏惧。因为勇敢，让我们的生命变得精彩，绚丽多姿。

有人认为：为了生存，动物的第一反应便是勇敢地追逐或逃窜。人也一样，因此，勇敢是一种本能的迸发与冲动。

能够勇敢面对生活最典型的例子发生在半个多世纪前，一位饱经战争和疾病磨难、双目失明并全身瘫痪的苏联残疾青年克服重重困难，以口述实录的方式完成了一部小说，这就是我们熟知的奥斯特洛夫斯基和他的《钢铁是怎样炼成的》。

保尔·柯察金，一生挫折无数，却能勇敢面对，不逃避，珍视生命，在种种挫败下，他一次次地倒下却又一次次地重生，最后，为世人演绎了"钢铁是怎样炼成的"。

故事的主人公保尔·柯察金出生在一个贫苦的家庭里。他是个正直的青年，他吃苦耐劳，做事勤恳，因此，有许多愿意帮助他的好朋友。

然而。年轻的他却在生活中时常饱受着病痛的折磨和大大小小的坎坷、困苦。

他打过工，后来参了军。在战斗的途中，他因为身体不太好，经常昏倒、发烧。

结果，保尔的双腿瘫痪、双目失明，但最后他并没有向困难低头，向病魔认输。历经艰辛，他以一颗平淡的心勇敢地面对了一切。最终，他用笔来当武器将所见所闻写在了纸上，开始新的生活。

著名法国作家、诺贝尔文学奖获得者罗曼·罗兰为小说译本写了序。他在给奥斯特洛夫斯基的信中说："您的名字对我来说是最高尚、最纯洁的勇敢精神的象征。"

我们在为主人公苦难经历和光辉奋斗历程感叹的同时，

想到与保尔相比，我们的生活学习条件简直是太优越了，我们没有理由不努力学习，不然的话保尔一定会嘲笑我们的。

《钢铁是怎样炼成的》这本书，让我们懂得了什么样的人生才最有价值，那就是永不言败，终生奋斗的人生。除了保尔·柯察金，还有一个张海迪，她更加的勇敢。

张海迪是山东省文登县人，5岁的时候，患了脊髓血管瘤，先后做过4次大手术，胸部以下完全失去知觉。这个严重瘫痪的孩子，本来可以依靠父母的收入生活。可是，她要为人民、为社会多做事情。

她说："我像一颗流星，要把光留给人间。"她怀着这样的理想，以非凡的毅力学习和工作，谱写出了一首生命的赞歌。

张海迪面对着病魔，面对着厄运，已不再感到惧怕，她没有悲伤，没有哀叹，她无所畏惧地迎接命运的又一次挑战。她积极配合医生进行手术治疗。

手术对于她来说，已成家常便饭，在她生命的历程中，光是大手术，就已经五次了。

可是第六次大手术是癌变切除和植皮手术，医生们有些替张海迪担心，担心她挺不住。因为她有高位截瘫的特殊病情，手术不能使用一点麻醉药物，以防癌变组织扩散。没想到，张海迪毫不犹豫地答应了。

张海迪忍受了常人难以忍受的剧痛，手术顺利完成。事后她风趣地对守候在自己身边的丈夫说："我都快成'忍痛专家'了。"

张海迪，一位身体高位截瘫的残疾人，却能以坚强的毅力和对生活的信心和勇敢走出残疾人的阴影，做得比常人好，她的生命是焕发生机的。

张海迪不仅是忍受肉体痛苦、热爱生命的"专家"，她更是忍受生活痛苦、顽强战斗、努力奉献的英雄。这位英雄至今仍在以自己的病残之躯继续为社会奉献着。

对于普通人来说，我们每个人都是一个完完整整的人，而且我们的智力并不差，当我们的生命遇到困难或不测的时候，我们一定要勇敢坦然地面对，千方百计地解决困难，不能轻言放弃，绝不能向困难低头。

只要我们拿出对生活坚强的意志和勇气，就会战胜一切困难。生命需要勇敢，每一次的勇敢都是一种超越，每一次的勇敢都是一种蜕变，每一次的勇敢都是一种重生。

第三章

干好工作是你坚强的资本

　　工作是一切事业的基石，是成功的源头，是天才的根本，是生活的调味。只有热爱工作，才能得到最大的幸福和成功，因为天下没有白吃的午餐，更没有天生的推销员、律师、医生……他们的身份都是通过工作得来的。所以，我们一定要有为自己工作的心态，而不应觉得工作是为了他人。

如果你不是天生的赢家，那就老实工作

工作是一切事业的基石，是成功的源头，是天才的根本。

工作能使年轻人比父母更有成就。

把工作所得储蓄起来，就是所有财富的基础。

工作是生活的调味品，爱工作，它才能带给你幸福与成功。

爱你的工作，生活就会甜美、有目标、有收获。

如果你不是天生的赢家，那就请你努力工作。

我们研讨工作的重要性时，希望你保持开放的心。你或许知道，有些人的心就像水泥一样，搅拌好之后，就固定得一成不变。其实人的心像降落伞一样，只有张开的时候才能发挥最大的效力。

有些人诚恳地接受能使生活变得更美好的道理，也知道正确心态、健康自我形象、积极人生哲学能带来的美好、快乐人生。可惜他们经常左耳进、右耳出。再强调一次，如果不去实行，任何实际、美好的理论都只是空口说白话。

许多人找到工作之后就不再认真做事。就像问某些人为公司工作多久，回答常是典型的"从公司威胁要开除我开始"。有人问一位雇主有多少员工，他回答："公司人数的一半。"可见有许许多多人每天上下班，却把工作当成瘟疫一样看待。

刚进入企业界时，常听人说爬到高位要牺牲许许多多事。但是几年后才体会到，大多数出人头地的人并不是"付出代价"，而是真正"乐在工作"。因为他们真心喜爱工作，所以工作就成了享受。本书一再强调正确心态的重要性，也就是这个道理。

> 法国名画家雷诺瓦老年时患关节炎，手部扭曲变形。他的画家朋友马蒂斯看到他只能忍痛用手指夹笔作画，心里非常难过。有一天，马蒂斯问他为什么要强忍痛楚作画，雷诺瓦回答："痛苦会过去，美却是永恒的。"

有三件事非常难做，第一件是爬上正向你身上倒下的篱笆，第二件是吻一个用力把身子挪开的女孩，第三件是帮助一个不想要人帮助的人。

常听人说："要是有人给我一笔钱，让我付清所有欠款，银行里还能再结余一千元，这辈子我就可以重新起步好好走下去了。"不幸的是，很多人都有这种观念，永远在"等待"别人带领他们迈出第一步。

我赞成在别人需要时伸出双手，但更要坚信："给人一条鱼，只能让他饱餐一顿；教他钓鱼的方法，却可以使他终生受用。"给人一笔钱，并不是助人的正确方法，因为他不是拿这笔意外之财去"还债"，就是去买渴望已久的东西，反倒助长了花钱的坏习惯。一旦养成习惯，就难以改变了。

20世纪60年代时，一度风行奖金丰富的彩券，不少人得到7万元、10万元，甚至更多奖金。几年之后，有人对这些得大奖的人进行调查，发现他们当中没有一个人的存款比以往是暴增，因为他们并没有把这笔意外之财储蓄起来，而是恣意挥霍。

近年来，幸运中了州政府百万元彩券的人，往往变本加厉，生活糜烂、家庭破裂、事业失败、朋友离散、形象败坏。免费的午餐不但没有使生活更舒适，反而经常使人得不偿失。

谈到工作给人带来的尊严及安全感时，下面这个例子令人深省。

前几年，瑞典政府向人民保证，政府一定会"照顾"每一个人从出生到死亡的需要。尽管圣经上明白阐释，不工作的人就不该吃饭，还是有许多瑞典人觉得政府"应该"照顾他们的生活。大意是说，瑞典政府言而有信，人民看病、生孩子都不必付费，如果收入不足以维持基本生活，政府也会补足差额。

许多人可能觉得瑞典人非常幸福，没有任何烦恼。事实上，瑞典人在西方国家中的缴税额数一数二，青少年犯罪率不断攀升，吸毒率最快，离婚率最高，上教堂的比率最低。除了这些青少年和中年人的问题之外，老年人又如何呢？这块"安全的乐土"有西欧国家退休人口最高的自杀率。

由此可见，自己建立的安全感与退休计划和别人给你的安排之间，有很大的差异。真正的安全是内在的，一定要自己争取，别人是无法给你的。

字典上对安全的解释是免于危险，免于疑虑或恐惧，不必担心。麦克阿瑟将军讲得好："安全感就是生产能力。"能够满足自我需求，因此得到自尊、自信的人，远比靠别人解决问题的人具有安全感。"工作不仅供给我们生活所需，更赋予我们生命。"只有自给自足并且能贡献他人的人，才会真正感到快乐。

许多老板都同意，现职人员远比失业的人容易找到好工作。失业越久，越不容易找到工作。找到工作是事业的第一步，最不容易迈出。但是只要有了第一份工作，往上爬就容易多了。

许多人找工作时最大的问题，就是对工作要求太多，一心想找"十全十美"的工作或雇主，却没有想到自己未必是十全十美的员工，只知注重薪资、休假、退休等福利。

对于想跳槽的人，这些条件当然有商榷的余地；但是对失业或没有工作经验的人，这些要求未免太高了。别忘了，一般人都是由下往上工作，只有盗墓者才从上往下工作——而他们最后总是置身在洞穴中。

高楼万丈平地起，任何事都必须迈出第一步。一旦开始，继续往下做就不难了。遇到困难或不喜欢的事，更应该立即动手。等得越久，就觉得越可怕。就像第一次站在游泳池的跳板上一样，越是犹豫不决，跳水的成功率就越小。

愚蠢的另一个叫法是"小聪明"

假如你在目前的工作岗位上，每天按时上下班、工作努力、对老板忠诚，接受当初谈妥的薪水，那么你和老板互不亏欠。你做了分内的工作，但还不到让老板加薪的程度。

优秀的老板总是很乐意加薪，但是他经营的不是慈善事业，总得把钱花在刀刃上，你有值得加薪的表现，他才会加薪。换句话说，你必须特别努力、特别忠心、特别热忱、额外加班、多承担责任，才有可能加薪或升职。

只要你有表现出色，给你加薪的人应该是你目前的老板，否则也会有别人给你加薪。俗话说："一分耕耘，一分收获。"

> 小时候，金克拉在一家杂货店帮忙，经常到处跑腿。他们店的对面也是一家杂货店，店里的伙计名叫查理，他整天忙个不停。
>
> 有一天，金克拉问他的老板安德森先生，为什么查理总是那么忙。安德森先生说查理希望老板加薪，他一定能如愿以偿。因为即使对面的老板不加薪，安德森先生也会给他加薪。

的确，只有这些额外的努力才会带来额外的收获。没听说有人只做分内的工作就会成大功、立大业。一般人都愿意在一周上班的四十小时内做分内的工作，但是超过这个限度之外，大多数人就没有兴趣。没有人竞争，要想加薪或升职就比较容易了。

19世纪五六十年代，经济非常不景气，看到大人每天早上出门，千辛万苦地找工作，只要正当就好，别无所求。一旦找到工作，那种欣喜若狂的心情给令人印象深刻。工作给予我们的不只是生计所需，也是一种特权，同时也为以后的生活铺路，就像下面这个小故事一样。

> 一位农夫有好几个儿子，他要他们辛勤地在田里工作。有一天，邻居对农夫说，孩子们不必工作得这

么辛劳，也一样会有好收成。农夫坚定地回答："我不只是在培育农作物，也是在培育儿子。"

接着讲一个关于洛杉矶老人的故事。

很多年以前，有一群家猪从某个村子逃进遥远的山里。过了几代之后，这些猪越变越野，甚至对往来人构成了威胁。村里的猎人多次上山找寻，都无法猎杀它们。

有一天，外地来了一个老人，用小驴子拖着一辆车，车上装满了木板和谷子，准备上山抓野猪。村人都嘲笑他，不相信他能赤手空拳做到猎人办不到的事。但是几个月后，老人回到村里告诉村人，野猪已经被困在山顶的猪圈里了。

老人解释抓野猪的经过："我先找到野猪平常觅食的地点，在空地中间放些谷子引诱它们。野猪起初很害怕，可是忍不住好奇心，它们的领袖带头在谷子旁边闻来闻去，终于尝了第一口，其他野猪也跟着吃了起来。我当时就知道它们一定会成为我的猎物。

第二天，我又在空地上多放一点谷子，并且在几尺外立了一块板子。它们起初对板子很害怕，可是又抵不住白吃午餐的诱惑，所以不久又回来吃谷子。

就这样日复一日，我终于把捕捉野猪的环境布置好了。每次我多加一块木板，它们都会退缩一阵子，但是后来又会忍不住回来白吃一顿。猪圈完全盖好时，它们早就习惯不劳而获到这里吃谷子，所以我轻轻松松就逮到所有的野猪了。"

这是个真实故事，道理简单。让动物依赖人获得食物，就夺走了它谋生的能力。人类也是一样，想要使一个人跛足，只要给他一根拐杖——或者长期给他"免费的午餐"，让他习惯不劳而获，他就只能听命于你了。

你刚刚跳槽到一个薪水很高的单位，但不久就发现，老板是个脾气暴躁、为人粗鲁的人，下属稍有过失便大发雷霆，出言不逊，有时言语还严重刺伤人的自尊心。有一天，这种祸事终于降临到你头上了。这时候，你该怎么办？

很多人梦想找到一份十全十美的工作，老板又好，薪水又高，但这样的美梦并不是每个人都能实现的。不少人肯付出很多代价只为换取一个薪水很高的工作或职位。而你，既然处于很大的优势，其他方面有一些小的牺牲也是理所当然的。

如果老板真是个脾气暴躁、为人粗鲁的人，这也给了你一个表现自己宽容、大度的好机会。另外，就算他不分青红皂白就出言不逊是大错特错，但是，要是你把这当成鞭策自己上进的动力，对待工作一丝不苟、精益求精，从不出现任何闪失，难道他还能鸡蛋里面挑骨头不成？

再说，忍受他大发雷霆的人又不止你一个，其他同事如何面对呢？这样在潜意识中可以为自己找来点心理平衡。

当然，一贯纵容他的恶语伤人也不是长久之策，只是做搭档，找一个适当的时机，你假装和你的同事在工作中发生了意见分歧，然后，你把老板平时最爱挖苦人的话全盘托出，再让你的同事以"不问是非、恶语伤人、影响团结"等等为由逐一反驳。也许，你的老板真能从旁观者清的角度获得一些感悟呢！

每个人的性格是不一样的，遇到一个脾气暴躁的老板也不奇怪。如果有一天因为你的小过失遭到他出言不逊、大伤自尊心的指责，解决问题的方法应该是：首先，等老板把话说完后，承认自己的过失，然后告诉他你想出来的补救措施。这样，老板一定会消了心头之火，如果老板是个讲理的人，听了你的一番话一定会感到内疚。

想一想老板为什么这样做，理解老板的意图，然后调整自己的行为。墨菲认为这是比较有益的方法：既可以促进这份满意的工作，又可以理顺与老板的关系。

其实，老板的意图并不难理解，关键在于能否做到"设身处地"和"将心比心"，只要真心去理解，就能够做到谅解，但是若不想去理解，那永远也无法得到真正的相互谅解。例如，你是否理解老板的处境，他之所以脾气暴躁又出言不逊，也许是出于无奈或是迫不得已，或是工作压力过大，或是与他的地位和出身有关。

你既是他的下属就应该对他敬让三分。

只有你所选择的事业与你的能力、体格和智力相和谐，同时还须适合自己的个性，使自己能胜任并愉快地从事这一职业，你才会永不抱怨。

为什么有很多人会怨叹工作的不幸和人生的无聊呢？一个重要的原因就是他们正从事着与自己的兴趣个性相冲突的职业。

如果你所选择的职业不适合你，那就不可能有实现成功愿望的奇迹出现，不但不会有成功，而且还会剥夺你做人的兴趣。当今社会，大多数人都没有考虑到这一层关系，他们喜欢做着他人看来很体面的工作，而工作本身的特点却不在考虑范围之内。

世上不知有多少人因为只考虑工作的体面而断送了一生的幸福，他们以为体面的工作肯定是成功的捷径，而不管自己的性格、才能是否与之相称，原因在于他们完全不懂得成功的真正意义。

如果你认为自己在事业上缺乏足够的才能，那么还是抛弃这种事业为好。否则，你一生的结局一定是后悔和失望。

选择终身的职业是一件颇费周折的事情，在决策之前，必须先剖析自己的才能与志趣，要深思熟虑地加以考察，职业的重要方面与自己的志趣相合，而且的确能够胜任，这才算得上是选择了最适合自己的职业。

一个人一旦选择了真正感兴趣的职业，工作起来也会特别卖力，总能精力充沛，意气焕发，能愉快地胜任，而决不会无精打采、垂头丧气。同时，一份合适的职业还会在各方面发挥自己的才能，并使自己迅速地进步。

你一旦有了想从事某种职业的愿望，就要立即打起精神，不断地勉励自己，训练自己、控制自己，只要有坚定的意志、永不回头的决心，不断地向前迈进，做任何事情都有成功的希望。

在选择职业时，你固然要对某些问题深思熟虑，譬如自己是否能胜任？是否真的有兴趣？但当你作出了这些实现愿望的决定后，就不能再三心二意了。你必须集中所有的勇气和精力全力以赴，你要不断鼓励自己，要有与一切艰难险阻做斗争的勇气，要不怕吃苦、不怕碰壁，更要远离对失败的恐惧。

任何职业只要与你的志趣相投，你就绝不会陷于失败的境地。但是，在工作的过程中，有人常常容易受到外界的诱惑，受制于自己的欲望，便把全部精力放在不好的勾当上去了。

想获得成功，你就必须为自己设计一个一生的职业计划，然后集中心思、全力以赴地去执行这一计划。凡是能成就大事的人遇到重要的事情时，一定会仔细地考虑："我应该把精力集中在哪一方面呢？怎么样才能使我的品格、精力与体力不受到损害，能获得最大的效益呢？"

首先，你应该选择一个最适合自己发展的环境，在这一环境中，竭尽全力去把事情做得尽善尽美，以此来实现你期望的目的。你所选择的工作一定要适合你的性格、才智和体力。总而言之，一开始做事的时候一定要先迈开步伐，然后才能大踏步前进，在一个适合自己的环境里，我们做起事来才能感到顺畅愉悦。

你在就职时抱着什么样的想法选择职业和公司？可能很多人都会这样想"希望选择好的职业""想在安定的公司内上班""加班少，薪水高的公司比较好。"

虽然这种想法是百分之百无法否定的，但是，如果太拘泥这些想法就会影响到你事业的发展。

大学毕业的时候想"那种职业是现在的时髦产业，将来一定有发展空间"，所以进入该公司就职。但是如此选择的公司，进入 5 年之后就可以看见未来，届时则很可能会产生"什么嘛，比起当初所想的差多了"而感到失望。

现在的大公司也有可能会突然遭遇破产的厄运，今后会发生什么事都是不足为怪的。即使现在公司业务发展顺利，但数年后会是什么情形是谁都无法预知的。

为公司的外观规模所迷惑，不小心选择了不适合自己行业的人也不少，从长远眼光来看，这些人以后一定会后悔。

怎么说呢？理由很清楚，因为不能喜欢这份工作。既然无法喜欢，也就提不起干劲。所谓提不起干劲就是不论经过多长时间，都无法取得成绩，也无法发挥能力，这样一来，即使反复想着"事业成功"的念头，也是无法有长进的。

因此在选择职业时，绝对不能为公司外观规模所惑。最重要的一点就是从事自己喜欢的工作，如果是自己喜欢的工作，热情和信念就会泉涌而出，即使努力也不觉得辛苦，而且能够更加积极。

那么如何选择适合自己的工作呢，这就要看自己有什么样的天赋了。

为了发现自己的天赋，可以去察觉自己特有的能力，专心致力于自己觉得兴奋不已的事情，这一点我们在前面的"法则63"中已经提到了，或许有人会这样疑问："即使如此，可还是找不到自己的天赋。"

建议这样的人准备笔和纸，把自己的特性列出来，使自己的特性更为明确化。

首先，把自己的性格中的长处写出来："喜欢和人会面""不拘小节""仔细而认真"等，借着认识自己，找出能发挥自己能力的职业。

第二，写出自己擅长的事情。这可追溯到孩提时代，"擅长于音乐""擅长写作""数学成绩出类拔萃"等，这将会成为发现自己天赋的提示。

第三，写出到目前为止自己人生中享受过的事情，这也可以追溯到孩提时代。有人听从建议去实行，而想起"中学的时候把收音机拆开重新组合，感觉非常快乐"而从推销员成功转行为技术人员。

第四，写出热衷的事情。假设有人有这样的回忆："高中时代参加文艺社，热衷写作，那时总觉得时间一转眼就过去了。"现在开始也不迟，应该从事写作工作，或和大众媒体有关的工作。如果能够热衷就不会觉得辛苦，也不会觉得厌烦这样的事。

以上几项建议，究竟自己适合什么职业呢？请好好地想想。到底什么样的工作关系到自身价值的创造和自我实现呢？比起笼统模糊的思考，现在应该更明确了吧。

切记，在决定你一生的事业时，唯一的定律是："你所从事的事业，必须是所有可能的事业中你最能胜任的。"

如果想要以自己的工作为途径实现愿望，首先应该为工作营造一个心情快活的理由。

如果年轻的厨师想早日使自己的手艺精湛，只是想着"我要做美味的料理"，就以为能实现心愿，那是天方夜谭！不只是"要做美味的料理"，而是要抱着"做美味的料理是上天赐予我的最完美的工作"的念头，料理的手艺就能进步了。为什么呢？因为如果这样想的话，做菜这件事就会变成一件愉快的事情。

如前面所说，殷切期盼的事情必会实现，人生确实是应该依照愿望中的规划去发展。但走错一步，最先产生的就是焦虑，而焦虑过度就会陷入"总是止步""事情总是不按自己的意思发展"的负面情绪。这样一来，负面的念头就可能被输入到潜意识中。

相反，如果能想着"工作是最完美的使命"或"完成这个工作是自己的使命"的话，就不会产生工作是公司委派的任务或因为上司的命令才行动的情绪。

希望大家采取把自己完全委托给潜意识的生存方式，把自己做的工作当成是一件极其快乐的事情，而不只是听天由命。

例如想挑选某一件事情的时候，我们容易以自己的尺度去思考事情而行动，然而过分考虑自己，就会形成以自我为中心的情况，这样对实现成功的愿望不会有什么好处，所以应该要以"对他人有益，对社会有益"的意识来思考问题，这样不但会产生积极的心态，同时也会给你以工作上的快乐。

如果"对社会有贡献、为他人服务"这样的意识形成行动的精神力量，成为思考核心的话，那就不会只意识到自我，而是能进入忘我的境界，形成符合潜意识的生存方法，如此一来，就会有——"即使遭遇到麻烦或困难，潜意识也一定会将你引向好的方向"的心境，更进一步关系到积极的想法——正面思考的坚定信念。

要看一个人能实现自己成功的心愿，只要看他工作时的精神和态度就可以了。如果某人做事的时候，感到受了束缚，感到所做的工作劳碌辛苦，没有任何趣味可言，那么他决不会做出伟大的成就。

一个人对工作所具有的态度，和他本人的性情、做事的才能，有着密切的关系。

一个人所做的工作，就是他人生的部分表现。而一生的职业，就是他志向的表示、理想的所在。所以，了解一个人的工作，在某种程度上就是了解其本人。

如果一个人轻视自己的工作，而且做得很马虎，那么他决不会尊重自己。如果一个人认为他的工作辛苦、烦闷，那么他的工作决不会做好，这一工作也无法发挥他内在的特长。

在社会上，有许多人不尊重自己的工作，不把自己的工作看成创造事业的要素，发展人格的工具，而视为衣食住行的供给者，认为工作是生活的代价、是不可避免的劳碌，这是多么错误的观念啊！

人往往就是在克服困难的过程中，产生了勇气、坚毅和高尚的品格。常常抱怨工作的人，终其一生，绝不会有真正的成功。抱怨和推诿，其实是懦弱的自白。

在任何情形之下，都不允许你对自己的工作表示厌恶，厌恶自己的工作，这是最坏的事情。如果你为环境所迫，而做一些乏味的工作，你也应当设法从这乏味的工作中找出乐趣来。

要懂得，凡是应当做而又必须做的事情，总要找出事情的乐趣，这是我们对于工作应抱的态度。有了这种态度，无论做什么工作，都能有很好的成效。

一个人鄙视、厌恶自己的工作，他必遭失败。引导成功者的磁石，不是对工作的鄙视与厌恶，而是真挚、乐观的精神和百折不挠的热情。

无论你的工作是怎样的卑微，你都应当有艺术家的精神，应当有十二分的热忱。这样，你就可以从平庸卑微的境况解脱出来，不再有劳碌辛苦的感觉，你就能使自己的工作成为乐趣。而厌恶的感觉也自然会消散。

一个人工作时，如果能以顽强不息的精神，火焰般的热忱，充分发挥自己的特长，那么不论所做的工作怎样，都不会觉得工作上的劳苦。如果我们能以充分的热忱去做最平凡的工作，也能成为最精巧的工作；如果以冷淡的态度去做最高尚的工作，也不过是个平庸的工匠。所以，在各行各业都有发展才能、增进地位的机会。

在我们的社会中，实在没有哪一个工作是可以藐视的。

一个人的终身职业，就是他亲手制成的雕像，是美丽还是丑恶，是可爱还是可憎，都是由他一手造成的。而一个人的一举一动，无论是写一封信，出售一件货物，或是一句谈话，一个思想，都在说明雕像或美或丑，或可爱或可憎。

无论做什么事，务须竭尽全力，这种精神是可以决定一个人日后事业上的成功与失败。如果一个人领悟了通过全力工作来免除工作中的辛劳的秘诀，那么他也就掌握了达到成功的方法。倘若能处处以主动、努力的精神来工作，那么即使在最平庸的职业中，也能增加他的权威和财富。

不要使生活太呆板，做事也不要太机械，要把生活艺术化，这样，在工作上自然会感到有兴趣，自然也会尽力去工作而达成自己的愿望。任何人要实现自己的愿望都应该有这样的志向：

做一件事，无论遇到什么困难，总要做到尽善尽美。在工作中，要表现自己的特长，发展自己的潜能，不能因工作的卑微而自我轻视。如果你厌恶自己的工作，会必遭失败。

生活回报你的力度，取决于你对待生活的态度

记得几年前，一本体育杂志上有这样一则广告，说是可以教打猎者节省子弹的方法，上面还说："欲知详情，请寄一美元。"许多人都寄钱去求取"秘方"，得到的回复是："只开一枪就好。"虽然这个广告有欺骗人的嫌疑，很多人也都会对这个答案愤怒不已，但它的确有几分道理。克里斯·辛克尔就是一个懂得不乱开枪、以免浪费子弹的人。

辛克尔是历史上担任体育新闻播报员最久的人。四十多年来，许多人口中的"体育新闻大好人"指的就是他。

他总是能发掘别人的长处，而且完全是发自内心，毫不做作。有人认为他批评得不够尖锐，给予运动员过多的赞美，辛克尔的回答是："这就是我做人的原则。"

克里斯·辛克尔想要当体育新闻播音的梦想，早在1930年代开始萌发。他仔细听收音机里的棒球赛，研究播音的风格。父亲买了一台早期的录音机给他，

他就把比赛录下来，仔细模仿播音员的风格。

进了波都大学之后，克里斯每逢暑假都在印第安纳州蒙夕市一家电台打工。1952年，他开始担任美国国家广播电台的代理播报员，后来又在电视上替纽约巨人足球队担任后备播音员。他的目标永远是施展全力，表现自己最好的一面。

今日的克里斯·辛克尔是美国数一数二的体育新闻主播。他之所以有这样的地位，是因为了解自己、能发掘别人的长处、努力不懈，并且不随便乱开枪。希望每个人都能像他一样："用行动表现自己。"

实际上，只有在你自己付出了许多的同时你才会获得许多。你越是展示自己的才华，心地越是无私，越是慷慨大方，越是毫无保留地与别人交往，你获得的回报也就会越多。要得到多少，你就必须先付出多少。任何东西只有先从你这儿流出去，才会有其他东西流进来。

总之，你从别人那儿获得的任何东西都是你原先付出的东西的回报。你在付出时越是慷慨，你得到的回报就越丰厚。你在付出时越吝啬、越小气，你得到的就越是少得可怜。你必须是出于真心的、慷慨的给予，否则，你得到的回报本应是宽阔的大河，但实际上你只得到了一条浅浅的溪流。

一个人如果能够利用各种可能的机会去探知生活的方方面面，他可能会获得全面而均衡的发展，然而他忽略了培养自己在社交方面的才能，结果是除了自己那点儿少得可怜的特长外，他仍然是一个能力上的侏儒。

错过与我们的同辈，尤其是那些比我们更优秀的人交流的机会，这将是一个极大的错误，因为我们本来可以从他们身上学到一些有价值的东西。正是社交活动磨掉了我们身上粗糙的棱角，让我们变得风度翩翩、优雅迷人。

只要你下定决心抱着付出的心态开始你的社交生活，把社交生活当作一个自我完善的过程，希望借此唤起你身上最优秀的品质，挖掘你因为缺乏锻炼而沉睡着的潜能，你就会发现，自己的生活既不沉闷也不徒劳。但要记住，你必须先付出点什么，否则你将一无所获。

当你学会了把你遇到的每一个人都看作是一座宝库，那么每一个人都能够充实你的生活、能够丰富你的人生阅历、增长你的人生经验、能够让你的性格更完美、处事更成熟、让你不断地得到达成愿望的机会。

每一个有成功愿望的人，都会把每一次经历看作是一次学习的机会。无论你是朝气蓬勃的青年还是白发苍苍的老人，真诚坦率都是令人愉悦的品质之一。

那些坦诚率直的人，那些光明磊落的人，那些从不刻意掩盖自己缺点和不足的人，没有人会不喜欢。

一般来说，这些人都心胸宽广，慷慨大方，愿意付出。他们会唤起别人的爱意和自信，用他们纯朴与直率换来别人的坦率与真诚。

相反的，躲躲闪闪、遮遮掩掩、不愿付出会让人生厌。这种人总是企图遮盖或是掩饰什么，让人不由得心存怀疑，结果就失去了别人的信任。

没有人会相信有这种品格的人，尽管他们表现得看来与那些有着阳光般坦率明朗性格的人一样亲切随和，平易近人。

与这种人相处，如同搭乘一辆公共汽车在漫漫黑夜中行路，感觉夜深，路更长，行程让人如坐针毡，我们会心神不宁，焦虑不安，甚至痛苦难当。这种人也许与我们相处得和睦融洽，可我们总是疑心重重，不敢随便报以信任。

无论他是如何的举止优雅，如何的彬彬有礼，我们也会不由自主地认为，这种优雅举止下面一定含有某种动机，这种亲切随和后面必然藏有某种不可告人的目的。

他总给人神神秘秘的感觉，因为他在生活中都是戴着一张面具。他总是竭尽所能掩藏起自己品质中所有令人不快的一面。只要他努力做到这一点，我们永远也无法看到他真实的一面，无法了解他到底是一个什么样的人。

然而，另外一种人和他们是多么的不同啊！心胸宽广、言谈诚恳、坦率纯朴，结果他们是那么快就赢得了我们的信任，也同时为自己赢得了实现愿望的机会。

尽管他们有时会有许多小的错误或缺点，我们总能原谅他们，因为他们从不掩饰自己的错误，并能积极改正。他们正直诚实、光明磊落、乐于助人。

戴夫·朗贾柏格20岁才从高中毕业，他一年级留级一次，又读了三次乌烟瘴气的五年级。他的阅读能力只有中学二年级，有口吃，又有癫痫症。

1996年，他的公司"朗贾柏格公司"却超过全国3.6万名独立的销售顾问，卖出5.25亿美元的手制篮子、陶瓷器、编织品及其他家饰品、这究竟是怎么回事呢？

其实，戴夫曾经遭遇过许多逆境，但是他很有企业家的精神。童年时，他做过许多工作，家人叫他"二角五分的大富翁"。他从打工生涯中学到许多宝贵经验，他七岁时在杂货店打工，发现要让老板高兴的方法就是揣摩老板的意思，抢先一步做好。做其他工作时，他也仔细观察形形色色的人，从他们身上学习。

例如：用轻松愉快的心情去做事，不但自己高兴，工作也会做得更好。和他做生意的人对他都有好感，就越会继续和他有生意往来。当兵时，他学到了纪律、控制、和谐以及中央指挥，也学了如何做个冒险家，而不是赌徒。

例如，他以极少的资本开了一家小餐厅。开业的第一天，他以135美元买了早餐的材料，再用早餐收入买午餐材料，用午餐收入买晚餐材料，这才叫白手起家！

后来，戴夫开了一家杂货店，经营得非常成功。不过他并不以此为满足，始终在筹备更大、更好的事业。他的乐观、耐心及努力不懈，帮助他克服了许多困难。我们也可以从戴夫的故事学到一些做人处事的道理。

在这个自由贸易及开放的社会中，马克·莱特的表现十分突出。他是吉弟卡片公司的老板，也是加拿大最年轻的企业家之一。六岁那年他自己想能不能画几幅画来卖钱。母亲建议他把画印在卡片上出售。由于他有一些与众不同的构想，所以很快就步上了成功之路。

他在母亲的陪伴下，挨家挨户去敲门，言简意赅地说出要点："嗨！我叫马克，我只打扰一下。我画了一些卡片，请买几张好吗？这里有很多张，请挑选你喜欢的，随便给多少钱都可以。"

他的卡片是用手绘在粉红色、绿色或白色的纸上，上面有一年四季的风景。马克每周工作六七个小时，平均每张卖七角五分，一小时可以卖25张。

不久，马克就发现自己需要帮手，他立刻请了10位员工，大都是些画家。他付给他们的费用是每张原作二角五分。由于把业务扩展到邮购，所以越来越忙碌。第一年做生意，马克就赚了3000美元，足够带母亲畅游迪士尼乐园。

10岁时，马克已经成了媒体上的名人，他上过许多著名的平面及视听媒体，包括大卫·赖特曼的"午夜漫谈"，柯南·欧布瑞安也曾访问过他。

马克有别出心裁的点子，不在乎自己的年龄，再加上母亲的鼓励，小小年纪就有了自己的事业。你是否也有具创意的好点子？果真如此，你还等什么呢？

小人物成为大人物有途径，但没有捷径

失业者中，有多少人具有工作能力呢？也许大多数人都有工作能力，至少有相当比率的人如此。但是很多人找不到更好的工作，因为他们没有受过训练、缺乏背景或没有意愿从事较好的工作。只要有人给他们一份工作就好，是否胜任他们倒不在乎。

但是在工商业社会中，员工对公司的贡献必须超出薪资的相对利润，否则公司总有一天会倒闭，员工也就失去了工作。

俄亥俄州尤克里市的林肯电子公司需要200名员工，但在2万多名的应征者当中，却找不到足够的人员，因为他们连中学的数学都不会做，这究竟是谁的错呢？

也许有人会认为父母没有好好管教他们读书，责无旁贷；也许有人认为教育制度太落后，已经不符合时代需要；另外有一些人则指责政府没有给予这些人足够的教育津贴。

事实证明，每个人都必须对自己负责，自行取得必要的资讯，才能获得自己想要的工作。例如，这2万名无法得到林肯电子公司优厚待遇的应征者，只要回学校进修数学，就有机会得到工作。

迈出第一步的确需要有足够的勇气，也可能面对某些尴尬的情形。但是如果一味地置之不理，问题绝对不会变得更简单或者更易于解决。

总之，想要找到工作，就要设法进修。每周进修3小时，10个星期就能增进你的技巧、信心及自尊。现在就立刻进行，你的生活必将为之改观！

有人说工作是成功之父，正直则是成功之母。如果能和这两个"家人"和平相处，其他家人也就不成问题了。可惜有太多人不肯花心思和"父亲"好好相处，对"母亲"更是完全置之不顾。还有一些人，一找到职业就不再好好工作。

很多人都以为工作应该既有趣又有意义，否则根本没有必要去做。金克拉认为，有了对工作的爱，又有酬劳，理该心满意足了。

查理·高说，工作让人有胃口吃饭、睡得安稳、快快乐乐地度假。事实上，每个人都需要工作。

金克拉认为，没有任何人比他更热爱我的工作，但是其中的确有一部分相当烦琐：例如整年不断的交稿截止日期、因为飞机延误或取消班次，必须在机场坐数小时……

这些事既乏味又无意义，但却是他工作必须包含的部分，因此他就化被动为主动，利用飞机班次延误的时间研究一些事或写作。

伏尔泰说，工作可以使我们远离三大罪恶：枯燥、邪恶及贫困。基于这个观点，我们可以体会到工作的好处，并且明白"我们不是在'付出代价'，而是在'享受好处'。"

爱迪生说："世上没有任何事可以取代辛勤工作。天才是百分之一的灵感，加上百分之九十九的血汗。"

富兰克林说："用过的钥匙永远是亮的。"

理查·康伯兰也说："东西用坏总比生锈好。"

如果不努力工作，势必会失去生命中的许多欢乐和好处。希望每个人都喜欢自己的工作和相关的好处，随时拿出放长假前赶工的那股冲劲，不但会让你更喜欢工作，也能得到更高的薪金及赞美。

1983年5月，高龄95岁的海伦·希尔欣喜若狂地拿到了高中毕业证书。76年前，她高中毕业时，由于学校债台高筑，连毕业证书都无法付印，因此她和五位同学都没有拿到正式毕业证书。

至今，1907年毕业的那一班同学中，只有她一个人在世，所以老同学都无法分享她的快乐及兴奋。

这件事告诉我们，昨日的失望可能成为今日的欢乐，永远都不嫌迟！

64岁的卡尔·卡森，忽然决定改变职业生涯。到了老年，大多数人都会想要退休，这真是不幸，因为许多64岁的人都还身体健康，并且累积了许多宝贵的经验。

卡尔原本经营卡车出产公司，至于新的生涯，他规划开一家顾问公司。先从十位顾客做起，达到目标之后，他决定再扩大范围，发行月刊，并且为1200名订户担任顾问。到了75岁，卡森每年必须搭机往返全美各地百余次，在各种聚会中演讲，生活得非常充实愉快。

卡森的故事告诉我们，只要有心改变、有心学习，永远都不嫌太迟！太多太多的人没有达到目标时，都会千方百计地找借口掩饰：住的地方不适当、年纪太大、年纪太轻……

要达到目标，原本就非易事，但是只要肯努力，绝对是值得的。时光不能倒流，但是不论年龄大小，每个人都同样可以拥有梦想。

美国童军誓词说："我用荣誉保证，我愿尽全力完成对上帝和国家的职责，遵守童军守则，随时随地帮助别人，使自己身体健壮、头脑清醒、品德正直。"

誓词的最后提到"身体健壮"，的确，如果能好好照顾身体，在个人及家庭生活、事业方面，都可以有更多成就。根据研究，担任最高主管的人当中，百分之九十三都具有很强的活动力。其中抽烟者不到百分之十，经常运动者占百分之九十以上，而且每一位都了解自己的胆固醇含量，身体健壮的好处真是不胜枚举。

在这个瞬息万变的世界中，保持"头脑清醒"显然极为重要。由阅读、参加研讨会、聆赏教育视听媒体，以及课本中汲取广泛的资讯，为头脑做准备，当然是年轻人生活的一部分。此外，他们也从童军活动中了解，烟、酒及毒品都对身心有害，千万不能尝试。

最重要的，可能是"品德正直"。我们研究过全球排名五百大公司的最高主管，发现他们最重视本身的正直。1949年哈佛企管学院毕业的学生，该校有史以来最优秀的毕业生，几乎千篇一律地表示，他们成功的主要原因，就是有正直的操守。

由于童军誓词包含了上面所有的重要守则，因此能够成就社会上许许多多的赢家。让童军守则成为你生活的一部分，你也会成人生的赢家。谈到工作，就一定会讨论到态度。爱迪生就是一个最典型的例子。

一次，一名年轻记者问他："爱迪生先生，您目前的实验已经失败了一万次，请问您有什么感想？"

爱迪生回答："年轻人，你的人生才刚刚起步，让我告诉你一个妙用无穷的观念：我并没有失败一万次，而是成功地发现了一万种行不通的方式。"

爱迪生估计，他一共做了一万四千次以上的实验，才发明了电灯。他锲而不舍的努力证明了一件事：大人物和小人物之间只有一点不同，即努力不懈的小人物就会变成大人物。

只有放弃的人才是真正的失败者。杰瑞·魏斯特是美国最伟大的篮球选手之一。他小时候非常坏，邻居小孩根本不要和他一起打篮球，因为他不断苦练，终于扬名篮坛。

毅力、专心、努力、血汗、泪水这些字眼，当年常被丘吉尔用来鼓舞英国人。虽然听起来稀松平常，但却是成功最主要的因素。要克服某些障碍，也绝对少不了这些特质。

名演说家狄摩西尼斯因为有语言障碍，所以非常害羞退缩。父亲留给他一笔庞大的遗产，但是希腊法律规定他必须当众辩论获胜，才能继承遗产。语障和羞怯使他失去了这份遗产。后来，他发愤图强努力苦练，终于成为留名青史的伟大演说家。

这个故事告诉我们，只要最后能够爬起来，无论跌倒多少次都不算失败。如果你已经尽力而为仍然没有成功，不要心灰意冷，不妨另外展开一项计划。

一位好朋友曾经邀我一起做生意，但是生意并不好，所以我就先退出了。我的朋友后来赔了好几千元，生意结束之后，他理智地告诉我："其实我也讨厌赔钱，但是我最担心的是会因为这件事使我不敢把握其他机会。那样，我的损失岂不是更大吗？"他的话实在很有道理。

有一个年轻人的做法就大不相同。他最初和朋友一起勘探石油，但因资本用尽，只好把股份卖给朋友。后来他又进入成衣界，不料生意更差，甚至宣布破产。幸好他并未一蹶不振，又步入政界，他就是众所周知的杜鲁门总统。

所谓失败，就是一遇到阻碍就认输；成功则是锲而不舍，信心十足地做下去。如果某件工作比你预期的困难多，要记住，天鹅绒没办法磨利刮胡刀，老是用汤匙喂一个人吃东西也无法使他坚忍不拔。

万事俱备，一旦时来运转，就是成功的时候。机会往往就在不远的地方，只要多加一分努力就可以得到。

柯立芝总统说："世上没有任何东西可以取代毅力。天赋不能取代它，世上到处都是失意的才子；天才不能取代它，世界上也有许多被埋没的天才；教育不能取代它，世界也有学而不用的人。只有毅力、决心及努力才是成功的决定因素。"

攀登人生阶梯的时候，必须记住，每一阶梯都只是为了让你踏到更上一层，不是要让你休息。每个人都有疲倦、沮丧的时候，但是正如重量级拳王詹姆斯·柯贝特常说的："只要能比别人多打一回合，你就成为拳王了。"

威廉·詹姆斯说，人不仅能打第二回合，还能打第三回合、第四回合……甚至第七回合。我们都有无穷的潜力，只有努力发挥，才能展现它的力量。世界著名的大提琴家巴布洛·卡萨斯扬名国际之后，仍然每天练琴六小时，有人问他为什么要这么卖力，他只回答："我觉得自己还可以进步。"

成功的机会是不会来敲门的，因为它存在每个人的内心，保证有努力才能把机会引导出来。"打铁趁热"固然不错，如果能自己把铁打热岂非更好？

的确，毅力和努力实在太重要了。只要不断努力，继续磨炼技巧、发挥天赋，总有成功的一天。即使成功遥遥无期，你仍然是大赢家，因为你已经尽力而为。只要有这种锲而不舍的精神，成功的机会非常大。

世界上没有懒人，只有病人和没有开窍的人。病人应该就医。没有开窍的人应该做几件事：多读几本书、多听有益的演讲、多交益友。鲍伯·理查曾经是奥运冠军，也是美国数一数二的演说家，他认为"启发"对人非常重要。

奥运会不断有人打破纪录，是因为比赛的人看到别人卓越的表现，激发了选手更上一层楼的决心。

总之，许多"懒人"都有形象方面的问题。他们不愿意全力以赴，害怕万一做不好就失败了。如果他们只花一半的努力，失败的时候就有借口了。他们觉得自己不算失败，因为他们没有真正努力。这种人常常喜欢耸耸肩说："我无所谓。"作为失败的借口。

了解这一点之后，不妨再回顾一下你自己。如果你的自我形象仍然不好，请翻回前一章仔细研读，一直到建立良好的自我形象为止。

你所挥洒的汗水，都将会化成鲜花归来

金克拉到各地演讲时，常常以抽水机为例。他偏好抽水机的故事，觉得它代表了美国、自由企业及人生的故事。希望你也有机会用抽水机，就更能体会这一系列思想的意义了。

多年前一个炎热的八月，伯纳和吉姆在亚拉巴马州南部的山丘上驾车。他们觉得口渴，身边又没有水，伯纳就把车停在一个废弃的农庄边，农庄院子中央有台抽水机。他跑过去握住把手开始抽水。过了一会儿，伯纳请吉姆到附近河里装一桶水来"引"水。

用过抽水机的人都知道，一定要先在抽水机里倒些水，才能把水引出来。人生也是如此，一定要先付出代价才会有收获。遗憾的是，许多人常常站在生命的火炉前说："火炉啊！你先给我热，我就给你添柴火。"

秘书常常对老板说："给我加薪，我一定会更认真工作，表现得更好。"推销员对老板说："提我做推销经理，我就会拿出真本事。我现在的确表现得不好，可是我要有权力才能把事情办好。提我当经理，等着看我的表现吧。"

学生常常对老师说："要是我这学期成绩太差，家人一定会骂死我。拜托你这学期给我好一点的分数，我保证下学期一定认真用功。"

这些人的话有点令人怀疑。如果这一套行得通，农夫就可以祈祷："主啊！如果你今年赐我好收成，我明年一定好好播种，努力耕种。"这些人都希望先收获再生产，可惜人生并非如此。一定要先有所付出，才能得到收获。如果一生都能铭记这个观念，许多问题就迎刃而解了。

农民春耕秋收，其间要付出许多辛劳，作物才会成熟。学生要经过多年苦读，才能求得知识，得到毕业证书。秘书要升为经理，不但要做好分内的工作，还要付出许多额外的心血。运动员要得到冠军宝座，必须不断苦练，付出许多血汗。

今日的推销员要成为明日的推销经理，必须明白抽水机引水的原理，换句话说，一定要先付出才会有收获。现在再看看那两个在亚拉巴马州的朋友。

炎热的八月天，伯纳压了几分钟抽水机就汗如雨下。他担心自己会徒劳无功，很想就此住手。一会儿，他对吉姆说："这个井恐怕根本没有水。"

吉姆回答："一定有水，亚拉巴马州南部的井都很深，所以水质才会甜美、纯净。"吉姆说的也正是人生的道理，不是吗？辛苦工作得到的成果，我们总会特别珍惜。

虽然吉姆这么说，但是伯纳又热又累，根本不愿意再试。他双手一摊说："吉姆，这个井根本就没有水。"吉姆赶紧接住抽水机把手，继续抽水，一边说："不要在这时候停手，否则水会全部倒流回去，到时候又要重新来过。"

人生也是如此，我们偶尔都会觉得"根本没有水"，想要住手。如果你有这种想法，唯一值得安慰的是世界上还有许多人与你想法一致。

我们没办法从抽水机的外表判断还要压多少下才能抽出水来，同样的，也无法得知在人生的游戏中什么时候可以收成。

但可以肯定，无论你从事什么职业，只要付出的努力够久、够卖力、够用心，迟早会有成果。如果你到了某一个程度就放弃，结果必然前功尽弃，毫无收获。幸好，水开始流出来之后，只要保持一定的压力，就能得到绰绰有余的水。人生的成功与快乐都在这里面了。

无论你做什么工作，除了要有正确的心态和习惯之外，还要有锲而不舍的精神。就像抽水机可能只要多压一下就可以抽出水来一样，成功及胜利的甜美滋味常常近在咫尺。无论你是医生、律师、学生、主妇、工人或推销员，一旦抽出水来，只要稳定地付出一些努力，就可以使水流源源不绝了。

这个抽水机的故事就是人生的故事，也是自由企业制度的故事。它和一个人的年龄、教育程度、肤色、性别、胖瘦、宗教信仰都没有关系。但是却与一个人工作的意愿、努力的程度以及对生命的期望息息相关。

你如果爬到高位之后，仍然要记住抽水机的故事。如果开始抽水的时候抽抽停停，永远也抽不出水来。只有认真地抽，持续不断，才能抽出水来。前面所举的开火车的例子，在此也同样适用。要启动旧式火车很不容易，但是一旦启动，继续前进所需要的燃料就少多了。

现在，你已经站在成功阶梯"工作"的那一阶，只要再踏上最后一阶"热望"，就可以抵达明日之门了。朋友，再加一把油吧！你离成功只差最后一步。

第四章

生命的辉煌等你来铸造

坚信自己可以成为一个不寻常的人，在达到成功之前，不可能没有冒险，也不可能没有失败。然而，失败者和成功者之间的最大差异，就在于是否有积极的心态。莫要计较昨日的是非成败，抱定信念，全力拼搏，明日笑傲生命巅峰的人一定有你！

成功向来不是一件简单事

在走向成功的途中，要做事而且是做大事的人，都是充满野心，不满现状的，几乎没有例外。他们了解，他们目前所在的地方，是到达他们想要去的地方的过程，而且他们不会沿路嬉戏蹉跎。他们心中有特定的目标，忙碌地追寻它们，并且努力去做。

对那些想要在公司阶层中爬升，或建立他们自己的事业，并且同时要与家人和朋友维持均衡生活的人，一周工作40小时，通常是不够的。这些人持续在做的另一件事情是放弃一些不但没有生产力、而且是有害的事情。

也就是说，在电视机前浪费无数个钟头，或在回家途中的酒吧里毫无建设性的闲扯。认真对待成功的人，会表现在他们做与不做的事情上。金克拉曾经讲过这样一个故事：

"最近，我需要一个新的录音机。因为我喜欢我一直在用的那一个，所以我走进卖录音机商店，拿着我的录音机，问他们有没有同样的。经理说：'有的。'然后转身叫站在他旁边的年轻人，请他去拿。

"年轻人非常缓慢地走到商店的后面，甚至更慢地回来，如此缓慢，以至于我必须站在两排置物架之间，以确定看到他有没有移动。如果这个年轻人继续以这种方式生活，他将会发现，他自己的大部分时间会是失业，并且在其他时间里做着薪水很少的工作。

"我会这么说，是因为我年轻的时候在杂货店工作过。从一开始，我的老板就教我动作要快。如果我没有很快地为顾客拿东西的话，我的老板会大叫：'快点儿啊，小子！顾客正在等着呢！'这表示，顾客真的是我的雇主，如果我要保住我对那个雇主的工作，我必须动作快一点。"

人们说，人格就是"你在黑暗中做的事。"人格是"在兴奋的片刻过后，实行良好的解决方法的能力。"已故的卡维特·罗勃特说，有时候生命会丢给你困难的情况，但坚韧和坚硬是不同的。作家乔伊·巴腾的书《坚韧意志的管理》是一部经典，他这么说：

"花岗岩是非常硬的，但是你可以用一把锤子把一块花岗岩板打碎。然而，你拿出一块皮革，皮革是很坚韧的，你可以用锤子打了又打，直到它出现小的凹痕，尽管拼命锤打，也只会给皮革造成一点点损害。"

在许多情况下，你都不必担心过度努力工作。根据心理学家所说，以有效率的极度努力工作的人，很少抱怨自己筋疲力尽。那些对自己的工作感到厌倦、对未来感到挫折、担心他人的婚姻，或担心他们的财务状况的人，比极度努力地做着他们满意的工作的人，消耗更多紧张的精力。把精力花在情绪上的人，比较容易抱怨长期的倦怠。

巴腾说的是，当你被攻击的时候，你应该成为坚韧的人，而不是强硬的人。你不必是弱者，但是你需是有同情心的、温和的而且有弹性的人，特别是在过程中。

有时候你必须特别地坚韧，以保护你的人格。当今的年轻人尤其需要这种认知。在之前的美国总统选战中被大量讨论的是，私人生活是否与其身为公仆的行政管理能力有何关系。基本上，被提出来的问题是"人格真的有那么重要吗？"

这些讨论中最困扰我的是，年轻人可能被引导假定，如果那些高阶层的政治人物，不相信人格是很重要的，那么他们也不应该相信这很重要。

为你的孩子定义人格。向他们解释，他们对自己的感觉，展现在他们日常生活中的人格。如果你能够帮助他们看见内在感觉和外在行为之间的关联，当他们成熟的时候，他们做出的选择，将会反映出越来越多的人格。

赌博与承担风险是非常不同的。我的1828年《诺亚韦伯字典》说，风险是一种"向前推进，一阵急涌。"它是"大胆并且直率的。"赌博是更危险的事。比如说，我读过的一篇文章显示，如果你每天在赌场玩吃角子老虎连续两个月，那么，在你赢得美金1000元之前，你有先输掉1000美金的可能性。这不是赌博，这是抢劫。

其实，不愿承担风险的人肯定会输。如果你拒绝新的升迁，因为你不确定你拥有做那项工作的技能，当其他机会出现的时候，你很可能会被忽略。

如果你害怕拒绝，你将不会冒险去成为有益的开创者，你将会错过生命中最好的时机。如果你把你所有的钱放进银行存起来，让你总是能够拿得到它，而不是拿去买ＣＤ或股票，你将无法了解你承担风险可以得到的收获。

拿农夫来说，当他们种植农作物的时候，绝对是承担了风险。他们投资相当的金钱于他们的动力中，然而他们必须依赖气候的仁慈、经济形势、土壤情况、劳动供给……才能获得收成。

如果那些农夫不愿意冒险并且种植农作物，他们将会自毁收入状况。生命的每个方面都包括了某个程度的风险，但这不表示生命是危险的。那只表示事情有可能不会依照你的计划进行。

生命讽刺的事件之一是，当我们没有时间第一次就把事情做对的时候，我们总是会找到再做一次的时间。是的，这很讽刺，当它到了非做对不可的时候，大部分有责任感的人会立刻去做。如果他们一开始就多投资一点时间，他们可以为自己省下再做一次的时间和麻烦。

问题是他们发现："我会在绝对必要的时候才去做。我会在我绝对必须打这个服务电话的时候才去打。"

那时候，客户可能已经很不高兴了，要满足这个客户可能要花三倍的时间和努力。"我知道我快没油了，但是我真的很急，所以，等我脱离这些塞车之后，我会去加油的。"我们都知道这个故事的下场，对吗？

有时候，当有人需要我们的某个东西，我们可能会说："等我完全准备好了就会去做！"不要"等到……的时候"才去做，而是应该现在就去做！

一年有525600分钟。不幸的是，许多人都浪费掉了许多时间。那些享受均衡成功的人，在他们的个人、家庭、事业、性灵、生理与经济生活中，是那些最能有效利用时间的人。成功与不成功的人，每天都同样拥有1440分钟。他们以各种不同的方式使用时间，并且得到各种不同的结果。

适当的时间管理，是渴望成功的每一个人的必要的东西。时间是你最重要的东西，而且绝对是你最可靠的用品；你每天都可以得到相同的数量。当你让那些时间溜走的时候，它们是永远地消失了。

你记录你一个星期中每天所做的事。把一天分成30分钟一段，并且记录下你在那30分钟里做了什么。在大部分的情形下，你将会惊讶地发现，一天中有一个小时或甚至两个小时，你几乎什么都没做。在这个过程，让你了解那难以置信的时间，以5分钟、10分钟、15分钟的片段，从你的指尖流过。

培养更有效的工作习惯的第一步，是设定实际的目标。然后，你需要利用你拥有的时间。赫伯特·胡佛用他等火车的时间写了一本书。诺尔·克劳德在塞车的时候，写了受到大众欢迎的歌曲《我将再次见到你》。你拥有的时间，和托尔斯泰写《战争与和平》的时候一样多。你拥有的时间，也和爱迪生发明灯泡的时候一样多。

再来看看金克拉怎么说？"我观察到，制作'待作事项'清单，并且会'一心二用'的人，能从他们的时间里得到最大的收益。什么是'一心二用'，你可能会问。这里有一些例子：

"我从来不会没带任何可以阅读的东西就去排队。因为使用这个策略，我可能一个星期可以抢救一个小时的阅读时间。在我的车里，我几乎总是在听启发性与信息性的录音带。我用同样的时间到达我的目的地，但是我同时为生命中的机会做了更多准备。这是典型的'一心二用'。玛丽·凯化妆品的玛丽凯·艾许，假日大饭店创建者瓦勒斯·詹森，以及联合保险的克来蒙·史东，全都告诉我，他们常常在他们的车里听录音带。你可能没有时间当个书虫，但你可以是录音带虫。"

挤时间阅读和学习，把你的时间做最好的利用，并且利用生活中的"一心二用"。每一天都很重要，你使用它的方式，决定了对那些跟随你的人有多重要。因此，聪明地使用你的时间，因为时间的缺乏不是问题——拥有方向感并且聪明地使用你的时间，才是重要的因素。

六个助你成功的策略

一是学会用肢体语言沟通。除了说话，你还可以用你的脸部表情和身体语言沟通。你曾经听过有人问你："你还好吗？"而且当他们说你看起来闷闷不乐、疲倦、忧愁、不快乐……的时候，你会感到很惊讶，因为你以为你把你的情绪掩藏得很好。

你当然见过看起来如此沮丧的人，他们垂头丧气，并且脚步沉重，让你想要仔细观察，问他们出了什么问题，并提供任何方式的帮助。光是看着他们，你就可以"感觉"到他们的痛苦。当那些从你的嘴里说出来的话，和你的脸部表情，或你的身体姿势不符合的时候，会使你正在试着沟通的人困惑。想想这些例子：

当同事或员工正在告诉你某件事情，而你却在你的桌上随手翻阅一些文件，你沟通的讯息是，你正在做的事，比对方正在说的话更重要。当你在同事或员工对你说话的时候，注视着那个人的眼睛，点头或摇头，你沟通的讯息是，你正专心地听着，而对方说的事对你很有意义。

作为一个经理，当你一直紧闭着你办公室的门，你沟通的讯息是，你不想要你负责管理的那些员工来打扰你。一扇开启的门，会鼓励坦白开放并且让你变得可亲，这使你成为你掌管领导的团队中的一分子。

当工厂主管把他的办公室，设在后门紧邻停车场的地方，并且让门开着的时候，他对员工沟通的讯息是，他对他们是开放的，并且对他们要讲的话感兴趣。当他的办公室高高在上，并且紧闭着门，他传达了完全不同的讯息。

所有的沟通都送了许多讯息，有一些是人们不想要的。比如来说，老是迟到的人传达的讯息是：他们相信自己的时间，比等他的人的时间重要。大多数的人都能够原谅偶尔的迟到，但是那些一天到晚迟到的人，会失去朋友与影响力。

二是培养厚脸皮。成功策略之一是培养厚脸皮，来处理针对你的讥讽。有些需要，有些不需要。你如何处理批评？你失去你的冷静，变得防御或愤怒，或是气得冒烟？大家都知道，你可以这么做，但是它们没有任何建设性。

我喜欢杰·蓝诺的方法很适合推广。当他继强尼·卡森之后主持"今夜现场"的时候，蓝诺受到严苛的批评。评论家不时地拿他和卡森做比较。由于这些批评，人们认为他麻烦大了，认为他继续主持下去的时日恐怕不多了。很幸运，蓝诺从来不放在心上。

事实上，他在他的桌上放了一大堆令人不悦的评论，以提供灵感。一位评论家说："太多软性问题"。另一位说："他太温和了。"虽然如此，这些无情的话并没有困扰蓝诺，因为他们在1962年对杰克·法尔的继任者说的是："一个叫作强尼·卡森的笨拙的无名小卒。"

你可以确定：任何做得很杰出的人，无论在哪个领域，都会被批评。成功者处理那些批评的方式，是他们成功的一大部分。

三是学会服从。成功策略的另一个特色，是老式的"服从"。据了解，在我们的社会，这个字不但是个"外国字"，而且许多人认为是贬低身份。然而我相信这个观念极为重要。领导能力的第一项原则之一是，了解在你成为领导者之前，你必须学习跟随，那表示你必须学习服从。

一次金·克拉在机场看见一个少年，身上穿的T恤写着"我不服从任何人"。他忍不住为那个年轻人难过，因为如果他真的是那个意思，他将会无法领导任何人。你可以这样看：财富杂志500大公司的董事长中，有175个是前任美国舰队军人，并且有26位董事长在军队服役过。这是很显著的比例，这些成功人物，在政治界与商业界都进入最高阶层。

这些人成功的部分原因，是因为他们在军队中学习到的。在他们学习当领导之前，他们学习服从。从新兵训练营开始，教官就训练军队服从。他们没有挑战或质疑的选择，只有被训练去服从命令，无论是什么。

科林·鲍威尔或许是全美最受高度尊敬的人，由于他值得效法的生活：他从在百事可乐工厂拖地，到进入预备军官训练部队，然后一直爬到军队中的最高司令，成为参谋长联席会议的主席。这说明了，军队把每一个人都放在同样的基准上。新兵从得知他们有工作要做开始学习，而且他们被要求一致的标准，以完成他们的目标。

同样的，在公司里，终究要有某个人负责最后的决定。那些遵守游戏规则并且学习服从的人，把他们自己放在最好的位置，学习如何命令或领导组织到更高的阶段。

四是要有勇气。当某个简单的想法受到瞩目，并为原创人带来名望与财富时，大多数的人都会感到羡慕。我们不是都曾听过这样的话："我几年前就想过同样的东西了，只是一直没去做！"

哲学家怀·海德观察到："几乎所有的新想法，当它们第一次出现的时候，都有愚蠢的一面。"科学史上有许多例子。哥白尼说地球绕着太阳旋转。巴斯德说疾病是由称作"细菌"的微生物引起的。牛顿称一种看不见的力量为"地心引力"。

在他们的年代，这些科学家会是顶尖的喜剧演员，只要他们站上舞台朗诵他们的理论。威廉·詹姆士说："首先，新理论被攻击为荒谬的，然后它被承认是真实的，这是显而易见和无关紧要的。最后，它被视为如此重要，以至于它的敌手纷纷宣称是自己发现它的。"

许多人一生都没有勇气冒险前进，即使只是一点点的勇气。当金克拉还是个年轻人并开始从事事业的时候，有一个星期六早晨，他坐在家门前的阶梯，在完成他工作之间休息一下，邮差刚好来了。天气很热，他正流着汗。他们寒暄了一下，金克拉问他做得如何。

他永远无法忘记他的回答："我只剩12年来做这些事，然后我就可以卸下这个袋子，从此不再提起它。"这听起来像是他不喜欢他的工作。他说，他真的痛恨每天的工作，以及他走的每一步，但是他已经做那么久了，而且打算再撑12年，拿到他的退休金。

缺乏勇气或单纯的恐惧，使他无法去做别的工作，我对此感到遗憾，一个人如何能够奉献于他完全痛恨的工作中呢？似乎，只要一点点勇气，在他了解到他的未来，将不是自己想要的之后，他就可以很快地迈出去。

当你拥有勇气的时候，你会跟随你的愿望。所有移民来到美国，是因为他们有愿望。他们为了这一趟旅程，放弃了许多。不只是他们拥有愿望，愿望中也有他们。没有勇气，愿望将会无法成真。

是的，勇气是在日常生活中存在的，只有勇气能从生命中挤压出最多的东西。下回你面对决定，仔细地衡量并且慎重考虑什么是正确的事情，然后召唤勇气来做正确的事情，你将会很高兴你这么做。

五是要掌握好宽容的尺度。不宽容，也必须纳进有用的成功策略。在我们这个时代最大的灾祸之一是，全世界都把"宽容"这个字视为一种美德。宽容被平面媒体或大或小的呼声所褒扬。我们不应该独断，我们必须宽容其他人以及他们的观点。

实际上，每一个人应该不宽容许多事情。举例来说，那些虐待孩子、虐待妻子，或宣扬仇恨与暴力的团体，应该被宽容吗？我们真的有容忍人们说和做、相信任何他们所做的事情的权利吗？

问题的关键是"宽容"和"开放心灵"之间的混淆。对于人与想法，心灵是开放的，直到它很显然变成不道德的、不伦理的，或违法的人与想法。

举例来说，我将不会捍卫恋童狂的权利，而且我希望你对他们的宽容标准也是零。我对恋童狂的公平审判权将会是宽容的，但是不容许他或她继续虐待孩子的权利。

诚挚地希望，你也是不宽容的。鼓励你保持开放的心灵。对于其他人相信他们所相信的事的权利，要宽容，但是如果他们相信的事违背神或人类法律，鼓励你不要宽容。

六是巧用幽默感。成功策略应该包括幽默。良好的、诚恳的笑容对健康有益，已是广为人知了。笑带来的紧张感的减轻是显著的。而幽默对其他人的影响通常是正面的，因为每一个人都会和愉快的、乐观的人在一起，他们从生活中得到真正的乐趣。

金·克拉喜爱的趣事之一，是关于他到休闲中心做运动与举重。他时常说他必须减少举重，因为他变得太壮了，许多人都以为我服用了药物。一般而言，当你超过70岁而且说了这样话，将会引发许多的良好笑声。如果是一个年轻魁梧的、30岁的人用这个例子，就一点也不好笑了。相反的，听起来有点自大。

幽默也有助于建立成功的人际关系，因为我们全都喜欢和有趣的人打交道。在事业上幽默感的人是比较被喜欢的。而且，如果其他条件都相同，管理者会提拔有幽默感的人。

有良好幽默感的人不会过度严肃地对待自己。相信各位很喜爱这个故事，一位女士正在电话上和业务员说话，在几分钟之后，她说："喔！你正在试着要卖我东西！谢谢老天！我还以为你要搜集，我已经买了的所有东西呢！"良好的幽默感是随处可得的。

成功的习惯是你能够拥有朋友中最好的，尤其在事业上。仔细看看，这位不知名作家对于习惯所说的：

"我是你不变的朋友。我是你最大的帮忙者或最重负担。我将会推动你向前并向上，或把你拖进失败。我完全任你发号施令。你做事情有90%可能刚好是因为我……"

学会从失败中寻求改变

你是否记得，福特汽车公司所生产的艾索车种曾经被消费者视为败笔之作。公司损失了数以亿计的金钱，并把这种车全数销毁，还成为许多人的笑柄。

但是这个故事并没有就此结束，被人打倒并不代表失败，只有自己放弃才是真正的失败。福特公司没有自暴自弃，公司上下努力研发的结果，推出了更新的车种"Mustang"。时至今日，它仍然是该公司销售量最大、获利最多的车种，工程师们又根据研发Mustang的经验，研发出Taurus车系，并且在美国汽车销售量中独领风骚。

这个故事告诉人们，人难免会犯错，犯了错也并非十恶不赦，但是一定要知道反省：如何从这次失败中寻求改变，才能使自己成功？这才是做大事的开始。一个没有受过锻炼的人，绝对无法发挥所有潜力。美国榄球赛，传统上最具有挑战精神、历经千辛万苦、打败最强悍球队，才能赢得"超级杯"的头衔。

从失败、挫折中吸取经验，是福特公司成功的原因之一。就整体而言，艾索车种毕竟是成功的。记住这个故事所带来的启示，就会使你的"艾索车种"踏上成功之路。

高尔夫球界有许多传奇性的人物，例如杰克·尼可拉斯、拜伦·尼尔森、鲍比·琼斯、班·贺根、阿诺·马玛等，但是无论从任何一方面来看，班·贺根几乎都可以说是佼佼者。贺根所得过的奖多得不胜枚举，包括1932到1970年间242次职业高球协会所办的比赛。服役两年之后，他在1946到1948年之间，赢过30场比赛。

但最令人津津乐道的，则是1949年2月2日迎面撞上一辆车使他一辈子都不能再走路或打高尔夫球。但是仅仅16个月之后，他竟然能参加1950年全美高球公开赛，并且在这场奇迹似的比赛中获胜。

鲍伯明白人生难免一死，因此他早已在奈洛比训练一名队员接续他的工作。1990年以来，鲍伯的足迹遍及各大洲，到过21 1个国家。目前，他还在计划拜访瑞典及法国。

他认为自己身体健康，可以环游世界各地，全都是上帝的恩赐。他的信仰坚定，相信既然上帝会向他挑战，就一定会帮助他完成任务，因此他在国外时从来不会担忧害怕。

以鲍伯·柯帝斯坚定的信仰及乐观的态度，虽然已年届85岁，或许10年之后，我还会再撰文报道他的另一番成就呢！鲍伯·柯帝斯的故事的确能给所有人以鼓舞，他这种讲求实际行动的作风，的确值得每一个人学习。

鲍伯·柯帝斯已经高龄85岁，却仍然生气勃发。他80岁结婚，已经是非常稀罕的事了，更令人咋舌的是，他最近又为了传教到肯尼亚旅行了一趟。这一趟旅程足可累倒许多年龄不及他一半的人，他却很坦然。这6个星期中，他曾经花了8天步行拜访首都奈洛比郊外的村落，当地不但没有汽车，甚至连像样的街道都没有。

目前，鲍伯仍然担任3份"全职"的工作，也是当初他到肯尼亚旅费的来源：他每星期有3天替汽车拍卖场担任司机，每天连续工作10小时，星期六固定替达拉斯的一家葬仪社工作；另外还担任一家牙科器材公司的地区销售代表。曾经有人问起他为什么要这么辛苦，鲍伯含着笑说："无论任何事，只要我能做得到，就一定要做。"

成功，这可是有勇气的人才能做到的

珍妮·凯若勇气过人，由于她的努力，全美各地有许许多多无名英雄因此引起大家的关注，并得到应有的鼓励。这一切改变，都是珍妮·凯若带来的，她是一个有胆识、肯投入、想象力丰富，并愿意比别人付出更多的人。

为了让大家注意到国内所发生的一些事情，她特别把焦点放在一些默默行善，使美国变得更美好的人身上。她辞掉工作，以信用卡借了2.7万美元，身兼作者、制作人、导播、推销、企划、创作人，完成了"无名英雄"这个电视节目。第一集在1991年12月播出。接下来3年中，每年都在黄金时段重播六七次。

珍妮·凯若说，如果早知她目前会知道的事，她或许就不会开始做这个节目了。想想看她的条件：单亲母亲，没有钱，又毫无制作电视节目的经验，却必须和那些经验丰富、有大把预算，又可以利用最先进科技制作节目的单位较劲。

这个节目对珍妮及许许多多其他人造成了很大的影响，包括一位摄影师，他觉得能站在摄影机后面拍摄那些了不起的人，自己也变得"重要"起来。他说："面对这些无名英雄，我才体会到，他们才是真正的英雄。能够拍摄他们，是我的荣幸。"

的确，这一切不同都是珍妮·凯若造成的。同样，你也可以给其他人带来快乐。你一定经常听人说："人生掌握在自己手里。"或者可以换成像我朋友泰·波德的说法："我们不能改变命运之神发给我们的牌，但是却可以决定怎么玩这一手牌。"

温蒂·史托克就决心贯彻这套哲理。她在佛罗里达大学一年级就读时，曾经在全班女子潜水冠军赛中夺得第三名。那时，她在竞争激烈的佛州游泳队中位居第二把交椅，背负全校的希望。

听起来，温蒂·史托克的确快乐、积极、成就杰出、能够主宰自己的生活，不是吗？一点都没错，她的确依照自己的理想创造了生活空间，虽然她生下来就少了双臂。

尽管温蒂缺少双臂，却十分喜爱打保龄球及划水，每分钟打字的速度也超过45个字。温蒂从来不把眼光放在自己所缺少的东西上，她只专心发挥自己所拥有的一切。其实，如果每个人都能努力运用自己所拥有的东西，不要为自己缺少的东西唉声叹气，可能比温蒂有更大的成就。

让我们以温蒂·史托克为楷模，积极思考自己所有的天赋，不论可能面对任何险阻都勇敢直前，人生必定会更有趣味、更有收获。

有人说，烦恼是"还没惹上麻烦，就必须透支的利息"。美国人最可恨的敌人之一，就是烦恼。它像摇椅一样，必须消耗不少体力，却只能在原地打转。

李奥·巴斯卡里欧说："烦恼不但不能减轻明日的哀

伤，反而会剥夺今日的快乐。"

查理·梅尔博士说："烦恼对人体的循环及整个神经系统都有负面的影响。没听说有人因为工作过度而送命，但的确有人死于疑心病。"怀疑会带来烦恼，一般而言，造成怀疑的原因是不了解真相。

其实从数学的观点而言，烦恼实在毫无意义。心理学家和其他研究人员告诉我们，我们所烦恼、忧虑的事情当中，40%根本不会发生，30%已经成了既定的事实。另外有12%，是无端对健康产生忧虑。还有10%是生活中无关紧要的芝麻小事。这么结算下来，就只剩8%了。

换言之，美国人所担忧的事当中，有92%是杞人忧天，不但无益，反而有害身心健康。

怎样才能减少烦恼呢？那就是改变不了的事，就不要耿耿于怀、坐立不安。例如：我每年搭机的路程，经常长达20万里。飞机班次偶尔会取消或延误。那时，我就坐在候机室中等待适当的班机。

这时候苦恼、生气毫无作用。但是如果我把握时间，写完这一节，就掌握住了时间。像这样把生气、失望所耗费的精力，用来做有益的事，就是化消极为积极。

所以，在生活中遇到不如意的事，不要一个劲儿愁眉苦脸、烦躁不安，要积极采取行动，少烦恼，多行动。

现在一般大学的篮球队员个子都非常高，几乎可以和长颈鹿相比。相形之下，岱顿大学篮球队的吉斯·布瑞斯威尔真是矮得令人难以置信，他只有1.3米，他比该校校史上最矮的队员还矮两寸半。

布瑞斯威尔非常敬佩NBA常胜军夏洛特黄蜂队1.6米的布吉斯，后者又比第一个真正在NBA球赛中扬名的矮球员史巴德·魏柏矮一截。

最奇妙的，他的动作灵敏无比，三分球几乎从不失误，控球技术绝佳，就连篮板球都能得到，正如教练麦克·柯宏所说的："吉斯是个有心人，他的热情鼓励了观众。"吉斯·布瑞斯威尔给所有身材矮小，甚至身材有缺陷的人一样最好的礼物，那就是"希望"。

现在就是要告诉你：测量一个人的身高、体重非常容易，但任何仪器都无法测量出那位教练所说的"心"。只要能确认、运用、完全发挥内在的能力，人生之路将是无限的宽广。

希望你也能向这个年轻人看齐，帮助别人建立希望。金克拉进入推销业的前两年半中，生活起伏极大，"起"的时候寥寥可数。

每年8月的最后一周，公司有一个"全国特卖周"。在那个星期里，只需要推销、推销、推销。对金克拉来说，那是改变他一生的极大体验。

第一次碰到"全国特卖周"，他使尽了九牛二虎之力，总算得到以往两倍半以上的业绩。那一周过后，他驾车到乔治亚州的亚特兰大，在比尔·柯蓝福家住了一夜。

金克拉凌晨三点抵达之后，兴奋地畅谈过去这一周的所有细节，滔滔不绝地说了两个半小时。比尔始终非常有耐心地点头、微笑，时而加一句："很好！很好！"

到了五点半，他忽然发觉自己还没有问比尔的近况，只顾一个人说个不停。于是他十分尴尬地说："对不起！比尔！只顾着说我自己，你近来好吗？"

比尔仍然很有风度地回答："老金，谈那些做什么，你对自己这个礼拜的成绩很满意，可是我比你更骄傲。是我发掘你，带你入门，在你失意的时候鼓励你并安慰你，看着你成长，你绝对不会了解我的感受。有朝一日，你也有机会教导、训练一个人，当他展翅高飞的时候，才能体会到那种快乐满足的心境。"

事实证明，只要尽力帮助许多人得到他们想要的东西，你也一定能得到自己想要的一切。

世上无难事，只怕有心人

体育界有一句老生常谈，就是任何一天在任何地方，都可能有某一支职业队伍打败另外一队，过去的胜负纪录，在当时并不一定重要。对于技术高明、决心全力以赴的个人赛选手，这句话也同样适用。

1983年5月28日，凯西·贺华斯与玛蒂娜·纳拉提诺娃交手之际一年之内，她没有输过任何一场球赛，而且已经连赢36场。

　　1982年，玛蒂娜的纪录是赢球90场，只输过3场，对手都是世界数一数二的高手，例如克里斯·爱佛特·洛伊德及潘·史利佛。何况，凯西·贺华斯只有17岁，又有6万名观众在现场观看比赛。

　　这种比赛经常是新手先发制人，这一次也不例外，凯西在第一局以6比4领先，第二局中，玛蒂娜全力还击，以6比0的绝对优势获胜。

　　第三局的比赛仍是旗鼓相当，双方以三比三的比数相持不下，而且由玛蒂娜发球，万万没有想到，完全居于劣势的凯西竟然赢了这场比赛。有人问她采取的是什么策略，她的回答是："我一心一意只想赢球。"

　　这句话带给我们无限的深思，有许多人打球时只要不输就好，凯西·贺华斯却一心一意只想赢球，希望各位也都能以她为榜样。

　　他花了整整8年的时间，绞尽脑汁写了数不清的短篇故事及文章，寄到各出版社，却都被一一打入了冷宫。幸好他没有就此心灰意冷，这是他，也是全美国人的福气。

在海军服役时，他花了许多时间写报告及写信，因此文笔十分流畅，叙事极为明确。退伍后，他为了一圆作家的梦想，在8年之间努力不懈地写作，却连一篇文章都卖不出去。不过有一次，一位编辑在退还给他的稿件写着："很好的尝试。"

大多数人都不会把这短短的话放在心上，但是这个年轻人却深受感动，再度燃起希望之火及继续努力的毅力，无论如何都不愿放弃。

最后，在历经多年努力之后，他终于创作了一部在世界上都有影响的巨著，因此他成为70年代最有影响力的作家之一。他就是亚力士·海利。根据他的大作《根》所拍成的电视，成为最受欢迎的电视剧之一。

他的故事让我们体会到：只要有梦想，并且相信自己有达成梦想的能力，就要持之以恒地去达成梦想，千万不要放弃。或许也有人会对你下一次的努力夸奖道："很好的尝试。"

有了这一份鼓励，或许会使你信心倍增，扬帆再发。记住，再绕过一个路口，再翻过一个山头，或者再努力尝试一次，成功就在你眼前了。

对生活有积极态度是件好事。例如，你生了病去看医生之后，给你开始了药，叫你过几天再回诊。

如果你第二次去的时候，一走进诊疗室，医生就笑着说："你看起来好极了，你对上次的药显然反应很好！"你必定觉得如释重负。生活也是如此，下面就是一个最好的例子。

目前的就业市场十分混乱，由于许多公司缩小规模、被其他公司合并或接收，许多人失业了。但是对许多人来说，这也创造了一些原本没有的工作机会。

根据《华尔街日报》报道，过去五年中，至少因此产生1500万个新的工作，其中半数以上属于女性。她们大多没有就业技巧，却都有迫切的经济需要。

这些工作大都是"信托"事业，也就是在货物尚未送达或尚未提供服务之前，就可以收取费用。《华尔街日报》报道，事实上那些女性之中没有任何一个因为收取费用未送货而被判刑。这可有意思了！

如果不是因为某些人的生活发生了不幸，那些工作十之八九都不可能应运而生。正因为发生了这些不幸，有了明显的需要，这些女性积极反应，因此她们的生活才比"悲剧"发生之前过得富裕。

如果你也能对生活积极反应，而不是消极回应，成功的机会势必会增加。一些人非常珍惜自己所拥有的东西，也有一些人一个劲儿抱怨自己缺少某些东西。

必须强调的是，经常萦绕在脑海里的事，会对我们的表现具有举足轻重的影响力。

你们都知道，1995年美国小姐选美冠军希瑟·怀特史东，从出生18个月之后就严重失聪，但是希瑟一直把注意力放在自己拥有的东西上，而不是她所缺少的东西。

幸运的是，她有一对挚爱她的父母，他们支持她、鼓励她，并参与她所做的每一件事。

这个美丽年轻的女孩不但头脑敏锐，而且精力十足、信仰坚定，做任何事都全力以赴。她的读音能力不好，也有许多教授及其他人协助她，甚至帮她抄写。

事实上，绝大多数的人都有自己的问题，但是许多人只知一味地为已有的问题伤神，却不愿尽力设法解决问题。这是事实，绝不是在鸡蛋里挑骨头。

我们都无法确实了解别人的感觉，有些问题也不是人力所能解决的。但是，只要具有合作、热心、亲切、积极的态度，自然会吸引许多人助你一臂之力，而且是迫不及待地想伸出援助之手。

在许多情况下，面对问题的态度，往往比问题本身具有更深的意义。

1991年7月，金克拉夫妇在澳洲雪梨时，有机会到著名的雪梨歌剧院观赏雪梨爱乐交响乐团的演出。座位非常理想，而且是免费招待，当然是求之不得。

他们提早30分钟抵达，交响乐团已经在排演了。团员的身材、年龄、肤色各异，有男有女，有些团员，例如演奏钹的音乐家，整个晚上只演奏五、六秒钟，而大提琴演奏家却有长达20多分钟的表演。在排演的时候，乐声听起来有如嘈杂的噪音。

8点差一分时，指挥者走到舞台上，所有团员立即正襟危坐。他一走上指挥台，每个人都全神贯注。8点整，他举起指挥棒，手臂一挥，乐声顿时响起，几秒钟前的噪音已经变成了美妙的音乐。

乐团指挥者把一颗颗明星组成的队伍，变成一颗最闪耀的星星。每个乐器的音色虽然各不相同，却能融合成美妙和谐的乐曲。没有任何乐器在控制其他乐器，但所有乐器都与其他乐器相互呼应，成为整体的一部分。想想看，如果乐团中的每一位演奏家都存心要让自己的乐器成为全团之星，结果会是如何呢？

指挥者原本也在乐团中担任多年的演奏，必须服从乐团指挥者。换言之，他必须先学会服从指挥，才能够指挥别人。

曾经看过一个身穿T恤的年轻人高呼："我才不听任何人的指挥呢！"多可悲呀！如果他不知道如何服从指挥，又怎么能领导他人呢？

点燃激励之火，迸发内心的力量

每个人体内都有一种伟大的自我激励力量，它会使我们的人生更加崇高。当我们养成一种不断自我激励、始终向着更高目标前进的习惯时，我们身上所有的不良品质就都会逐渐消失，因为从此以后，它们就再也没有滋生的环境和土壤了。在一个人的个性品质中，只有那些经常受到鼓励和培育的品质才会不断发展。

我们也许有过体验，那些已经制造好的指南针，在没有被磁化以前，无论放在哪里，其指针所指的方向总是各不相同。但一旦被磁化以后，它们就完全不同了。仿佛受到了一种神秘力量的支配。

究其缘由，指针在没有被磁化以前，地球的磁场对它们没有任何影响，指针也不可能指向北极。一旦被磁化，指针立刻就会转向北极，并且一直指向那里。

许多人就像没有被磁化的指针一样，习惯于在原地不动甚至没有方向，他们在进取心这种神秘力量被激发之前，对任何刺激都毫无反应。

然而，他们受到一种伟大推动力的引导和驱使，就会发挥出潜能，迈向成功。但如果无视这种力量的存在，或者只是偶尔接受这种力量的引导，就不会取得任何成效。

这种内在推动力从不允许我们停息，它总是激励我们为了更加美好的明天而努力。也许我们迄今所到达的境地也足以令人羡慕，但是我们却发现，我们今日的位置和昨日的位置一样，无法让自己完全满足。

一旦我们想原地踏步时，我们耳边就会响起那个声音，听到向更高目标努力的召唤。也就是说，总是有一种神秘的力量在推动我们追求更高的理想。

"努力向前"是宇宙中的所有生命都在努力达到的更高的境界。万物在进化过程中总是向前发展的。受前进的力量所推动，一条毛毛虫可以变成一只蝴蝶，但蝴蝶不会退化成一只毛毛虫，因为这样不符合进化的法则。

就连在地里的种子也存在这样的力量。正是这种力量激发它破土而出，推动它向上生长，并向世界展示自己的美丽与芬芳。

这种激励的力量也存在于我们体内，它推动我们完善自我，追求完美的人生。

人们通常能意识到，激励时常会扣响自己心灵的大门。但如果我们不注意它的声音，不给予它鼓励，它就会渐渐远离我们。正如一个人的功能和品质如果未加利用就会退化一样，人的雄心也会因未能得到发挥而退化，它甚至在尚未发挥任何作用时就消失得无影无踪。

只要我们心中具备哪怕只是一种最微弱的激励的种子，经过我们的耐心培育和扶植，它也会茁壮成长，直至开花结果。

　　所以，当这个来自内心、促你前进的声音在你耳边回响时你一定要注意聆听。它是你最好的朋友，是你前进的动力，将指引你走向光明和快乐，指引你走向成功。

　　在任何人类行为之中，行动激励是获得成功最重要的因素。因为具有行动激励的人可以克服一切困难，推动自己向前。

　　激励使人采取行动或决定。激励为人的行动提供动机，而动机是存在于内心的"驱策力"，激发我们采取行动。当强烈的情感如爱、信仰、愤怒以及憎恨混合起来的时候，它们产生的冲力，就是一种强烈的驱策力，可以维持一生而不变。

　　你也具有这种力量。你内心的驱使力量是可以掌握而加以利用的。它就像火箭一样，能把你发射到目的地。它是激励你的动力，别轻易放过它。

　　向前的动力是一种"内心的驱使"，驱使你去达到有价值的成就。如果你能善于运用这种动力，你就能获得财富、健康和幸福。

　　这种强大的推动力量会产生内心的驱动，驱使我们采取行动——去做我们应该去做的事情，但是也常常驱使我们去做我们不应该去做的事情。

　　有时候，你有心培养出来的内心驱使和传统的内心驱使是相冲突的，但是你可以选择正确的思想、采取适当的行动，以及选择适当的环境来化解这些冲突。

如此一方面我们可以达成传统的强烈内心驱动的目的，同时也可以在不违反最高的道德标准之下，运用这些驱使以追求完整的、快乐的生活。

"向前进的力量"是内心的驱使，可以发挥出一个人潜意识的无限力量，激励其自身不断进取，获得最后的成功。

甘于平庸、不思进取的人，纵有天大的才气，也使不出来。而要思想获得力量，如雄鹰展翅翱翔，发出生命的光和热，你不仅要有积极的人生观激励自我的潜意识，还必须点燃激励之火，它将激励你不断向前。

点燃你的生命之火，这种火能把你内心的力量发挥出来。事实上，你永远没有办法知道自己内心蕴藏着多么巨大的能量，只有在受到驱动和激励之后，你才能感觉到自己内心的某些潜力。

把你的才能呈示出来，搜寻你内心真正的潜力，然后再把你的潜力发挥出来。不要退缩，要全力发挥出来。

最有力的激励是精神的激励，所以，你应多接触一些精神方面的东西。应随接受能激励人的考验，应该经常使自己的接触可以激励你事物，以提升你的精神和心智，使你在情绪和智力上的反应都能更上一层楼。

多读一些励志的书，如著名人物传记。多认识一些有成就的人，多和他们交谈，仔细听听他们的想法、观念，研究他们的方法和经验。

请提高警觉，随时去接受那些真正能够激励你的神话般的奇迹，使你充满活力、动力，使你不停地思考、不停地追求、不停地梦想。心智要随时保持敏锐，以便这些奇妙的想法在你内心深处显现出来。

多参加一些励志的集会，多认识些认真生活、乐于助人的朋友。尤其重要的是：尽量远离愤世嫉俗的人、爱发牢骚的人、消极的人。这样有利于你培养具有激励性的想法，具有向前冲刺的力量的想法。

在逆境中更要有激励之心，因为在困境中常常会得到平时难以得到的东西。有时激励是以重大打击的形式出现。困境会促使积极的人更用心去思考、更努力去工作。正如莎士比亚所说的"欢乐由逆境而生"，逆境是一种激励的力量，可以使人的精神提升到更高的境界。

不应该放弃自己，不应该对自己的努力抱失败主义的态度。把自己完完全全地展现，没必要保留一部分能力，别害怕让自己进步，别害怕发挥自己的禀赋。不论你要做什么事，永远不能只是打算而已，而要全力以赴。

最好的想法不行动也永远只是空想。为了能获得成功，你必须点燃激励之火，这样才能让你生命的能量达到"沸点"！

要想掌握成功的方法诀窍，首先要从虚心学习开始。因为走在人生路上，你要面对许多考验，解决诸多问题，才能突破局限，走出一片天空。所以要不断学习，在磨炼中成长。

生活在现代社会里，进步快，变迁快，知识和技术容易过时而被淘汰。如果你不肯学习，就注定会落伍。

学习是人成功的基础，人生只有在知识的海洋中遨游，才会最终达到成功的彼岸。人不能仅凭空想、幻觉生活一生，人成功的秘诀就存在于不断地求学、求知之中。

求知能推进、成就人的事业，赋予人生以价值，这里有两个方面的含义：一是求知能使人心灵得到净化，使人身心获得健康的发展。

一个人热衷求知，好学以恒，以学为乐，那么，面对人生知识的矿藏，他的头上就有了一盏不灭的"矿灯"，永远有亮光照射前方，不管道路是多么艰难。

同样，面对人生知识的海洋，他的身上凝聚着巨大的能量，永远有勇气直奔彼岸，无论前途是如何的波澜起伏，哪怕是巨浪滔天；一是求知能使人获得走向成功的方法诀窍。人们通过学习知识，知识将成为跨越障碍、征服险阻的桥梁。

一个人在生命进程中略有成就，已获得一定程度的人生价值，但要有更大的发展，还是在于治学本身，人一时的功成名就并不意味着学习的终止，而只是一种更新、更高学问探索的开始。

"学海无涯苦作舟"才是真正成身于学的精神，"学如不及，犹恐失之"也正是人们应该具备的思想。

学习的动力是谦虚。凡事虚怀若谷，肯向别人讨教的人，总能学到最扎实的知识。你不要小看肯说"不知道"的人，他们学得比谁都勤，比谁都快。

学习不一定要找现成的答案。最宝贵的学习是从你亲自体验中得来的。听来的知识如果没有亲身的体验，那些知识实用价值就不大。

坚持原则使人成功；执着而不懂得变通，却是失败的根源。要解决生活上的问题，必须具备一套有效的工具，这些工具就是由不断学习而掌握的方法诀窍，这对我们坚持完成工作和生活目标，具有决定性的影响。

给你自己布置一个理想的学习空间吧！学习是一种习惯，这种习惯将训练出谦卑、尊重与包容的特质，在我们追求成功的同时，给予我们驶向正确航道的方法诀窍。

一个人寻求方法诀窍的智慧虽然是无限的，但能够开发的部分还是有限的，一个人的价值判断、社会阅历、人生经验由于受到环境的影响也会呈现不足之处。此外，一个人的专长可能有两种，当面对复杂的社会环境时，这些基本条件就不够用了，因此，只好"借用"别人的方法诀窍。

学习别人的方法诀窍，可以弥补自己的不足。很多成功的人都善于学习别人的方法诀窍，像有些公司就专门聘用高级顾问，做重大决策之前必先开会讨论，遇到特殊事件，必找专家研究，这就是在借用别人的方法诀窍。因此也可以说，他们因为善于借用别人的方法诀窍而得到成功。

你应该趁早培养一种借用别人方法诀窍的习惯，你可以和若干不同行业的朋友保持联系，把他们组成一个别有特色的"智囊团"。

借用别人的方法诀窍来做事，不仅可以使你把事情做得又快又好，还可以使你避免主观、武断！

尽管你认为自己才高八斗，虽有别人不及之处，但也有不及他人之处。那就借用别人的方法诀窍吧，这样做的人才是最聪明的人！我们应该怎样借用别人的方法诀窍呢？还是看看下面建议吧！

聘用自己的顾问，组成"智囊团"。如果你在某一行业和领域不是内行，却可以找到这方面的专家，请他们为你服务。这种"借用"的代价虽然高一点，但值得！比起为你创造的价值，这一代价就不算高了。

借用朋友的方法诀窍。找朋友帮忙，可以说是最简单的方法了。你做不到的事，他们帮你解决了，这不也是借用其方法的诀窍吗？

多多观察别人的成功模式，然后予以借鉴。走别人已经走过的路，利用他人的成功模式和经验，就可避免一些失败。

把别人的方法诀窍转化成自己的方法诀窍，也就是说，自己在借用别人的诀窍的过程中，顺着别人方法诀窍的启发就可以得到成长，这正是一种快速掌握方法诀窍的绝佳方法！

平庸的人借用了别人的方法诀窍，可使事情做得更周全，换句话说，一个只有60分能力的人，如果借用了别人的方法诀窍，就可能做出80分的成绩。

"智者千虑，必有一失；愚者千虑，必有一得"。个人寻求方法诀窍的能力是有限的，但如果将他人的"借"过来，岂不多了几分成功的机会！

向那些在你所追寻成功的道路上已经富有经验的人请教，能够把问题解决得更好些，可以减少一些困难和失误。所以，要想做一个成功者，你必须善于借用别人的方法诀窍。

抗住压力山大，才能成为亚历山大

有时候，始料不及的巨大损失，反而可能成为更大收获的转折点。

1980年初期，科罗拉多州的德尔塔和蒙特罗斯区的农民，因为失去一大笔种植大麦的生意，生计顿时成了问题，通货膨胀、利率高涨及许许多多其他问题如潮水般涌来，情况非常严重，于是州长派遣经济小组去说服农民种植具有附加价值的农产品。

约翰·哈罗德是当地的农民，也是知名人物，他决定放手大干，开始种植欧雷甜玉米。1985年，他们输出1.25万纸箱的玉米，如今，每年要出口50万大箱。

其实，欧雷甜玉米原本就是该区西部民众的最爱，哈洛德改善了储存方式及运送过程，使玉米保持最佳状况，更使它成为从亚特兰大到洛杉矶的民众食品。

哈洛德和包括他自己在内的25位农民同心协力，由他担任组织者。他们把收成时间控制为8周一个周期，玉米在田中装箱，每箱四十八穗。

装好后，用卡车送往哈洛德2万平方尺的冷藏室。每箱都注入雪泥和冰的混合物，使玉米保持新鲜，75%的玉米都能在离田当天出货，所有的玉米绝不冷藏三天以上。

由于使农产品的附加价值增加，德尔塔和蒙特罗斯区的农民为自己开拓了广阔的市场。当然，最主要的还是因为约翰·哈洛德有冒险精神，愿意尝试新事物。

只要你有冒险的精神，愿意放手大干，也可能为自己开辟出一片新天地。有一句话流传已久，但是其中所蕴含的真理至今仍然颠扑不破。那就是"只要一口一口地吃，大象也可以吃得完"。同样的，要造福人类，改变其他人的生活，也可以一点一滴慢慢来。

再讲一则极为温馨感人的故事：

密西西比州海地堡，有一位88岁的老太太叫欧席拉·麦卡提，她一辈子都在替别人洗、熨、整理衣物，那些衣服是主人穿来参加各种喜庆、宴会、毕业典礼的，但麦卡提女士从来没有荣幸参加这些盛会。她生活得十分简朴，住的地方也非常简陋。

总之，她尽可能节省所有开销，例如把坏掉的鞋子修剪一下，拿来当拖鞋穿。几十年来，她的收入非常微薄，大都是几角钱、几块钱。但她持之以恒、日积月累，竟然累积到15万美元。

她把这笔钱捐给南密西西比州立大学，当作非裔美籍学生的奖金。知道这个消息的人都深受感动，说她是全天下最大公无私的人。

该校董事会也一致通过捐赠相对基金15万美元，以这30万美元作为奖学金。

各种媒体对这个消息披露之后，有许许多多人特地来拜访她。麦卡提女士只有一个要求及希望：允许她至少参加一名得奖学生的毕业典礼。她一直希望自己也能读到大学毕业，可惜始终"太忙"。她只希望自己的"忙碌"能使其他人受到她所没受的教育。

一个人拥有多少不是最重要的，重要的是如何运用自己拥有的东西。如果能效法欧席拉·麦卡提，帮助其他人成功，你会比成功的人更感到快乐。

《美国英语辞典》对"压力"的解释是："强迫或鞭

策"；"急切、压迫、重要性"；"重点、集中注意力、强调"。看了上面的定义，我们知道压力可以是正面的，也可以是负面的。

压力太大会使人失眠、暴躁易怒、血压升高。但是如果毫无压力，我们也许会对所做的事毫不在意，那就和压力太大一样糟糕。因此，生活还是要有均衡的压力。

我们应该如何处理比较轻微的压力，调整到适当的程度呢？在这方面，感觉占有极其重要的地位。压力太大时，大多数人都可以感觉到。因此我们不妨先看看，面对不算太大的压力时，有哪些方法可以加以减缓。

首先要找出造成压力的原因，是因为和同事或家人有误会吗？是因为工作太认真，使日常生活失去了平衡吗？如果如此，应该怎么做呢？如果是人的因素，就尽快找时间和对方谈一谈。

设身处地为对方想一想，如果是你的错，认错道歉就了事了，一点也不丢人。认错表示你今天比昨天聪明，别人反而会尊敬你。

其次，设法发泄压力，找一段时间独处，即使只有几分钟也好。静静地看点书、散散步、放松一下身心，或者换个地方待一会儿，效果都会不错。

试试看，你会发现压力减轻了。还记得艾德蒙·希勒瑞破纪录登上珠穆朗玛峰时，所有媒体都争相报道。虽然他曾经失败过一次，并且有五名向导因而丧命山区，他仍然一夕成名。

英国皇室因为他的杰出成就，颁给他赐予外国人士的最高荣誉，即爵士头衔。多年以后，他又上重点新闻，因为他的儿子也登上珠穆朗玛峰，父子两人还用无线电话机通话。

根据尼泊尔政府所透漏的消息，现在经常有人登上珠穆朗玛峰，甚至有一支37人的队伍在一天之内就登上了珠穆朗玛峰山顶。也曾有7支登山队在半小时内陆续抵达，路途一时为之拥挤，不错，昨日几乎不可能的梦，常会变成今日的家常便饭。

1995年9月6日，有人打破了一项几乎无法打破的纪录。也就是路·吉瑞格的"铁人"特技，他连续打了2130场棒球。一般人原本以为这个纪录必定是空前绝后了，但事实上却被卡尔·瑞普坎打破了，而且他还在继续努力。

另外一项以为无人能破的纪录，是泰·柯柏安打垒，但是也被贝比·路斯打破了。此外，现在有许多12岁小女孩的游泳速度，甚至比当年强尼·魏斯慕勒获得奥运金牌时的速度还要快。

大多数人听到破纪录的喜报时，都会非常兴奋，但是更重要的是，我们应该力求突破个人最佳表现的纪录。得到更好的成绩、更好的工作记录、比别人好的更佳纪录，还有许许多多其他的纪录，使你在最重要的游戏，即人生的游戏中，成为一个更美好的人。